3차 개정판

건설재료학

김홍철 지음

CONSTRUCTION MATERIALS

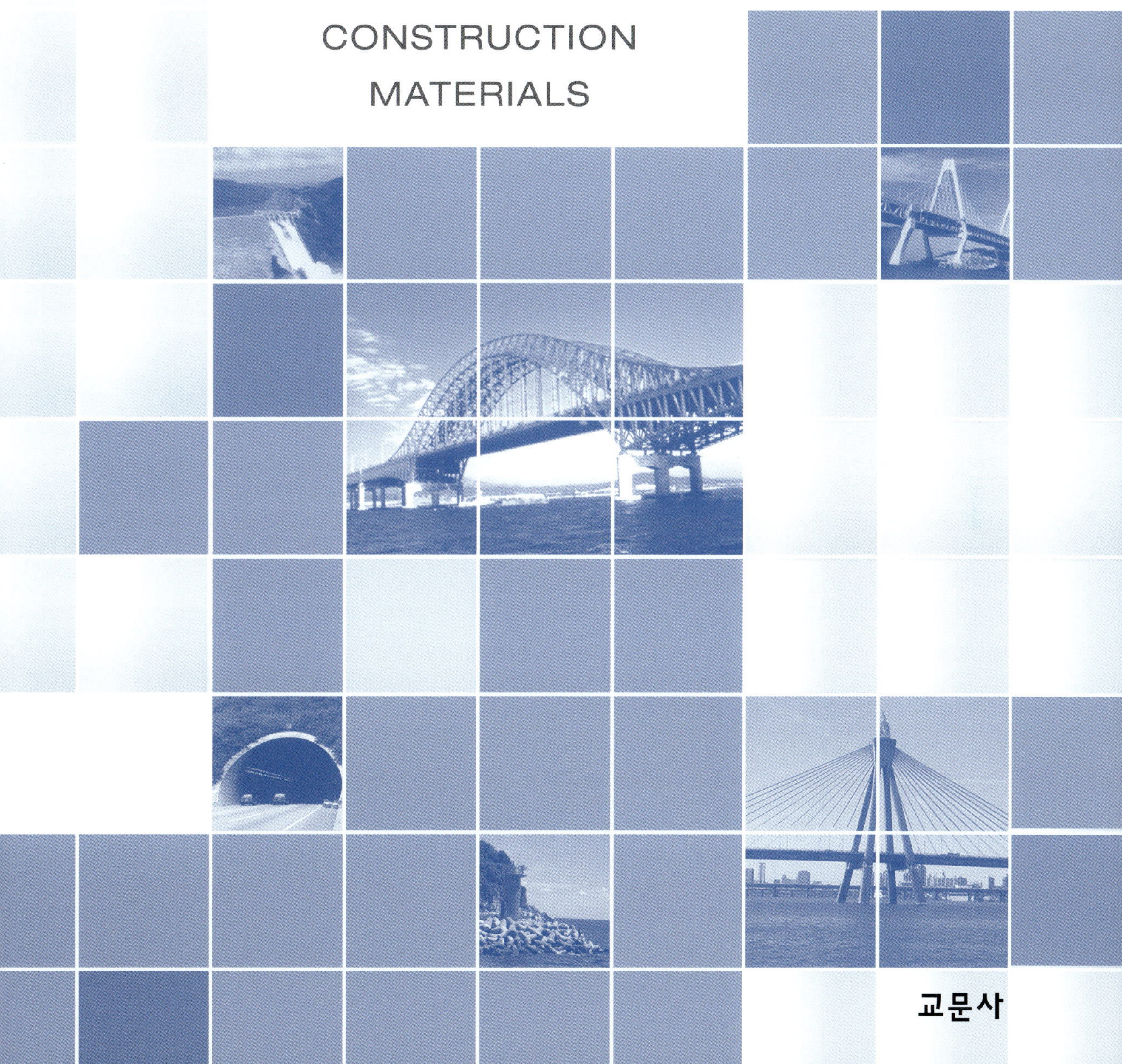

교문사

3차 개정판

건설재료학

2022년 10월 17일 3차 개정판 1쇄 펴냄
지은이 김홍철
펴낸이 류원식 | **펴낸곳** **교문사**

편집팀장 김경수 | **책임편집** 안영선 | **표지디자인** 신나리 | **본문편집** 신성기획

주소 (10881) 경기도 파주시 문발로 116(문발동 536-2)
전화 031-955-6111~4 | **팩스** 031-955-0955
등록 1968. 10. 28. 제406-2006-000035호
홈페이지 www.gyomoon.com | **E-mail** genie@gyomoon.com
ISBN 978-89-363-2385-1 (93530)
값 30,000원

머리말

최근 재료 공학의 발달로 신소재가 개발되어 토목 구조물은 더욱 대형화, 경량화, 다양화 되었으며, 또한 건설 기술의 발달은 신공법, 신재료의 개발을 요구하게 되었다.

건설 공사의 설계, 시공, 감리를 하기 위해서는 건설 재료에 대한 공학적 지식은 물론, 각 구조물의 성질에 알맞은 재료를 선택하여 사용해야 하며, 또한 새로운 재료의 개발에 노력해야 할 것이다.

이 책은 그동안 대학에서 강의한 내용을 정리하여 콘크리트 표준 시방서와 각종 지침서, 한국 산업 규격(KS) 등에 맞추어 집필한 것으로서, 대학에서 건설 재료 교재로서 사용하기에 알맞은 체재로 꾸몄다. 특히 각종 시험 준비에도 도움이 되도록 체계적으로 기술하였다.

이 책에서는 주로 건설 재료에서 주종을 이루고 있는 콘크리트 재료(시멘트, 혼화 재료, 골재 및 물) 및 콘크리트, 역청 재료, 강재에 대해서 자세히 다루었으며, 고분자 재료, 목재, 석재 및 점토 제품, 도료 및 화약에 대해서도 필요한 내용을 기술하였다. 또 각 재료와 관련된 주요 시험 방법도 간단히 다루어 이론적인 내용을 이해하는 데 도움이 되도록 하였다.

내용을 알기 쉽게 표현하려고 노력하였으나, 아직도 재료에 대한 지식이 부족하여 부적절한 표현이 많을 것이라 생각한다. 기회가 되는대로 다시 수정하기로 약속하면서 많은 지도와 편달이 있기를 바란다.

끝으로 이 책이 나올 때까지 원고 정리, 편집에 이르기까지 도와주신 여러분과 이 책이 나오도록 해주신 교문사에 감사드린다.

2001년 1월
저자 씀

2005년 1차 개정에 대하여

이 책이 출판된 지가 4년이 지났다. 그 동안 KS 규격, 콘크리트표준시방서, 기타 규정 등이 개정되어, 그에 따라 이 책도 개정하게 되었다.

또한 모든 단위는 SI 단위를 사용했으며, 앞으로도 참고 문헌 등이 개정될 때마다 이 책도 개정하고자 한다. 계속 지도 편달이 있기를 바란다.

2005년 1월

저자

2017년 2차 개정에 대하여

1차 개정한 지 12년이 경과했다. 그 동안 KS 규격, 콘크리트표준시방서, 아스팔트 혼합물 생산 및 시공지침, 기타 규정 등이 개정되었다. 이 개정된 내용에 따라 이 책 내용도 전부 개정하였다.

앞으로도 제 규정, 참고 문헌 등이 개정될 때마다 이 책도 개정하고자 한다. 계속 지도 편달이 있기를 바란다.

2017년 9월

저자

2022년 3차 개정에 대하여

개정된 KS 표준, 콘크리트표준시방서(2021년) 및 기타 관련 규정에 따라 내용을 개정·수정하였다.

4장 역청 재료에서 많이 사용되지 않는 타르를 삭제하고, 제목을 아스팔트로 개칭하여 내용을 추가하였다.

2022년 9월

저자

차례

3 콘크리트

4 아스팔트 재료

5 금속 재료

6 고분자 재료

8 도료 및 화약

1 총론

1.1 개설

1.2 재료의 일반적 성질

1.3 재료의 허용 응력 및 파괴

>> 참고 문헌

>> 연습 문제

1.1 개설

1. 건설 재료의 의의

건설 재료(construction materials)란, 건설 공사에 직접 또는 간접으로 사용하는 모든 재료를 총칭해서 말한다.

건설 재료는 그 종류도 많고 성질도 각각 다르므로 재료의 공학적 성질, 내구성, 경제성 등을 고려하여 사용 목적에 알맞은 재료를 선택하여 사용해야 한다.

구조물의 설계, 시공 시에 재료의 선정이 잘못되면 구조물의 파괴 원인이 되므로, 재료에 관한 지식은 매우 중요하다. 따라서 재료의 기본적 성질 및 용도 등을 잘 이해하고 적절히 사용해야 한다. 그러기 위해서는 재료 시험을 통하여 적절한 판단을 내릴 수 있는 지식과 능력을 길러야 하고, 또 신소재 개발에 노력해야 한다.

2. 건설 재료의 분류

건설 재료는 여러 가지로 나눌 수 있으나 이것을 용도, 생산 방법, 구성 물질에 따라 나누면 다음과 같다.

(1) 용도에 따른 분류

① 구조 재료

구조물의 주체를 이루며, 주로 높은 강도와 내구성이 필요한 것이다. 석재, 목재, 콘크리트, 금속 재료 등이다.

② 비구조 재료

구조 재료에 첨가 또는 부가되어 그 성질의 개량, 보호, 완충 및 장식 등을 목적으로 사용하는 것이다. 혼화 재료, 도료, 고무, 합성 수지 등이다.

(2) 생산 방법에 따른 분류

① 천연 재료

흙, 목재, 석재, 모래, 자갈, 천연 아스팔트, 천연 수지 등이다.

③ 인공 재료

점토 제품, 콘크리트, 금속 재료, 석유 아스팔트, 합성 수지 등이다.

(3) 구성 물질에 따른 분류

건설 재료를 구성 물질에 따라 분류하면 유기 재료와 무기 재료로 크게 나눌 수 있다.

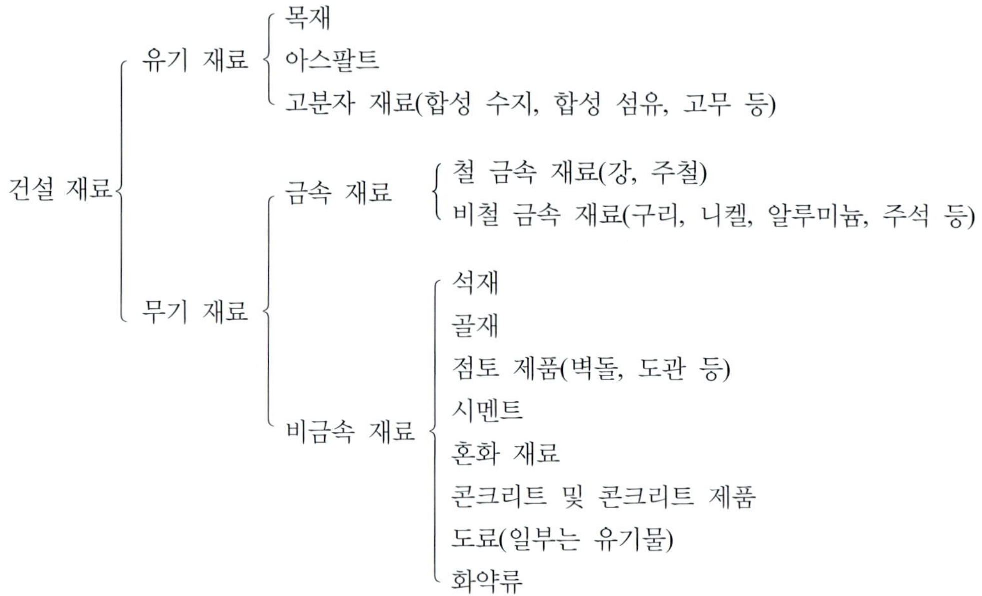

3. 건설 재료의 요건

건설 재료는 여러 가지 성질을 많이 가지고 있지만, 그 중에서 사용 목적에 적합한 공학적 성질과 경제적 조건을 갖추어야 한다.

건설 재료가 갖추어야 할 일반적인 요건은 다음과 같다.

1) 재질이 고르고, 강도가 커야 한다.
2) 내구성이 커야 한다.
3) 사용 환경에 적합한 성질을 가져야 한다.
4) 생산량이 많아야 한다.
5) 가공, 운반 및 취급하기가 쉬어야 한다.
6) 경제적이어야 한다.

4. 재료의 표준

(1) 산업의 표준화

산업 제품의 표준을 정하여 품질, 모양, 치수, 사용법 및 시험 방법 등을 국가적 또는 국제적으로 통일하면, 품질의 개선과 향상에 도움이 되고, 또한 생산자와 소비자에게 경제적으로 이익이 될 것이다.

산업 표준화의 효과는 다음과 같다.

1) 생산 능률이 오르고, 생산비가 싸진다.
2) 품질이 향상되고, 재료가 절약된다.
3) 호환성을 갖게 되고, 기술이 향상된다.
4) 거래의 공정화와 소비·사용의 합리화가 이루어진다.

(2) 산업 표준

우리나라는 1961년에 공업 표준화법이 제정 공포된 후, 이에 따라 한국 산업 표준(Korean Industrial Standards, KS)이 제정되었다.

KS는 표준화, 구매의 단순 공정화, 사용의 합리화 등에 중요한 역할을 하고 있으며, 현재 21개 부문으로 되어 있다. 이 중에서 건설 재료는 분류 기호 F 및 B, D, K, L, M 등의 일부분을 차지하고 있다.

국제적으로는 1947년에 국제 표준화 기구(International Organization for Standardization, ISO)가 설립되어 국제적인 표준의 통일에 노력하고 있다.

우리나라는 ISO의 협약에 따라 1995년부터 국제화된 KS로 개정·제정하고 있다.

표 1.1 한국 산업 표준의 현황[1)]

분류 기호	부문	분류 기호	부문	분류 기호	부문
A	기본	H	식료품	Q	품질 경영
B	기계	I	환경	R	수송 기계
C	전기 전자	J	생물	S	서비스
D	금속	K	섬유	T	물류
E	광산	L	요업	V	조선
F	건설	M	화학	W	항공 우주
G	일용품	P	의료	X	정보

표 1.2 각국의 표준 및 제정 기관

국명	표준 약호	제정 기관명
국제	ISO	International Organization for Standardization
영국	BS	British Standards Institute
독일	DIN	Deutsche Industrie Norm
미국	ASTM	American Society for Testing and Materials
프랑스	NF	Norme Francaises
캐나다	CSA	Canadian Standards Association
일본	JIS	Japanese Industrial Standards
한국	KS	Korean Industrial Standards

1.2 재료의 일반적 성질

1. 재료의 역학적 성질

(1) 응력과 변형률

① **응력**(stress)

재료에 외력(external force)이 작용했을 때 재료의 내부에 저항력이 생기게 된다. 이 내력(internal force)의 크기를 응력이라 하며, 단위는 MPa 또는 N/mm^{2}를 사용한다.

응력에는 재료의 단면에 수직으로 작용하는 수직 응력(normal stress)과 그에 평행으로 작용하는 전단 응력(shear stress)이 있다.

수직 응력은 하중을 가하는 방법에 따라 다시 압축 응력(compressive stress)과 인장 응력(tensile stress)으로 나뉜다.

보와 같은 휨 부재에는 휨 응력(bending stress)이 생기고, 축과 같은 부재에는 비틂 응력(torsional stress)이 생긴다.

② **변형률**(strain)

재료에 외력을 가하면 변형(deformation)이 생긴다. 이때 단위 길이에 대한 변형을 변형률이라 한다. 변형률은 단위가 없다.

(2) 탄성과 소성

① **탄성**(elasticity)

재료에 외력을 가해 변형이 생겼을 때, 외력을 제거하면 원형으로 되돌아가는 성질을 탄성이라 한다. 이러한 변형을 탄성 변형(elastic deformation)이라 하고, 이러한 재료를 탄성체(elastic body)라 한다.

② **소성**(plasticity)

외력에 의해서 변형된 재료가 외력을 제거했을 때, 원형으로 되돌아가지 않고 변형된 그대로 있는 성질을 소성이라 한다. 이러한 변형을 소성 변형(plastic deformation)이라 하고, 이러한 재료를 소성체(plastic body)라 한다.

상온에서는 탄성을 가지고 있어도 어느 온도로 가열하면 소성이 되는 것이 있다. 연철, 강 등이 이러한 것이며, 가열하면 두드려 펼 수 있다.

대부분의 재료는 탄성과 소성의 두 가지 성질을 모두 가지고 있어 완전한 탄성체 또는 완전한 소성체는 실제로 거의 없다.

보통 재료는 외력의 어느 크기까지는 대개 탄성 변형을 하고, 그것을 넘게 되면 점점 소성 변형을 하게 된다. 따라서 재료를 공학적으로 사용하는 범위 내에서는 탄성체로 취급하게 된다.

(3) 응력–변형률 선도

재료의 외력과 변형의 관계를 나타내는 데는 일반적으로 응력-변형률 선도(stress-strain diagram)를 사용한다.

그림 1.1은 연강(mild steel)을 인장하였을 때의 응력-변형률의 관계를 나타낸 것이다.

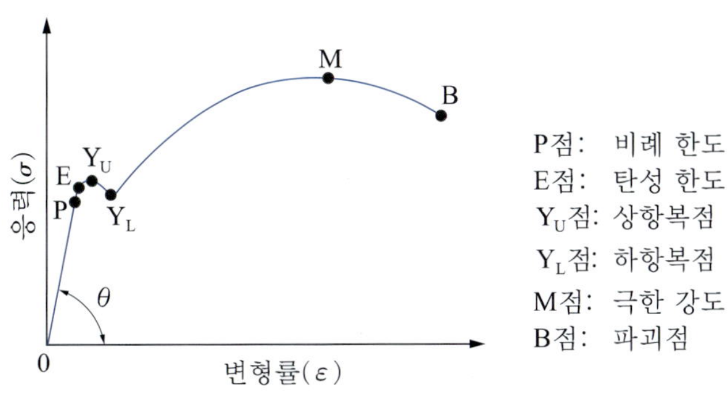

그림 1.1 연강의 응력–변형률 선도

그림 1.1에 나타낸 각 부분은 다음과 같다.

① **비례 한도**(proportional limit)

점 P까지는 응력과 변형률이 비례하며, 이 점 P의 응력을 비례 한도라 한다.

② **탄성 한도**(elastic limit)

점 E까지는 외력을 제거하면 영구 변형이 생기지 않고 O점으로 되돌아간다. 이 점 E의 응력을 탄성 한도라 한다.

③ **항복점**(yield point)

응력이 점 E를 넘어서 더 커지면 응력은 증가하지 않는데 변형률은 급격히 증가한다. 이 현상을 항복이라 하며, 점 Y_U의 응력을 상항복점, 점 Y_L의 응력을 하항복점이라 한다.

그러나 연강과 같이 연성이 큰 재료에서는 항복점을 알기 쉬운데 다른 재료에서는 알기 어렵다. 이런 때에는 그림 1.2와 같이 응력을 0으로 했을 때 잔류 변형률(residual strain)의 0.2%를 항복점으로 취한다. 이것을 0.2% 오프셋점(off-set point) 또는 내력(proof stress)이라 한다.

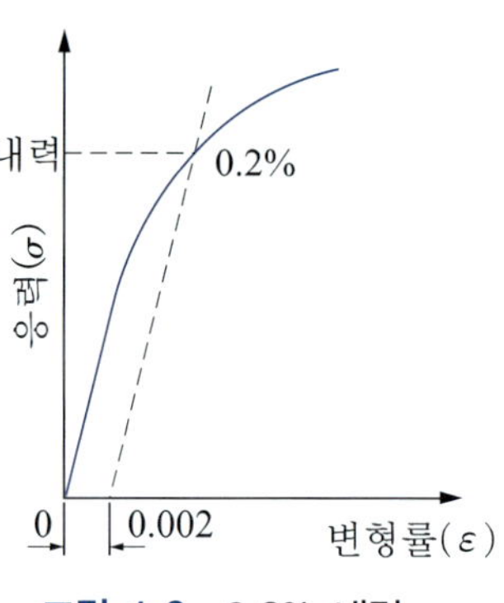

그림 1.2 0.2% 내력

④ **극한 강도**(ultimate strength)

항복이 끝나면 응력은 다시 증가하기 시작하여 최대 응력에 도달하게 된다. 이 점 M의 공칭 응력을 극한 강도라 한다.

⑤ **파괴점**(breaking point)

최대 응력인 점 M까지 가면 부분적으로 시험편이 늘어나고, 응력은 급격히 감소하여 파괴된다. 이 점 B를 파괴점이라 한다.

(4) 탄성 계수와 푸아송비

① **탄성 계수**(modulus of elasticity)

그림 1.3과 같이 단면적 A인 재료에 외력 P가 작용하여 길이 l이 Δl만큼 변화하였다고 하면, 비례 한도 이내에서 응력(σ)과 변형률(ε)은 비례하므로 다음 식이 된다.

$$E = \frac{\sigma}{\varepsilon} = \frac{\dfrac{P}{A}}{\dfrac{\Delta l}{l}} = \frac{P \cdot l}{A \cdot \Delta l} = \tan\theta \tag{1.1}$$

이때, 비례 상수 E를 탄성 계수라 한다. 탄성 계수는 그림 1.1에서 직선 기울기의 각을 θ라 하면 $\tan\theta$가 된다.

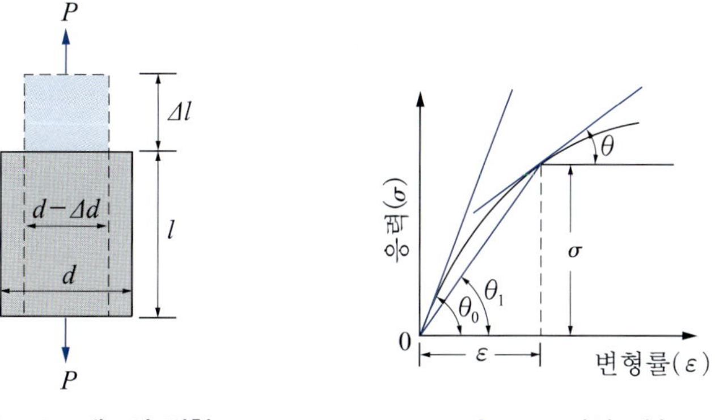

그림 1.3 재료의 변형

그림 1.4 탄성 계수

그러나 콘크리트와 같이 응력-변형률 관계가 처음부터 직선 관계를 나타내지 않을 경우에는 응력의 값에 따라 탄성 계수의 값이 달라진다. 따라서 다음과 같이 목적에 따라 여러 가지의 탄성 계수를 사용하게 된다(그림 1.4 참조).

$$\left.\begin{array}{ll}\text{초기 접선 계수(initial tangent modulus)} & E_0 = \left(\dfrac{d\sigma}{d\varepsilon}\right)_{\varepsilon=0} = \tan\theta_0 \\ \text{접선 계수(tangent modulus)} & E_f = \left(\dfrac{d\sigma}{d\varepsilon}\right)_{\varepsilon=\varepsilon} = \tan\theta \\ \text{할선 계수(secant modulus)} & E = \left(\dfrac{\sigma}{\varepsilon}\right) = \tan\theta_1 \end{array}\right\} \quad (1.2)$$

이 중에서 보통 전단 변형에 대한 응력비인 할선 계수가 사용된다.

② **전단 탄성 계수**(shear modulus)

그림 1.5와 같이 단면적 A인 재료에 전단력(shear force) V가 작용하여 그 변의 길이 l에 $\Delta\lambda$ 되는 전단 변형이 생겼다고 하면, 전단 응력(v)과 전단 변형률(r)은 비례하므로 다음 식과 같이 된다.

$$G = \frac{v}{r} = \frac{\dfrac{V}{A}}{\dfrac{\Delta\lambda}{l}} = \frac{V \cdot l}{A \cdot \Delta\lambda} \quad (1.3)$$

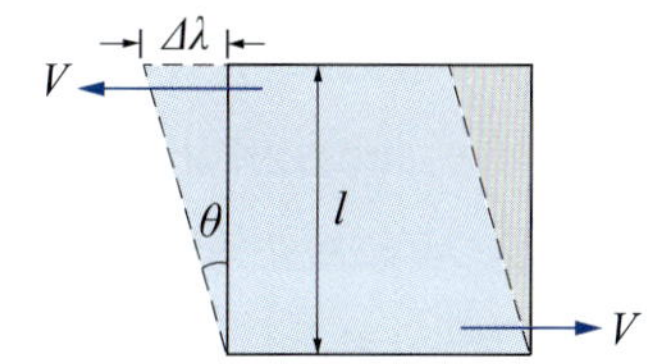

그림 1.5 전단 변형

여기서, G를 전단 탄성 계수라 한다.

③ **푸아송비**(poisson's ratio)

그림 1.3과 같이 탄성체에 외력이 작용하면 그 응력의 방향에 변형이 생기고, 동시에 이것과 직각인 가로 방향에도 변형이 생긴다. 이 두 변형의 비를 푸아송비, 푸아송비의 역수를 푸아송수(poisson's number)라 하며, 다음 식과 같이 된다.

$$\mu = \frac{1}{m} = \frac{\text{가로 변형률}(\varepsilon_l)}{\text{세로 변형률}(\varepsilon_d)} = \frac{\dfrac{\Delta d}{d}}{\dfrac{\Delta l}{l}} = \frac{l \cdot \Delta d}{d \cdot \Delta l} \tag{1.4}$$

여기서, μ : 푸아송비

m : 푸아송수

푸아송수는 보통 금속 재료에서는 3∼4, 콘크리트는 6∼12, 코르크는 0이다.

④ **탄성 계수와 푸아송비의 관계**

탄성 계수 E와 전단 탄성 계수 G 및 푸아송비 μ 사이에는 다음 관계가 성립한다.

$$\left.\begin{aligned} E &= 2G(1+\mu) \\ G &= \frac{mE}{2(m+1)} \end{aligned}\right\} \tag{1.5}$$

(5) 재료의 강도

재료에 외력이 작용할 때, 이것에 저항할 수 있는 능력을 재료의 강도(strength)라 한다. 단위는 응력의 단위(MPa)로 나타낸다.

① **정적 강도**(static strength)

재료에 비교적 느린 속도로 하중을 가해서 파괴할 때, 파괴 시의 응력을 정적 강도라 한다. 정적 강도는 보통 시험체의 원단면적으로 계산한 공칭 응력(nominal stress)을 사용하고 있다.

그러나 연강과 같이 연성이 큰 재료는 파괴될 때 단면이 축소되며, 이 축소된 단면으로 계산한 응력을 진응력(true stress)이라 한다.

보통 사용되고 있는 석재, 콘크리트, 강 등의 강도는 모두 정적 강도이다.

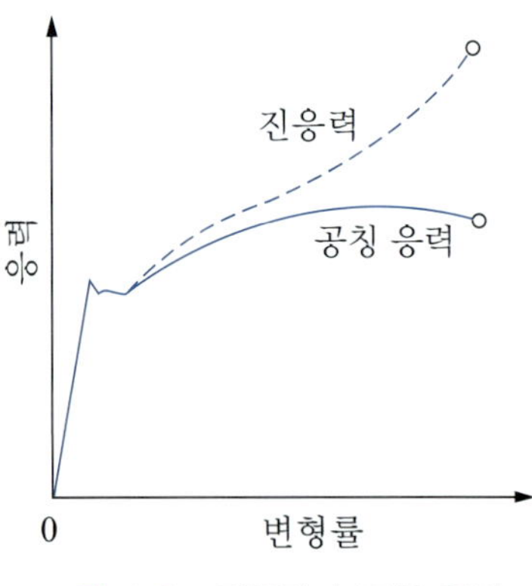

그림 1.6 진응력과 공칭 응력

정적 강도에는 압축 강도, 인장 강도, 전단 강도, 휨 강도, 비틂 강도 등이 있다.

② **충격 강도**(impact strength)

재료에 충격적인 하중이 작용할 때 이것에 대한 저항성을 충격 강도라 한다. 충격 강도는 재료의 파괴에 필요한 에너지로 표시되며, 이것을 충격치(impact value)라 한다.

재료의 충격치는 다음 식으로 구한다.

$$\text{충격치 } i(\text{J/m}^2) = \frac{\text{시험편의 파괴 에너지(J)}}{\text{노치(notch)부 시험편의 원단면적}(\text{m}^2)} \tag{1.6}$$

③ **피로 강도**(fatigue strength)

재료에 일정한 하중이 반복해서 작용하면, 재료가 정적 강도보다 낮은 응력에서 파괴된다. 이와 같이 반복 하중(repeated load)에 의하여 재료의 강도가 떨어지는 현상을 피로(fatigue)라 하며, 이러한 파괴를 피로 파괴(fatigue failure)라 한다. 피로 파괴는 재료 파괴 시에 늚이나 변형이 생기지 않고 파괴되는 것이 특징이다.

또, 재료가 일정한 반복 하중에서 피로 파괴를 일으키지 않는 최대 응력을 피로 한도(fatigue limit)라 하고, 어느 반복 횟수에서 피로 파괴를 일으키는 응력을 피로 강도라 한다.

피로 시험은 시험편에 반복 휨, 회전 휨, 반복 인장과 반복 압축 및 반복 비틂 등을 주어 행한다. 피로 강도는 일반적으로 시험편에 일정한 진폭의 응력 S를 가하여 파괴에 이르는 반복 횟수를 구하고, 그림 1.7과 같은 $S-N$ 선도를 그려서 구한다.

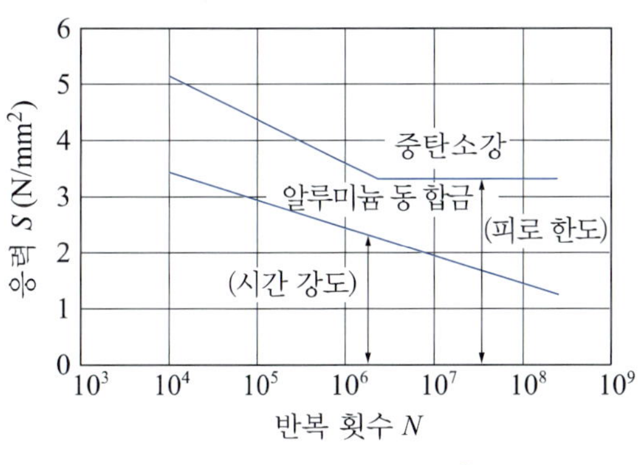

그림 1.7 $S-N$ **선도**[2)]

④ **크리프 한도**(creep limit)

재료에 하중이 오랫동안 작용하면 시간의 경과에 따라 변형이 커진다. 이러한 현상을 크리프(creep)라 한다. 또, 응력이 어느 한도 이상을 넘으면 파괴된다. 이것을 크리프 파괴(creep failure)라 하며, 이 크리프 파괴를 일으키지 않는 한계의 지속 응력 크기를 크리프 한도라 한다.

⑤ **릴랙세이션**(relaxation)

재료에 응력을 가한 상태에서 변형을 일정하게 유지하면 응력은 시간이 지남에 따라 감소한다. 이러한 현상을 릴랙세이션이라 한다.

이것은 탄성 변형의 일부가 크리프에 의하여 소성 변형으로 전환되기 때문이다.

그림 1.8은 재료의 크리프 및 릴랙세이션을 변형률 곡선 상에 나타낸 것이다.

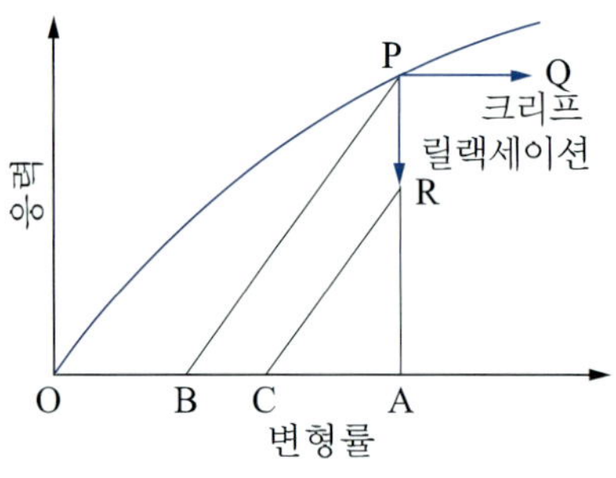

그림 1.8 크리프와 릴랙세이션

(6) 그 밖의 역학적 성질

① **경도**(hardness)

재료에 다른 물체에 의해서 변형이 생길 때, 재료가 나타내는 저항의 크기, 즉 재료의 긁기, 절단, 마모 등에 대한 저항성을 경도라 한다.

재료의 경도는 광물에서는 긁기 저항, 금속 재료는 브리넬 경도, 로크웰 경도 등으로 표시하고, 골재와 석재는 마모 저항으로 나타낸다.

② **강성**(rigidity)

재료가 외력을 받을 때 변형에 저항하는 성질을 강성이라 한다. 부재의 강성은 재료의 탄성 계수, 단면의 형상, 길이 등에 의해서 결정된다.

③ **인성**(toughness)

재료가 외력을 받아 파괴에 이를 때까지 큰 응력에 견디며 변형이 크게 일어나는 성질을 인성이라 한다. 고무, 연강 등은 인성이 큰 재료이다.

④ **취성**(brittleness)

재료가 외력을 받을 때 작은 변형에도 파괴되는 성질을 취성이라 한다. 콘크리트, 주철 등은 취성이 큰 재료이다.

⑤ **연성**(ductility)

재료가 인장력을 받을 때 탄성 한계를 넘는 변형에도 파괴되지 않고 잘 늘어나는 성질을 연성이라 한다. 금, 은, 동 등은 연성이 큰 재료이다.

⑥ **전성**(malleability)

재료를 두드릴 때, 탄성 한계를 넘는 변형에도 파괴되지 않고 얇게 퍼지는 성질을 전성이라 한다. 금, 은, 주석, 납 등은 전성이 큰 재료이다.

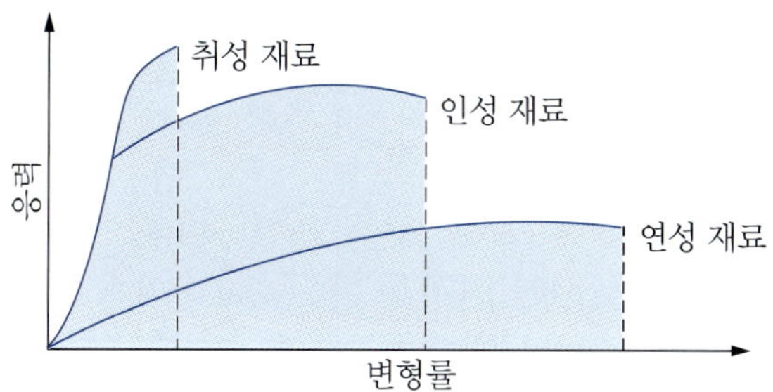

그림 1.9 취성·인성·연성 재료의 응력–변형률 곡선

2. 재료의 물리적 성질

(1) 질량에 관한 성질

① **밀도**(density)

재료의 단위 체적당 질량(mass)을 밀도라 하며, 단위는 g/cm^3, kg/m^3 등을 사용한다.

(가) 진밀도(true density) 공극(pores)을 포함하지 않은 재료의 실질 부분의 단위 체적당 질량이다.

(나) 겉보기 밀도(apparent density) 재료의 불투수성 부분(impermeable portion)의 단위 체적당 질량이다.

(다) 부피 밀도(bulk density) 투수성 공극(permeable pores)과 불투수성 공극(impermeable pores)을 포함한 재료의 단위 체적당 질량이다.

② **단위 용적 질량**(bulk density)

재료의 단위 용적당 질량을 단위 용적 질량이라 한다. 단위는 kg/m^3, kg/L를 사용한다.

③ **함수율**(water content ratio)

재료 속에 들어 있는 수분의 질량을 그 재료의 건조 질량으로 나눈 값을 함수율이라 한다. 단위는 %를 사용한다.

(2) 열에 관한 성질

① **비열**(specific heat)

단위 질량 물질의 온도를 단위 온도만큼 높이는 데 필요한 열량을 비열이라 한다. 단위는 J/kg·°C를 사용한다.

표 1.3 재료의 열적 성질[3)]

물질	비열(J/kg·°C)	열전도율(W/m·°C)	열팽창 계수(10^{-6}/°C)
골재(화강암)	800	3.1	7~9
시멘트 풀($W/C=0.6$)	1 600	1.0	18~20
콘크리트	840~1 170	1.5~3.5	7.4~13
물	4 200	0.5	–
공기	1 050	0.03	–
강	460	120	11~12

② **열전도율**(thermal conductivity)

단위 두께를 가진 재료의 상대하는 두 면에 단위 온도의 차를 줄 때, 단위 시간에 전도하는 열량을 열전도율이라 한다. 단위는 W/m·°C를 사용한다.

이 열전도율의 역수를 열전도 비저항(specific resistance of thermal conduction)이라 하며, 재료의 단열성을 나타낸다. 단위는 m·°C/W를 사용한다.

③ **열확산율**(thermal diffusivity)

단위 두께를 가진 재료의 상대하는 두 면에 단위 열량의 차를 줄 때, 단위 시간에 상승하는 온도를 열확산율 또는 온도 전도율(thermal conductivity)이라 한다.

열확산율은 다음 식과 같이 된다.

$$h^2 = \frac{\lambda}{\rho C} \tag{1.7}$$

여기서, h^2 : 열확산율(m^2/s)

λ : 열전도율(W/m·°C)

ρ : 밀도(kg/m^3)

C : 비열(J/kg·°C)

④ **열팽창 계수**(coefficient of thermal expansion)

재료의 온도 상승 강하에 따르는 팽창, 수축의 비를 열팽창 계수라 한다. 단위는 1/°C를 사용한다. 콘크리트 및 철근의 열팽창 계수는 10×10^{-6}/°C이다.

(3) 전기에 대한 성질

① **전기 저항률**(electric resistivity)

단위 길이와 단위 면적을 가진 재료의 전기 저항비를 저항률이라 한다. 단위는 Ω·m를 사용한다.

② **전기 전도율**(electric conductivity)

전류를 흐르게 할 수 있는 물질의 능력으로, 전기 저항률의 역수를 전기 전도율이라 한다. 단위는 S/m를 사용한다.

(4) 음에 대한 성질

① **흡음률**(sound absorption coefficient)

재료에 강도 e의 음을 투사하면 음은 반사(e_1), 흡수(e_2), 방산(e_3), 투과(e_4)가 된다. 음의 강도 단위는 W/m^{2}를 사용한다.

음의 반사율, 투과율 및 흡음률은 다음 식과 같이 된다.

$$\left.\begin{array}{l} \text{반사율} \ \ r = \dfrac{e_1}{e} \\ \text{투과율} \ \ \tau = \dfrac{e_4}{e} \\ \text{흡음률} \ \ \alpha = 1 - \dfrac{e_1}{e} \end{array}\right\} \tag{1.8}$$

흡음률은 밀도가 클수록 작아지며, 진동수에 따라서도 달라진다. 흡음률은 콘크리트 벽에서 0.02이고, 두께 2.5 mm인 코르크 판에서 약 0.1~0.3이다.

② **차음률**(sound insulation coefficient)

투과율의 역수를 차음률이라 한다. 이 경우 다음 식으로 정해지는 R을 차음량(감음도)이라 한다.

$$\text{차음량} \ R(\text{dB}) = 10 \log_{10} \frac{e}{e_4} \tag{1.9}$$

차음률은 밀도가 클수록 커지며, 음의 진동수에 따라서도 달라진다. 두께 50 mm인 콘크리트 벽에서 약 40 dB이고, 두께 15 mm인 합판에서 약 10~25 dB이다.

3. 재료의 화학적 성질 및 내구성

(1) 화학적 성질

재료의 화학적 성질로서는 재료의 화학 성분이나 화학적 조성, 화학 반응, 그리고 재료의 화학 약품에 대한 내약품성 등을 들 수 있다.

(2) 내구성

재료가 물리적 작용, 화학적 작용, 기계적 작용 및 생물적 작용에 대해 저항하는 성질을 내구성(durability)이라 한다.

건설 재료에서 내구성은 특히 중요한 성질이다.

① **내후성**(weather resistance)

재료가 건습, 동결 융해 등의 작용에 대해 견디는 성질을 내후성이라 한다.

② **내마모성**(abrasion resistance)

재료가 유수와 유사, 미끄럼 등의 물리적 또는 기계적 등의 마모 작용에 대해 견디는 성질을 내마모성이라 한다.

③ **내식성**(corrosion resistance)

재료가 철강의 녹, 목재의 부식 등의 작용에 대해 견디는 성질을 내식성이라 한다.

④ **내화학 약품성**(chemical resistance)

재료가 산이나 알칼리, 염류 또는 기름 등의 작용에 대해 견디는 성질을 내화학 약품성이라 한다.

⑤ **내생물성**(bio resistance)

재료가 충류, 균류 등의 작용에 대해 견디는 성질을 내생물성이라 한다.

1.3 재료의 허용 응력 및 파괴

1. 재료의 허용 응력

재료의 강도는 재료 시험에 의하여 결정되며, 다음 방법으로 정한다.

$$\text{재료의 강도(MPa 또는 N/mm}^2\text{)} = \frac{\text{시험에 의한 최대 하중(N)}}{\text{시험 재료의 원단면적(mm}^2\text{)}} \qquad (1.10)$$

여기서 재료의 강도는 파괴 강도(breaking strength)를 의미하며, 같은 재료라도 그 크기, 모양, 또는 하중을 가하는 방법에 따라 파괴 강도가 달라진다. 그러므로 이 강도를 그대로 사용할 수 없으며, 이것을 안전율(safty factor)로 나누어 구한 값인 허용 응력(allowable stress)을 사용한다.

즉, 재료의 허용 응력은 부재 단면의 최대 응력이 일정한 값을 넘지 않도록 정한 제한 값을 말한다.

재료의 허용 응력은 다음 식으로 구한다.

$$\text{허용 응력(MPa)} = \frac{\text{파괴 강도(MPa)}}{\text{안전율}} \qquad (1.11)$$

2. 재료의 파괴

모든 재료는 가해지는 응력이 어느 한도 이상을 넘으면 파괴된다. 재료의 파괴를 원인에 따라 분류하면 다음과 같다.

1) 탄성 상실에 의한 파괴
2) 크리프에 의한 파괴
3) 균열에 의한 파괴
4) 자연 마모에 의한 파괴

이상의 파괴는 모두 물리적 또는 기계적 원인에 의한 것이나, 재료의 파괴는 이외에 금속의 부식과 같은 화학적 원인에 의한 것, 목재의 부식과 같은 유기적 원인에 의한 것, 또한 큰 원인으로 화재를 들 수 있다.

참고 문헌

1) KSA : KS 총람, 한국표준협회(2022)
2) 西林新蔵 : 土木材料, 朝倉書店(1985)
3) S. Mindes, J. F. Young, D. Darwin : Concrete(2nd ed.), Printice hall(2003)
4) 西村 昭, 藤井 学 : 最新 土木材料 森北出版株式会社(1975)
5) ACI : ACI Manual of Concrete Practice, Part I(2019)

연습문제

1. 건설 재료를 구성 물질의 화학 조성에 따라 분류하여라.
2. 건설 재료의 요건은 무엇인가?
3. 산업 표준화의 목적과 효과를 설명하여라.
4. 재료의 응력과 강도는 어떻게 다른가?
5. 재료의 응력-변형률 곡선에 대해서 설명하여라.
6. 각종 재료의 응력-변형률 곡선을 비교해 보아라.
7. 재료의 탄성 계수란 무엇이며, 그 종류에 대해서 설명하여라.
8. 재료의 정적 강도와 충격 강도에 대해서 설명하여라.
9. 재료의 취성은 구조물에 어떠한 영향을 주는가?
10. 재료의 내구성이란 무엇이며, 내구성 저해의 요인에 대해서 설명하여라.
11. 재료의 허용 응력이란 무엇인가?
12. 재료 파괴의 원인에 대해서 설명하여라.

2 콘크리트의 재료

2.1 시멘트

1. 개설

(1) 시멘트의 의의

시멘트(cement)란, 넓은 의미로서 무기질 접착제 또는 광물질 풀을 말하나, 일반적으로 물과 혼합하면 시간이 지남에 따라 굳어지는 성질을 가지는 수경성 시멘트(hydraulicity cement)를 말한다.

시멘트는 콘크리트에서 골재를 결합시켜 단단하게 하는 역할을 하며, 콘크리트의 구성 재료 중에서 가장 중요한 것이다.

현재 많이 사용되고 있는 시멘트는 1824년 영국의 조셉 아습딘(Joseph Aspdin)이 석회석과 점토를 혼합하여 소성시켜 만든 것이다. 이것의 응고 상태가 포틀랜드에서 산출되는 석회석과 유사하다 하여 포틀랜드 시멘트(portland cement)라고 이름을 붙인 것이다.

(2) 시멘트의 역사

시멘트의 역사는 콘크리트보다 훨씬 오래 되었다. 이미 기원전 이집트, 로마 시대에 현재의 시멘트와 비슷한 시멘트질 재료가 석조 구조물의 줄눈재 등에 사용되었다. 이집트의 피라미드나 로마 시대의 수도교(aqueduct) 등에서 그 예를 볼 수 있다.

(가) 이집트 시대 피라미드에 석회와 석고를 혼합한 시멘트 물질을 사용하였다.

(나) 기원전 그리스에서 석회에 산토린 토(santorin clay)를 혼합하여 만든 모르타르를 사용하였다.

(다) 로마 시대 석회에 포졸란을 혼합하여 사용하였고, 또 석회에 트라스(trass, 라인강에서 산출되는 화산회)를 혼합하여 만든 모르타르를 사용하였다.

(라) 1756년 영국의 존 스미톤(John Smeaton)이 에디스톤(Eddystone) 등대 재건 시 석회에 점토를 혼합하여 수경성 물질을 사용하였다.

(마) 1796년 영국의 제임스 파커(James Parker)가 석회석과 점토를 소성·분쇄하여 만든 급경성 시멘트를 로만 시멘트(Roman cement)라 하여 특허를 얻었다.

(바) 1818년 프랑스의 비카(L. J. Vicat)가 석회석과 점토의 혼합물을 가열하여 인공 수경성 석회를 얻었다.

(사) 1824년 영국의 벽돌공인 조셉 아습딘(Joseph Aspdin)이 '인조석 제조 방법의 개량'이란 표제로써 특허를 얻었다. 이것이 현대 시멘트의 시작이었다.

(아) 1845년 영국의 존슨(I. C. Johnson)이 원료의 혼합 및 소성 온도를 규명하였다.

(자) 1907년 독일의 스핀델(Spindel)이 조강 시멘트를 발명하였고, 프랑스와 미국에서 알루미나 시멘트를 제조하였다.

(3) 시멘트의 분류

건설 공사에 사용하는 시멘트의 종류에는 여러 가지가 있으나, 한국 산업 표준(KS)에 품질이 규정되어 있는 것에 따라 나누면 다음과 같다.

① 포틀랜드 시멘트

(ㄱ) 보통 포틀랜드 시멘트(1종)
(ㄴ) 중용열 포틀랜드 시멘트(2종)
(ㄷ) 조강 포틀랜드 시멘트(3종)
(ㄹ) 저열 포틀랜드 시멘트(4종)
(ㅁ) 내황산염 포틀랜드 시멘트(5종)
} (KS L 5201)

(ㅂ) 백색 포틀랜드 시멘트 (KS L 5204)

② 혼합 시멘트

(ㄱ) 고로 슬래그 시멘트 (KS L 5210)
(ㄴ) 플라이 애시 시멘트 (KS L 5211)
(ㄷ) 포졸란 시멘트 (KS L 5401)

③ 특수 시멘트

(ㄱ) 내화물용 알루미나 시멘트 (KS L 5205)
(ㄴ) 박리 팽창 질석 단열 시멘트 (KS L 5216)
(ㄷ) 팽창성 수경 시멘트 (KS L 5217)
(ㄹ) 메이슨리 시멘트 (KS L 5219)

이 밖에도 KS에는 품질이 규정되어 있지 않으나, 특수 시멘트로서 초조강 시멘트, 초속경 시멘트, 초미분말 시멘트, 색 시멘트, 유정 시멘트 등이 있다.

우리 나라에서는 현재 대부분 보통 포틀랜드 시멘트를 생산하고 있으며, 이 밖에도 다른 시멘트의 일부가 생산되고 있다.

2. 포틀랜드 시멘트

(1) 시멘트의 제조

포틀랜드 시멘트는 산화칼슘, 이산화규소, 산화알루미늄 등을 함유하는 원료를 적당한 비율로 혼합하여, 이것을 소성(1400～1500°C)시켜 만든 클링커(clinker)에 소량의 석고($CaSO_4 \cdot 2H_2O$)를 넣고 분쇄하여 만든다.

① 원료

(가) 주원료 석회석(주성분 CaO)과 점토(주성분 Al_2O_3와 SiO_2)이며, 이외에 산화철(주성분 Fe_2O_3)이 사용된다.

(나) 원료의 배합 원료의 배합비를 정하는 데는 각종의 비율과 계수가 정해져 있다. 이 중에서 가장 일반적인 것은 수경률(hydraulic modulus)이다.

시멘트의 수경률은 다음 식으로 나타낸다.

$$\text{수경률(HM)} = \frac{CaO}{SiO_2 + Al_2O_3 + Fe_2O_3} \tag{2.1}$$

수경률은 염기 성분과 산성 성분과의 비율에 해당된다. 이것이 클수록 규산삼칼슘(C_3S)의 생성량이 많아서 강도 발현성은 좋지만 수화열이 많아진다. 포틀랜드 시멘트의 수경률은 대개 1.7～2.4 정도이다.

포틀랜드 시멘트 1t을 만드는 데 필요한 원료의 양은 대략 석회석 1.2t, 점토 0.3t, 산화철 0.03t, 여기에 적당량의 실리카질을 가하면 약 1.5t이 된다.

② 제조 방식

원료를 분쇄할 때 수분량에 따라 건식법, 습식법, 반건식법이 있다.

(가) 건식법(dry process) 각 원료의 수분을 1% 이하로 건조시켜 균일하게 배합하여 소성·분쇄한다. 1kg의 클링커당 1600kcal의 열량이 필요하다.

습식법에 비해 열효율이 높으나 품질이 고르지 못하다.

(나) 습식법(wet process) 원료에 32～40%의 수분을 넣고 슬러리 케이크(slurry cake) 상태로 만들어 소성하여 분쇄한다. 1kg의 클링커당 1800～1900kcal의 열량이 필요하다.

건식법에 비해 원료를 곱게 분쇄하기 쉽고, 성분의 배합이 정확하게 되므로 품질이 고른 것이 장점이나 많은 열량을 필요로 한다.

(다) 반건식법(semi-dry process) 건식 원료를 수분 10～20%로 하여 소성·분쇄한다.

이 방식은 1 kg의 클링커당 1000~1100 kcal의 열량이 필요하다.

우리 나라에서는 대부분 건식법을 사용하며, 그 다음에 반건식법을 많이 사용하고 있다.

③ 제조 공정

포틀랜드 시멘트의 제조 공정은 원료의 혼합·소성·분쇄의 3공정으로 나뉜다.

(가) 혼합(blending) 석회석, 점토, 혈암 등을 원료 밀(mill, 지름 약 2 m, 길이 12 m 정도)에 넣고 분쇄하여 혼합한다. 원료의 혼합은 건식법, 습식법, 반건식법으로 한다.

(나) 소성(burning) 분쇄한 원료를 회전 가마(rotary kiln) 속에서 1400~1500°C 정도로 소성하여 클링커를 만든다. 소성 시간은 건식법에서는 1~1.5시간, 습식법에서는 2~2.5시간 정도이다.

(다) 분쇄(grinding) 클링커를 냉각 원통에서 충분히 냉각한 다음, 클링커 질량의 2~3%의 석고($CaSO_4 \cdot 2H_2O$)를 응결 지연제로 넣고 미분말로 분쇄하여 체가름 한다.

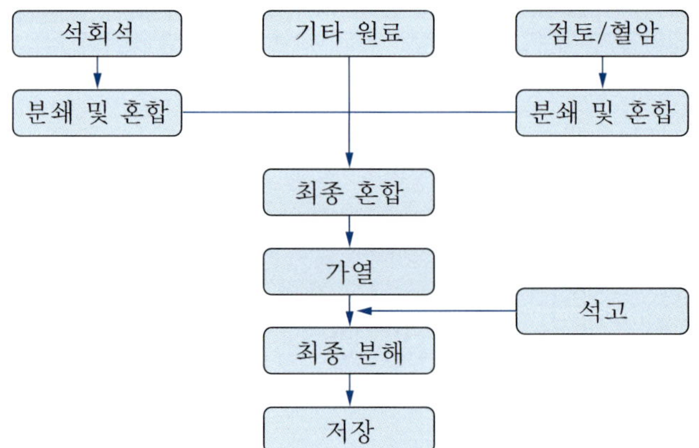

그림 2.1 시멘트 제조 공정의 개략도

(2) 시멘트의 화학 성분과 화합물

① 시멘트의 화학 성분

포틀랜드 시멘트의 주성분은 산화칼슘(CaO), 이산화규소(SiO_2), 산화알루미늄(Al_2O_3)의 3가지 중요한 성분 외에 소량의 산화철(Fe_2O_3), 산화마그네슘(MgO), 삼산화황(SO_3), 알칼리(K_2O, Na_2O), 이산화탄소(CO_2) 및 물 등의 원소 산화물을 포함하고 있으며, 화학 성분은 시멘트의 종류, 제조 방법에 따라 다소 달라진다.

일반적인 포틀랜드 시멘트의 화학 성분은 표 2.1과 같다.

표 2.1 포틀랜드 시멘트의 화학 성분

성분	명칭	약어	질량비(%)
주성분	산화칼슘(CaO) 이산화규소(SiO_2) 산화알루미늄(Al_2O_3)	C S A	63 22 6
부성분	산화철(Fe_2O_3) 산화마그네슘(MgO) 삼산화황(SO_3)	F M $\overline{S}$	2.5 2.6 2.0
기타	불용해 성분 황화물 알칼리, 인의 화합물		0.7 소량

② 시멘트의 주요 화합물

포틀랜드 시멘트의 주성분은 이것들이 그대로 존재하는 것이 아니고, 소성하면 여러 가지의 화합물이 만들어진다. 이와 같은 시멘트의 화합물은 시멘트의 수화 반응과 강도에 영향을 미치게 된다.

포틀랜드 시멘트의 주요 화합물의 종류 및 특성은 다음과 같다.

(가) 규산삼칼슘(C_3S) 알루민산삼칼슘(C_3A)보다 수화 반응은 늦지만, 강도는 빨리 나타나고 수화열도 C_3A 다음으로 많다.

중용열 포틀랜드 시멘트에서는 사용량을 50%로 제한하고 있다.

(나) 규산이칼슘(C_2S) 규산삼칼슘(C_3S)보다 수화 반응이 늦어 수화열이 적고, 장기에 걸쳐 강도가 커진다.

중용열 포틀랜드 시멘트에서는 사용량을 40% 이상으로 하고 있다.

(다) 알루민산삼칼슘(C_3A) 수화 반응이 아주 빠르므로 석고를 가해서 응결 시간을 늦춘다. 보통 시멘트 클링커 중에 약 10% 정도 함유되어 있다.

중용열 포틀랜드 시멘트에서는 사용량을 8% 이하, 저열 포틀랜드 시멘트에서는 6% 이하, 내황산염 포틀랜드 시멘트에서는 4% 이하로 제한하고 있다.

경화 과정에서 수축량이 대단히 크므로 시멘트에 균열 현상을 일으켜 안정성을 해치고 있으나, 시멘트 제조 시 소성 공정에서는 반드시 필요하다.

(라) 알루민산철사칼슘(C_4AF) 수화 반응이 늦고 수화열도 적으며, 조기 강도와 장기 강도도 낮다. 수축이 작고 발열이 적으므로 도로용, 댐용 시멘트에 많이(12～13%) 넣는다.

포틀랜드 시멘트의 주요 화합물의 특성은 표 2.2와 같다.

표 2.2 포틀랜드 시멘트의 주요 화합물의 특성[1)]

광물명	명칭	화학식	약어	수화 속도	수화열	강도
Alite	규산삼칼슘	$3CaO \cdot SiO_2$	C_3S	보통이다	많다	크다
Belite	규산이칼슘	$2CaO \cdot SiO_2$	C_2S	느리다	적다	크다
Celite	알루민산삼칼슘	$3CaO \cdot Al_2O_3$	C_3A	빠르다	매우 많다	작다
Felite	알루민산철사칼슘	$4CaO \cdot Al_2O_3 \cdot Fe_2O_3$	C_4AF	보통이다	보통이다	작다

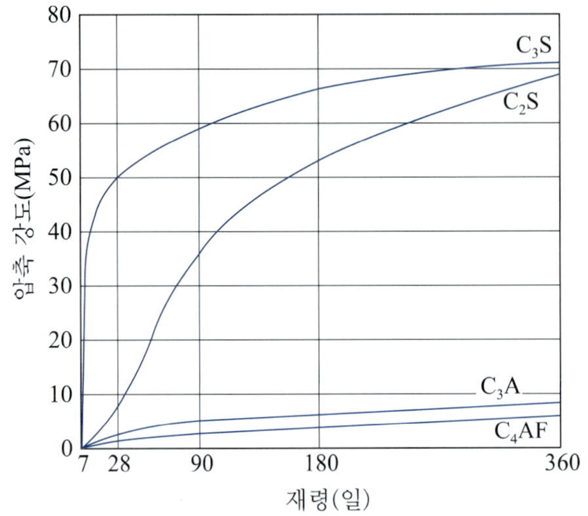

그림 2.2 시멘트 화합물의 강도 발현[2)]

(3) 시멘트의 수화와 풍화

① 시멘트의 수화

(가) 수화 반응(hydration reaction) 시멘트가 물과 접촉하면 시멘트 속의 수경성 화합물이 화학 반응을 일으켜 응결·경화 과정을 거쳐 강도를 내게 된다. 이와 같은 반응을 수화 반응 또는 수화라 한다.

시멘트 수화 반응은 시멘트의 분말도, 수량, 온도 등의 여러 가지 요인에 따라 영향을 받으며 매우 복잡한 과정을 거친다.

(ㄱ) 규산칼슘(CS)의 반응 : 규산삼칼슘(C_3S)의 반응은 조기에 일어나고, 규산이칼슘(C_2S)의 반응은 장기간에 걸쳐서 일어난다. 가수분해에서 많은 양의 규산-칼슘 수화물과 수산화칼슘을 생성하여 시멘트의 경화에 도움을 준다.

규산칼슘의 반응은 다음과 같다.

$$\left.\begin{aligned} C_2S+(n+2)H_2O=CS\cdot nH_2O+2Ca(OH)_2 \\ C_3S+nH_2O=CS\cdot nH_2O+Ca(OH)_2,\ (n=2) \end{aligned}\right\} \quad (2.2)$$

(ㄴ) 알루민산칼슘(C_3A)의 반응 : C_3A가 물과 직접 반응하면 시멘트가 순결할 우려가 있으므로 석고를 가한다.

C_3A의 반응은 다음과 같이 되며, 수화에 의해 에트링가이트(ettringite)를 생성한다.

$$\underset{\text{(에트링가이트)}}{C_3A+3CaSO_4+nH_2O=C_3A\cdot 3CaSO_4\cdot nH_2O,\ (n=30\sim32)} \quad (2.3)$$

(ㄷ) 알루민산철사칼슘(C_4AF)의 반응 : C_4AF의 반응은 다음과 같이 된다.

$$C_4AF+Ca(OH)_2+10H_2O=C_3A\cdot 6H_2O+CF\cdot 5H_2O \quad (2.4)$$

이와 같이 시멘트의 수화 반응으로 생성된 각종 수화물(hydrate)을 총칭하여 시멘트 겔(gel)이라 한다. 시멘트 겔은 시간의 경과에 따라 탈수에 의하여 강도를 나타내게 된다. 수화 반응은 초기에 급격히 일어나며, 장기간에 걸쳐서 진행된다.

(나) 수화열(hydration heat)

(ㄱ) 수화열의 영향 : 시멘트가 수화 반응을 할 때 발생하는 열을 수화열이라 한다. 수화열은 물-시멘트비가 클수록 높아지고(그림 2.3 참조), 양생 온도가 높을수록 조기 재령에서 높아진다(그림 2.4 참조).

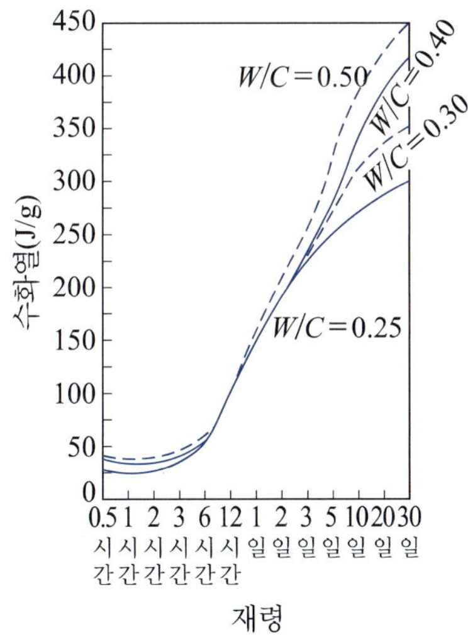

그림 2.3 물-시멘트비와 수화열[3)]

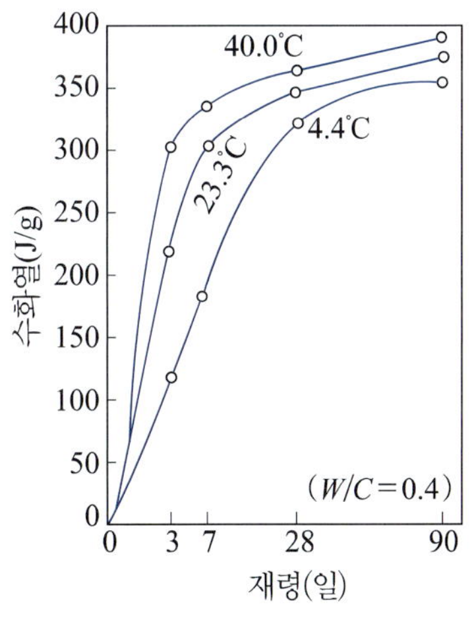

그림 2.4 양생 온도와 수화열[4)]

수화열은 한중 콘크리트에서는 유효하지만, 댐과 같이 단면이 큰 매스 콘크리트(mass concrete)에서는 온도 응력을 발생하여 균열이 생기게 된다. 따라서 매스 콘크리트에서는 여러 가지 방법으로 수화열을 줄이고 있다.

(ㄴ) 수화열의 시험 : 열량계(calorimeter)를 사용하여 시멘트의 용해열과 7일 또는 28일간 수화한 후 시멘트의 용해열을 측정한다. 이들 측정치 사이의 차이를 각각 수화 기간의 수화열로 한다.

포틀랜드 시멘트의 수화열 시험 방법은 KS L 5121에 규정되어 있다.

(ㄷ) 수화열의 규정 : 포틀랜드 시멘트의 수화열은 KS에 규정되어 있으며, 표 2.3과 같다.

표 2.3 **시멘트의 수화열** (J/g)

시멘트의 종류		7일	28일	표준 번호
포틀랜드 시멘트	중용열	290 이하	340 이하	KS L 5201
	저열	250 이하	290 이하	

② **시멘트의 풍화**(aeration)

(가) 풍화의 성질 시멘트는 저장 중에 공기와 닿으면 공기 중의 수분을 흡수하여 수화 반응을 일으킨다.

이때 생긴 수산화칼슘($Ca(OH)_2$)이 공기 중의 이산화탄소(CO_2)와 반응하여 탄산칼슘($CaCO_3$)과 물(H_2O)이 생기게 된다. 이러한 현상을 시멘트의 풍화라 한다.

$$\left.\begin{array}{l} CaO+H_2O \rightarrow Ca(OH)_2 \\ Ca(OH)_2+CO_2 \rightarrow CaCO_3+H_2O \end{array}\right\} \quad (2.5)$$

풍화된 시멘트의 성질은 다음과 같다.

1) 밀도가 작아진다.
2) 응결이 늦어진다.
3) 강도가 늦게 나타난다.
4) 강열 감량이 커진다.

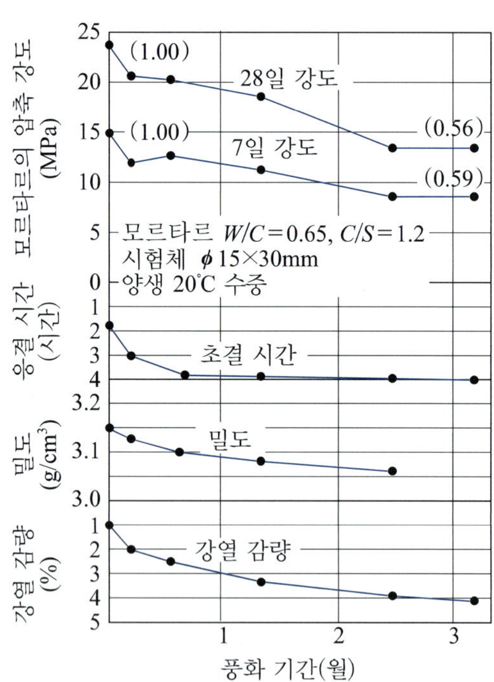

그림 2.5 풍화한 시멘트의 성질 변화[5)]

(나) 풍화도 시멘트의 풍화 정도는 강열 감량으로 나타낸다.

(ㄱ) 강열 감량(ignition loss) : 시멘트를 975±25°C로 가열하였을 때, 시멘트의 감량에 대한 시멘트의 질량 백분율로 나타낸다.

시멘트의 강열 감량은 다음 식으로 나타낸다.

$$I_i = \frac{m_i}{m_a} \times 100 \quad (2.6)$$

여기서, I_i : 시멘트의 강열 감량 질량 백분율(%)

m_i : 시멘트의 질량(g)

m_a : 시멘트의 감량(g)

시멘트의 강열 감량 시험 방법은 KS L 5120(포틀랜드 시멘트의 화학 분석 방법)에 따른다.

(ㄴ) 강열 감량의 규정 : 시멘트의 강열 감량은 KS에 규정되어 있으며, 표 2.4와 같다.

표 2.4 **시멘트의 강열 감량**

시멘트의 종류	강열 감량(%)	표준 번호
포틀랜드 시멘트	5 이하	KS L 5201
백색 포틀랜드 시멘트	3 이하	KS L 5204
고로 슬래그 시멘트	3 이하	KS L 5210
플라이 애시 시멘트	3 이하	KS L 5211
포졸란 시멘트	3 이하	KS L 5401

3. 시멘트의 성질 및 시험 방법

(1) 시멘트의 밀도

① 밀도

시멘트의 밀도는 단위 질량의 계산과 콘크리트의 배합 설계 등에 사용된다. 시멘트의 밀도를 알면 클링커의 소성 상태, 혼합재의 혼입량을 알 수 있고, 또 시멘트의 풍화 상태, 품질 및 종류 등을 대략 추정할 수 있다.

시멘트의 밀도를 변하게 하는 요인 중에서 중요한 것은 다음과 같다.

1) 석고 함유량이 많으면 밀도가 작아진다.
2) 시멘트가 풍화하면 밀도가 작아진다.

3) 혼합 시멘트는 혼합재의 양이 많아지면 밀도가 작아진다.

4) 시멘트 클링커의 구성 화합물의 조성에 따라 밀도가 달라진다.

시멘트 밀도의 개략 값은 표 2.5와 같다.

표 2.5 **시멘트의 밀도** [6)]

시멘트의 종류		밀도(Mg/m^3)
포틀랜드 시멘트	보통	3.15
	중용열	3.21
	조강	3.13
	저열	3.22
	내황산염	3.21
백색 포틀랜드 시멘트		3.14
고로 슬래그 시멘트		3.03
플라이 애시 시멘트		2.94
포틀랜드 포졸란 시멘트		3.11

② 밀도 시험

시멘트의 밀도는 르 샤틀리에(Le Chatelier) 플라스크를 사용하여 시멘트의 용적을 광유로 치환해서 구한다.

시멘트의 밀도는 다음 식으로 산출한다.

$$d = \frac{m}{V} \tag{2.7}$$

여기서, d : 시멘트의 밀도(Mg/m^3)

m : 시멘트의 질량(g)

V : 시멘트의 용적(mL)

시멘트의 밀도 시험 방법은 KS L 5110에 규정되어 있다.

(2) 시멘트의 분말도

① 분말도(fineness)

시멘트 입자의 가는 정도를 나타내는 것을 분말도라 한다. 시멘트의 입자가 가늘수록 분말도가 높으며, 분말도가 높으면 표면적이 커서 수화 반응이 빨라진다.

시멘트의 분말도는 콘크리트의 강도, 내구성, 수밀성에 크게 영향을 끼친다.

분말도가 높은 시멘트는 다음과 같은 성질이 있다.

1) 풍화하기 쉽다.
2) 워커빌리티가 좋다.
3) 블리딩이 감소한다.
4) 조기 강도가 크다(그림 2.6 참조).
5) 수화열이 많으므로 균열이 생기기 쉽다.
6) 건조 수축이 크다.

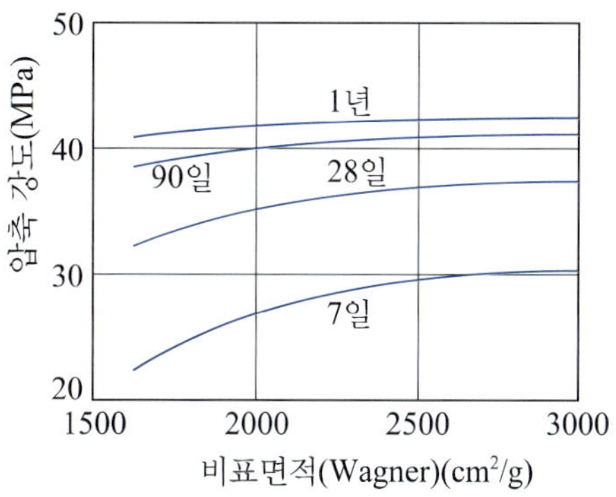

그림 2.6 시멘트의 분말도와 압축 강도 [7)]

② 분말도 시험

시멘트의 분말도는 블레인(Blaine) 공기 투과 장치를 사용해서 시험한다. 공기 투과 장치는 일정한 기공률(porosity)을 갖도록 만든 시멘트 베드(bed)를 통하여 일정량의 공기를 흡인하는 장치로 되어 있다. 일정한 기공률을 갖도록 만든 시멘트 베드 속의 구멍의 수와 크기는 베드를 통하여 흐르는 공기의 속도를 조절한다.

시멘트 분말도는 장치 표준화 교정용 시료(밀도 3.15g/cm^3, 베드의 기공률 0.500±0.005)의 베드와 시험 시료의 베드에 공기를 투과시켜, 공기가 투과하는 데 걸리는 시간을 측정하여 구한 비표면적(specific surface area)으로 나타낸다.

시멘트의 비표면적(cm^2/g)이란, 1 g의 시멘트가 가지고 있는 전체 입자의 총 표면적(cm^2)을 말한다.

포틀랜드 시멘트의 비표면적은 다음 식으로 산출한다.

$$S = S_s\sqrt{\frac{T}{T_s}} \tag{2.8}$$

여기서, S : 시험 시료의 비표면적(cm^2/g)

S_s : 표준 시료의 비표면적(cm^2/g)

T : 시험 시료에 대한 마노미터액의 B표선에서 C표선까지 내려오는 시간(초)

T_s : 표준 시료에 대한 마노미터액의 B표선에서 C표선까지 내려오는 시간(초)

공기 투과 장치에 의한 포틀랜드 시멘트의 분말도 시험 방법은 KS L 5106에 규정되어 있다.

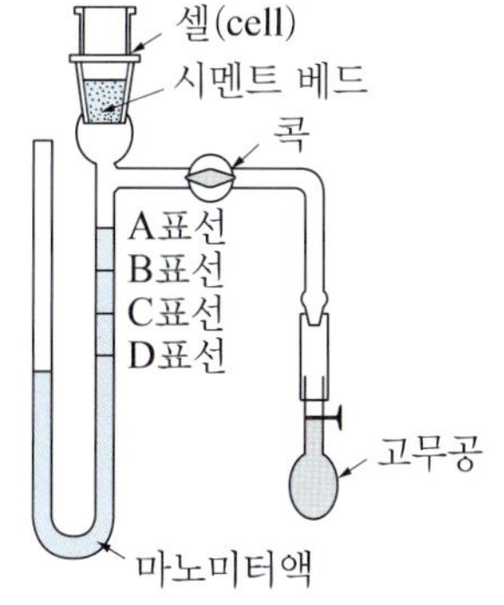

그림 2.7 블레인 공기 투과 장치

③ **분말도 규정**

시멘트의 분말도는 KS에 규정되어 있으며, 표 2.6과 같다.

표 2.6 **시멘트의 분말도**

시멘트의 종류		비표면적(블레인 방법)(cm^2/g)	표준 번호
포틀랜드 시멘트	보통	2800 이상	KS L 5201
	중용열	2800 이상	
	조강	3300 이상	
	저열	2800 이상	
	내황산염	2800 이상	
백색 포틀랜드 시멘트		3000 이상	KS L 5204
고로 슬래그 시멘트		3000 이상	KS L 5210
플라이 애시 시멘트		2500 이상	KS L 5211
포틀랜드 포졸란 시멘트		3000 이상	KS L 5401

(3) 시멘트의 응결

① **응결**(setting)

시멘트에 물을 넣으면 수화 반응을 일으켜, 시멘트 풀(cement paste)이 시간의 경과에 따라 유동성과 점성을 잃고 점점 굳어진다. 이러한 상태를 응결이라 한다. 응결은 모양을 유지할 정도이다.

또 응결이 끝난 후 수화 반응이 계속되면 굳어져서 강도를 내게 된다. 이러한 상태를 경화(hardening)라 한다.

시멘트의 응결 시간은 콘크리트 치기와 관계가 있다. 응결 시간이 너무 빨라도 또 너무 늦어도 실제 공사하는 데 불편하므로, 시멘트의 초결 시간(initial setting time)과 종결 시간(final setting time)을 알아야 한다.

시멘트의 응결 시간은 수량, 온도, 분말도, 풍화도, 화학 성분에 따라 달라지며, 응결 시간에 영향을 끼치는 중요한 요인은 다음과 같다.

1) 분말도가 높으면 응결이 빨라진다.
2) 시멘트가 풍화되면 응결이 늦어진다.
3) 석고의 양이 많으면 응결이 늦어진다.
4) 수량이 많으면 응결이 늦어진다(그림 2.8 참조).
5) 온도가 높으면 응결이 빨라진다(그림 2.9 참조).

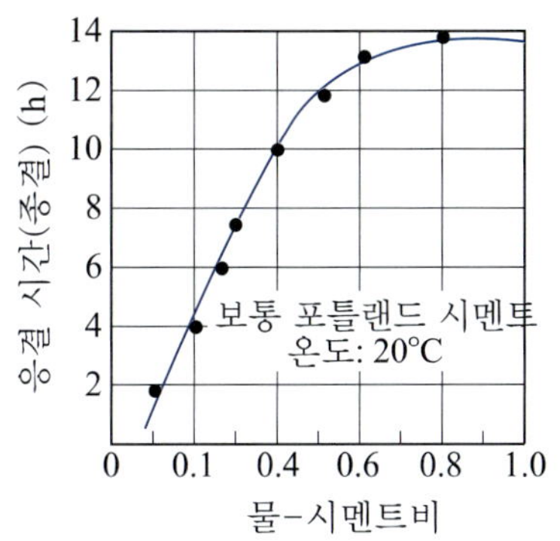

그림 2.8 물–시멘트비와 응결 시간과의 관계[8)]

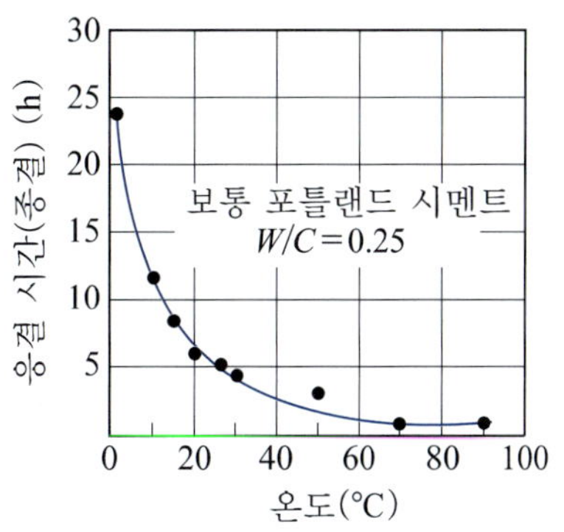

그림 2.9 온도와 응결 시간과의 관계[8)]

② **가응결**(false set)

시멘트에 따라서는 비벼서 놓아 두면, 잠시 후(물을 넣은 후 5~10분) 약간 굳어 일시적으로 응결된 것처럼 되었다가 다시 부드러워져서, 이후에는 정상적인 응결을 나타내는 현상이 있다. 이것을 가응결이라 한다. 이것은 주로 시멘트 크링커 속에 들어 있는 석고의 탈수에 의한 것이다.

가응결이 생기면 콘크리트에 조기 균열이 발생하고, 이상 재료 분리 현상, 이상 레이턴스 등이 생겨서 콘크리트에 나쁜 영향을 준다.

시멘트의 가응결 시험 방법은 KS L 5119에 따른다.

③ **응결 시간 시험**

시멘트의 응결 시간은 비카(Vicat) 시험 장치를 사용하여 시험한다.

틀(mold) 안에 넣은 표준 반죽 질기의 시멘트 풀 시험체 속을 초결 침이 관입하여 침 끝과 바닥판 거리가 4±1mm 될 때의 시간을 시멘트의 초결 시간으로 하고, 종결 침이 시험체의 뒷면을 0.5mm 관입했을 때의 시간을 시멘트의 종결 시간으로 한다.

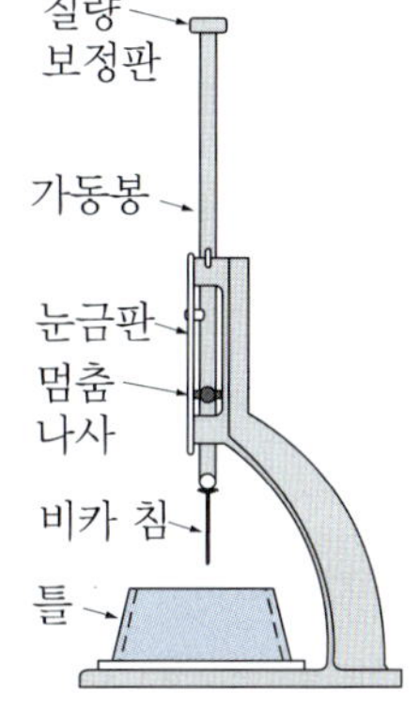

그림 2.10 비카 시험 장치

시멘트의 응결 시간 시험 방법은 KS L ISO 9597에 규정되어 있다.

④ **응결 시간 규정**

시멘트의 응결 시간은 KS에 규정되어 있으며, 표 2.7과 같다.

표 2.7 시멘트의 응결 시간

시멘트의 종류		응결 시간		표준 번호
		초결(분)	종결(시간)	
포틀랜드 시멘트	보통	60 이상	10 이하	KS L 5201
	중용열	60 이상	10 이하	
	조강	45 이상	7 이하	
	저열	60 이상	10 이하	
	내황산염	60 이상	10 이하	
백색 포틀랜드 시멘트		60 이상	10 이하	KS L 5204
고로 슬래그 시멘트 1종(2, 3종)		45(60) 이상	7(10) 이하	KS L 5210
플라이 애시 시멘트		60 이상	10 이하	KS L 5211
포틀랜드 포졸란 시멘트		60 이상	10 이하	KS L 5401

(4) 시멘트의 안정성

① **안정성**(soundness)

시멘트의 안정성은 시멘트의 경화 중에 균열이 생기거나 뒤틀림 변형이 생기는 정도를 나타내는 것이다.

시멘트의 불안정 원인은 시멘트의 성분인 C_3A와 석고의 반응, 유리 산화칼슘(free-Cao)과 유리 마그네슘(free-MgO)의 경화 중 체적 팽창으로 균열이나 뒤틀림 등이 생기기 때문이다.

② **안정성 시험**

(가) 르 샤틀리에(Le Chatelier) 방법 르 샤틀리에 틀에 표준 반죽 질기의 시멘트 풀을 채워서 24시간 후, 중탕 수조 속에서 30±5분 동안 끓이고, 3시간±5분 동안 끓는 온도에 둔다.

틀에 있는 2개 지침의 상대적 움직임으로 시험체의 팽창을 측정하여 시멘트의 르 샤틀리에 안정도(mm)로 한다.

시멘트의 안정성 시험 방법은 KS L ISO 9597에 규정되어 있다.

(나) 오토클레이브(autoclave) 방법 표준 반죽 질기의 시멘트 풀로 만든 시험체(25.4 mm × 25.4 mm × 254 mm)를 오토클레이브(증기압 2±0.07 MPa)에서 3시간 가압한다. 시험체를 냉각시킨 후, 길이 변화율을 측정하여 시멘트의 오토클레이브 팽창도(%)로 한다.

시멘트의 오토클레이브 팽창도 시험 방법은 KS L 5107에 규정되어 있다.

③ **안정도 규정**

시멘트의 안정도는 KS에 규정되어 있으며, 표 2.8과 같다.

표 2.8 시멘트의 안정도

시멘트의 종류	르 샤틀리에(mm)	오토클레이브 팽창도(%)	표준 번호
포틀랜드 시멘트	10 이하	0.80 이하	KS L 5201
백색 포틀랜드 시멘트	10 이하	0.80 이하	KS L 5204
고로 슬래그 시멘트	10 이하	0.20 이하	KS L 5210
플라이 애시 시멘트	10 이하	0.50 이하	KS L 5211
포졸란 시멘트	–	0.50 이하	KS L 5401

(5) 시멘트의 강도

① 모르타르의 강도

시멘트의 강도는 시멘트의 여러 가지 성질 중에서 가장 중요한 것이다. 이것은 콘크리트의 강도와 직접 관계가 있기 때문이다.

시멘트의 강도는 배합 수량, 시멘트-모래비, 모래의 종류와 입도, 혼합과 시험체의 제작 방법, 양생 조건, 시험체의 모양과 크기, 재령, 재하 속도 등에 따라 달라진다.

시멘트의 강도 시험은 시멘트 모르타르(cement mortar) 시험체를 사용해서 한다. 이 때, 모르타르 시험체는 모래의 품질 차이에 따른 강도의 변화를 없애기 위하여 표준사(standard sand)를 사용해서 만든다.

표준사는 표 2.9의 ISO 기준 모래의 품질 규정에 적합해야 한다.

표 2.9 ISO 기준 모래의 품질 및 입도 분포 (KS L ISO 679)

품질		입도 분포	
		체 눈의 크기(mm)	체에 누적된 잔분(%)
모양	천연의 둥근 입자	2	0
성분	이산화규소(SiO_2) 98% 이상 함유	1.6	7±5
		1	33±5
		0.5	67±5
습분	0.2% 미만 (건조 시료의 질량에 대한)	0.16	87±5
		0.08	99±1

② 강도 시험

(가) 휨 강도 시험 시멘트 모르타르 시험체의 모양과 치수는 40 mm×40 mm×160 mm의 각주로 한다. 배합은 시멘트와 표준사 1 : 3 비율, 물-시멘트비 0.5로 한다.

시험체를 그림 2.11과 같이 시험기에 놓고, 시험체의 중앙에 하중을 가하여 휨 파괴 하중을 구한다.

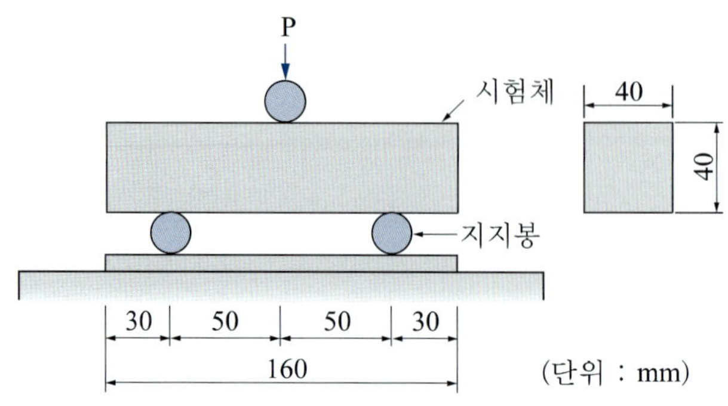

그림 2.11 시멘트의 휨 강도 시험

시멘트의 휨 강도는 다음 식으로 산출한다.

$$R_f = \frac{1.5Pl}{b^3} \tag{2.9}$$

여기서, R_f : 시멘트의 휨 강도(N/mm²)

P : 각주의 중앙에 가한 파괴 하중(N)

l : 지지봉 사이의 거리(mm)(100 mm)

b : 시험체의 직각을 이루는 파단면 변의 길이(mm)

(나) 압축 강도 시험 휨 강도 시험에서 파단된 시험체를 사용해서 시험하고, 압축 파괴 하중을 구한다.

시멘트의 압축 강도는 다음 식으로 산출한다.

$$R_c = \frac{P}{A} \tag{2.10}$$

여기서, R_c : 시멘트의 압축 강도(N/mm²)

P : 최대 파괴 하중(N)

A : 가압판의 면적(mm²)(40 mm × 40 mm = 1600 mm²)

시멘트의 강도 시험 방법은 KS L ISO 679에 규정되어 있다.

③ 강도 규정

시멘트 모르타르의 압축 강도는 KS에 규정되어 있으며, 표 2.10과 같다.

표 2.10 시멘트의 압축 강도

시멘트의 종류		압축 강도(MPa)					표준 번호
		1일	3일	7일	28일	91일	
포틀랜드 시멘트	보통		12.5 이상	22.5 이상	42.5 이상		KS L 5201
	중용열		7.5 이상	15.5 이상	32.5 이상		
	조강	10.0 이상	20.0 이상	32.0 이상	47.5 이상		
	저열		–	7.5 이상	22.5 이상	42.5	
	내황산염		10.0 이상	20.0 이상	40.0 이상		
백색 포틀랜드 시멘트			12.5 이상	22.5 이상	42.5 이상		KS L 5204
고로 슬래그 시멘트	1종		12.5 이상	22.5 이상	42.5 이상		KS L 5210
	2종		10.0 이상	17.5 이상	42.5 이상		
	3종		7.5 이상	15.0 이상	40.0 이상		
플라이 애시 시멘트	1종		12.5 이상	22.5 이상	42.5 이상		KS L 5211
	2종		10.0 이상	17.5 이상	37.5 이상		
	3종		7.5 이상	15.0 이상	37.5 이상		
포졸란 시멘트	1종		12.5 이상	22.5 이상	42.5 이상		KS L 5401
	2종		10.0 이상	17.5 이상	37.5 이상		
	3종		7.5 이상	15.0 이상	32.5 이상		

4. 각종 시멘트의 특성 및 용도

(1) 포틀랜드 시멘트

① **보통 포틀랜드 시멘트**(normal portland cement)

(가) 제조 석회석과 점토를 원료로 사용해서 제조한다. 중용열 포틀랜드 시멘트와 조강 포틀랜드 시멘트의 중간적 성질을 가지고 있으며, 시멘트 전체 생산량의 약 80% 이상을 차지하고 있다.

(나) 특성

1) 원료를 얻기 쉽다.

2) 제조 공정이 간단하다.

3) 품질이 우수하고, 값이 싸다.

(다) 용도 건설 구조물이나 콘크리트 제품 등 여러 분야에 사용되며, 시멘트 중에서 가장 많이 사용된다.

② **중용열 포틀랜드 시멘트**(moderate-heat portland cement)

(가) 제조 수화열을 적게 하기 위하여 보통 포틀랜드 시멘트 중의 C_3S와 C_3A의 양을 제한하고, 장기 강도를 내게 하기 위해 C_2S의 양을 많게 하여 제조한 것이다.

(나) 특성

1) 수화열이 적다.

2) 조기 강도는 작으나 장기 강도는 크다.

3) 건조 수축이 작다.

4) 내황산염성, 내산성이 크다.

5) 단위 수량이 적어도 워커빌리티가 좋다.

(다) 용도 댐, 방사선 차폐용, 지하 구조물 등의 콘크리트용 외에 매스 콘크리트, 도로 포장용으로도 사용된다. 서중 콘크리트 공사에도 유효하게 이용되고 있다.

③ **조강 포틀랜드 시멘트**(high-early-strength portland cement)

(가) 제조 보통 포틀랜드 시멘트와 같으나 원료의 정선과 조합을 엄밀히 하고 소성·분쇄 등을 과학적으로 관리하여 제조한 것이다.

보통 포틀랜드 시멘트에 비해 C_3S의 양이 많고, 분말도가 높으며, 조기 강도가 크다. 따라서 발열량이 많으므로 매스 콘크리트에서는 균열 발생의 원인이 되므로 주의해야 한다.

그러나 조강 포틀랜드 시멘트를 사용하면, 조기 강도를 내므로 거푸집을 빨리 떼어낼 수 있고, 양생 기간이 단축되어 경제적으로 된다.

(나) 특성

1) 조기 강도가 높다.

보통 포틀랜드 시멘트와 비교하면, 1일 강도는 약 3배, 3일 강도는 약 2배, 7일 강도는 약 1.5배, 28일 강도는 약 1.2배이다. 보통 포틀랜드 시멘트의 28일 강도를 7일만에 낸다.

2) 수밀성과 내구성이 좋다.

3) 해수, 황산염 등에 대한 화학적 저항성이 크다.

4) 저온에서도 강도가 나므로 한중 콘크리트에 좋다.

5) 허용 응력을 높일 수 있으므로 프리스트레스 콘크리트에 사용한다.

6) 일반적으로 분말도가 높으므로 저장에 특히 주의해야 한다.

(다) 용도 조기 고강도를 필요로 하는 공사, 긴급 공사, 동기 공사, 수중 공사, 해중 공사 등에 알맞다.

④ **저열 포틀랜드 시멘트**(low-heat portland cement)

(가) 제조 수화열이 적게 되도록 보통 포틀랜드 시멘트보다 C_3S와 C_3A의 양을 아주 적게 한 시멘트이다. 중용열 포틀랜드 시멘트보다 5～10% 정도 수화열이 적으며, 중력식 콘크리트 댐에 사용하기 위하여 제조되었다.

(나) 특성

1) 수화열이 적다.
2) 조기 강도는 작으나 장기 강도에는 영향이 없다.
3) 건조 수축이 작다.

(다) 용도 수화 반응 시 발열 속도가 느리므로 매스 콘크리트에 사용된다.

⑤ **내황산염 포틀랜드 시멘트**(sulfate-resistance portland cement)

(가) 제조 보통 포틀랜드 시멘트 중의 C_3A의 양을 적게(5% 이하)하여 제조한 것이다.

(나) 특성

1) 황산염에 대한 저항성이 크다.
2) 조기 강도는 보통 포틀랜드 시멘트와 비슷하고, 28일 강도는 약 70% 정도이다.
3) 건조 수축이 작다.

(다) 용도 알칼리성 토질, 황산염 지하수, 해수에 접하는 콘크리트에 알맞다. 특히 해양 콘크리트에 이용된다.

⑥ **백색 포틀랜드 시멘트**(white portland cement)

(가) 제조 원료인 점토 중에서 산화철을 제거하거나 대신 백색 점토를 사용하여 제조한 것이다. 성질은 보통 포틀랜드 시멘트와 비슷하다.

(나) 특성

1) 수경성이며, 강도가 높다.
2) 내구성이 크다.
3) 백색이므로 안료를 넣어 여러 가지 색깔을 낼 수 있다.

(다) 용도 주로 도장용, 장식용, 인조석 제조 등에 사용된다.

(2) 혼합 시멘트

① **고로 슬래그 시멘트**(blast-furnace slag cement)

(가) 제조 포틀랜드 시멘트 클링커에 급랭한 고로 슬래그 분말을 혼합하여 제조한 것이다. 포틀랜드 시멘트의 결점을 보완하고 특유한 성질을 가지도록 한 것이다.

고로 슬래그 시멘트용 고로 슬래그의 염기도는 KS에서 1.4 이상으로 규정하고 있다. 고로 슬래그의 염기도는 다음 식으로 구한다.

$$b = \frac{CaO + MgO + Al_2O_3}{SiO_2} \tag{2.11}$$

여기서, b : 염기도

SiO_2 : 실리카의 질량(%)

CaO : 산화칼슘의 질량(%)

MgO : 산화마그네슘의 질량(%)

Al_2O_3 : 산화알루미늄의 질량(%)

(나) 특성

1) 수화열이 비교적 적다.
2) 조기 재령의 강도 발현은 늦으나, 장기 재령의 강도는 비교적 크다(그림 2.12 참조).
3) 내열성이 크고, 수밀성이 좋다.
4) 콘크리트의 블리딩이 적다.
5) 화학적인 저항성이 크다.
6) 건조 수축이 다소 크다.

(다) 용도 댐, 하천, 항만 등의 구조물과 해수, 공장 폐수, 오수로의 구축 등에 적합하다.

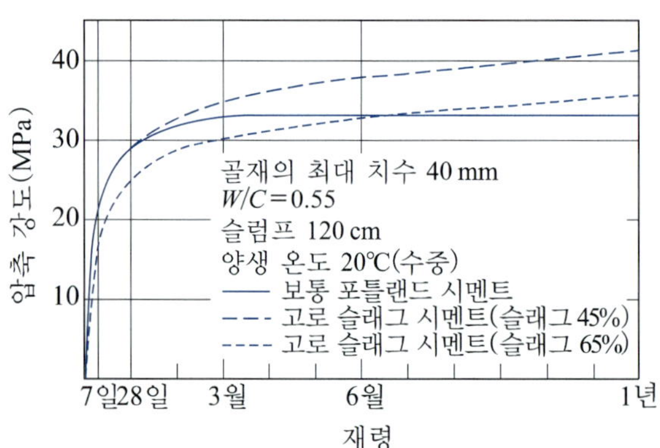

그림 2.12 고로 슬래그 시멘트의 압축 강도 특성[9)]

② **플라이 애시 시멘트**(fly-ash cement)

(가) 제조 보통 포틀랜드 시멘트 클링커에 플라이 애시와 석고를 적당히 넣어 혼합·분쇄하여 만든다.

(나) 특성

1) 콘크리트의 워커빌리티가 좋다.

2) 수밀성이 크다.

3) 수화열이 적고, 건조 수축이 작다.

4) 조기 강도는 작으나 장기 강도가 크다.

5) 해수에 대한 내화학성이 크다.

(다) 용도 주로 댐 공사, 기타 건설 공사에 사용한다.

③ **포졸란 시멘트**(pozzolan cement)

(가) 제조 보통 포틀랜드 시멘트 클링커에 플라이 애시 이외의 포졸란을 혼합하여 석고를 적당히 넣어 제조한 것이다.

(나) 특성

1) 콘크리트의 워커빌리티가 좋다.

2) 수화열이 적다.

3) 조기 강도는 작으나 장기 강도가 크다.

4) 황산염에 대한 저항성과 알칼리 골재 반응에 대한 저항성이 크다.

5) 수밀성이 크고, 내구성이 좋다.

(다) 용도 화학적 저항성이 크므로 해수, 하수, 공장 폐수 등에 접하는 콘크리트 또는 도장 모르타르용 등으로 사용된다.

(3) 특수 시멘트

① **알루미나 시멘트**(aluminous cement)

(가) 제조 석회석과 알루미나 원광인 보크사이트(bauxite, $Al_2O_3 \cdot 2H_2O$)를 거의 같은 양으로 혼합하여, 전기로 등으로 용융·소성하여 급랭시켜 분쇄한 것이다. 석고를 가하지 않고 제조한다.

(나) 특성

1) 초조강성으로 재령 24시간에 보통 포틀랜드 시멘트의 28일 강도를 낸다.

2) 저온 시에 있어서도 강도가 크게 난다.

3) 내화성이 크다.

4) 해수, 기타 화학적 저항성이 크다.

5) 온도가 높으면 경화 시간이 지연된다.

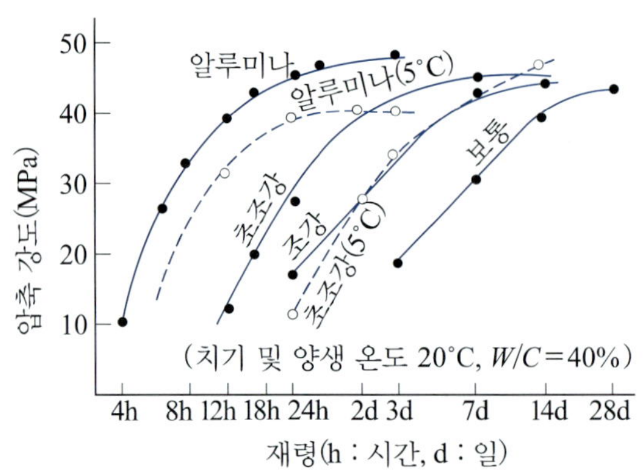

그림 2.13 각종 시멘트 콘크리트의 단기 압축 강도[10)]

이상과 같은 이점이 있지만, 다음과 같은 문제점도 있다.

1) 발열량이 상당히 많으므로 물-시멘트비를 작게 하여 저온에서 충분히 양생하지 않으면 장기 강도가 상당히 작아진다.
2) 수화한 알루미나 시멘트는 알칼리성이 약하기 때문에 철근이 부식되기 쉽다.
3) 포틀랜드 시멘트와 혼합하여 사용하면 순결성이 있으므로 주의해야 한다.

(다) 용도 주로 내화물용, 긴급 공사, 한중 콘크리트 공사 등에 사용한다.

② 박리 팽창 질석 단열 시멘트(expanded vermiculite thermal insulating cement)

(가) 제조 박리 팽창된 질석을 사용하여 제조한 것이다.

(나) 특성

1) 단열성을 가지고 있다.
2) 박리 팽창된 질석과 시멘트 또는 플라스터(plaster) 혼합물에 물을 가하여 가소성 물질로 하여 시공한다.
3) 그대로 자연 건조시켜 사용한다.

(다) 용도 표면 온도 38~982°C 범위인 곳의 단열재로 사용된다.

③ 팽창 시멘트(expansive cement)

(가) 제조 경화 중에 콘크리트에 팽창을 일으키게 하여 콘크리트의 건조 수축을 보상하거나 또는, 건조 수축을 상쇄하는 이상의 큰 팽창을 주어, 콘크리트에 화학적 프리스트레스를 도입하는 것을 목적으로 제조하는 특수 시멘트이다.

팽창 시멘트는 제조 방법에 따라 K형, M형, S형의 3종류가 있다.

(ㄱ) K형 : 석회석, 석고, 보크사이트의 혼합물을 소성시켜 만든 칼슘-설퍼-알루미네이

트(calcium sulfe-aluminate, CSA계) 클링커에 보통 포틀랜드 시멘트를 혼합한 것이다.

(ㄴ) M형 : 포틀랜드 시멘트와 알루미나의 혼합물에 황산칼슘을 혼합한 것이다.

(ㄷ) S형 : C_3A를 함유한 포틀랜드 시멘트에 황산칼슘을 혼합한 것이다.

(나) 특성

1) 수화 시에 팽창성이 있으므로, 건조 수축을 작게 한다.

2) 무수축으로 콘크리트의 균열을 방지한다.

3) 내구성, 방수성이 좋다.

4) 그라우트에 사용할 경우 팽창으로 부착 강도가 커진다.

(다) 용도 주로 포장 콘크리트, 저수 탱크, 지붕 슬래브, 그라우트, 흄(hume)관, 강관 내의 라이닝 모르타르 등에 사용된다.

④ **메이슨리 시멘트**(masonry cement)

(가) 제조 포틀랜드 시멘트, 포틀랜드 포졸란 시멘트, 천연 시멘트, 고로 슬래그 시멘트, 칼슘 등의 재료를 한 종류 또는 여러 종류 포함하고 있다. 또 탄산칼슘 분말, 포졸란, 점토, 석고, 기타 AE제나 보수제가 포함되어 있는 수경성 시멘트이다.

(나) 특성

1) 보통 포틀랜드 시멘트보다 성형성이 좋다.

2) 부착성이 좋다.

3) 보수성이 크다.

(다) 용도 주로 성형성이나 보수성이 요구되는 미장용, 돌 쌓기용으로 사용된다.

⑤ **초조강 포틀랜드 시멘트**(ultra-high-early strength portland cement)

(가) 제조 C_3S의 양을 많게 하고 C_2S의 양을 적게 하여 분말도를 높혀 수화성을 크게 한 시멘트이다. 알루미나 시멘트와 조강 포틀랜드 시멘트의 중간 정도의 조강성을 가지고 있다. 조강성이 크므로 'one day cement'라고도 한다.

(나) 특성

1) 조기 강도가 크다(1시간 내에 77 MPa 정도의 강도).

2) 내구성이 크다.

3) 크리프와 건조 수축이 조강 포틀랜드 시멘트에 비해 작다.

4) 발열량이 많다.

5) 황산염에 대한 저항성이 비교적 작다.

(다) 용도 조기에 강도를 필요로 하는 포장 보수, 교량 슬래브 보수, 프리캐스트(precast) 제품, 숏크리트(shotcrete), 슬립폼(slip form), 그라우트(grout)용에 적합하며, 한중 콘크리트, 긴급 공사 등에 사용된다.

⑥ **초속경 시멘트**(extra-rapid hardening portland cement)

(가) 제조 초조강 시멘트보다 더 큰 조기 강도를 얻기 위하여 제조한 시멘트이다. 제트 시멘트(jet cement) 또는 응결 조절 시멘트(regulated-set cement)라고 부른다.

또 조강성이 상당히 커서 물을 넣은 후 2~3시간 내에 강도가 약 15 MPa이 되므로 'one hour cement'라고도 한다.

일반적으로 포틀랜드 시멘트의 원료 외에 보크사이트, 형석(주성분 CaF_2)을 소성해서 만든 클링커에 무수 석고를 가하여 분쇄해서 만든다.

(나) 특성

1) 응결 시간이 짧고, 발열량이 많다.

2) 응결 시간을 조절할 수 있다(응결 지연제는 황산염($CaSO_4$), 구연산($-C_6H_8O_7-$) 사용).

표 2.11 각종 시멘트 콘크리트의 압축 강도 20 MPa을 얻는 데 필요한 재령[11)]

시멘트의 종류	재령(일)
보통 포틀랜드 시멘트	4
조강 포틀랜드 시멘트	2
초조강 시멘트	1/2
초속경 시멘트	1/4

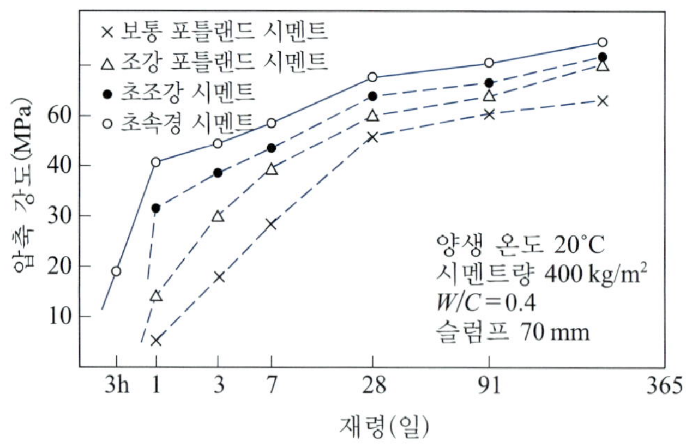

그림 2.14 각종 시멘트 콘크리트의 압축 강도[12)]

3) 블링딩이 적다.

4) 조기(2～3시간) 강도가 크다(그림 2.14 참조).

5) 저온에서도 강도가 크게 난다.

6) 건조 수축이 작다.

7) 알루미나 시멘트에서와 같은 전이 현상(conversion)이 없다.

(다) 용도 긴급 공사, 한중 공사, 숏크리트 공사 등에 사용된다.

⑦ 기타 특수 시멘트

(가) 초미분말 시멘트(colloid cement) 조강 포틀랜드 시멘트 또는 고로 슬래그 시멘트의 원료를 초미분말로 하여 제조한 것이다.

주로 토질 강화, 지반의 그라우팅용 등에 사용한다.

(나) 색 시멘트(color cement) 시멘트에 여러 가지 색깔을 착색할 목적으로 제조한 것이다. 제조 방법은 다음과 같이 여러 가지가 있다.

1) 착색 클링커를 소성하여 분쇄하는 방법

2) 백색 포틀랜드 시멘트 클링커의 분쇄 시 착색제를 혼합하는 방법

3) 착색제를 건식으로 혼합하여 백색 포틀랜드 시멘트에 착색하는 방법

주로 테라조(terrazzo), 타일, 블록 등의 제품, 건축물의 내외벽 등에 사용한다.

(다) 유정 시멘트(oil well cement) 특수하게 제조된 포틀랜드 시멘트에 각종 혼화 재료(강도 안정재, 팽창재, 속경제, 탈수 감수제, 분산제 등)를 넣어 제조한 것이다. C_3A의 양을 적게 한 내황산염 시멘트의 일종이다.

고온 고압의 유정에 사용하기 위하여 제조한 시멘트이다. 유정의 지층 깊이가 깊어질수록 온도와 압력이 더욱 높아지므로 특수한 성능이 필요하게 된다.

5. 시멘트의 수송과 저장

(1) 시멘트의 수송

시멘트의 수송은 포대 시멘트로 하는 경우와 무포대 시멘트(bulk cement)로 하는 경우가 있다. 포대 시멘트는 1포대를 40 kg으로 하여 수요가 적은 곳에 사용된다.

무포대 시멘트는 대량으로 연속 수송하는 데 이용된다. 현지 공장에서 시멘트 수송선이나 자동차로 실어 큰 공사 현장이나 대리점 등으로 운반하고 있다.

(2) 시멘트의 저장

시멘트의 저장 및 사용은 다음과 같이 한다.

1) 시멘트는 방습적인 구조로 된 사일로 또는 창고에 품종별로 구분하여 저장해야 한다.
2) 시멘트를 저장하는 사일로(silo)는 시멘트가 바닥에 쌓여서 나오지 않는 부분이 생기지 않도록 해야 한다.
3) 포대 시멘트의 경우는 지상 0.3 m 이상 되는 마루에 쌓아 올려서 검사나 방출에 편리하도록 배치하여 저장해야 한다.
   이때, 시멘트를 쌓아 올리는 높이는 13포대 이하로 하고, 저장 기간이 길어질 경우에는 7포대 이상 올리지 않는 것이 좋다.
4) 저장 중에 약간이라도 굳은 시멘트는 공사에 사용해서는 안 된다. 3개월 이상 장기간 저장한 시멘트는 사용하기에 앞서 시험을 하여 그 품질을 확인해야 한다.
5) 시멘트의 온도가 너무 높을 때는 그 온도를 낮추어서 사용해야 한다. 시멘트의 온도는 일반적으로 50°C 이하로 사용하는 것이 좋다.

2.2 혼화 재료

1. 개설

(1) 혼화 재료의 의의

혼화 재료(admixture)란 시멘트, 골재, 물 이외의 재료로서 비빌 때 필요에 따라 모르타르나 콘크리트에 넣는 재료이다. 콘크리트의 여러 가지 성질을 개선, 향상시키기 위하여 사용하는 것이다.

좋은 콘크리트를 얻기 위해서는 시멘트, 골재, 물이 그 목적에 알맞은 성질을 가지고 있다면 문제가 없지만, 경우에 따라서는 경제적으로 좋은 콘크리트를 얻지 못할 때가 있다. 이와 같은 경우 좋은 콘크리트를 얻기 위하여 혼화 재료를 사용한다.

그러나 혼화 재료의 효과는 시멘트나 골재의 품질, 배합, 온도 등에 따라 상당히 달라지므로, 사용할 때에는 시험 또는 자료 등에 의하여 성능을 확인해야 한다.

콘크리트의 성질에 영향을 미치는 혼화 재료의 이점은 표 2.12와 같다.

표 2.12 콘크리트의 성질에 영향을 미치는 혼화 재료의 이점[14)]

콘크리트의 성질	혼화 재료의 종류	혼화 재료의 구분
워커빌리티	감수제 AE제 불활성 광물분 포졸란	화학적 AE 광물학적 광물학적
응결제	응결 촉진제 응결 지연제	화학적 화학적
강도	감수제 포졸란 폴리머 라텍스 응결 지연제	화학적 광물학적 기타 화학적
내구성	AE제 포졸란 감수제 부식 방지제 방수제	AE 광물학적 화학적 기타 기타
특수 콘크리트	폴리머 라텍스 슬래그 팽창재 색소 기포 발생제	기타 광물학적 기타 기타 기타

(2) 혼화 재료의 역사

(가) 기원전 이집트, 그리스 시대에 석회 모르타르에 돼지 기름을 섞어 쓴 예가 있다.

(나) 로마 시대 콘크리트 슬래브의 수밀성을 개선할 목적으로 콘크리트 속에 소의 혈액이나 지방 등을 섞어 사용했다고 한다.

(다) 1920년대 시멘트에 석회와 알루미늄 분말 및 아연을 섞고, 이것에 물을 넣어 발생하는 가스에 의하여 다공질의 경량화와 단열성의 콘크리트를 만든 역사가 있다.

(라) 1930년대 후기 미국에서 AE제가 발견되어 콘크리트 워커빌리티의 개선, 내후성의 증진, 내구성의 향상을 가져오게 되었다.

(3) 혼화 재료의 분류

혼화 재료의 분류 방법에는 재료의 사용 목적, 작용, 효과 및 성분 등에 따라 여러 가지가 있으나, 편의상 사용량의 많고 적음에 따라 혼화재와 혼화제로 분류한다.

혼화재는 비교적 사용량이 많아서(시멘트 질량의 5% 정도 이상) 그 자체의 용적이 콘크리트의 배합 계산에 관계되는 것이다.

혼화제는 사용량이 비교적 적어서(시멘트 질량의 1% 정도 이하) 그 용적이 콘크리트의 배합 계산에서 무시되는 것이다.

혼화 재료의 종류는 다음과 같다.

① **혼화재**(mineral admixture)

(ㄱ) 포졸란 작용이 있는 것 : 플라이 애시, 규조토, 화산회, 규산 백토

(ㄴ) 주로 잠재 수경성이 있는 것 : 고로 슬래그 미분말

(ㄷ) 경화 과정에서 팽창을 일으키는 것 : 팽창재

(ㄹ) 오토클레이브 양생에 의하여 고강도를 나타내게 하는 것 : 규산질 미분말

(ㅁ) 착색시키는 것 : 착색재

(ㅂ) 기타 : 고강도용 혼화재, 폴리머, 증량재 등

② **혼화제**(chemical admixture)

(ㄱ) 워커빌리티와 내동해성을 개선시키는 것 : AE제, AE 감수제

(ㄴ) 워커빌리티를 향상시켜 소요의 단위 수량이나 단위 시멘트 양을 감소시키는 것: 감수제, AE 감수제

(ㄷ) 배합이나 경화 후의 품질을 변하지 않도록 하고 유동성을 크게 개선시키는 것: 유동화제

(ㄹ) 큰 감수 효과로 강도를 크게 높이는 것 : 고성능 감수제

(ㅁ) 응결, 경화 시간을 조절하는 것 : 촉진제, 지연제, 급결제, 초지연제

(ㅂ) 방수 효과를 나타내는 것 : 방수제

(ㅅ) 기포 작용에 의해 충전성을 개선하거나 질량을 조절하는 것 : 기포제, 발포제

(ㅇ) 염화물에 의한 철근의 부식을 억제시키는 것 : 방청제

(ㅈ) 유동성을 개선하고, 적당한 팽창성을 주어 충전성과 강도를 개선하는 것 : 프리플레이스트 콘크리트용 혼화제, 고강도 프리플레이스트 콘크리트용 혼화제, 공극 충전 모르타르용 혼화제

(ㅊ) 소요의 단위 수량을 현저히 감소시켜 내동해성을 개선시키는 것 : 고성능 AE 감수제

(ㅋ) 점성을 증대시켜 수중에서의 재료 분리를 억제시키는 것 : 수중 불분리성 혼화제

(ㅌ) 응집 작용에 의해 재료 분리를 억제시키는 것 : 수중 콘크리트용 혼화제, 펌프 압송 조제

(ㅍ) 기타 : 보수제, 방동제, 건조 수축 저감제, 수화열 억제제, 분진 방지제, 알칼리 골재 팽창 저감제, 살균 혼화제, 응집 혼화제 등

2. 혼화재

(1) 플라이 애시

① 성분 및 특성

플라이 애시(fly ash)는 화력 발전소 등에서 분탄을 연소시킬 때, 불연 부분의 용융 상태로 부유한 것을 냉각 고화시켜 채취한 미분탄재이다.

그 자체가 수경성이 없는 실리카질 재료를 포졸란(pozzolan)이라 하며, 플라이 애시는 대표적인 포졸란의 일종이다.

플라이 애시의 화학 성분은 실리카, 알루미나, 산화철, 칼슘 등이며, 이 중에서 실리카분을 가장 많이 함유하고 있다.

플라이 애시가 다른 포졸란에 비해 상당히 다른 성질은 표면이 매끈한 구형 입자라는 것이다. 구형 입자는 볼 베어링 작용을 하여 콘크리트의 반죽 질기를 좋게 한다. 특히 매스 콘크리트 구조물이나 내화학성 콘크리트 구조물 시공에 좋다.

포졸란은 그 자체는 수경성이 없지만, 콘크리트 속에서 물에 녹아 있는 수산화칼슘과 상온에서 천천히 화합하여 불용성 화합물을 만든다. 이것을 포졸란 반응(pozzolanic reaction)이라 한다.

포졸란의 반응식은 다음과 같다.

$$Ca(OH)_2 + SiO_2 + H_2O = \underset{(C-S-H)}{CaSiO_3 \cdot 2H_2O} \tag{2.12}$$

② 플라이 애시의 효과

플라이 애시를 사용한 콘크리트의 성질은 다음과 같다.

1) 콘크리트의 워커빌리티를 좋게 한다.
2) 단위 수량을 감소시킨다(그림 2.15 참조).
3) 수화열이 적어 콘크리트의 온도가 감소된다.
4) 장기 강도가 크다(그림 2.16 참조).
5) 수밀성이 좋다.
6) 건조 수축이 작다.
7) 동결 융해 저항성이 향상된다.

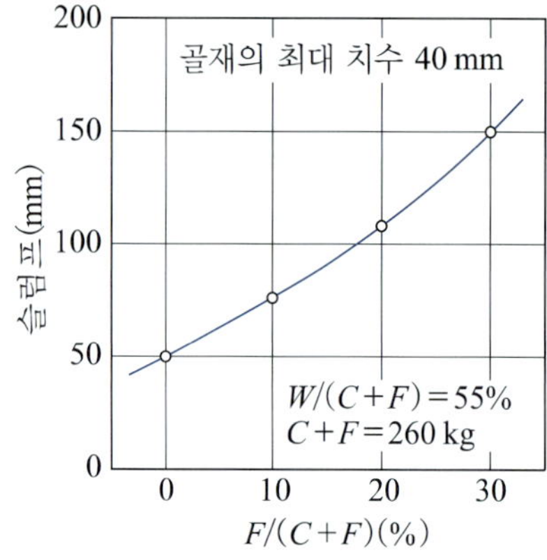

그림 2.15 플라이 애시를 사용한 콘크리트의 슬럼프 변화 [15)]

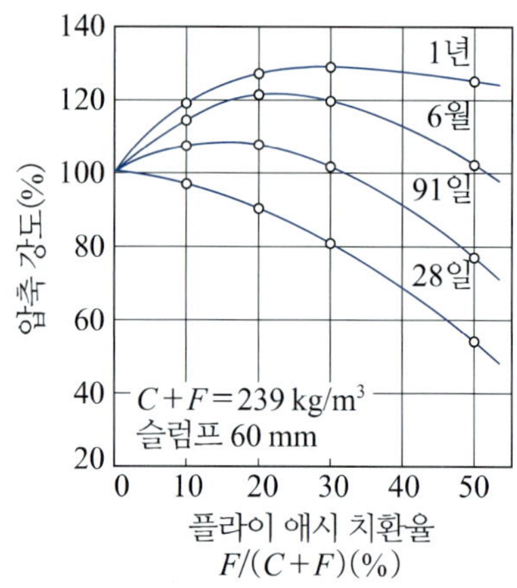

그림 2.16 플라이 애시를 사용한 콘크리트의 압축 강도비 [16)]

③ 품질 규정

콘크리트용 플라이 애시의 품질은 KS L 5405에 규정되어 있으며, 표 2.13과 같다.

표 2.13 **플라이 애시의 품질** (KS L 5405)

항목		1종	2종	3종	4종
화학 성분	이산화규소(%)	45.0 이상	45.0 이상	45.5 이상	45.0 이상
	습분(%)	1.0 이하	1.0 이하	1.0 이하	1.0 이하
	강열 감량(%)	3.0 이하	5.0 이하	5.0 이하	5.0 이하
물리적 성질	밀도(g/cm^3)	1.95 이상	1.95 이상	1.95 이상	1.95 이상
	분말도(비표면적)(cm^2/g)	4 500 이상	3 000 이상	2 500 이상	1 500 이상
	플로값비(%)	105 이상	95 이상	85 이상	75 이상
	활성도 지수(28일)(%)	90 이상	80 이상	80 이상	60 이상

(2) 고로 슬래그 미분말

① 성분 및 특성

고로 슬래그 미분말(ground granulated blast-furnace slag)은 용광로에서 배출되는 슬래그를 급랭하여 입상화한 것을 미분쇄한 것이다. 이것은 포졸란의 일종이다.

고로 슬래그는 급랭되어 결정화할 때 에너지가 내부에 축적되며, 이것이 잠재 수경성으로서 작용한다. 잠재 수경성(latent hydraulicity)이란 그 자체는 수경성이 없지만, 시멘트 속의 알칼리성을 자극하여 천천히 수경성을 나타내는 것을 말한다.

고로 슬래그 미분말의 염기도는 1.4 이상이어야 한다.

② 고로 슬래그의 효과

고로 슬래그 미분말을 사용한 콘크리트의 성질은 다음과 같다.

1) 콘크리트의 워커빌리티가 좋다.
2) 단위 수량을 줄일 수 있다.
3) 콘크리트의 수화 속도와 수화열의 발생 속도가 느리다.
4) 잠재 수경성으로 장기 강도가 커진다.
5) 콘크리트의 조직이 치밀하여 수밀성, 화학적 저항성 등이 좋아진다.
6) 알칼리 골재 반응을 억제시킨다.

고로 슬래그의 치환율과 모르타르의 압축 강도와의 관계는 그림 2.17과 같다.

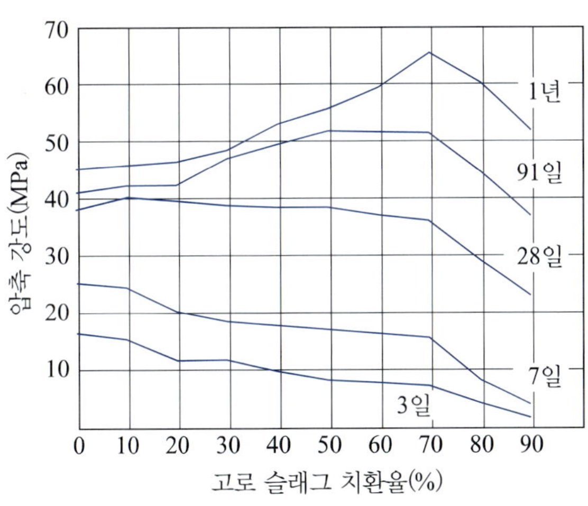

그림 2.17 고로 슬래그의 양과 모르타르 압축 강도의 관계[10)]

③ 품질 규정

콘크리트용 고로 슬래그 미분말의 품질은 KS F 2563에 규정되어 있으며, 표 2.14와 같다.

표 2.14 고로 슬래그 미분말의 품질 (KS F 2563)

품질 \ 종류		고로 슬래그 미분말 1종	고로 슬래그 미분말 2종	고로 슬래그 미분말 3종
화학 성분	산화마그네슘(MgO)(%)	10.0 이하	10.0 이하	10.0 이하
	삼산화황(SO_3)(%)	4.0 이하	4.0 이하	4.0 이하
	강열 감량(%)	3.0 이하	3.0 이하	3.0 이하
	염화물 이온(%)	0.02 이하	0.02 이하	0.02 이하
물리적 성질	밀도(g/cm^3)	2.80 이상	2.80 이상	2.80 이상
	비표면적(cm^2/g)	3 000～5 000	5 000～7 000	7 000～10 000
	플로값비(%)	95 이상	95 이상	90 이상
	활성도 지수(%)			
	재령 7일	95 이상	75 이상	55 이상
	재령 28일	105 이상	95 이상	95 이상
	재령 91일	105 이상	105 이상	95 이상

(3) 팽창재

팽창재(expansion admixture)는 에트링가이트, 철분의 녹, 석회의 팽창 작용 등에 의하여 모르타르 또는 콘크리트를 경화 중에 팽창시켜, 콘크리트 부재의 건조 수축을 감소하여 균열 발생을 막을 목적이나 화학적 프리스트레스의 도입에 사용된다.

① 종류 및 특성

팽창재에는 에트링가이트계(C$\bar{S}$A계, 석고계), 철분계, 석회계의 3종류가 있다.

(가) 에트링가이트계 팽창재

(ㄱ) C$\bar{S}$A계 팽창재 : 석회석, 석고, 보크사이트를 분쇄·조합하여 소성해서 얻은 칼슘-설퍼-알루미네이트 클링커를 주성분으로 한 것이다. 이것을 포틀랜드 시멘트에 적당한 양을 혼합하여 수화하면 에트링가이트($3CaO \cdot Al_2O_3 \cdot 3CaSO_4 \cdot 32H_2O$)를 생성하여 건조 수축을 보상한다.

C$\bar{S}$A계 팽창재의 효과는 다음과 같다.

1) 건조 수축을 감소시켜 균열을 방지한다.

2) 화학적 프리스트레스가 도입된다.

C$\bar{S}$A계 팽창재는 물 탱크, 지붕 슬래브, 지하벽 등의 방수, 이음 없는 포장판, 화학적 프리스트레스를 도입한 흄관(hume pipe) 등에 사용되며, 사용량은 20～30 kg/m^3 정도이다.

(ㄴ) 석고계 팽창재 : 석고는 단독 또는 시멘트 중의 알루민산칼슘과 반응하여 에트링가이트를 생성해서 팽창한다(식 (2.3) 참조).

석고계 팽창재의 효과는 다음과 같다.

1) 건조 수축이 작아진다(대략 60~70% 정도가 된다)(그림 2.18 참조).
2) 일반 철근 콘크리트 부재의 수축 균열을 방지한다.

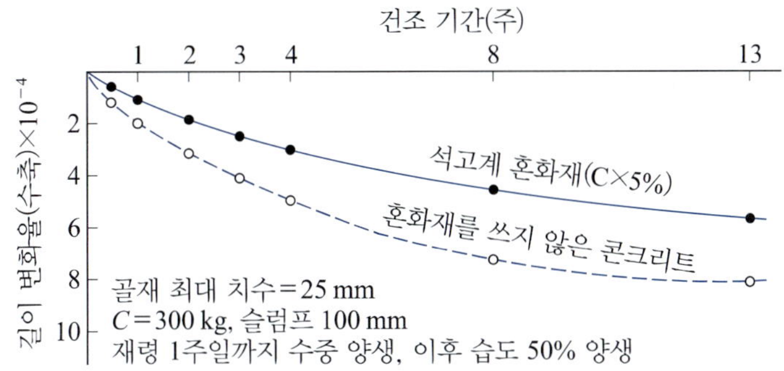

그림 2.18 석고계 혼화재를 사용한 콘크리트의 길이 변화율 [11)]

(나) 철분계 팽창재 산화 조제를 혼합한 철분을 사용하는 것으로서, 콘크리트 속에서 철분이 산화하여 수산화 제1철($Fe(OH)_2$), 수산화 제2철($Fe(OH)_3$) 등이 녹으로 변할 때의 팽창을 이용한 것이다.

철분계 팽창재의 효과는 다음과 같다.

1) 모르타르 또는 콘크리트가 재령 3~7일 정도까지 팽창을 계속한다.
2) 팽창량이 그다지 크지 않으므로 수축 저감의 목적으로 사용된다.
3) 밀도가 큰 팽창성 그라우트 또는 콘크리트를 만든다.

주로 교량의 받침부, 기계 설치용 바닥 기초 등에 사용된다.

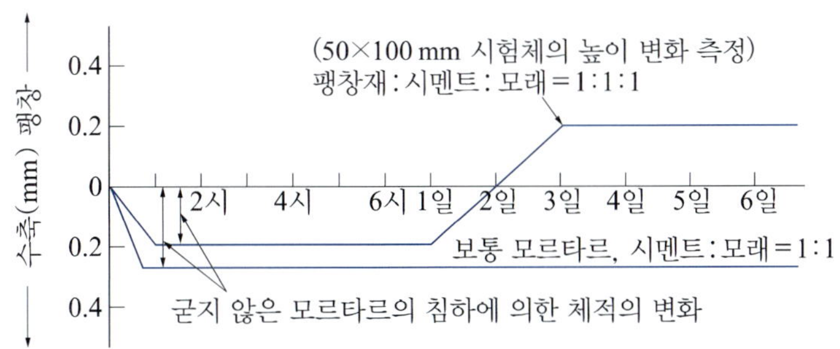

그림 2.19 철분계 팽창재를 사용한 모르타르의 팽창 [13)]

(다) 석회계 팽창재 산화칼슘(CaO)의 수화 팽창 작용을 이용한 혼화재이다. 석회계 팽창재의 반응식은 다음과 같다.

$$CaO + H_2O = Ca(OH)_2 \quad (2.13)$$

석회계 팽창재의 특징은 다음과 같다.

1) 팽창 속도가 빠르다.

2) 팽창량이 크다.

② 품질 규정

콘크리트용 팽창재의 품질은 KS F 2562에 규정되어 있으며, 표 2.15와 같다.

표 2.15 콘크리트용 팽창재의 품질 (KS F 2562)

항목			규정값
화학 성분	산화마그네슘(%)		5.0 이하
	강열 감량(%)		3.0 이하
물리적 성질	비표면적(cm^2/g)		2 000 이상
	1.2 mm 체 잔류율(%)		0.5 이하
	응결	초결(분)	60 이후
		종결(시간)	10 이내
	팽창성(길이 변화율)(%)	7일	0.0025 이상
		28일	0.015 이상
	압축 강도(MPa)	3일	12.5 이상
		7일	23.5 이상
		28일	42.5 이상

(4) 실리카 퓸

① 성분 및 특성

실리카 퓸(silica fume)은 각종 실리콘 합금의 제조 공정에서 부산물로 얻어지는 초미립자 가루이다. 주성분은 이산화규소(SiO_2)로서, 제조되는 실리콘 합금의 종류에 따라 화학 성분은 다르지만 보통 80% 이상의 SiO_2를 함유하고 있다.

포졸란 활성을 가지고 있으므로 시멘트 수화물인 수산화칼슘과 반응하여 C－S－H ($CaSiO_3 \cdot 2H_2O$)를 생성한다.

비표면적이 약 $2 \times 10\,cm^2/g$이고, 비결정의 SiO_2의 함유량이 많으므로 수화 초기에 포졸란 반응을 일으킨다.

② 실리카 퓸의 효과

실리카 퓸을 사용한 콘크리트는 다음과 같은 이점이 있다.

1) 수화 초기에 C−S−H 겔을 생성하므로 블리딩이 감소한다.
2) 재료 분리가 생기지 않는다.
3) 조직이 치밀하므로 강도가 커지고, 수밀성, 화학적 저항성 등이 향상된다.

그러나 단점은 다음과 같다.

1) 워커빌리티가 나빠진다.
2) 단위 수량이 증가한다.
3) 건조 수축이 커진다.

따라서 실리카 퓸은 고성능 감수제와 병용해야 한다.

③ 품질 규정

콘크리트용 실리카 퓸의 품질은 KS F 2567에 규정되어 있으며, 표 2.16과 같다.

표 2.16 실리카 퓸의 품질 (KS F 2567)

항목		규정값
화학 성분	이산화규소(%)	85 이상
	산화마그네슘(%)	5 이하
	삼산화황(%)	3 이하
	염화 이온(Cl^-)(%)	0.3 이하
	강열 감량(%)	5 이하
물리적 성질	비표면적(BET 방법)(m^2/g)	15 이상
	활성도 지수(%)(재령 7일)	95 이상
	45μm 체에 남는 양(%)	5 이하

(5) 기타 혼화재

① 규산질 미분말(ground granulated silica)

규산질 미분말은 석영(quartz)을 주성분으로 하는 혼화재이다. 오토클레이브 양생을 하는 콘크리트에 고강도를 준다.

② 고강도용 혼화재(admixture for high-strength)

무수석고($CaSO_4$) 등을 주성분으로 하는 혼화재이다. 고성능 감수제와 함께 사용하여 증기 양생을 하면 압축 강도 100 MPa 정도의 고강도 콘크리트를 얻을 수 있다.

3. 혼화제

(1) AE제

① 특성 및 성분

AE제(air entraining admixture)는 표면 활성제(surface active agent)의 일종으로, 콘크리트 중에 미세한 독립 기포(지름 0.05～0.25 mm)를 고르게 분포시키는 혼화제이다.

표면 활성제는 용액 중에서 표면 활성에 따라 기포, 분산, 습윤, 유화 등의 작용을 한다. AE제는 음이온 또는 비이온계 표면 활성제로, 주로 공기를 발생시키는 기포 작용(forming action)을 한다.

AE제에 의하여 생긴 공기를 연행 공기(entrained air)라 하며, AE제를 사용한 콘크리트를 공기 연행 콘크리트라 한다. 연행 공기는 콘크리트 속의 불규칙적으로 분포된 갇힌 공기(entrapped air)와는 다르다.

AE 공기는 그 크기가 아주 작지만 자체의 압력을 가지고 있어, 그 압력보다 작은 수압의 물을 차단하는 방수성이 있으므로 콘크리트의 동결 융해 저항성을 증가시켜 준다.

또한 AE 공기 알은 독립된 공모양이므로 워커빌리티를 좋게 해준다. 따라서 콘크리트의 단위 수량을 줄일 수 있다.

AE제의 화학 성분은 목재수지염류(salts of sulfonated lignin), 니그닌설폰산염류(salt of sulfonated lignin), 알킬벤젠설폰산염류(alkylbenzen sulfornated) 등이다.

② AE제의 효과

AE제가 콘크리트의 성질에 미치는 영향은 다음과 같다.

(가) 장점

(ㄱ) 내구성의 개선

1) 동결 융해에 대한 저항성이 커진다.

2) 화학적 침식에 대한 저항성이 커진다.

3) 알칼리 골재 반응의 나쁜 영향을 적게 한다.

4) 공기 중의 탄산가스에 의한 중성화 속도를 느리게 한다.

(ㄴ) 워커빌리티의 개선

1) 단위 수량이 일정하면 콘크리트의 반죽 질기가 좋아진다.

2) 공기량 1% 증가에 대해 슬럼프가 약 2.5 cm 증가한다.

3) 유동성이 좋아진다.

4) 블리딩을 적게 한다.

5) 재료 분리를 적게 한다.

6) 마무리성(finishability)을 좋게 한다.

(ㄷ) 단위 수량의 감소

1) 단위 수량은 공기량 5% 증가에 대하여 20～30 kg/m^3 감소한다(그림 2.20 참조).

2) 단위 수량의 감소로 발열량이 적다.

3) 체적 변화가 작은 콘크리트를 만들 수 있다.

(ㄹ) 수밀성의 개선

1) 공기압에 의한 물의 차단으로 방수성이 좋아진다.

2) 방수성에 의하여 수밀성이 개선된다.

(나) 단점

1) 부배합 콘크리트(rich mix concrete)에서는 강도가 떨어진다(공기량 1% 증가에 대해 압축 강도 4～6% 정도 감소)(그림 2.20 참조).

2) 콘크리트의 질량을 이용할 경우 가벼워진다.

3) 거푸집의 측면에 미치는 측압이 커진다.

4) 철근과의 부착 강도가 조금 작아진다.

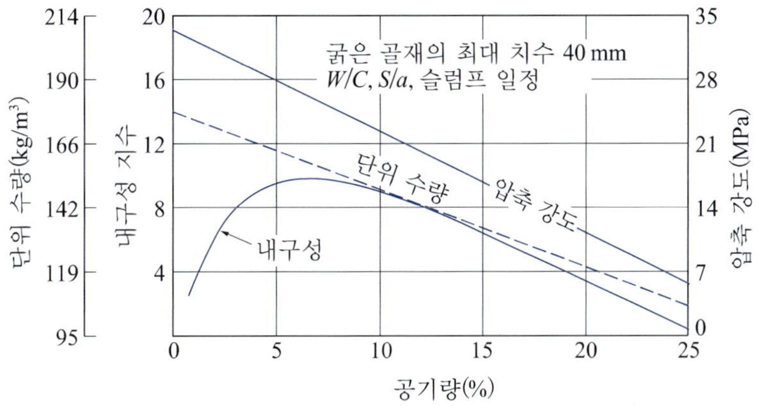

그림 2.20 공기량과 단위 수량, 압축 강도 및 내구성의 관계[17)]

③ 품질 규정

AE제의 품질은 KS F 2560(콘크리트용 화학 혼화제)에 규정되어 있으며, 표 2.17에 나타낸 것과 같다.

표 2.17 **콘크리트용 화학 혼화제의 품질** (KS F 2560)

품질 항목 \ 종류		AE제	감수제			AE 감수제			고성능 AE 감수제	
			표준형	지연형	촉진형	표준형	지연형	촉진형	표준형	지연형
감수율(%)		6 이상	4 이상	4 이상	4 이상	10 이상	10 이상	8 이상	18 이상	18 이상
블리딩 양의 비(%)		75 이하	100 이하	100 이하	100 이하	70 이하	70 이하	70 이하	60 이하	70 이하
응결 시간차 (분)	초결	−60～+60	−60～+90	+60～+210	−30 이하	−60～+90	+60～+210	+30 이하	−30～+120	+90～+240
	종결	−60～+60	−60～+90	+210 이하	0 이하	−60～+90	+210 이하	0 이하	−30～+120	+240 이하
압축 강도비 (%)	재령 3일	95 이상	115 이상	105 이상	125 이상	115 이상	105 이상	125 이상	135 이상	135 이상
	재령 7일	95 이상	110 이상	110 이상	115 이상	110 이상	110 이상	115 이상	125 이상	125 이상
	재령 28일	90 이상	110 이상	110 이상	110 이상	110 이상	110 이상	110 이상	115 이상	115 이상
길이 변화비(%)		120 이하	120 이하	120 이하	120 이하	120 이하	120 이하	120 이하	110 이하	110 이하
상대 동 탄성 계수(%)		80 이상	−	−	−	80 이상	80 이상	80 이상	80 이상	80 이상
슬럼프 손실(mm)		−	−	−	−	−	−	−	60 이하	60 이하
공기량의 변화량(%)		−	−	−	−	−	−	−	1.5 이내	1.5 이내

(2) 감수제

① 성분 및 특성

감수제(water-reducing admixture)는 시멘트의 분말을 분산시켜, 콘크리트의 소요 워커빌리티를 얻기에 필요한 단위 수량을 감소시키는 것을 주목적으로 하는 혼화제이다.

감수 작용이 대부분 입자의 분산 효과에 의해서 생기므로 시멘트 분산제(dispersing admixture)라고도 한다. 감수제를 사용하면 시멘트 입자의 표면에 이온이 흡착되어, 그 반응에 의하여 시멘트의 입자가 분산되어 유동성이 좋아진다.

감수제는 음이온계의 표면 활성제 또는 비이온계 표면 활성제이다. 그 화학 성분은 리그닌설폰산염(lignin sulfonate), 알킬아릴설폰산염(alkyl aryl sulfonate), 알킬벤젠설폰산염(alkyl benzene sulfonate) 등이다.

② 감수제의 효과

감수제를 사용한 콘크리트의 성질은 다음과 같다.

1) 콘크리트의 워커빌리티를 개선한다.
2) 단위 수량을 15～30% 정도 줄일 수 있다(그림 2.21 참조).

3) 단위 시멘트 양을 약 10% 줄인다.
4) 내구성, 수밀성, 강도를 향상시킨다.
5) 수화열을 줄일 수 있다.
6) 건조에 의한 체적 변화를 줄일 수 있다.
7) 응결 지연 작용도 한다.

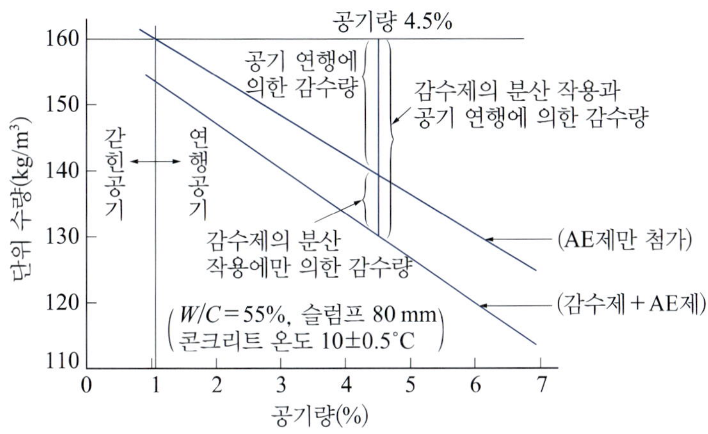

그림 2.21 감수제의 감수 효과[10)]

③ 종류 및 품질 규정

감수제의 종류에는 표준형, 지연형, 촉진형의 3종류가 있다.

감수제의 품질은 KS F 2560에 규정되어 있으며, 표 2.17과 같다.

(3) AE 감수제 및 고성능 AE 감수제

① **AE 감수제**(air-entraining and water-reducing admixture)

감수제에 공기 연행 작용을 함께 하도록 AE제를 혼합한 것이다. 그 종류에는 표준형, 지연형, 촉진형의 3가지가 있다.

AE 감수제의 공기 연행 작용은 감수제 본래의 연행 작용 외에 보조 AE제를 첨가하여 그 성능을 발휘하도록 한 것이 많다.

AE 감수제의 품질은 KS F 2560에 규정되어 있으며, 표 2.17과 같다.

② **고성능 AE 감수제**(air-entraining and high-range water-reducing admixture)

고성능 감수제에 AE제를 혼합한 것이다. 그 종류에는 표준형과 지연형이 있다.

고성능 AE 감수제의 품질은 KS F 2560에 규정되어 있으며, 표 2.17과 같다.

(4) 고성능 감수제

① 성분 및 특성

고성능 감수제(high-range water-reducing admixture)는 유동화제와 고강도용 감수제의 2가지로 분류된다.

유동화제(superplasticizing admixture)는 미리 비빈 콘크리트에 넣고, 이것을 교반하여 콘크리트의 유동성을 증대시키는 혼화제이다.

고강도용 감수제(water-reducing admixture for high-strength)는 고도의 감수 작용에 의하여 고강도 콘크리트를 만들 목적으로 사용하는 혼화제이다.

고성능 감수제는 일반적으로 보통 감수제에 비하여 다음과 같은 특성이 있다.

1) 분산 능력이 커서 감수율이 크다.
2) 콘크리트의 응결 속도를 조절할 수 있다.
3) 혼입량이 많아도 콘크리트에 이상 응결, 지연, 경화 불량 등이 없다.
4) 과잉 공기 연행성 및 강도 저하에 나쁜 영향을 끼치지 않는다.

이러한 이유로 고성능 감수제를 고강도용 감수제 또는 유동화제라고도 부른다.

고성능 감수제의 화학 조성은 멜라민설폰산염 축합물, 나프탈린설폰산염 화합물, 니그린설폰산염 등이다.

② 고성능 감수제의 효과

고성능 감수제를 사용한 콘크리트의 성질은 다음과 같다.

1) 단위 수량을 감소시킨다(약 20~30%)(그림 2.22 참조).

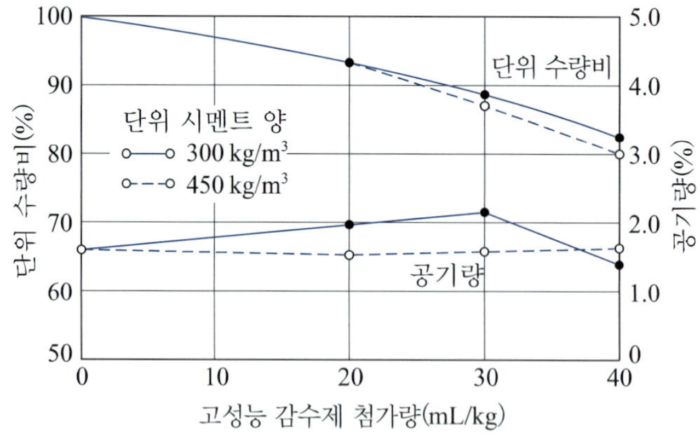

그림 2.22 고성능 감수제의 첨가량과 감수율 및 공기량의 관계[18)]

2) 단위 시멘트 양을 감소시킨다.
3) 워커빌리티 및 펌퍼빌리티가 좋다.
4) 수화열이 적다.
5) 블리딩의 감소로 콘크리트의 침하를 방지한다.
6) 조기 강도가 크고, 고강도화할 수 있다(압축 강도 80 MPa 이상).
7) 수밀성, 기밀성, 내구성이 크다.

③ 품질 규정

콘크리트용 유동화제의 품질 규정은 표 2.18과 같다.

표 2.18 콘크리트용 유동화제의 품질[19] (KCI-AD 101)

항목 \ 유동화제의 유형			표준형	지연형
시험 조건	슬럼프(mm)	베이스 콘크리트	8±1	
		유동화 콘크리트	20±1	
	공기량(%)	베이스 콘크리트	4.5±0.5	
		유동화 콘크리트	4.5±0.5	
블리딩 양의 차(mm^3/mm^2)			1 이하	2 이하
응결 시간의 차(분)		초결	−30∼+90	−60∼+210
		종결	−30∼+90	+210 이하
시간에 따른(15분간) 슬럼프의 감소량(mm)			40 이하	40 이하
시간에 따른(15분간) 공기량의 감소(%)			1.0 이하	1.0 이하
압축 강도비(%)		재령 3일	90 이상	90 이상
		재령 7일	90 이상	90 이상
		재령 28일	90 이상	90 이상
길이 변화비(%)			120 이하	120 이상
동결 융해에 대한 저항성(상대 동 탄성 계수비 %)			90 이상	90 이상

(5) 촉진제

① 성분 및 특성

촉진제(accelerating admixture)는 시멘트의 수화 반응을 촉진하는 혼화제이다. 일반적으로 염화칼슘($CaCl_2$) 또는 염화칼슘을 포함한 감수제가 사용된다.

염화칼슘의 사용량은 온도에 따라 다르지만, 일반적으로 시멘트 질량의 2% 이하로 한다.

② **촉진제의 영향**

응결 촉진제로서 염화칼슘의 사용이 콘크리트의 성질에 미치는 영향은 다음과 같다.

1) 보통 콘크리트보다 재령 1일 강도가 2배 정도 증가하나 장기 강도는 감소한다(그림 2.23 참조).
2) 건조 수축과 크리프가 커진다.
3) 황산염에 대한 저항성을 감소시킨다.
4) 알칼리 골재 반응을 악화시킨다.
5) 내구성이 약해진다.
6) 철근을 부식시키기 쉽다.

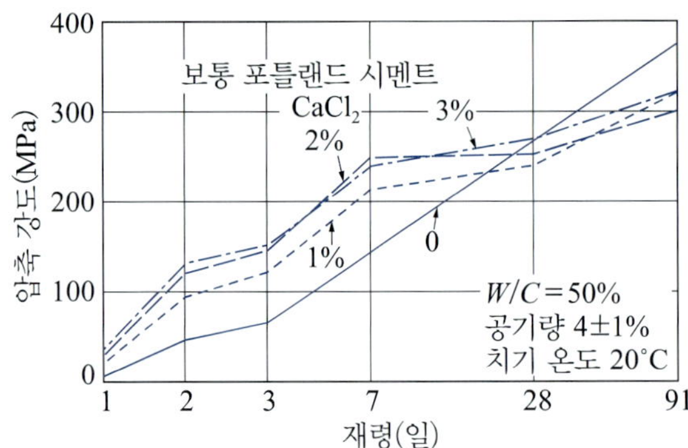

그림 2.23 염화칼슘을 첨가한 콘크리트의 압축 강도[10)]

한중 콘크리트에서는 이와 같은 촉진제를 사용하면 경화 촉진에 의해 동해를 받는 일이 적으므로 유리한 경우도 있지만, 위에서와 같은 나쁜 영향도 있으므로 사용에 주의하여야 한다.

③ **촉진제의 용도**

응결 촉진제는 다음과 같은 데 사용된다.

1) 조기 강도를 필요로 하는 공사
2) 비상 보수 공사
3) 숏크리트
4) 조기 표면 마무리
5) 조기 거푸집 제거
6) 한중 콘크리트
7) 기간 단축을 필요로 하는 공사

(6) 급결제

① 성분 및 특성

급결제(quick setting admixture)는 시멘트의 응결을 상당히 빠르게 하기 위하여 사용하는 혼화제이다.

주성분은 탄산나트륨(Na_2CO_3), 알루민산나트륨($NaAlO_2$), 규산나트륨(Na_2SiO_3), 염화제2철($FeCl_3$), 염화알루미늄($AlCl_3$) 등이다.

주로 숏크리트, 그라우트에 의한 지수 공법 등에 사용된다.

② 급결제의 영향

급결제를 사용한 콘크리트의 성질은 다음과 같다.

1) 1~2일까지의 강도는 커지나, 장기 강도는 작아진다(그림 2.24 참조).
2) 동결 융해 저항성은 보통 콘크리트와 같다.
3) 건조 수축은 약간 작다.

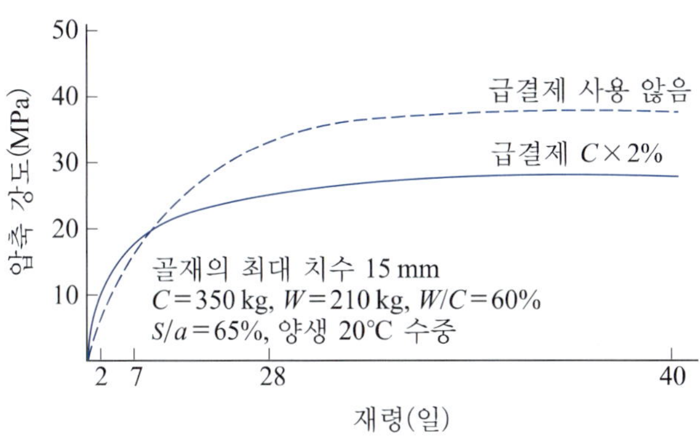

그림 2.24 급결제를 사용한 콘크리트의 압축 강도[5)]

③ 품질 규정

숏크리트용 급결제의 품질은 KS F 2782에 규정되어 있으며, 표 2.19와 같다.

표 2.19 숏크리트용 급결제의 품질 (KS F 2782)

항목		규정값	배합
압축 강도	1일	9 MPa	모르타르, $S/C=3.0$
	28일	기준 모르타르 강도 대비 75% 이상	$W/B=48.5\%$ 이하
응결 시간	초결	5분 내	시멘트 풀
	종결	15분 내	$W/B=50\%$ 이하

(7) 지연제 및 초지연제

① 특성 및 성분

(가) 지연제(set retarding admixture) 시멘트의 응결 시간을 늦추기 위하여 사용하는 혼화제이다.

지연제는 입자가 크며, 시멘트 입자의 표면에 붙어 물과 시멘트가 접촉하는 것을 일시적으로 차단하여 조기 수화 반응을 늦춘다.

주성분은 리그닌설폰산계, 수산화카르복실산계, 무기질 염류계 등이다.

(나) 초지연제(super-set retarding admixture) 응결 시간을 수시간에서 수일간에 걸쳐서 조정할 수 있는 혼화제이다.

주성분은 옥시카르복실산염으로 하고 있다.

② 지연제의 영향

지연제의 사용이 콘크리트의 성질에 미치는 영향은 다음과 같다.

1) 장시간 콘크리트를 플라스틱한 상태로 유지할 수 있다.
2) 초기의 균열 발생, 콜드 조인트(cold joint)를 방지할 수 있다.
3) 1일 강도는 감소하나 극한 강도는 커지게 된다.

그림 2.25는 각종 지연제를 사용한 콘크리트의 관입 시험 결과의 한 예를 나타낸 것이다.

관입 저항값으로 콘크리트의 초결 시간과 종결 시간을 구할 수 있다.

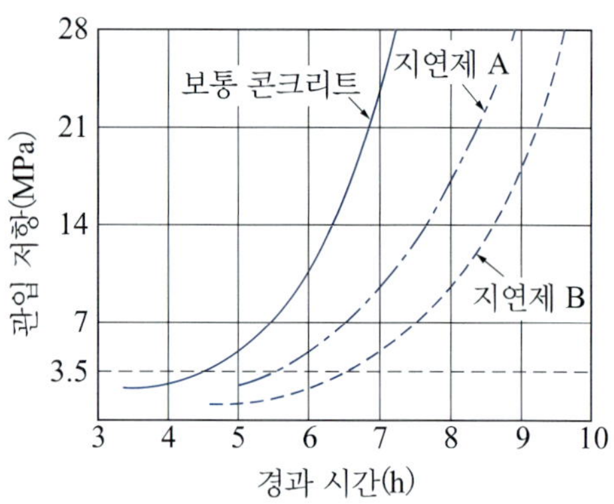

그림 2.25 지연제를 사용한 콘크리트의 응결 시간[20]

③ 지연제의 용도

지연제를 사용하면 다음과 같은 효과가 있다.

1) 서중 콘크리트 시공 시 온도 영향을 상쇄시킨다.
2) 레미콘의 운반 거리가 멀 때 유효하다.
3) 매스 콘크리트의 연속 타설 시 콜드 조인트의 방지에 유효하다.
4) 콘크리트를 친 후에 생기는 거푸집의 변형을 조절할 수 있다.
5) 콘크리트의 온도를 낮추는 효과가 있다.

(8) 방수제

① 특성 및 성분

방수제(water proofing admixture)는 모르타르, 콘크리트의 흡수성 또는 투수성을 감소시킬 목적으로 사용하는 혼화제로서, 염화칼슘계, 규산나트륨계, 지방산계, 파라핀계, 고분자 에멀션(emulsion)계, 감수제, AE제계 등 상당히 종류가 많다.

② 방수제의 효과

콘크리트 속에 공극이 생기는 원인은 상당히 복잡하므로, 방수제는 다음 중에서 한 가지 또는 그 이상의 것을 목적으로 하여 효과를 얻도록 하고 있다.

1) 시멘트는 수화를 촉진시킨다.
2) 시멘트의 수화 반응에 의하여 생기는 가용성 물질의 용실을 방지하고, 불용성 또는 발수성 염류를 형성한다.
3) 콘크리트의 워커빌리티를 높이고, 칠 때 생기는 공극을 적게 한다.
4) 굳지 않은 콘크리트 속에 포함되어 있는 아주 작은 공극을 메우고 분산 미세화한다.
5) 콘크리트 내부에 불투수층 또는 발수성막을 형성한다.

③ 품질 규정

시멘트 액체형 방수제의 품질은 KS F 4925에 규정되어 있으며, 표 2.20과 같다.

표 2.20 시멘트 액체 방수제의 품질 (KS F 4925)

항목	성능 기준
응결 시간	초결이 1시간 이상, 종결은 10시간 이내에 일어날 것
안정성	팽창성 균열 또는 비틀림이 없을 것
압축 강도(MPa)	30.0 이상일 것
물흡수 계수비	방수제를 혼합하지 않은 경우의 0.50 이하일 것
투수비	방수제를 혼합하지 않은 경우의 0.50 이하일 것
부착 강도(MPa)	0.80 이상일 것

(9) 기포제

① 특성 및 성분

기포제(foaming admixture)는 콘크리트 속에 많은 거품을 일으켜, 부재의 경량화나 단열성을 목적으로 사용하는 혼화제이다.

주성분은 단백질, 교질류, 수지계 표면 활성제 등이며, 기포 안정제(메틸셀룰로스 등)가 첨가된다. 사용량은 시멘트 질량의 0.05~0.5%가 첨가된다.

혼입되는 기포량은 구조용에서 체적의 10~60%, 단열용에서 70~80% 정도이다.

② 기포제의 효과

기포제를 사용한 기포 콘크리트의 성질은 다음과 같다.

1) 밀도가 작다(구조용은 0.8~1.2 g/cm^3, 단열용은 0.4~0.5 g/cm^3 이하).
2) 부재가 가벼워진다.
3) 단열성이 커진다.

③ 용도

모르타르, 콘크리트, 그라우트 등에 혼화제로서 첨가하여 경량 골재를 사용한 경량 구조용 부재, 오토클레이브 양생한 경량 콘크리트 거푸집판, 단열 콘크리트, 터널이나 실드(shield) 공사에서의 뒷채움재 등에 사용된다.

(10) 발포제

① 성분 및 특성

발포제(gas foaming admixture)는 시멘트에 알루미늄 또는 아연 분말을 넣어, 시멘트의 응결 과정에서 수산화물과 반응, 수소를 발생하게 하여 모르타르 또는 콘크리트 속에 아주 작은 기포를 생기게 하는 혼화제이다. 가스 발생제라고도 한다.

$$2Al + 3Ca(OH_2) + 6H_2O \rightarrow 3CaO \cdot Al_2O_3 + 6H_2O + 3H_2 \uparrow \quad (2.14)$$

알루미늄 분말의 발포 효과는 알루미늄 분말의 품질, 시멘트의 품질, 배합, 온도 등에 따라 달라진다.

사용량은 시멘트 또는 시멘트와 플라이애시 질량의 0.005~0.02% 정도이다.

② 용도

프리플레이스트 콘크리트, 프리스트레스트 콘크리트 등의 그라우트에 사용하며, 발포에 의하여 그라우트를 팽창시켜 골재나 PS 강재의 간극을 잘 채워지게 한다.

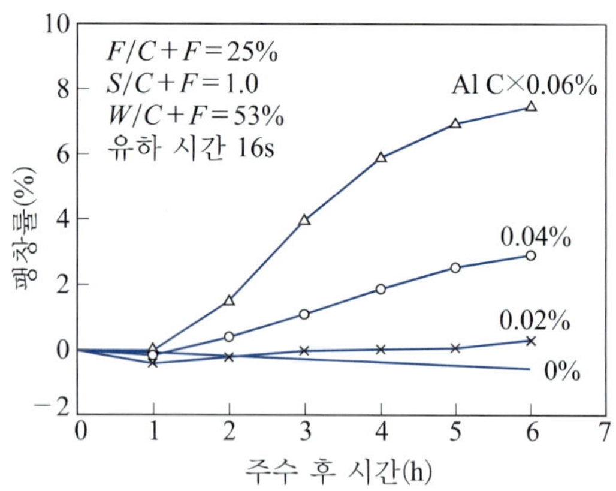

그림 2.26 알루미늄 분말의 첨가량과 모르타르의 팽창률 [21)]

(11) 방청제

① 성분 및 특성

방청제(corrosion-inhibiting admixture)는 콘크리트 속의 철근이 염화물에 의해 부식하는 것을 억제하는 혼화제이다. 주성분은 아황산나트륨(Na_2SO_3), 인삼염, 염화제1주석($SnCl_2$), 리그닌설폰염화칼슘 등이다.

방청제는 수산화 제1철의 피막으로 Cl^-에 의해 작은 구멍이 생기는 것을 방지하고, 또 생긴 구멍을 보수한다.

② 철근의 녹 발생

철근의 녹 발생은 다음 식과 같이 된다.

$$\left.\begin{array}{l} 2Fe + O_2 \rightarrow 2FeO \text{ (산화 제1철)} \\ FeO + H_2O \rightarrow Fe(OH)_2 \text{ (수산화 제1철)} \\ 2Fe(OH)_2 + H_2O + \frac{1}{2}O_2 \rightarrow \underset{\text{(붉은 녹)}}{2Fe(OH)_3} \text{ (수산화 제2철)} \end{array}\right\} \quad (2.15)$$

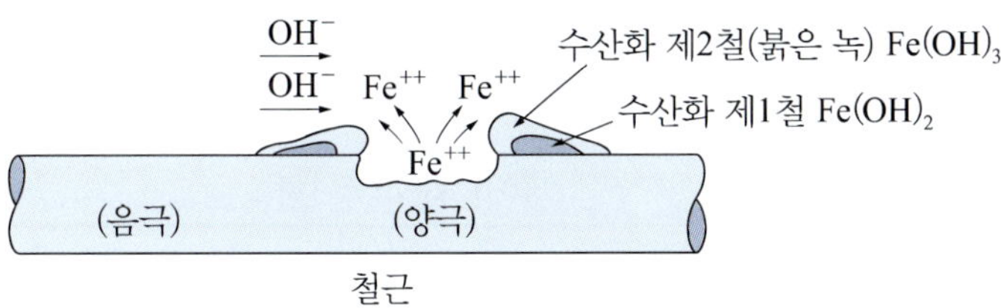

그림 2.27 철근의 녹 발생

고알칼리성(PH=12.5 이상)인 콘크리트 속에서는 수산화 제1철의 반응까지만 일어나며, 수산화 제1철이 부동태 피막(film on passive state metals)으로 되어 그 이상의 반응이 일어나지 않는다.

그러나 염소 이온(Cl^-)이 있는 경우, 수산화 제1철의 피막이 파괴되어 산소가 직접 철근에 닿으면 수산화 제2철이 생겨 철근의 부식이 진행된다.

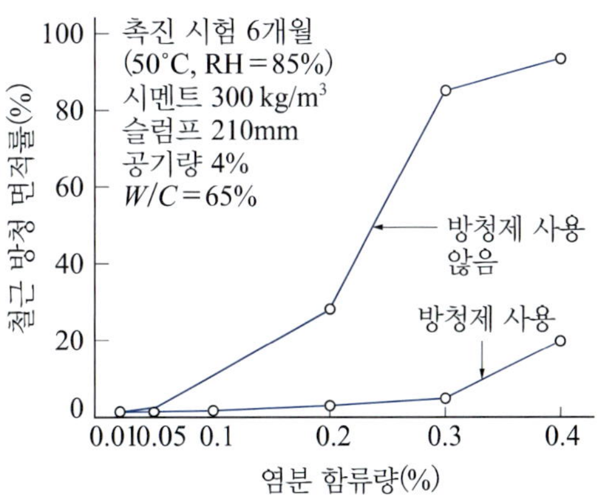

그림 2.28 염분 함유량과 철근의 부식[22)]

③ 방청제의 효과

방청제는 다음과 같은 작용을 하여 철근의 부식을 방지한다.

1) 철근 표면의 보호 피막을 보강한다.
2) 산소를 소비하여 산소가 철근에 도달하는 것을 막는다.
3) 염소 이온(Cl^-)과 결합하여 고정한다.

④ 품질 규정

철근 콘크리트용 방청제의 품질은 KS F 2561에 규정되어 있으며, 표 2.21과 같다.

표 2.21 방청제의 품질 (KS F 2561)

항목	규정		
철근의 염수 침지 시험	부식이 안 될 것		
콘크리트 중의 철근 부식 촉진 시험	방청률 95% 이상		
콘크리트의 응결 시간 및 압축 강도 시험	응결 시간차(분)	초결 종결	±60 이내
	압축 강도비(%)	재령 7일 재령 28일	90 이상
염화물 이온(Cl^-) 양	$0.02\,kg/m^3$ 이하		
전 알칼리량	$0.02\,kg/m^3$ 이하		

(12) 수중 불분리성 혼화제

① 특성 및 성분

수중 불분리성 혼화제(anti-washout admixture)는 콘크리트의 점성이나 보수성을 높여서 수중 시공할 때 시멘트의 유실이나 골재의 분리가 적게 일어나도록 하는 혼화제이다. 그 종류는 성분에 따라 셀룰로스계와 아크릴계가 있다.

② 수중 불분리성 혼화제의 효과

수중 불분리성 혼화제를 사용한 콘크리트의 성질은 다음과 같다.

1) 굳지 않은 콘크리트를 수중에 낙하하여도 분리하지 않는다.
2) 점성이 풍부하고 유동성이 좋다.
3) 응결 시간이 늦다.

③ **품질 규정**

수중 불분리성 혼화제를 첨가한 콘크리트의 품질 규정은 표 2.22와 같다.

표 2.22 **수중 불분리성 혼화제를 첨가한 콘크리트의 품질**[19] (KCI-AD-102)

항목		표준형	지연형
블리딩 율(%)		0.01 이하	0.01 이하
공기량(%)		4.5 이하	4.5 이하
슬럼프 플로의 시간적 감소량(mm)	30분 후	30 이하	–
	2시간 후	–	30 이하
수중 분리도	현탁물 질량(mg/L)	50 이하	50 이하
	pH	12 이하	12 이하
응결 시간(시간)	초결	5 이상	18 이상
	종결	24 이내	48 이내
수중 제작 시험체의 압축 강도(MPa)	재령 7일	15 이상	15 이상
	재령 28일	25 이상	25 이상
수중기 중 강도비(%)	재령 7일	80 이상	80 이상
	재령 28일	80 이상	80 이상

(13) 기타 혼화제

① **방동제**(antifreezing admixture)

콘크리트는 대략 −5～−2°C에서 동결하는데, 콘크리트의 동결을 방지하기 위해 사용하는 혼화제이다.

단위 수량을 줄일 수 있는 AE제, 감수제, AE 감수제 등이 유효하며, 강도를 빨리 내게 하는 경화 촉진제를 사용하는 것이 효과적이다.

② **보수제**(water-retaining admixture)

굳지 않은 모르타르, 그라우트, 콘크리트로부터의 탈수를 막고, 또는 외부로부터 침입하는 물의 확산을 막기 위하여 사용하는 혼화제이다.

주로 고점성의 수용성 고분자 물질, 고분자 에멀션, 콜로이드성 실리카 등이 사용된다.

③ **펌프 압송 조제**(pumping aid admixture)

콘크리트를 펌프로 시공할 때 관의 벽면을 매끄럽게 하고, 재료 분리에 의한 관의 막힘을 방지하기 위하여 사용하는 혼화제이다. 막힘 방지용 보수제가 사용된다.

④ **건조 수축 저감제**(drying shrinkage-reducing admixture)

콘크리트 경화 건조에 의한 수축과 이것으로 인한 균열을 방지하기 위해 사용하는 혼화제이다.

건조 시 모세관 장력을 완화시켜 건조 수축을 저감하는 유기계의 혼화제와 에트링가이트를 생성시켜 수축을 완화시키는 무기계의 혼화제가 있다.

⑤ **수화열 억제제**(heat of hydration-restraint admixture)

보통의 지연제와는 달리 특수한 용해성을 이용해서 콘크리트의 온도 상승 속도와 온도 상승량을 감소시키는 혼화제이다.

글루코스(glucose)의 고분자 등도 쓰인다.

⑥ **분진 방지제**(dust-preventing admixture)

숏크리트 공법에서 발생하는 분진을 저감시키기 위해서 사용하는 혼화제로서, 주로 수용성 고분자가 사용된다.

4. 혼화 재료의 저장

혼화 재료의 저장은 다음과 같이 한다.

(1) 혼화재의 저장

1) 혼화재는 방습적인 사일로 또는 창고 등에 품종별로 구분하여 저장하고, 입하의 순서대로 사용해야 한다.
2) 장기 저장한 혼화재는 이것을 사용하기 전에 시험하여 품질을 확인해야 하며, 시험 결과 규정된 성질을 얻지 못할 때는 그 혼화 재료는 사용해서는 안 된다.
3) 혼화재는 날리지 않도록 그 취급에 주의해야 한다.

(2) 혼화제의 저장

1) 혼화제는 먼지나 기타의 불순물이 혼입되지 않도록, 분말상의 혼화제는 습기를 흡수하거나 굳어지는 일이 없도록 하고, 액상의 혼화제는 분리하거나 변질하거나 하는 일이 없도록 저장해야 한다.
2) 장기간 저장한 혼화제나 이상이 인정된 혼화제는 이것을 사용하기 전에 시험하여 그 성능이 떨어져 있지 않다는 것을 확인한 후에 사용해야 한다.

2.3 골재

1. 개설

(1) 골재의 의의

골재(aggregate)란, 모르타르 또는 콘크리트를 만들기 위하여 시멘트 및 물과 혼합하는 모래, 부순 모래, 자갈, 부순 자갈, 부순 돌, 바다 모래, 고로 슬래그 잔골재, 고로 슬래그 굵은 골재, 기타 이와 비슷한 재료를 말한다.

골재는 콘크리트 전체 체적의 60~75% 또는 전체 질량의 80~85%를 차지하며, 그 성질은 직접 콘크리트의 성질에 큰 영향을 미친다.

골재는 콘크리트에서 증량재로 사용되며 시멘트 양을 줄이고, 콘크리트의 변형, 마모, 풍화 또는 침식에 대한 저항 작용을 한다.

(2) 골재의 종류

① 산지 또는 생산 방법에 따른 분류

골재를 산지 또는 생산 방법에 따라 천연 골재와 인공 골재로 나뉜다.

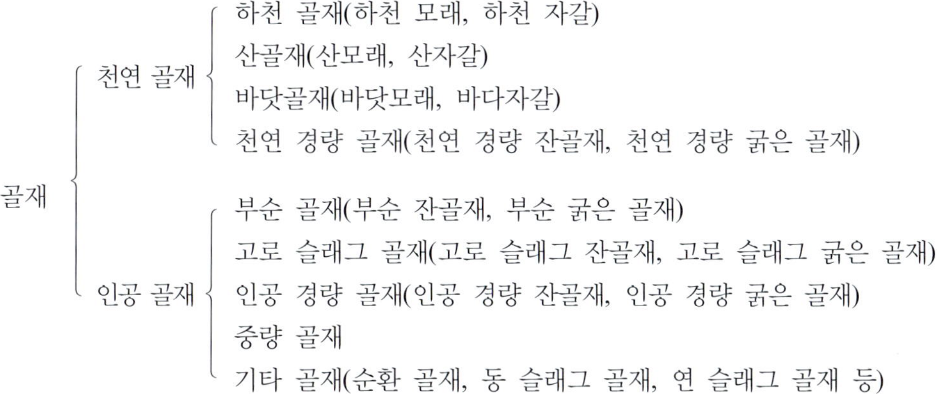

② 골재 입자의 크기에 따른 분류(콘크리트표준시방서)

(가) 굵은 골재(coarse aggregate)

1) 5 mm 체에 거의 다(85% 이상) 남는 골재

2) 5 mm 체에 다 남는 골재

(나) 잔골재(fine aggregate)

1) 10 mm 체를 전부 통과하고 5 mm 체를 거의 다 통과하며, 0.08 mm 체에 거의 다 남는 골재
2) 5 mm 체를 통과하고 0.08 mm 체에 남는 골재

여기서, 1)은 자연 상태 또는 가공 후의 모든 골재에 적용되는 것이고, 2)는 시방 배합을 정할 때 적용되는 것이다.

③ 밀도에 따른 분류

(가) 천연 골재 밀도가 2.50～2.65 g/cm^{3}인 골재이다.

(나) 경량 골재 밀도가 2.00 g/cm^3 이하인 골재이다.

(다) 중량 골재 밀도가 2.70 g/cm^3 이상인 골재이다.

④ 석질에 따른 분류

(가) 화성암 강경, 밀실하며 화강암, 현무암 등이 사용된다.

(나) 수성암 다공질로 풍화되기 쉬우며 사암, 석회암 등이 사용된다.

(다) 변성암 일반적으로 편상 조직이며, 골재로서는 적당하지 않다.

⑤ 용도에 따른 분류

보통 콘크리트용 골재, 경량 콘크리트용 골재, 중량 콘크리트용 골재, 포장용 골재 등이 있다.

(3) 골재가 갖추어야 할 성질

콘크리트의 성질에 영향을 미치는 가장 중요한 요소는 시멘트이지만, 그 체적의 대부분을 차지하고 있는 골재도 또한 중요한 것이다.

콘크리트용 골재가 갖추어야 할 성질은 다음과 같다.

1) 물리적으로 안정하고, 내구성이 클 것
2) 깨끗하고 불순물이 섞이지 않을 것
3) 알의 모양이 둥글거나 정육면체에 가깝고, 시멘트 풀과 잘 붙는 표면 조직을 가질 것
4) 굵고 잔 알이 섞인 정도, 즉 입도가 적당할 것
5) 마모에 대한 저항이 클 것
6) 화학적으로 안정할 것
7) 필요한 질량을 가질 것

골재 성질과 콘크리트 성질과의 관계를 나타내면 표 2.23과 같다.

표 2.23 골재의 성질과 콘크리트의 성질과의 관계[23)]

콘크리트의 성질	관계되는 골재의 성질
내구성	
동결 융해에 대한 저항성	안정성, 공극률, 투수성, 인장 강도, 조직 및 구조, 점토 존재
건습에 대한 저항성	공극 구조, 탄성 계수
가열 냉각에 대한 저항성	열팽창 계수
마모에 대한 저항성	경도
알칼리 골재 반응	특수한 실리카질 성분의 존재
강도	강도, 표면 조직, 청정, 입도, 최대 치수
건조 수축 및 크리프	탄성 계수, 입형, 입도, 청정, 최대 치수, 점토 존재
열팽창 계수	열팽창 계수, 탄성 계수
열전도율	열전도율
비열	비열
단위 질량	밀도, 입형, 입도, 최대 치수
탄성 계수	탄성 계수, 푸아송비
경제성	입형, 입도, 최대 치수, 제조 공정

2. 골재의 성질 및 시험 방법

골재의 성질은 그림 2.29와 같이 고유의 성질, 개선이 가능한 성질, 변동하는 성질의 3가지로 나눌 수 있다.

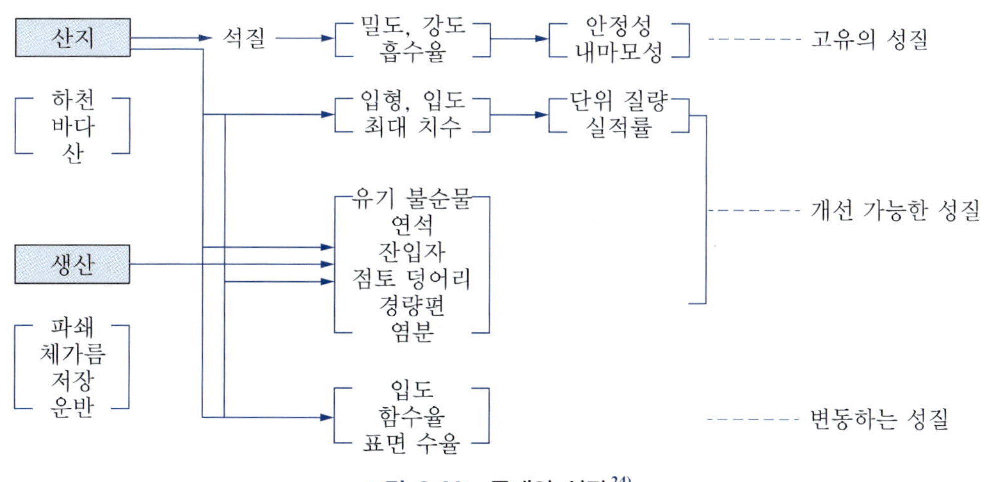

그림 2.29 골재의 성질[24)]

(1) 골재의 밀도

① 밀도

골재의 밀도가 크면 공극률과 흡수율이 작고, 내구성과 강도가 커진다. 골재의 밀도는 콘크리트의 배합 설계, 실적률 및 공극률 등의 계산에 사용된다.

콘크리트용 골재의 밀도는 KS F 2527에 규정되어 있으며, 표 2.24와 같다.

표 2.24 콘크리트용 골재의 밀도 (KS F 2527)

골재의 종류	절건 밀도(g/cm³)	
	잔골재	굵은 골재
천연 골재 및 부순 골재	2.5 이상	2.5 이상
고로 슬래그 골재	2.5 이상	(N) 2.2 이상, (H) 2.4 이상
순환 골재	2.3 이상	2.5 이상

주 : (N)은 보통 품질(Normal Quality), (H)는 고급 품질(High Quality)이다.

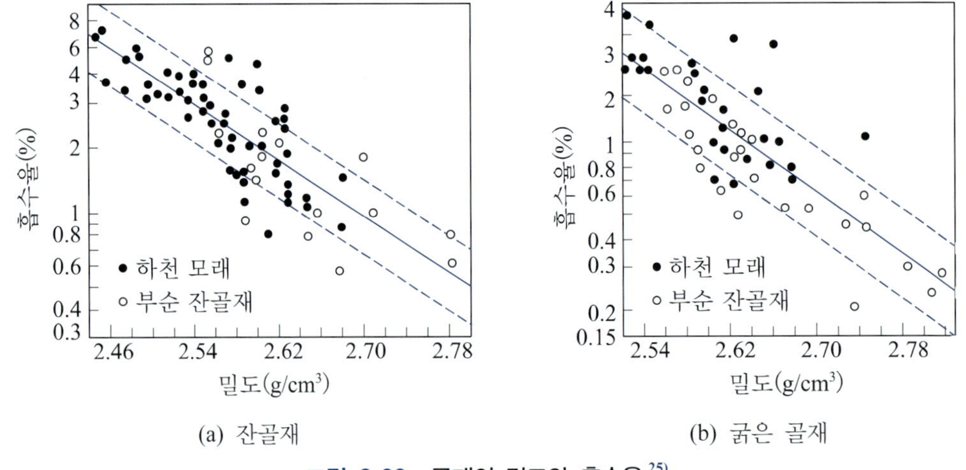

그림 2.30 골재의 밀도와 흡수율[25)]

② 밀도의 종류

(가) 절대 건조 상태의 밀도(density(OD)) 투수성 공극과 불투수성 공극을 포함한 골재 입자의 단위 체적당 절대 건조 상태의 질량이다.

(나) 표면 건조 상태의 포화 밀도(density(SSD)) 물로 차 있는 투수성 공극과 불투수성 공극을 포함한 골재 입자의 단위 체적당 표면 건조 포화 상태의 질량이다.

(다) 겉보기 밀도(apparent density) 골재 입자의 불투수성 부분의 단위 체적당 절대 건조 상태의 질량이다.

골재의 밀도는 콘크리트의 배합 설계에서 표면 건조 포화 밀도를 기준으로 한다.

③ 밀도 시험

(가) 잔골재의 밀도 다음 식으로 산출한다.

$$\left.\begin{aligned} &\text{절대 건조 상태의 밀도 } d_d(\text{g/cm}^3) = \frac{m_d}{m_e + m_s - m_t} \times d_\omega \\ &\text{표면 건조 포화 상태의 밀도 } d_s(\text{g/cm}^3) = \frac{m_s}{m_e + m_s - m_t} \times d_\omega \\ &\text{겉보기 밀도 } d_A(\text{g/cm}^3) = \frac{m_d}{m_e + m_d - m_t} \times d_\omega \end{aligned}\right\} \qquad (2.16)$$

여기서, m_d : 절대 건조 상태 시료의 질량(g)

m_e : 검정된 용량의 눈금까지 물을 채운 플라스크의 질량(g)

m_t : 검정된 용량의 눈금까지 시료와 물을 채운 플라스크의 질량(g)

m_s : 표면 건조 포화 상태 시료의 질량(g)

d_ω : 시험 온도에서 물의 밀도(g/cm^3)

잔골재의 밀도 시험 방법은 KS F 2504에 규정되어 있다.

(나) 굵은 골재의 밀도 다음 식으로 산출한다.

$$\left.\begin{aligned} &\text{절대 건조 상태의 밀도 } D_d(\text{g/cm}^3) = \frac{m_d}{m_s - m_w} \times d_\omega \\ &\text{표면 건조 포화 상태의 밀도 } D_s(\text{g/cm}^3) = \frac{m_s}{m_s - m_w} \times d_\omega \\ &\text{겉보기 밀도 } D_A(\text{g/cm}^3) = \frac{m_d}{m_d - m_w} \times d_\omega \end{aligned}\right\} \qquad (2.17)$$

여기서, m_d : 절대 건조 상태 시료의 질량(g)

m_s : 표면 건조 포화 상태 시료의 질량(g)

m_w : 수중에서 시료의 질량(g)

d_ω : 시험 온도에서 물의 밀도(g/cm^3)

굵은 골재의 밀도 시험 방법은 KS F 2503에 규정되어 있다.

(2) 골재의 함수량

① **함수 상태**(moisture condition)

골재의 함수 상태는 부착 또는 흡수되어 있는 수분에 따라 다음 4종류로 분류된다.

(가) 절대 건조 상태(absolute dry condition) 골재를 100~110°C의 온도에서 질량이 일정하게 될 때까지 건조하여, 골재 입자 내부의 공극에 있는 물이 완전히 제거된 상태이다. 절건 상태 또는 노 건조 상태(oven dry condition, OD)라고도 한다.

(나) 공기 중 건조 상태(air dry condition, AD) 골재를 실내에서 자연 건조하여, 내부의 공극 일부가 물로 차 있는 상태이다. 기건 상태라고도 한다.

(다) 표면 건조 포화 상태(saturated surface dry condition, SSD) 골재 입자의 표면에는 물기가 없고, 내부의 공극이 물로 차 있는 상태이다. 표건 상태라고도 한다.

(라) 습윤 상태(wet condition) 골재 입자 내부의 공극과 표면에 물기가 있는 상태이다.

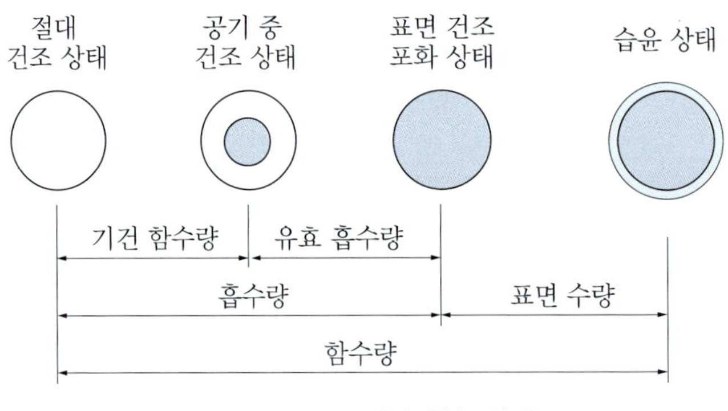

그림 2.31 골재의 함수 상태

이 중에서 절대 건조 상태(OD)와 표면 건조 포화 상태(SSD)는 특정한 함수 상태를 나타내며, 이들의 상태는 골재의 함수량을 계산하는 기준으로 사용된다.

공기 중 건조 상태(AD)와 습윤 상태는 저장된 골재에 존재하는 함수량을 나타낸다.

② **함수 상태의 기준**

골재의 함수 상태 중에서 콘크리트의 배합 설계에서는 표면 건조 포화 상태를 골재의 기준 상태로 하고 있다. 그 이유는 표면 건조 포화 상태가 콘크리트에서 골재의 평형 함수량을 나타내고, 또 골재의 밀도는 표면 건조 포화 상태에서 더 정확히 결정되기 때문이다.

따라서 콘크리트 배합에서 시방 배합을 현장 배합으로 고칠 때에는 골재의 함수량을 측정하여 함수 상태에 따라 혼합 수량을 조정해야 한다.

③ **함수량**(moisture content)

(가) 기건 함수량(air dry moisture content) 공기 중 건조 상태 골재 입자의 수량이다.

(나) 흡수량(absorption) 골재 입자가 절대 건조 상태에서 표면 건조 상태로 되기까지 흡수한 수량이다.

(다) 유효 흡수량(effective absorption) 골재 입자가 공기 중 건조 상태에서 표면 건조 포화 상태로 되기까지 흡수한 수량이다.

(라) 표면 수량(surface moisture content) 골재 입자의 표면에 묻어 있는 수량이다.

④ **함수율 시험**

(가) 흡수율(absorption ratio) 골재의 흡수량을 절대 건조 상태 골재의 질량으로 나누어 백분율로 나타낸다.

골재의 흡수율은 다음 식으로 산출한다.

$$Q = \frac{m_s - m_d}{m_d} \times 100 \qquad (2.18)$$

여기서, Q : 골재의 흡수율(절건 시료에 대한 질량 백분율)(%)

m_d : 절대 건조 상태 시료의 질량(g)

m_s : 표면 건조 포화 상태 시료의 질량(g)

잔골재의 흡수율 시험 방법은 KS F 2504, 굵은 골재의 흡수율 시험 방법은 KS F 2503에 규정되어 있다.

콘크리트용 골재의 흡수율은 표 2.25와 같다.

표 2.25 **콘크리트용 골재의 흡수율** (KS F 2527)

골재의 종류	흡수율(%)	
	잔골재	굵은 골재
천연 골재 및 부순 골재	3.0 이하	3.0 이하
고로 슬래그 골재	3.5 이하	(N) 6.0 이하, (H) 4.0 이하
순환 골재	4.0 이하	3.0 이하

주: (N)은 보통 품질(Normal Quality), (H)는 고급 품질(High Quality)이다.

(나) 표면 수율(surface moisture content ratio) 골재의 표면 수량을 표면 건조 포화 상태 골재의 질량으로 나누어 백분율로 나타낸다.

잔골재의 표면 수율은 다음 식으로 산출한다.

$$H = \frac{m_w - m_v}{m_z - m_w} \times 100 \qquad (2.19)$$

여기서, H : 잔골재의 표면 수율(표건 시료에 대한 질량 백분율)(%)

m_w : 시료에서 치환된 물의 질량(g)

m_z : 시료의 질량(g)

m_v : 시료의 질량(m_z)을 표건 상태의 밀도(d_s)로 나눈 값(mL)

잔골재의 표면 수율 시험 방법은 KS F 2509에 규정되어 있다.

표 2.26 골재의 표면 수율의 근삿값[26)]

골재의 상태	표면 수율(%)
젖은 자갈 또는 부순돌	1.5~2
매우 젖은 모래	5~8
보통 젖은 모래	2~4
조금 젖은 모래	0.5~2

(다) 함수율(moisture content ratio) 골재의 함수량을 절대 건조 상태 골재의 질량으로 나누어 백분율로 나타낸다.

잔골재의 함수율은 다음 식으로 산출한다.

$$Z = \frac{m_z - m_d}{m_d} \times 100 \qquad (2.20)$$

여기서, Z : 골재의 함수율(절건 질량에 대한 질량 백분율)(%)

m_z : 건조 전 시료의 질량(g)

m_d : 건조 후 시료의 질량(g)

골재의 함수율 및 표면 수율 시험 방법은 KS F 2550에 규정되어 있다

(3) 골재의 입형

① 입형의 영향

골재 입자의 모양(particle shape)은 둥근 것 또는 정육면체에 가까운 것이 좋으며, 얇은 석편 또는 가느다란 석편은 시멘트 풀이 많이 소요되므로 좋지 않다.

골재 입자의 모양이 콘크리트의 성질에 미치는 영향은 다음과 같다.

(가) 둥근 모양의 골재

1) 마찰이 작으므로 콘크리트의 워커빌리티가 좋다.
2) 공극을 감소시키므로 밀도가 커진다.
3) 시멘트 풀이 감소되므로 경제적이다.

(나) 모가 난 골재

1) 마찰이 커서 워커빌리티가 좋지 않다.
2) 모르타르의 양이 증가한다.
3) 단위 수량이 많아진다.
4) 재료 분리가 일어난다.

(다) 표면이 거친 골재

1) 워커빌리티가 나빠진다.
2) 부착력은 커진다.

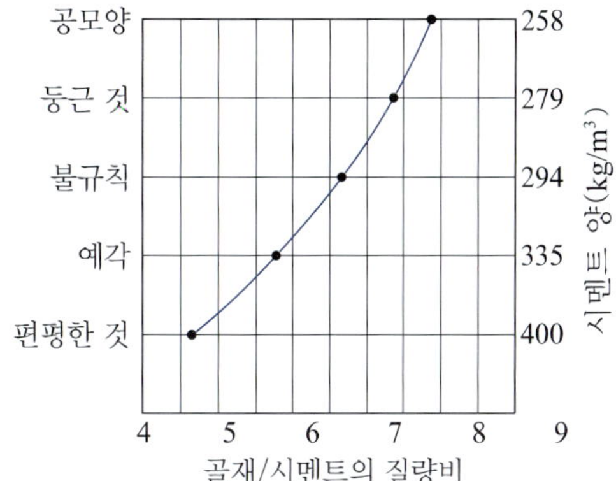

그림 2.32 골재의 입형과 소요 시멘트 양[27)]

② 입형의 판정

골재의 입형을 판정하는 척도로서 일반적으로 실적률이 사용된다. 골재의 실적률이 클수록 모양이 좋고 입도가 적당하게 된다.

골재의 입형 판정 실적률 시험 방법은 KS F 2527(콘크리트용 골재)에 규정되어 있다.

(4) 골재의 입도

① 입도의 영향

골재의 크고 작은 입자가 섞여 있는 정도를 입도(grading)라 한다. 골재의 입도는 콘크리트를 경제적으로 만들기 위해 필요한 골재의 성질 중에서 가장 중요한 것이다.

입도가 알맞은 골재를 사용하면, 공극을 최소로 감소시켜 단위 질량이 커지고, 시멘트 풀의 양을 줄일 수 있어 경제적이다. 또 강도, 내구성, 수밀성 등이 좋은 콘크리트를 만들 수 있다.

② 입도 시험

골재의 입도를 알기 위하여 골재의 체가름 시험을 한다. 골재의 입도는 규정된 체(표 2.27 참조)를 사용하여 각 체에 남는 골재의 질량 백분율(%)을 구하고, 이것을 입도 곡선(grading curve)(그림 2.33 참조)으로 나타낸다.

체가름 시험한 골재의 입도가 입도 표준 범위에 들지 않으면 입도를 보정해야 한다. 골재의 체가름 시험 방법은 KS F 2502에 규정되어 있다.

표 2.27 골재 시험용 표준체의 호칭 치수 (KS F 2523)

잔골재용 망체	호칭 치수(mm)	0.08	0.15	0.3	0.4	0.6	1.2	1.7	2.5	3.5	5		
	체눈의 크기(mm)	0.075	0.15	0.30	0.425	0.60	1.18	1.7	2.36	3.35	4.75		
굵은 골재용 망체	호칭 치수(mm)	10	13	15	20	25	30	40	50	65	80	90	100
	체눈의 크기(mm)	9.5	13.2	16.0	19.0	26.5	31.5	37.5	53.0	63.0	75.0	90.0	106

③ 입도의 범위

(가) 잔골재의 입도 표 2.28의 입도 범위를 표준으로 한다.

표 2.28 잔골재의 입도[19] (KS F 2527)

체의 호칭 치수(mm)	체를 통과하는 것의 질량 백분율(%)		체의 호칭 치수(mm)	체를 통과하는 것의 질량 백분율(%)	
	천연 잔골재	부순 잔골재		천연 잔골재	부순 잔골재
10	100	100	0.6	25~60	25~65
5	95~100	95~100	0.3	10~30	10~35
2.5	80~100	80~100	0.15	2~10	2~15
1.2	50~85	50~90			

(나) 굵은 골재의 입도 표 2.29의 입도 범위를 표준으로 한다.

표 2.29 굵은 골재의 입도 표준[19] (KS F 2527)

골재 번호	체의 호칭 치수(mm) / 입도 범위(mm)	체를 통과하는 것의 질량 백분율(%)												
		100	90	80	65	50	40	25	20	13	10	5	2.5	1.2
1	90~40	100	90~100		25~60		0~15		0~5					
2	65~40			100	90~100	35~70	0~15		0~5					
3	50~25				100	90~100	35~70	0~15		0~5				
357	50~5				100	95~100		35~70		10~30		0~5		
4	40~20					100	90~100	20~55	0~15		0~5			
467	40~5					100	95~100		35~70		10~30	0~5		
5	25~13						100	90~100	20~55	0~10	0~5			
57	25~5						100	95~100		25~60		0~10	0~5	
6	20~13							100	90~100		0~10	0~5		
67	20~5							100	90~100		20~25	0~10	0~5	
7	13~5								100	90~100	40~70	0~15	0~5	
78	13~2.5								100	90~100	40~75	5~25	0~10	0~5
8	10~2.5									100	85~100	10~30	0~10	0~5

④ **조립률**(fineness modulus, FM)

(가) 조립률의 정의 조립률은 골재의 입도를 수치적으로 나타내는 하나의 방법이다. 80 mm, 40 mm, 20 mm, 10 mm, 5 mm, 2.5 mm, 1.2 mm, 0.6 mm, 0.3 mm, 0.15 mm 등 10개의 체를 1조로 하여 체가름 시험을 하였을 때, 각 체에 남는 시료 질량의 전 시료에 대한 질량 백분율 누계의 합을 100으로 나눈 값으로 정의한다.

골재의 조립률은 다음 식으로 구한다.

$$\text{조립률(FM)} = \frac{\sum P(\text{규정된 각 체에 남는 시료 질량 백분율의 누계(\%)})}{100} \tag{2.21}$$

골재의 조립률 계산 예는 표 2.30과 같으며, 이것을 입도 곡선으로 나타내면 그림 2.33과 같다.

표 2.30 **골재의 조립률 계산 예**

체의 호칭 치수 (mm)	잔골재				굵은 골재			
	각 체에 남는 시료의 질량			통과 질량	각 체에 남는 시료의 질량			통과 질량
	질량 (g)	백분율 (%)	누계 P(%)	백분율 (%)	질량 (g)	백분율 (%)	누계 P(%)	백분율 (%)
80					0	0	0	100
40					600	4	4	96**
20					5 400	36	40	60
10	0	0	0	100	5 250	35	5	25
5	15	3	3	97	3 150	21	96	4
2.5	35	7	10	90	600	4	100	0
1.2	75	15	25	75	0	0	100	0
0.6	140	28	53	47	0	0	100	0
0.3	170	34	87	13	0	0	100	0
0.15	50	10	97	3	0	0	100	0
접시	15	3	(100)*	0				
합계	500	100	275		15 000	100	715	
조립률(FM)	$\sum P/100 = 275/100 = 2.75$				$\sum P/100 = 715/100 = 7.15$			
최대 치수(mm)					40**			

주 : * ( ) 속의 접시에 남는 질량은 조립률 계산에 넣지 않는다.

** 굵은 골재의 최대 치수는 질량으로 90% 이상 통과하는 체 중에서 최소 치수의 체눈을 체의 호칭 치수로 나타낸다.

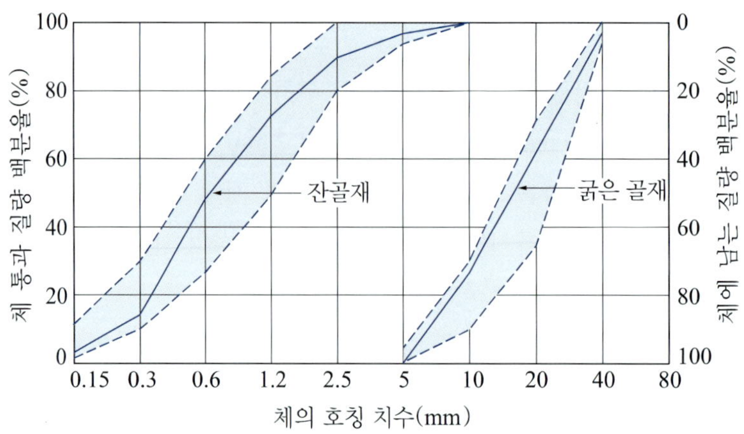

(은 표 2.28의 천연 잔골재 및 표 2.29의 굵은 골재(467번) 입도 범위임)

그림 2.33 골재의 입도 곡선

(나) 조립률의 범위 골재의 조립률은 골재 입자의 지름이 클수록 크며, 일반적으로 잔골재는 2.3～3.1, 굵은 골재는 6～8 정도가 좋다.

(다) 혼합 골재의 조립률 조립률이 각각 다른 2종류의 골재로부터 혼합 골재의 조립률은 다음 식으로 구할 수 있다.

$$f_a = \frac{m}{m+n} \cdot p + \frac{n}{m+n} \cdot q \tag{2.22}$$

여기서, f_a : 혼합 골재의 조립률

p, q : 골재 각각의 조립률

m, n : 골재 각각의 혼합비(질량비)

(5) 골재의 치수

① **굵은 골재의 최대 치수**(maximum size of coarse aggregate)

굵은 골재의 최대 치수란, 질량으로 90% 이상을 통과하는 체 중에서 최소 치수 체눈의 호칭 치수로 나타낸 굵은 골재의 치수를 말한다.

굵은 골재의 최대 치수가 콘크리트에 미치는 영향은 다음과 같다.

1) 골재의 최대 치수가 크면 경제적이나 시공하기가 어려워지고, 재료 분리가 생긴다.
2) 골재의 최대 치수가 크면 배합 시 시멘트 풀의 양이 적어지므로, 일정한 워커빌리티와 시멘트 양에 대해서 물-시멘트비를 낮추기 때문에 강도는 골재의 치수가 커질수록 증가한다.

그러나 골재 입자의 지름이 너무 크면 부착 면적의 감소와 내부 응력의 증가로 강도가 낮아진다. 특히 부배합 콘크리트에서는 현저하다(그림 2.35 참조).

매스 콘크리트와 같은 저강도 범위에서는 골재 치수의 영향이 작지만, 압축 강도 40 MPa 정도의 고강도에서는 골재의 치수가 클수록 시멘트의 영향이 증가한다.

따라서 구조물의 종류에 따라 골재의 최대 치수를 제한하고 있다(표 3.17 참조).

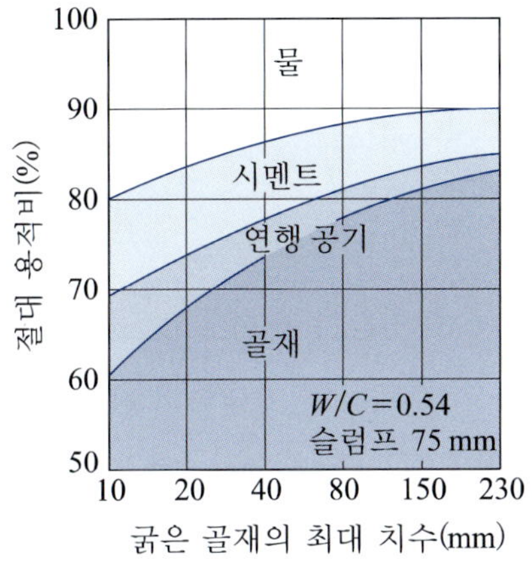

그림 2.34 콘크리트 재료의 절대 용적비 [17]

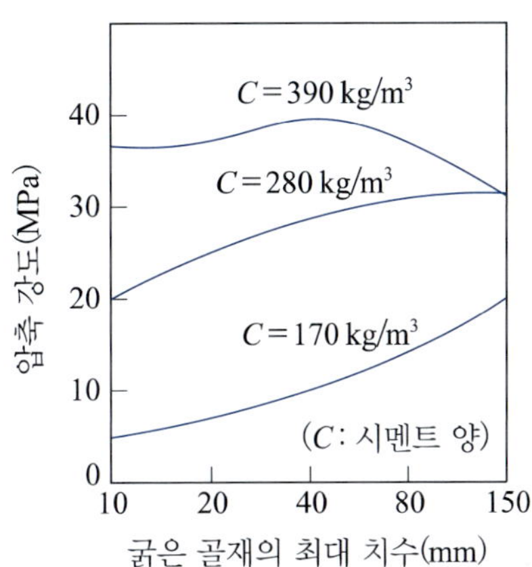

그림 2.35 골재의 최대 치수와 콘크리트의 압축 강도 [1]

② **굵은 골재의 최소 치수**(minimum size of coarse aggregate)

굵은 골재의 최소 치수란, 프리플레이스트 콘크리트에 사용되는 굵은 골재에서, 질량으로 적어도 95% 이상 남는 체 중에서 최대 치수의 체눈의 호칭 치수로 나타낸 굵은 골재의 치수를 말한다.

(6) 골재의 단위 용적 질량 및 실적률

① **골재의 단위 용적 질량**

(가) 단위 용적 질량(bulk density) 골재의 단위 용적당 질량을 골재의 단위 용적 질량이라 한다. 골재의 단위 질량은 골재의 실적률 계산과 콘크리트의 배합 등에서 골재량을 용적으로 나타낼 때 필요하다.

골재의 단위 질량은 골재의 밀도, 입형, 입도, 함수량, 계량 용기의 형상 및 시험 방법 등에 따라 달라진다.

특히, 잔골재는 표면수가 있으면 부풂(bulking)이 생겨 건조 상태에 비하여 체적이 최대 15~30% 정도 커진다.

잔골재의 부풂은 골재의 입자가 작을수록 커지며, 표면 수율이 4~6%일 때 최대가 된다(그림 2.37 참조). 그러나 표면 수율이 16~30%가 되면 잔골재가 완전히 물에 잠기는, 즉 이넌데이트(inundate)한 상태가 되어 건조 상태의 체적과 같게 된다.

골재의 단위 용적 질량은 표 2.31과 같다.

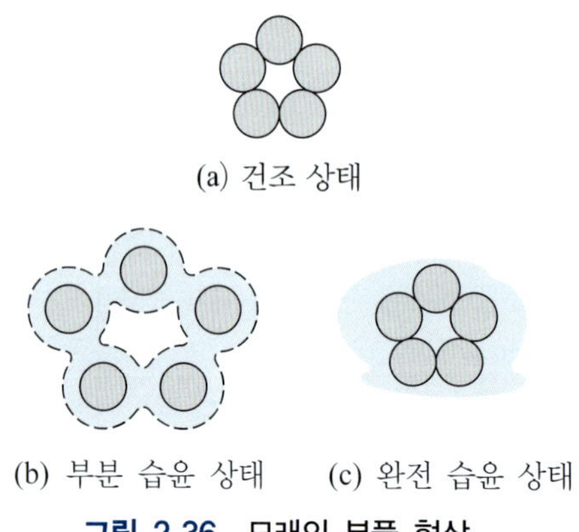

(a) 건조 상태

(b) 부분 습윤 상태 (c) 완전 습윤 상태

그림 2.36 모래의 부풂 현상

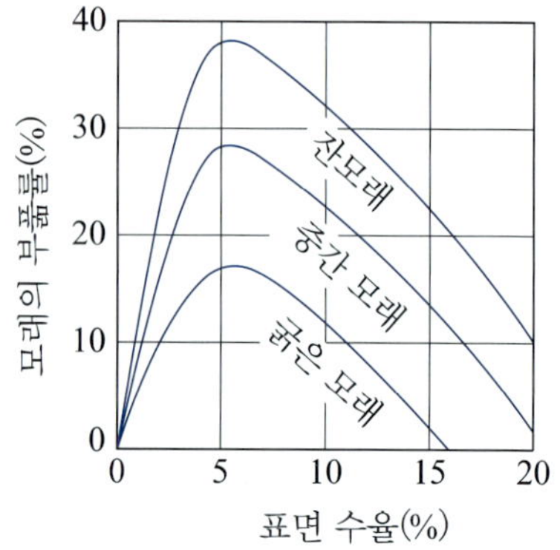

그림 2.37 모래의 표면 수율과 체적의 변화[28)]

표 2.31 골재의 단위 용적 질량[29)]

골재의 종류		단위 용적 질량(kg/m^3)	
		다지지 않은 경우	다진 경우
잔골재	(건조)	1 450~1 600	1 520~1 850
	(습윤)	1 350~1 520	−
굵은 골재	(5~20 mm)	1 450~1 550	1 570~1 680
	(10~20 mm)	1 450~1 510	1 480~1 600

(나) 단위 용적 질량 시험 골재의 단위 용적 질량은 골재의 질량을 용기의 용적으로 나누어 구한다. 골재의 단위 질량은 다음 식으로 산출한다.

$$M_a = \frac{m_d}{V} \tag{2.23}$$

여기서, M_a : 골재의 단위 용적 질량(kg/L)

m_d : 용기 안의 절건 상태 시료의 질량(kg)

V : 용기의 용적(L)

골재의 단위 용적 질량 시험 방법은 KS F 2505에 규정되어 있다.

② 골재의 실적률

(가) 실적률(percentage of solid volume) 골재의 단위 용적 중의 골재 사이의 공극을 제외한 골재의 실질 부분의 비율을 골재의 실적률이라 한다.

골재의 실적률이 크면 콘크리트에 다음과 같은 이점이 있다.

1) 시멘트 풀의 양을 줄일 수 있어 경제적이다.
2) 단위 시멘트 양이 적어 수화열이 적다.
3) 건조 수축이 작고, 균열이 줄어든다.
4) 강도, 수밀성, 내구성, 내마모성 등이 커진다.

일반적으로 표준 계량한 골재의 실적률 개략 값은 표 2.32와 같다.

표 2.32 골재의 실적률 [13)]

골재의 종류	실적률(%)
잔골재	53~73
굵은 골재	45~70
혼합 골재	75 이상

(나) 실적률 시험 골재의 실적률은 골재의 단위 용적 질량으로부터 산출한다.

골재의 실적률은 다음 식으로 산출한다.

$$G = \frac{M_a}{d_d} \times 100 \text{ 또는 } G = \frac{M_a}{d_s} \times (100 + Q) \tag{2.24}$$

여기서, G : 골재의 실적률(%)

M_a : 골재의 단위 용적 질량(kg/L)

d_d : 골재의 절건 밀도(kg/L)

Q : 골재의 흡수율(%)

d_s : 골재의 표건 밀도(kg/L)

골재의 실적률 시험 방법은 KS F 2505에 규정되어 있다.

③ 골재의 공극률

(가) 공극률(percentage of void) 골재의 단위 용적 중에 포함되어 있는 골재 사이의 빈틈 비율을 골재의 공극률이라 한다.

굵은 골재의 공극률은 프리플레이스트 콘크리트의 배합 설계에 필요하며, 굵은 골재의 공극률은 대략 30~55% 정도이다.

(나) 공극률 시험 골재의 공극률은 실적률로부터 구한다.

골재의 공극률은 다음 식으로 산출한다.

$$V_a = 100 - G \tag{2.25}$$

여기서, V_a : 골재의 공극률(%)

G : 골재의 실적률(%)

(7) 골재의 강도

① 강도의 영향

시멘트 풀 경화체보다 강도가 작은 골재를 사용하는 경우에는 콘크리트의 강도는 골재의 강도에 영향을 받는다. 골재의 강도는 모암 또는 원석의 강도로 어느 정도 추정할 수 있다.

② 파쇄값 시험

골재의 강도를 판단하기 위해 압축 하중에 대한 골재의 파쇄값(crushing value of aggregate) 시험을 한다.

골재의 파쇄값은 다음 식으로 산출한다.

$$C_r = \frac{m_c}{m_d} \times 100 \tag{2.26}$$

여기서, C_r : 골재의 파쇄값(질량 백분율)(%)

m_d : 시험 용기 내의 표건 시료의 질량(g)

m_c : 10분간 400 kN의 하중으로 파쇄한 후 2.5 mm 체를 통과한 것의 질량(g)

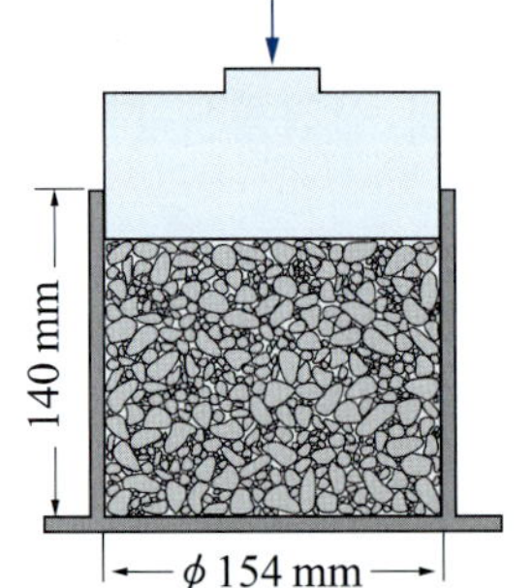

그림 2.38 골재의 파쇄 시험 장치

골재의 파쇄값 시험 방법은 KS F 2541에 규정되어 있다.

골재의 파쇄값이 클수록 취약함을 나타낸다. 골재의 파쇄값의 일례는 표 2.33과 같다.

표 2.33 골재의 파쇄값의 일례 [30)]

파쇄값	하천 자갈	부순 굵은 골재	인공 경량 골재	화산 자갈
400 kN 파쇄값(%)	11~20	17~23	33~45	–
10% 파쇄 하중(kN)	200~350	180~250	80~130	30~50

(8) 골재 중의 유해물

골재 중에 실트(silt), 점토, 연석 등의 미세한 물질과 부식토, 이탄(peat) 등의 유기물이 어느 정도 이상 함유되어 있으면, 콘크리트의 경화를 저해하고 강도, 내구성, 안정성을 나쁘게 한다.

콘크리트표준시방서에서 유해물 함유량의 한도를 천연 잔골재는 표 2.34, 천연 굵은 골재는 표 2.35와 같이 규정하고 있다.

표 2.34 **천연 잔골재의 유해물 함유량의 한도(질량 백분율)**[19] (KS F 2527)

종류	질량 백분율(%)
점토 덩어리 양	1.0 이하
잔입자량(0.08 mm 체 통과량)	
콘크리트 표면이 마모 작용을 받는 경우	3.0 이하
그 밖의 경우	5.0 이하
경량편량(석탄, 갈탄 등으로 밀도 2.0 g/cm^{3}의 액체에 뜨는 것)	
콘크리트의 겉모양이 중요한 경우	0.5 이하
기타의 경우	1.0 이하
염화물(NaCl 환산 수치)	0.02 이하

표 2.35 **천연 굵은 골재의 유해물 함유량의 한도(질량 백분율)**[19] (KS F 2527)

종류	질량 백분율(%)
점토 덩어리 양	0.25 이하
연한 석편량	5.0 이하
잔입자량(0.08 mm 체 통과량)	1.0 이하
경량편량(석탄, 갈탄 등으로 밀도 2.0 g/cm^{3}의 액체에 뜨는 것)	
콘크리트의 겉모양이 중요한 경우	0.5 이하
기타의 경우	1.0 이하

① 점토 덩어리(clay lump)

(가) 점토 덩어리의 영향 골재 중에 점토 덩어리가 많이 함유되어 있으면, 모르타르 또는 콘크리트를 비빌 때 혼합 수량이 많아지고, 시멘트 풀과 골재의 표면과의 부착력이 나빠진다.

또 점토가 덩어리로 되어 있으면 습윤 건조 또는 동결 융해 등으로 인하여 점토 덩어리 자신의 파괴나 콘크리트의 표면을 손상시킨다.

(나) 점토 덩어리 양 시험 골재에 함유되어 있는 점토를 물로 씻어 제거하고, 건조시켜 시험한다.

골재 중의 점토 덩어리 양은 다음 식으로 산출한다.

$$C = \frac{m_d - m_r}{m_d} \times 100 \tag{2.27}$$

여기서, C : 골재 중의 점토 덩어리 질량 백분율(%)

m_d : 시험 전 시료의 질량(g)

m_r : 시험 후 시료의 질량(g)

골재 중에 함유되어 있는 점토 덩어리 양 시험 방법은 KS F 2512에 규정되어 있다.

② **연석**(soft particles)

(가) 연석의 영향 연석은 재질이 무르고 긁히기 쉬운 연한 석편을 말한다. 연석이 많은 굵은 골재를 콘크리트에 사용하면, 굵은 골재가 부서져 콘크리트가 파괴되므로 콘크리트용 골재로는 알맞지 않다.

(나) 연석량 시험 시료를 황동봉으로 약 10 N의 힘을 가하여 긁었을 때, 황동색이 나타나지 않고 긁힌 흠이 생긴 입자 또는 일부가 긁힌 흠이 생긴 골재 입자를 연석으로 본다.

굵은 골재의 연석량은 다음 식으로 산출한다.

$$S_o = \Sigma \frac{P_a \times P_s}{100} \tag{2.28}$$

여기서, S_o : 굵은 골재의 연석 질량 백분율(%)

P_a : 각 군의 시료 질량 백분율(%)

P_s : 각 군의 연석 질량 백분율(%)

굵은 골재의 연석량 시험 방법은 KS F 2516에 규정되어 있다.

③ **잔입자**(fine materials)

(가) 잔입자의 영향 골재 중에 실트, 점토, 운모질 등의 잔입자가 많이 포함되어 있으면, 혼합 수량이 많아지고, 블리딩에 의하여 레이턴스가 많이 생기게 된다. 또 시멘트풀과 골재와의 부착력이 나빠져서 강도와 내구성도 작아진다.

운모질이 들어 있는 골재는 표면이 마모 작용을 받는 콘크리트에 사용해서는 안 된다.

(나) 잔입자량 시험 골재를 물로 씻어서 0.08 mm 체를 통과하는 것을 잔입자로 본다.

골재의 잔입자량은 다음 식으로 산출한다.

$$F = \frac{m_d - m_r}{m_d} \times 100 \tag{2.29}$$

여기서, F : 골재의 잔입자량(0.08 mm 체를 통과하는) 질량 백분율(%)

m_d : 씻기 전 건조 질량(g)

m_r : 씻은 후 건조 질량(g)

골재에 포함된 잔입자 시험 방법은 KS F 2511에 규정되어 있다.

④ **경량편**(light weight pieces)

(가) 경량편의 영향 골재 중에 석탄 및 갈탄 등의 경량편이 포함되어 있으면, 그 자체가 강도가 작으므로 콘크리트의 강도에 나쁜 영향을 미치고 콘크리트의 외관도 해친다.

석탄, 갈탄 속에 들어 있는 황은 물과 공기와 반응하여 황산을 만든다. 이 황산은 다시 칼슘분과 반응을 일으켜 팽창성 물질을 만들어 철근을 부식시킨다.

(나) 경량편량 시험 밀도가 큰 액체(밀도 2.0 g/cm^3)인 브로모폼과 벤젠 혼합물에 뜨는 골재의 경량편을 측정한다.

골재의 경량편량은 다음 식으로 산출한다.

$$L_i = \frac{m_l}{m_d} \times 100 \tag{2.30}$$

여기서, L_i : 골재의 경량편 질량 백분율(%)

m_d : 0.3 mm 체(잔골재의 경우) 또는 5 mm 체(굵은 골재의 경우)에 남는 시료의 건조 질량(g)

m_l : 밀도가 큰 액체에 뜬 시료편의 건조 질량(g)

골재에 포함된 경량편 시험 방법은 KS F 2513에 규정되어 있다.

⑤ **유기 불순물**(organic impurities)

(가) 유기 불순물의 영향 천연 모래 속에는 보통 부식된 형태 또는 다른 형태로서 유기 불순물이 들어 있다.

모래 속에 유기 불순물이 포함되어 있으면 콘크리트가 굳지 않는 경우도 있으며, 강도가 작아질 뿐 아니라 부서져 깨질 경우도 있다.

(나) 유기 불순물 시험 그림 2.39와 같이 표준색 용액과 시료 중의 불순물이 녹아 있는 시험 용액을 비교한다.

콘크리트용 모래에 포함되어 있는 유기 불순물 시험 방법은 KS F 2510에 규정되어 있다.

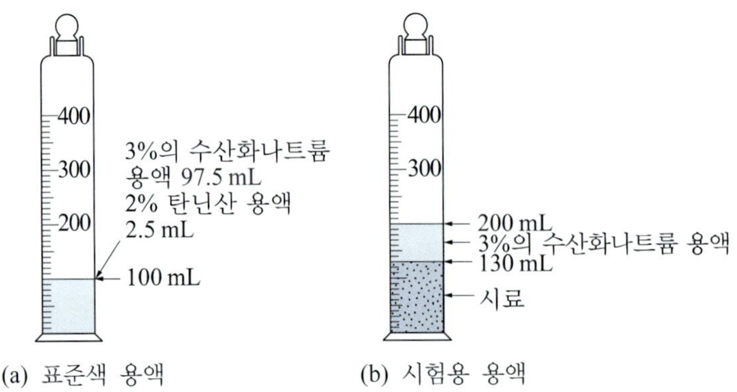

(a) 표준색 용액 (b) 시험용 용액

그림 2.39 표준색 용액과 시험용 용액

(다) 유기 불순물의 판정 시험 용액의 색깔이 표준색 용액보다 연할 때는 그 모래를 합격으로 한다.

그러나 시험 용액의 색깔이 표준색 용액의 색깔보다 진할 때는 그 모래를 사용하지 않는 것이 일반적으로 안전하다.

⑥ **염화물**(chloride)

(가) 염화물의 영향 골재 속의 염화물은 철근 콘크리트나 프리스트레스트 콘크리트에서 강재를 녹슬게 하여 콘크리트의 강도와 내구성이 떨어지고, 콘크리트의 품질에 나쁜 영향을 미치게 된다.

(나) 염화물 함유율 시험 염분의 주성분은 염화나트륨(NaCl)이지만, 염소 이온의 양을 측정하여 그 양을 염화나트륨으로 환산해서 염화물의 양을 구한다.

골재 중의 염화물 함유율은 다음 식으로 산출한다.

$$C_l = 0.00584 \times \frac{(V_t - V_b) \times 10}{m_d} \times 100 \tag{2.31}$$

여기서, C_l : 골재 중의 염화물 함유율(염화나트륨으로 환산한 수치)(%)

0.00584 : 0.1 N 질산은($AgNO_3$) 용액 1 mL의 염화나트륨 해당량

(다만, 0.01 N 질산은 용액 1 mL의 염화나트륨 해당량은 0.000584)

V_t : 시험에 사용된 0.1 N 질산은 용액의 양(mL)

V_b : 바탕 시험에 사용된 0.1 N 질산은 용액의 양(mL)

m_d : 시료의 절대 건조 질량(g)

골재 중의 염화물 함유량 시험 방법은 KS F 2515에 규정되어 있다.

(9) 골재의 내구성

① 골재의 내동해성

(가) 동결 융해 저항성(freeze thaw resistance) 심한 기상 작용을 받는 콘크리트에는 내구성이 큰 골재를 사용해야 한다. 골재의 내구성(durability of aggregate)은 이와 같은 골재를 사용한 과거 경험으로부터 판단하는 것이 좋다.

(나) 안정성(soundness) **시험** 황산나트륨(Na_2SO_4) 포화 용액으로 인한 부서짐 작용에 대한 저항성을 시험한다.

골재의 손실 질량은 다음 식으로 구한다.

$$L_o = \sum \frac{P_a \times P_l}{100} \tag{2.32}$$

여기서, L_o : 골재의 손실 질량 백분율(%)

P_a : 각 군의 시료 질량 백분율(%)

P_l : 각 군의 시료의 손실 질량 백분율(%)

골재의 안정성 시험 방법은 KS F 2507에 규정되어 있다.

(다) 안정성의 규정 5회 시험했을 때 골재의 손실 질량의 한도는 표 2.36과 같다.

표 2.36 골재의 손실 질량의 한도 (KS F 2527)

골재의 종류	질량 백분율(%)	
	잔골재	굵은 골재
천연 골재	10 이하	12 이하
부순 골재	10 이하	12 이하

② 골재의 마모 저항성(abrasion resistance)

(가) 마모 저항성 도로 포장 콘크리트용 골재 및 댐 콘크리트용 골재는 마모(abrasion) 저항성이 커야 한다. 특히 슬래브용 콘크리트는 심한 마모 작용을 받으며, 경우에 따라서는 마모 감량에 의해 주행성을 나쁘게 할 염려도 있다.

(나) 마모 시험 굵은 골재의 마모 저항성 시험은 로스앤젤레스 시험기를 사용해서 한다.

굵은 골재의 마모 감량은 다음 식으로 산출한다.

$$R = \frac{m_d - m_r}{m_d} \times 100 \tag{2.33}$$

여기서, R : 굵은 골재의 마모 감량(질량 백분율)(%)

m_d : 시험 전 건조 시료의 질량(g)

m_r : 시험 후 1.7 mm 체에 남은 건조 시료의 질량(g)

굵은 골재의 마모 시험 방법은 KS F 2508에 규정되어 있다.

(다) 마모 감량의 규정 콘크리트용 굵은 골재의 마모 감량의 한도는 표 2.37과 같다.

표 2.37 **굵은 골재의 마모 감량의 한도** (KS F 2527)

골재의 종류	마모 감량의 한도(%)
천연 굵은 골재	40 이하
부순 굵은 골재	40 이하
순환 굵은 골재	40 이하

③ **알칼리 골재 반응**(alkali-aggregate reaction)

(가) 반응성 골재(reactive aggregate) 시멘트 중의 알칼리 성분이 골재 중의 여러 종류의 조암 광물과 화학 반응을 일으키는 것을 알칼리 골재 반응이라 하며, 이와 같은 반응을 일으키는 골재를 반응성 골재라 한다.

알칼리는 대부분 시멘트 클링커에 함유되어 있으나, 골재와 혼화 재료 또는 외부에서 침투하는 경우도 있다.

(나) 반응성 골재의 영향 알칼리 골재 반응은 콘크리트에 이상 팽창을 일으켜 균열이 생기므로 콘크리트가 파괴된다.

(다) 알칼리 골재 반응의 종류 다음 3가지로 분류된다.

(ㄱ) 알칼리·실리카 반응 : 알칼리와 실리카의 화학 반응에 의해 생성된 알칼리·실리카 겔(gel)은 주위의 물을 흡수하여, 콘크리트 내부에 국부적 팽창압을 일으켜 콘크리트의 강도를 저하시킨다.

이러한 반응을 일으키기 쉬운 물질은 오팔(opal), 옥수(chalcedony), 트리디마이트(tridymite), 화산성 유리, 석영 등이며, 이들의 광물을 함유하는 암석으로는 응회암, 현무암, 혈암, 사암, 규질암, 이암 등이 있다.

(ㄴ) 알칼리·탄산염암 반응 : 알칼리와 돌로마이트(dolomite)질 석회암과의 반응에 의하여 팽창된다.

(ㄷ) 알칼리·실리케이트 반응 : 알칼리와 실리케이트(silicate)의 반응이다. 알칼리·실리카 반응보다도 천천히 장시간 계속되며, 생성되는 겔의 양도 적은 것이 특징이다.

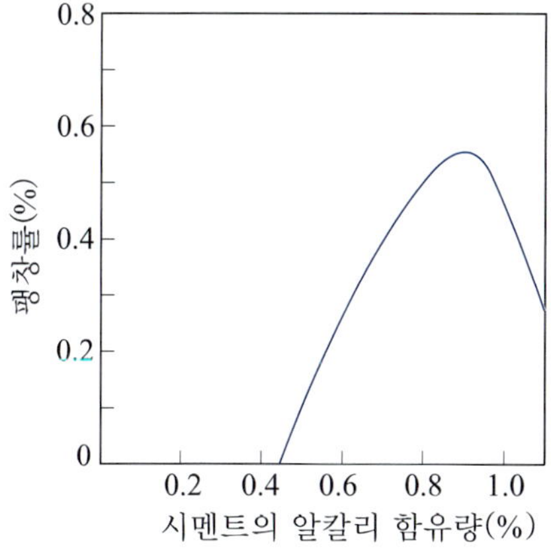

그림 2.40 시멘트의 알칼리 함유량과 콘크리트 팽창률의 관계[1)]

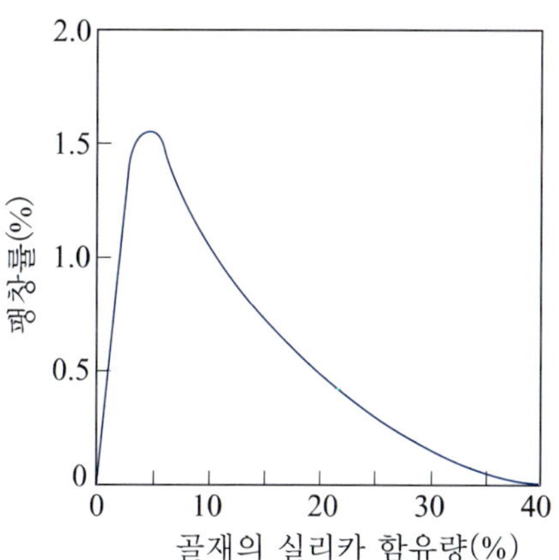

그림 2.41 골재의 실리카 함유량과 콘크리트 팽창률의 관계[1)]

(라) 알칼리 골재 반응성의 시험

(ㄱ) 골재 반응성의 시험 : 알칼리 골재 반응에 대한 안정성은 KS F 2545(골재의 알칼리 잠재 반응 시험 방법)에 따라 시험한다. 이에 따라 유해 또는 잠재력으로 유해하다고 판정된 것에 대해서는 다시 KS F 2546(시멘트와 골재 배합에 따른 알칼리 반응성 시험 방법)에 따라 시험한다.

(ㄴ) 골재 반응성의 판정 : 알칼리 반응성 시험 결과, 모르타르 시험체의 팽창도는 3개월 후에 0.05%, 6개월 후에 0.1%를 초과해서는 안 된다.

3. 각종 골재

(1) 하천 골재

① 하천 모래와 하천 자갈

하천 모래(river sand)와 하천 자갈(river gravel)은 붕괴된 산지의 암석이 유수와 함께 하천을 내려오면서 파쇄 작용, 마모 작용, 풍화 작용 등에 의해 세립화되어 퇴적된 것이다.

일반적으로 모가 난 것이 적어 입형과 입도가 좋고, 강도와 내구성이 큰 것이 많아 골재로서 가장 적합하다.

콘크리트는 하천 모래와 하천 자갈을 기반으로 발전해 왔으며, 현재도 하천 모래와 하천 자갈은 골재 및 콘크리트의 품질, 성질 등을 고려할 경우 표준으로 되고 있다.

② **하천 골재의 성질**

채취 장소에 따라 골재 품질이 다르며, 가는 모래에는 이토분이나 유기 불순물을 함유하는 것이 있다.

굵은 모래의 경우에는 콘크리트의 워커빌리티에 필요한 미립분이 부족한 것도 있다. 따라서 좋은 골재를 얻기 위해서는 채취 지점을 선정할 때는 사전에 충분히 조사를 해야 한다.

(2) 산골재

① **산모래와 산자갈**

산모래(pit sand)와 산자갈(pit gravel)은 표토를 벗겨내고, 셔블이나 불도저로 모아서 물로 씻어 사용한다.

골재의 품질은 하천 모래와 하천 자갈과 큰 차이는 없지만, 이토분의 함유량이 많고, 또 표토로부터 섞이는 유기 불순물이 많다. 채굴 시의 이토 함유량은 보통 7~20% 정도이지만 간단히 씻어 없애기는 어렵다.

산모래의 이토분은 콘크리트에 초기 균열을 일으키는 경우가 많다. 이와 같은 균열은 산모래를 충분히 씻어 이토 함유량을 3% 이내로 하면 방지할 수 있다.

② **산모래의 성질**

산모래를 사용하면 콘크리트는 블리딩 율이 작고(그림 2.42 참조), 응결 시간이 빠르게 된다. 따라서 여름철이나 바람이 부는 시기에 시공할 경우에는 초기 양생에 주의해야 한다.

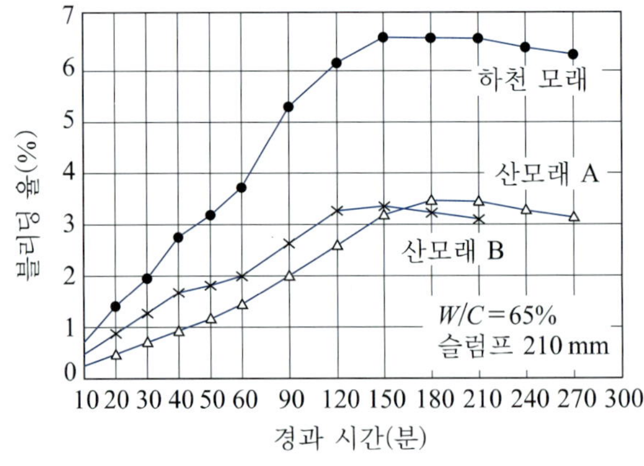

그림 2.42 산모래를 사용한 콘크리트의 블리딩 율[31)]

(3) 바닷골재

① 바닷모래와 바닷자갈

바닷모래(sea sand)와 바닷자갈(seashore gravel)은 그 생성 기구가 하천 골재와 비슷하기 때문에 밀도, 흡수율, 입형 등의 면에서는 별로 문제가 없다. 그러나 조개껍데기가 많이 섞이면 전체적으로 밀도나 흡수율이 저하한다.

일반적으로 조립분이 적어서 입도 면에서 문제가 있으나, 바다 골재 사용에 있어서 최대의 문제점은 염분이다.

② 바닷골재 중의 염분

(가) 염분 함유량 바닷모래에는 일반적으로 0.01~0.3% 정도의 염분(NaCl로 환산한 것으로 모래의 절대 건조 질량에 대하여)을 함유하고 있다. 이 양은 채취 장소, 입도, 함수량 등에 따라 다르다.

(나) 염분이 콘크리트에 미치는 영향

1) 워커빌리티가 나빠진다.
2) 조기에 경화한다.
3) 장기 강도가 저하한다(그림 4.43 참조).
4) 수밀성이 작아진다.
5) 내구성이 감소된다.
6) 표면에 염분이 표출되고, 백태(efflorescence)가 생기기 쉽다.
7) 특히 철근 콘크리트나 프리스트레스트 콘크리트의 강재를 부식시킨다.

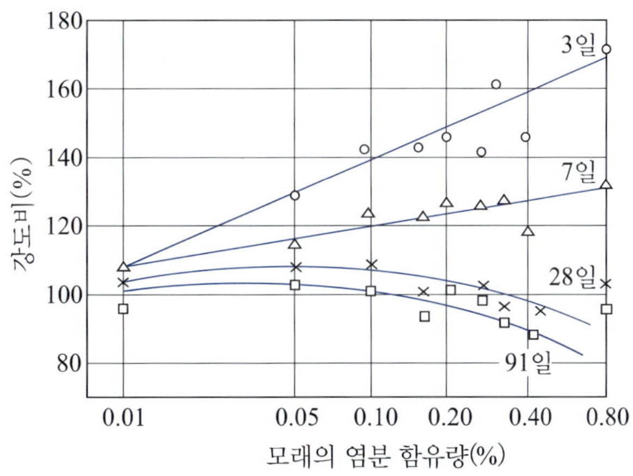

그림 2.43 모래의 염분 함유량과 콘크리트의 강도비[32)]

(다) 염분에 대한 대책 콘크리트용 골재 중의 염화물이 허용 한도를 넘으면, 골재를 물로 씻거나 기타 방법을 사용하여 허용 한도 이하로 해야 한다.

철근 콘크리트 구조물에 대해서는 다음과 같이 한다.

1) 물-결합재비를 제한하여 치밀한 콘크리트로 한다.
2) 수밀성이 높은 콘크리트로 한다.
3) 피복 두께를 두껍게 한다.
4) 방청제를 사용한다.
5) 아연 도금한 철근을 사용한다.
6) 표면 마무리를 잘 한다.

(4) 부순 골재

① **부순 잔골재**(crushed fine aggregate)

(가) 제조 현무암, 안산암, 사암, 칼슘암 등의 원석을 쇄석기(crusher)로 잘게 부수어 제조한 것이다.

(나) 특성 콘크리트용 잔골재로서 입도 및 입형이 문제가 되며, 또한 제조 과정에서 생기는 석분도 문제가 된다.

입형은 주로 원석의 종류나 제조 시의 파쇄 방법에 따라 달라진다.

(다) 품질 및 성질

(ㄱ) 품질 : 부순 잔골재의 품질은 KS F 2527에 규정되어 있으며, 표 2.38과 같다.

표 2.38 **부순 잔골재의 품질** (KS F 2527)

시험 항목	규정값	시험 규정
절대 건조 밀도	2.5 g/cm^3 이상	KS F 2504
흡수율	3% 이하	
안정성	10% 이하	KS F 2507
잔입자량	7% 이하	KS F 2511

(ㄴ) 입도 : 부순 잔골재는 입도가 좋지 않고, 석분이 섞여 있어 콘크리트에 나쁜 영향을 준다. 따라서 입도가 적당한 것을 선정해서 사용해야 한다.
부순 잔골재의 입도 범위는 표 2.28과 같으며, 입도 시험은 KS F 2502(골재의 체가름 시험 방법)에 따른다.

(ㄷ) 입형 : 모양이 모가 나 있으므로 단위 수량이 증가한다. 따라서 부순 잔골재는 석질이 좋고, 모가 적고, 긴 것이나 편평한 알갱이가 적은 것을 사용해야 한다. 골재의 입형 판정은 실적률 시험값으로 하고, 그 값은 53% 이상으로 규정하고 있다. 골재의 입형 판정 실적률은 다음 식으로 산출한다.

$$G = \frac{M}{d \times 1000} \times 100 \tag{2.34}$$

여기서, G : 골재의 입형 판정 실적률(%)

M : 골재의 단위 용적 질량(kg/m^3)

d : 골재의 절대 건조 밀도(g/cm^3)

골재의 입형 판정 실적률 시험 방법은 KS F 2527에 규정되어 있다.

(ㄹ) 석분 : 부순 잔골재 속에 석분량이 많이 들어 있으면, 콘크리트의 성질에 다음과 같은 영향을 미친다.

1) 단위 수량은 증가하나(그림 2.44 참조), 블리딩은 감소한다.
2) 플라스틱 수축 균열이 생긴다.
3) 초결과 종결이 빨라진다.
4) 강도가 떨어진다.

그러나 석분은 재료 분리를 감소시키는 효과를 가지고 있으므로 3~5% 정도 섞여 있는 것이 좋다.

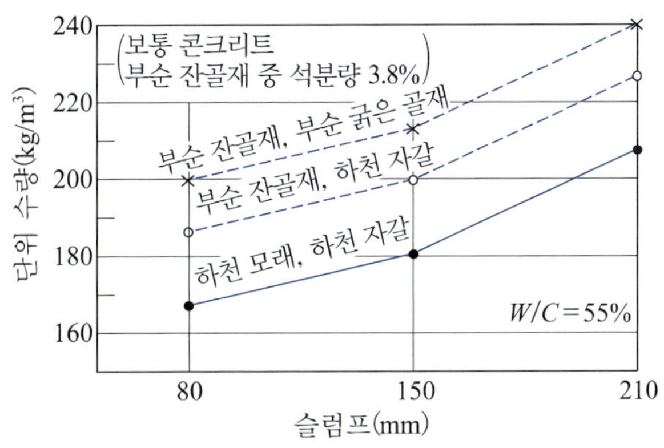

그림 2.44 각종 골재를 사용한 콘크리트의 슬럼프와 단위 수량의 관계[33)]

그림 2.45와 같이 석분의 분말도가 적당하면 미분말의 효과에 의하여 콘크리트의 강도가 증가한다.

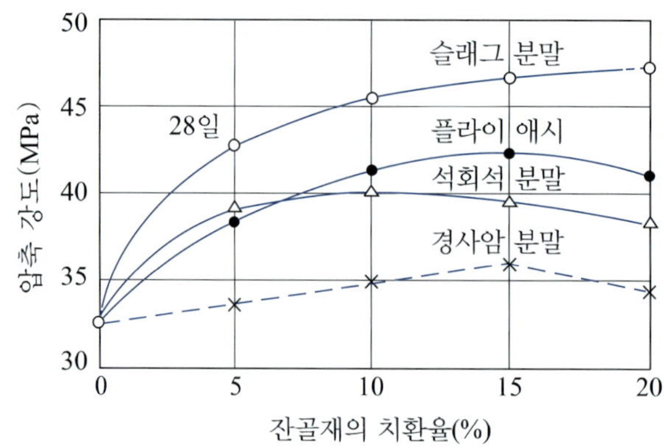

그림 2.45 콘크리트의 압축 강도에 미치는 미분말의 영향[34)]

(ㅁ) 알칼리 골재 반응 : 부순 잔골재의 알칼리 골재 반응 시험은 KS F 2545(골재의 알칼리 잠재 반응 시험 방법) 또는 KS F 2546(시멘트와 골재의 배합에 따른 알칼리 잠재 반응 시험 방법)에 따른다.

다만, 원석의 채취 장소가 같은 경우에는 KS F 2527(콘크리트용 골재)에 적합한 부순 굵은 골재의 시험 결과를 이용할 수 있다.

(라) 콘크리트에 미치는 영향 부순 잔골재를 사용한 콘크리트의 성질은 다음과 같다.

1) 하천 모래에 비해 같은 워커빌리티를 얻는 데 필요한 단위 수량이 약 8% 증가한다(그림 2.44 참조).

2) 부순 잔골재는 경화한 콘크리트에는 거의 영향이 없으며, 특히 강도에는 영향이 없다.

3) 석분이 10%를 넘을 경우, 탄성 계수가 작아지고, 건조 수축이 커진다.

② **부순 굵은 골재**(crushed coarse aggregate)

(가) 제조 부순 잔골재와 마찬가지로 현무암, 안산암, 경질 칼슘암 등의 원석을 쇄석기로 제조한 것이다.

(나) 특성 콘크리트용 골재로서 하천 자갈과 본질적으로 다른 점이 없다. 다만, 하천 자갈과 다른 점은 부순 굵은 골재 특유의 모가 나 있고, 표면 조직이 거칠다는 것이다.

골재로서의 부순 굵은 골재의 문제점은 석질, 강도, 입형 및 입도 등이다.

(다) 품질 및 성질

(ㄱ) 품질 : 깨끗하고 강하고 내구적이며 먼지, 흙, 유기 불순물 등의 해로운 양을 함유하지 않아야 한다.

부순 굵은 골재의 품질은 KS F 2527에 규정되어 있으며, 표 2.39와 같다.

표 2.39 **부순 굵은 골재의 품질** (KS F 2527)

시험 항목	규정값	시험 규정
절대 건조 밀도	2.5 g/cm^3 이상	KS F 2504
흡수율	3% 이하	
안정성	12% 이하	KS F 2507
마모 감량	40% 이하	KS F 2508
잔입자량	1.0% 이하	KS F 2511

(ㄴ) 입도 : 입도 범위는 표 2.29와 같으며, 입도 시험은 KS F 2502에 따른다.

(ㄷ) 입형 : 모가 나 있고, 표면 조직이 거칠어서 공극이 크며, 골재 사이의 마찰이 크다. 따라서 워커빌리티가 나빠지며, 잔골재율이 커지고, 단위 수량이 증가한다. 그러나 모르타르와의 부착이 좋다.

특히 편평한 것이나 가느다란 것은 그 영향이 크나, 골재 입자의 균등성이나 강도 등에 관해서는 오히려 하천 자갈보다 우수한 경우가 많다.

골재의 입형 판정은 실적률을 사용하며, 실적률은 식 (2.34)에 따라 구한다. 부순 굵은 골재의 실적률은 55% 이상으로 규정하고 있다.

골재의 입형 판정 실적률 시험 방법은 KS F 2527에 규정되어 있다.

(ㄹ) 알칼리 골재 반응 : 부순 굵은 골재의 알칼리 골재 반응 시험은 KS F 2545 또는 KS F 2546에 따른다.

(라) 콘크리트에 미치는 영향 부순 굵은 골재를 사용한 콘크리트의 성질은 다음과 같다.

1) 모가 나 있고, 표면 조직이 거칠기 때문에 부순 굵은 골재 콘크리트는 같은 워커빌리티의 보통 자갈 콘크리트보다 단위 수량이 증가하고(그림 2.46 참조), 잔골재율이 커진다(그림 2.47 참조).

2) 표면적이 거칠기 때문에 시멘트 풀과의 부착이 좋아서, 같은 물-결합재비에서 압축 강도는 15～30% 커진다.

특히, 휨 강도가 7% 정도 커지므로 부순 굵은 골재를 포장 콘크리트에 사용하면 유리하다(표 2.40 참조).

3) 콘크리트의 수밀성과 내구성 등은 주로 물-결합재비에 관계되므로, 부순 굵은 골재 콘크리트의 강도와 같은 경향을 나타내지 않고 저하한다.

이것을 개선하기 위해서는 AE제, 감수제, AE 감수제 등의 혼화제를 적당하게 사용하면 좋다.

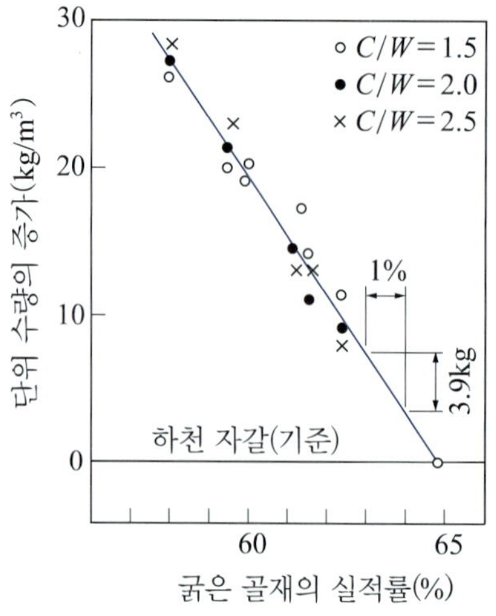

그림 2.46 굵은 골재의 실적률과 단위 수량[35)]

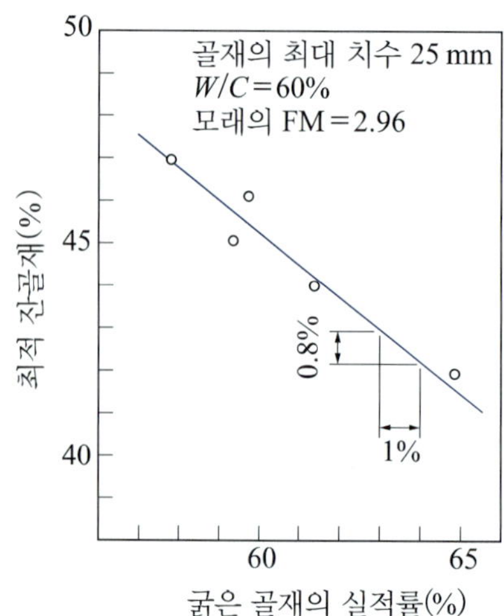

그림 2.47 굵은 골재의 실적률과 최적 잔골재율[35)]

표 2.40 부순 굵은 골재 콘크리트의 강도[36)]

강도비	W/C 및 슬럼프 일정			시멘트 양 및 슬럼프 일정			시멘트 양 및 W/C 일정		
	압축	인장	휨	압축	인장	휨	압축	인장	휨
부순 굵은 골재 콘크리트 / 자갈 콘크리트	1.20 ～ 1.35	1.05 ～ 1.32	1.14 ～ 1.25	0.95 ～ 1.10	1.03 ～ 1.11	1.03 ～ 1.09	1.17 ～ 1.26	1.22 ～ 1.31	1.08 ～ 1.31

주 : W/C= 50～69%, 굵은 골재의 최대 치수 40 및 20 mm, 슬럼프 0～100 mm

(5) 고로 슬래그 골재

① **고로 슬래그 잔골재**(blast-furnace slag fine aggregate)

(가) 제조 용광로에서 생성하는 용융 고로 슬래그를 물 또는 공기 등으로 급랭하여 입상화해서 입도를 조정한 콘크리트용 잔골재이다.

(나) 특성 제조할 때의 냉각 방법과 냉각 조건에 따라 광물 조성이나 물리적 성질이 달라지며, 냉각되면 견고하고 품질이 좋은 쇄석이 얻어진다. 천연 골재보다 보수성이 적고, 모가 난 알갱이를 많이 함유하고 있다.

콘크리트용 잔골재로서 단독으로 쓰이는 경우도 있으나, 실제의 실용 예에서는 입도 조정 또는 염화물 함유량의 저감 등의 목적으로 바닷모래나 산모래 등 보통 골재의 20～60%를 고로 슬래그 잔골재로 치환하여 사용하는 경우가 많다.

(다) 품질 및 입도

(ㄱ) 품질 : KS F 2527에 규정되어 있으며, 표 2.41과 같다.

표 2.41 **고로 슬래그 잔골재의 품질**[27] (KS F 2527)

항목		규정값	시험 규정
화학 성분(%)	산화칼슘 총황(S로서) 삼산화황 총철(FeO로서)	45.0 이하 2.0 이하 0.5 이하 3.0 이하	KS F 2527
물리적 성질	절대 건조 밀도(g/cm^3) 흡수율(%) 단위 질량(kg/m^3)	2.5 이상 3.5 이하 1 450 이상	KS F 2504 KS F 2505

(ㄴ) 입도 : 입도 범위는 KS F 2527에 규정되어 있으며, 표 2.28과 같다.

골재 입도 시험은 KS F 2502(골재의 체가름 시험 방법)에 따른다.

(라) 콘크리트에 미치는 영향 고로 슬래그 잔골재를 사용한 콘크리트의 성질은 다음과 같다.

1) 콘크리트의 초기 강도는 보통 잔골재를 사용한 경우와 같지만, 장기 강도는 슬래그 잔골재의 잠재 수경성으로 인해 크게 된다. 특히 조립률이 작을수록 그 효과가 크다.
2) 조립률(FM)이 클 경우, 골재의 표면이 유리질이므로 블리딩 양이 많아지고 또 그 속도도 빠르다. 그러므로 조립률을 약간 작게 하지만, 보통의 잔골재를 혼합하면 그 결점을 줄일 수 있다(그림 2.48 참조).

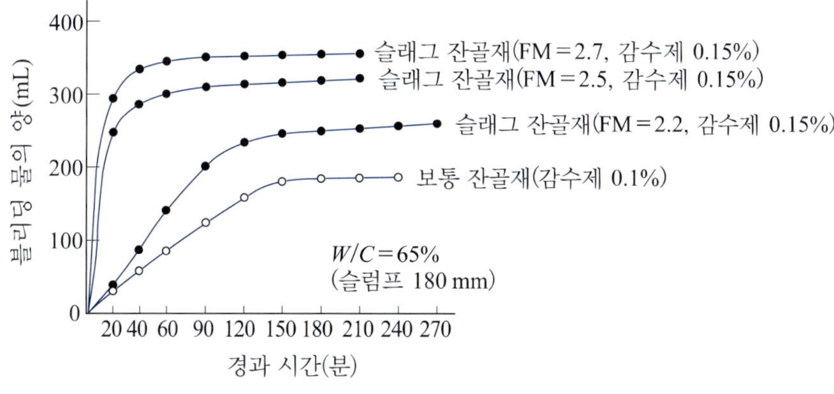

그림 2.48 **고로 슬래그 잔골재를 사용한 콘크리트의 블리딩 양**[32]

(마) 슬래그 잔골재의 저장

1) 잠재 수경성을 가지고 있어, 일평균 기온이 20°C를 넘은 시기에는 골재의 저장 설비나 저장빈(bin)에서 고결 현상을 일으키게 되므로 주의하여야 한다.

2) 고온 시기에는 장기간 저장하지 않도록 관리를 해야 한다.

② **고로 슬래그 굵은 골재**(blast-furnace slag coarse aggregate)

(가) 제조 용광로에서 생성되는 용융 슬래그를 천천히 냉각시켜서 응고시킨 후, 쇄석기로 부수어 입도를 조정한 콘크리트용 굵은 골재이다.

(나) 특성 슬래그 굵은 골재는 다공질이고, 흡수량이 많으므로, 사용하기 전에 충분히 살수하여 표면 건조 상태로 해야 한다.

일반적으로 굵은 골재의 최대 치수가 큰 굵은 골재일수록 밀도가 작다. 밀도가 큰 것은 흡수율이 작고 단위 용적 질량은 크다.

(다) 품질 및 입도

(ㄱ) 품질 : KS F 2527에 규정되어 있으며, 표 2.42와 같다.

표 2.42 **고로 슬래그 굵은 골재의 품질** (KS F 2527)

항목		규정값		시험 규정
		N*	H**	
화학 성분(%)	산화칼슘(CaO)	45.0 이하		KS F 2527
	황(S)	2.0 이하		
	삼산화황(SO_3)	0.5 이하		
	철(FeO)	3.0 이하		
물리적 성질	절대 건조 밀도	2.2 이상	2.4 이상	KS F 2503
	흡수율(%)	6.0 이하	4.0 이하	
	단위 질량(kg/m^3)	1 250 이상	1 350 이상	KS F 2505
수중 침지 시험		균열, 분해, 분화, 진흙화 등의 현상이 없을 것		KS F 2527
자외선(360 mm) 조사 시험		발광하지 않거나 또는 균일한 자색을 띠고 있을 것		

주 : * N은 보통 품질(normal quality), 내구성이 중요하지 않은 콘크리트에 사용한다.
** H는 고품질(high quality), 보통 강도의 콘크리트와 내구성 콘크리트에 사용한다.

(ㄴ) 입도 : 입도 범위는 KS F 2527에 규정되어 있으며, 표 2.29와 같다.

골재의 입도 시험은 KS F 2502에 따른다.

(라) 콘크리트에 미치는 영향 고로 슬래그 굵은 골재를 사용한 콘크리트의 성질은 다음과 같다.

1) 골재의 표면에 기공이 있거나 거칠기 때문에 하천 자갈을 사용한 것에 비해 콘크리트의 워커빌리티가 나쁘다. 따라서 단위 수량이 6~8 kg 정도 많아지고, 잔골재율도 2~3% 정도 커진다(그림 4.49 참조). 이것을 개선하기 위해서는 AE제를 사용한다.
2) 동일한 물-결합재비에서 보통 굵은 골재를 사용한 콘크리트보다 압축 강도는 커지며, 특히 초기 재령에서 뚜렷하다(그림 2.50 참조). 이것은 골재 표면이 거칠어서 부착력이 좋기 때문이다. 일반적으로 인장 강도 및 휨 강도도 같은 경향이 있다.
3) 동결 융해에 대한 저항성은 보통 콘크리트일 때에는 작지만 공기 연행 콘크리트일 때에는 하천 자갈을 사용한 경우와 거의 같다.

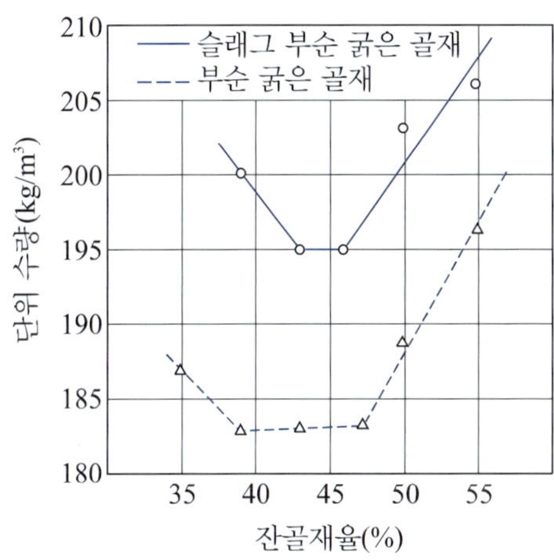

그림 2.49 고로 슬래그 굵은 골재의 잔골재율과 단위 수량의 관계 [37)]

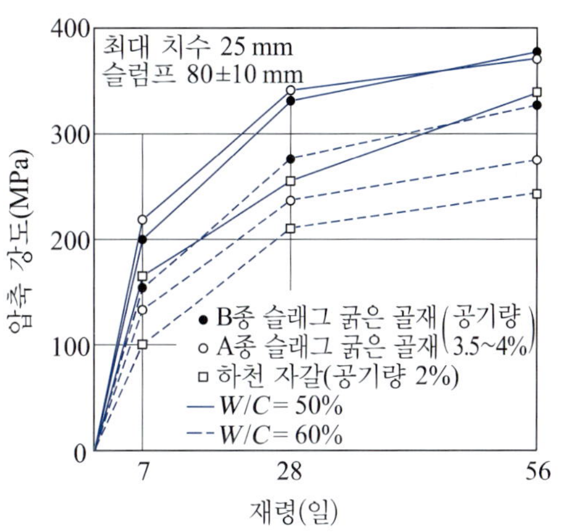

그림 2.50 고로 슬래그 굵은 골재를 사용한 콘크리트의 압축 강도 [32)]

(마) 고로 슬래그 굵은 골재의 저장

1) 골재를 운반, 저장할 때에는 부서지지 않도록 하고, 또 굵은 입자와 잔입자가 분리되지 않도록 주의해야 한다.
2) 고로 슬래그 굵은 골재는 건조하기 쉬우므로, 소요의 함수량이 균등히 유지되도록 충분히 관리를 해야 한다.

(6) 경량 골재

① 경량 골재의 종류

경량 골재(light weight aggregate)는 저밀도 골재(aggregate of low density)로서, 경량 골재 콘크리트에 사용한다. 골재 입자의 내부는 다공질이고 표면은 유리질의 피막으로 덮인 구조로 되어 있다.

잔골재는 절대 건조 밀도 1.8 g/cm^3 미만, 굵은 골재는 절대 건조 밀도 1.5 g/cm^3 미만인 것을 말한다.

경량 골재를 분류하면 다음과 같다.

(가) 생산 방법에 따라 천연 경량 골재, 인공 경량 골재

(나) 용도에 따라 구조용 경량 골재, 비구조용 경량 골재

(다) 골재 입자의 크기에 따라 경량 잔골재, 경량 굵은 골재

(라) 제조 방법에 따라 조립형, 비조립형, 파쇄형

(마) 재료에 따라 표 2.43과 같다.

표 2.43 구조용 경량 골재의 종류

종류	제조
인공 경량 골재	고로 슬래그, 규조토암, 점판암, 점토, 플라이 애시 등을 소성한 것
천연 경량 골재	경석, 화산암, 응회암, 용암 등과 같은 천연 재료를 가공한 것
바텀 애시 경량 골재	화력 발전소에서 발생되는 바텀 애시를 가공한 것

이상의 분류에서 토목 구조물에서는 구조용 인공 경량 골재만을 대상으로 하고 있다. 구조용 경량 골재의 품질은 KS F 2527(콘크리트용 골재)에 규정되어 있다.

② 경량 골재의 조건

경량 콘크리트용 경량 골재로서 갖추어야 할 성질은 다음과 같다.

1) 질량이 작을 것
2) 깨끗하고, 강하고, 내구적일 것
3) 적당한 입도를 가질 것
4) 콘크리트 및 강재에 나쁜 영향을 주는 유해 물질을 함유하지 않을 것
5) 품질 변동이 적을 것

③ 성질 및 시험

(가) 밀도 골재 입자의 지름에 따라 다르며, 일반적으로 골재 입자의 지름이 작을수록 밀도는 커진다.

보통 골재의 밀도는 표면 건조 포화 상태의 밀도를 사용하지만, 경량 골재의 밀도는 절대 건조 상태의 밀도와 표면 건조 포화 상태의 밀도가 있다.

절대 건조 상태의 밀도는 골재의 품질 표시에 사용되고, 표면 건조 상태의 밀도는 콘크리트의 배합 설계 등에 사용된다.

절대 건조 밀도는 잔골재의 경우 약 1.5～1.8 g/cm^3, 굵은 골재의 경우 약 1.1～1.4 g/cm^3 정도이다.

구조용 경량 잔골재의 밀도 시험 방법은 KS F 2529, 구조용 경량 굵은 골재의 밀도 시험 방법은 KS F 2533에 규정되어 있다.

(나) 흡수량 흡수율은 일반적으로 하천 골재보다 크며, 또 흡수도 장기간에 걸쳐서 한다. 24시간 흡수율은 8～13% 정도이며, 경량 굵은 골재의 흡수율은 일반적으로 7～12% 정도이지만, 1～5% 정도의 비교적 작은 것도 있다.

순간 흡수량이 비교적 많기(24시간 흡수량의 30% 정도) 때문에 이것을 건조 상태에서 사용하면 콘크리트의 비비기, 운반 중에 흡수되어 콘크리트의 반죽 질기가 나빠진다. 따라서 경량 골재는 사전 흡수, 즉 프리웨팅(prewetting)을 해서 사용해야 한다.

구조용 경량 잔골재의 흡수율 시험 방법은 KS F 2529, 구조용 경량 굵은 골재의 흡수율 시험 방법은 KS F 2533에 규정되어 있다.

(다) 입형 골재의 입형은 조립, 비조립에 관계 없이 일반적으로 양호하며, 조립형은 완전 둥근형에 가깝다. 골재 입형의 좋고 나쁨은 골재의 단위 질량을 측정해서 실적률을 구하여 결정하는 것이 실용적이다. 실적률이 60% 이상되면 골재의 입형이 좋다고 할 수 있다.

(라) 입도 골재 입자의 지름에 따라 밀도, 흡수량, 강도가 다르므로 보통 골재보다는 입도가 균등성이 있어야 한다.

구조용 경량 골재의 입도 범위는 KS F 2527에 규정되어 있다. 잔골재는 표 2.28과 같고, 굵은 골재는 표 2.29의 골재 번호 57, 67, 7, 78 및 8번 골재를 사용한다.

입도 시험은 KS F 2502에 따르고, 어느 무더기에서 골재의 조립률이 허용치에서 7% 이상 다르면, 이 골재가 소요 성질의 콘크리트를 생산할 수 있다는 확증이 없이는 그 무더기를 사용해서는 안 된다.

(마) 굵은 골재의 최대 치수 굵은 골재의 최대 치수는 공사 시방서에서 정한 것이 없을 때에는 15 mm 또는 20 mm로 한다.

(바) 단위 용적 질량 단위 용적 질량은 골재의 밀도, 입형, 입도 등에 따라 다르다. 보통 잔골재에서는 800～1200 kg/m^3, 굵은 골재에서는 650～900 kg/m^3 정도이다.

균등질의 콘크리트를 만들기 위해서는 경량 골재가 소요의 단위 질량을 가져야 하며, 변동폭이 작아야 한다.

구조용 경량 골재의 단위 용적 질량은 KS F 2527에 규정되어 있으며, 표 2.44와 같다.

표 2.44 구조용 경량 골재의 단위 용적 질량[29] (KS F 2527)

골재의 종류	단위 용적 질량의 최댓값((kg/L)	
	잔골재	굵은 골재
인공 경량 골재	1.12 이하	0.88 이하
천연 경량 골재	1.12 이하	0.88 이하
바텀 애시 경량 골재	1.20 이하	

경량 골재의 단위 용적 질량 시험은 KS F 2505(골재의 단위 용적 질량 및 실적률 시험 방법)에 따른다.

(사) 유해물 유해물 함유량의 한도는 KS F 2527에 규정되어 있으며, 표 2.45와 같이 정하고 있다.

표 2.45 경량 골재의 유해물 함유량의 한도(질량 백분율)[19] (KS F 2527)

항목	최댓값	시험 규정
강열 감량	5(%)	KS L 5120
유기 분순물	시험 용액의 색이 표준색보다 진하지 않을 것	KS F 2510
점토 덩어리 양	2%(건조 질량에 대하여)	KS F 2512
굵은 골재 중의 부립률	10(%)	KS F 2531
얼룩	진한 얼룩이 생기지 않을 것	KS F 2468

경량 골재의 유해물 시험은 다음에 따른다.

(ㄱ) 강열 감량 : 강열 감량의 시험은 KS L 5120(포틀랜드 시멘트의 화학 분석 방법)에 따른다.

(ㄴ) 유기 불순물 : 경량 잔골재의 유기 불순물 시험에서 표준액보다 진한 색을 나타내면, 콘크리트의 품질에 해를 주지 않는다는 보장이 없는 한 사용해서는 안 된다.

경량 골재의 유기 불순물 시험은 KS F 2510에 따른다(그림 2.39 참조).

(ㄷ) 점토 덩어리 양 : 점토 덩어리 양 시험은 KS F 2512에 따른다(식 (2.27) 참조).

(ㄹ) 부립률 : 부립률은 경량 굵은 골재 중에서 물에 뜨는 골재 입자의 질량비로 나타낸다. 부립은 강도가 작고, 묽은 반죽의 콘크리트에서는 떠올라서 분리되기 쉽다.

부립량이 많으면 콘크리트의 강도(표 2.46 참조)와 내구성이 작아지고, 표면 마무리가 어려운 경우가 있다.

경량 굵은 골재의 부립률 시험 방법은 KS F 2531에 규정되어 있다.

표 2.46 **부립률이 콘크리트의 강도에 미치는 영향**[38)]

굵은 골재 중의 부립률 (%)	28일 강도(MPa)	
	압축 강도	인장 강도
0	41.7(1.00)	2.99(1.00)
5	40.0(0.96)	2.73(0.91)
10	37.7(0.90)	2.69(0.90)
20	33.8(0.81)	2.43(0.81)
50	32.3(0.77)	2.43(0.81)

주 : W/C=30%, 슬럼프 약 50 mm, 하천 잔골재를 사용한 콘크리트이다.

(ㅁ) 얼룩 : 얼룩지는 정도에 대한 시험을 하였을 때, 진한 얼룩 또는 육안으로 식별할 때, 진한 얼룩이 판명되고, 화학적 시험에서 1.5 mg 이상의 산화철(Fe_2O_3)을 함유하고 있는 것은 사용하면 안 된다.

경량 콘크리트 골재의 철, 오염물 시험 방법은 KS F 2468에 규정되어 있다.

(아) 강도 하천 자갈보다 작고 화산 자갈보다 크다. 경량 굵은 골재의 강도 시험은 KS F 2541(골재의 파쇄 시험 방법)에 따른다(식 (2.26) 참조).

(자) 내구성 기상 작용을 받는 콘크리트에 경량 골재를 사용할 경우에는, 그 골재를 사용한 콘크리트의 동결 융해 시험(KS F 2416) 결과에 의하여 그 골재의 동해성에 대한 내구성을 확인해야 한다.

동결 융해의 반복 작용에 대한 저항력은 골재 내부의 공극과 모르타르 내 공극의 양자 관계에 따라 정해지므로, 동결 융해 시험은 현장에서 기상 조건을 고려하여 시행해야 한다.

(7) 중량 골재

① 성질 및 종류

중량 골재(heavy weight aggregate)는 고밀도 골재(aggregate of high density)로서, 주로 원자로 등에서 방사선 차폐용 콘크리트에 사용된다. 이것은 콘크리트의 밀도가 클수록 γ선이나 중성자에 대한 차폐성이 좋기 때문이다.

따라서 방사선 차폐용 콘크리트는 밀도가 큰 골재로서 실적률이 크고, 입도가 좋은 것을 사용해야 한다.

중량 골재의 종류에는 적철광, 자철광, 갈철강, 중정석 등이 있으며, 밀도의 개략 값은 표 2.47과 같다.

표 2.47 중량 골재의 예[41)]

종류	밀도(g/cm^3)
적철광(Fe_2O_3)	4.0～5.3
자철광(Fe_3O_4)	4.5～5.2
갈철광($Fe_2O_3 \cdot nH_2O$)	2.7～4.0
중정석($BaSO_4$)	4.0～4.7

② 골재의 최대 치수

최대 치수가 클수록 단위 시멘트 양과 단위 수량이 적어져 밀도가 큰 콘크리트를 얻을 수 있다. 그러나 차폐체 내의 배관, 측정용 구멍 또는 골재의 분리나 침강에 따른 콘크리트의 불균등성 등의 문제가 생긴다.

원자로의 방사선 차폐용 콘크리트 구조물에서 굵은 골재의 최대 치수는 40 mm 정도가 좋다.

(8) 순환 골재

① 제조 및 성질

(가) 제조 순환 골재(recycled aggregate)는 건설 폐기물 콘크리트를 파쇄하여 다시 골재로 사용할 수 있도록 한 것이다.

(나) 성질 파쇄할 때 원 콘크리트의 모르타르분이 파쇄되어 섞이므로 하천 모래, 하천 자갈에 비해 밀도가 작고 실적률도 작다. 또, 제조할 때 미세한 불순물이 많이 함유되어 있어서 흡수률이 크므로 사용할 때는 충분히 살수해야 한다.

② **품질 및 입도**

(가) 품질 콘크리트용 순환 골재의 품질은 KS F 2527에 규정되어 있으며, 표 2.48과 같다.

표 2.48 순환 골재의 품질[29] (KS F 2527)

시험 항목		순환 굵은 골재	순환 잔골재	시험 규정
절대 건조 밀도(g/mm^3)		2.5 이상	2.2 이상	KS F 2503
흡수율(%)		3.0 이하	4.0 이하	KS F 2504
마모 감량(%)		40 이하	–	KS F 2508
입자 모양 판정 실적률(%)		55 이상	53 이상	KS F 2527
잔입자량(0.08 mm 체 통과량)(%)		1.0 이하	7.0 이하	KS F 2511
알칼리 골재 반응		무해할 것	무해할 것	KS F 2545
점토 덩어리 양(%)		0.2 이하	1.0 이하	KS F 2512
안정성(%)		12 이하	10 이하	KS F 2507
이물질 함유량(%)	유기이물질	1.0 이하(용적)		KS F 2576
	무기이물질	1.0 이하(질량)		

(나) 입도 입도 범위는 KS F 2527에 규정되어 있다. 잔골재는 표 2.28의 부순 잔골재의 입도와 같고, 굵은 골재는 표 2.29의 골재 번호 57번과 67번 골재를 사용한다.

(다) 굵은 골재의 최대 치수 골재의 최대 치수는 25 mm 이하로 한다.

(9) 기타 골재

① **동 슬래그 골재**(copper slag aggregate)

용광로에서 구리와 동시에 생성되는 용융 슬래그를 물 또는 공기로 급랭시키거나 서랭시켜 입도를 조정한 것이다. 품질은 절대 건조 밀도가 3.2 g/cm^3 이상, 흡수율이 2.0% 이상, 단위 용적 질량이 1.8 kg/L 이상이어야 한다.

콘크리트용 동 스래그 골재의 규격은 KS F 2527에 규정되어 있다.

② **연 슬래그 골재**(lead slag aggregate)

연광석을 제련로에서 용융, 환원할 때 생성되는 용융 슬래그를 물로 급랭 또는 서랭하여 입도를 조정한 것이다. 품질은 절대 건조 밀도가 3.2 g/cm^3 이상, 흡수율이 2.0% 이상, 단위 용적 질량이 1.7 kg/L 이상이어야 한다.

콘크리트용 연 슬래그 골재의 규격은 KS F 2527에 규정되어 있다.

③ **클링커 골재**(clinker aggregate)

시멘트 클링커를 골재로 한 것이다. 골재와 시멘트 풀과의 부착 강도가 커서 고강도 콘크리트를 얻을 수 있다. 그러나 이것을 굵은 골재로 사용하면, 부순 굵은 골재를 사용한 경우보다 강도가 저하한다.

④ **초경량 골재**(super light weight aggregate)

콘크리트의 질량을 매우 작게 하기 위한 것으로서, 혈암을 원료로 하여 고온에서 소성하여 팽창량을 증가시켜 제조한 것이다.

절대 건조 밀도는 1~1.1 g/cm^{3}이고, 24시간 흡수율이 10% 정도이며, 이것을 사용하면 단위 질량 1200 kg/m^3, 압축 강도 15 MPa 이상의 콘크리트를 얻을 수 있다.

⑤ **조립 팽창 슬래그 골재**(pelletized expansion slag aggregate)

용광로에서 생성되는 용융 슬래그를 비산시켜, 물로 냉각하여 입도를 조정해서 제조한 인공 경량 골재의 일종이다. 이것을 콘크리트에 사용하면 잠재 수경성이 있으므로, 장기 강도가 커지고, 동결 융해에 대한 내구성이 커진다.

4. 골재의 저장

골재의 저장은 다음과 같이 한다.

1) 잔골재와 굵은 골재는 각각 구분하여 따로따로 저장해야 한다. 특히, 원석의 종류와 제조 방법이 다른 부순 잔골재는 분리하여 저장해야 한다.
2) 골재의 받아들이기, 저장 및 취급에 있어서는 대소의 알이 분리하지 않도록, 먼지 · 잡물 등이 섞이지 않도록 해야 한다. 또 굵은 골재의 경우에는 골재 입자가 부서지지 않도록 설비를 정비하고 취급 작업에 주의해야 한다.
3) 골재의 저장 설비에는 적당한 배수 시설을 설치하고, 그 용량을 적절하게 하며, 표면수가 균일한 골재를 사용할 수 있도록, 또 받아들여진 골재를 시험한 후에 사용할 수 있도록 되어 있어야 한다.
4) 겨울에는 빙설의 혼입 또는 동결을 방지하기 위하여 적당한 시설을 갖추고 이를 저장해야 한다.
5) 여름에는 골재의 건조나 온도의 상승을 방지하기 위하여 일광의 직사를 피할 수 있는 적당한 시설을 갖추고 이를 저장해야 한다.

2.4 물

1. 콘크리트의 혼합수

(1) 혼합수의 수질

콘크리트 비비기에 사용되는 혼합수(mixing water)는 콘크리트에 필요한 유동성을 주고, 시멘트와 수화 반응을 하여 경화를 촉진시키는 콘크리트 기본 재료의 하나이다. 혼합수는 콘크리트 용적의 약 15% 정도를 차지한다.

혼합수에 기름, 산, 유기 불순물, 혼탁물 등 콘크리트나 강재의 품질에 나쁜 영향을 미치는 물질의 유해량이 함유되어 있으면 안 된다.

혼합수의 유해물은 콘크리트의 응결, 경화 및 강도 등에 나쁜 영향을 미치게 되고, 또한 체적 변화, 강재의 녹발생 등을 일으킨다. 따라서 혼합수는 특별한 맛, 냄새, 빛깔, 탁도 등이 없는 깨끗한 물을 사용해야 한다.

혼합수로 보통 사용되고 있는 수돗물, 하천수, 지하수, 호소수 등은 수질적으로는 거의 문제가 없다.

혼합수의 품질에 대하여 의심이 나는 경우에는 수질 시험을 하여 유해물 함유량을 조사하고, 기왕의 시험 결과와 비교해서 사용 여부를 판단해야 한다.

레디믹스트콘크리트에 사용되는 혼합수는 KS F 4009에 규정되어 있다.

(2) 불순물의 영향

물속에 함유되어 있는 불순물에는 혼탁물(점토, 후민산, 산화아연 등), 가용성 증발 잔류물 (Ca^{++}, Mg^{++}, K^{+}, HCO_3^{-}, SO_4^{-2}, Cl^{-} 등의 조합에 의한 염류), 가용성 물질(당류, 후민산 나트륨) 등이 있다.

혼합수에 이와 같은 불순물이 조금이라도 섞여 있으면 콘크리트의 워커빌리티가 나쁘고, 콘크리트가 굳은 후에 백태가 생기기 쉽다.

콘크리트의 품질에 미치는 불순물의 영향은 불순물의 종류와 농도, 여러 종류의 불순물 조합 등에 따라 달라진다.

물속에 포함되어 있는 단독의 염류가 모르타르에 미치는 영향을 나타내면 표 2.49와 같다.

표 2.50은 콘크리트 혼합수로서의 적부 예를 나타낸 것이며, 혼합수의 판정 기준이 된다.

표 2.49 각종 염류가 모르타르의 성질에 미치는 영향[39]

종류	증류수를 혼합수로 한 모르타르에 대한 비교		
	응결	강도	건조 수축(온도 20±1°C, 습도 50±3%)
염화나트륨	약간 촉진성	장기 강도 저하	커진다
염화칼슘	촉진성	초기 강도 증대	커진다
염화암모늄	촉진성	단기 강도 증대	커진다
탄산나트륨	촉진성, 이상 응결성	장기 강도 저하	커진다
황산칼슘	영향이 작다	영향이 작다	영향이 작다
황산나트륨	촉진성	장기 강도 저하	커진다
질산납	지연성이 크다	초기 강도 저하	–
질산아연	지연성이 크다	초기 강도 저하	–
붕사	이상 응결의 경향	전체 강도 저하	커진다
후민산나트륨	지연성이 크다	전체 강도 저하	약간 커진다

표 2.50 콘크리트용 혼합수로서의 적부 예[40]

무해한 것	유해한 것
황산염(SO_3 1% 이하)의 물	황산염(SO_3 3.5% 이상)의 물
NaCl(0.15% 이하)의 물	NaCl(3% 이상)의 물
염류 함유량 3% 이하의 해수	염류 함유량 3.5% 이상의 해수
갱내수	피혁, 도금, 염색 공장의 폐수
맥주, 가스, 비누 공장의 폐수	당류를 함유한 물

(3) 혼합수의 종류

혼합수는 상수돗물과 상수도 이외의 물 및 회수수로 구분한다.

① 상수돗물

수돗물은 하천수, 지하수 등을 수원으로 하며, 유해한 염류나 유기물 등이 거의 없어 수질이 좋으므로 시험하지 않아도 콘크리트용 혼합수로서 사용할 수 있다.

② 상수도 이외의 물

(가) 하천수 하천수에는 칼슘분과 규산분 등이 다소 들어 있지만, 콘크리트용 혼합수로 충분히 사용할 수 있다. 그러나 공장 폐수로 오염된 것이나 하구 가까이에 있는 하천수는 사용할 때 주의하여야 한다.

(나) 지하수 지하수에는 알칼리 금속, 칼슘, 마그네슘, 철 또는 망간 등의 염화물, 질산염, 탄산염 등이 용해되어 있어, 하천수에 비교하여 탄산이나 중탄산염의 함유량이 많다.

일반적으로 혼합수로서 유해량의 염류를 함유하고 있는 것은 그다지 많지 않으므로 혼합수로 사용되고 있다.

해안 지대에 가까이 있는 지하수는 염소 이온을 많이 함유하고 있으므로, 철근 콘크리트에 사용할 때에는 주의하여야 한다.

(다) 해수 해수는 강재를 부식시킬 염려가 있으므로 철근 콘크리트, 프리스트레스트 콘크리트 및 강 콘크리트 합성 구조에서는 혼합수로 사용해서는 안 된다. 물속에 함유되어 있는 염소 이온의 양이 3000 ppm 정도를 넘으면 철근이 녹슬 염려가 많다.

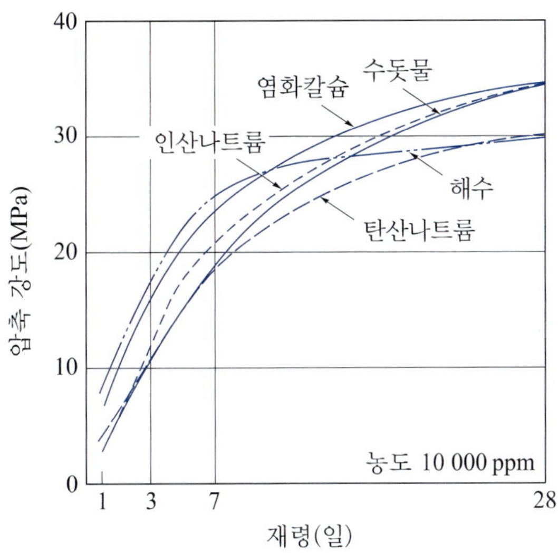

그림 2.51 각종 염류가 섞인 물을 사용한 콘크리트의 강도[41)]

그러나 가외 철근이 배치되지 않은 무근 콘크리트에서는 해수를 사용해도 좋지만, 장기 강도의 증가를 작게 하고(그림 2.51 참조), 내구성을 저하시키며, 백태가 생기기 쉽다.

상수도 이외의 물의 품질은 표 2.51의 기준에 적합해야 한다.

표 2.51 상수돗물 이외의 물의 품질[19)] (KS F 4009)

시험 항목	품질 기준
현탁 물질의 양	2 g/L 이하
용해성 증발 잔류물의 양	1 g/L 이하
염소 이온량	250 mg/L 이하
시멘트 응결 시간의 차	초결은 30분 이내, 종결은 60분 이내
모르타르의 압축 강도비	재령 7일 및 재령 28일에서 90% 이상

③ **회수수**(recoved water)

레디믹스트 콘크리트 공장이나 프리캐스트 콘크리트 공장에서 믹서 또는 트럭애지테이터 등을 씻은 물 윗부분의 맑은 물은 콘크리트의 강도, 워커빌리티 등에 나쁜 영향을 주지 않는 것이 확실하면 혼합수로 사용해도 좋다.

다만, 회수수 중에는 염화물이나 알칼리가 함유되어 있으므로 사용에 주의하여야 한다.

회수수의 품질은 표 2.52의 기준에 적합해야 한다.

표 2.52 **회수수의 품질** (KS F 4009)

시험 항목	품질 기준
염소 이온량	250 mg/L 이하
시멘트 응결 시간의 차	초결 30분 이내, 종결 60분 이내
모르타르 압축 강도비	재령 7일 및 재령 28일에서 90% 이상
슬러지 고형분율	3% 이내

2. 콘크리트의 양생수

양생수(curing water)에 대해서는 혼합수만큼 엄격한 판정 기준을 적용하지 않지만 기름, 산, 염류 등 콘크리트의 표면을 해칠 물질의 유해량을 함유해서는 안 된다.

참고문헌

1) S. Mindess, J. F. Young, D. Darwin : Concrete(2nd. Ed.), Prentice hall(2003)

2) R. H. Bough : The Chemistry of Portland Cement, Reinhold Publishing Corporation, New York(1955)

3) Ulf Danielson : Heat of Hydration of Cement as Affected by Water-Cement Ratio, Procedings of the 4th International Symposium (Washington) Paper IV-S7(1960)

4) R. W. Carlson and L. R. Forbrich : Industrial and Chemistry Annual Edition Vol. 10(1938)

5) 村田二郎 : コンクリート技術, 山海堂(1975)
6) セメント協會 : セメントの常識(2000)
7) W. H. Price : Proc. ACI Vol. 22, No. 6, p. 419
8) 樋口芳朗, 村田二郎, 小林春夫 : コンクリート工學(I) 施工, 彰國社(1981)
9) 丸安, 他 : 高爐セメントの使用方法に關する研究, 土木學會論文集, No. 65(1959)
10) 小林一輔 : 最新コンクリート工學, 森北出版株式會社(1976)
11) 村田二郎 : コンクリート技術, 山海堂(1975)
12) コンクリート施工ハンドブック編輯委員會編 : 最新コンクリート施工ハンドブック, 建設産業調査會(1979)
13) 日本コンクリート工學協會 : コンクリート便覽, 技報堂出版(1976)
14) S. Mindess, J. F. Yong : Concret, Prentice Hall(1981)
15) 塚山 : 日本セメント研究所技要報138號(1956)
16) 吉越盛次 : 混和劑としてのフライアッシュに關する研究, 土木學會論文集, No. 31(1955)
17) USBR : Concrete Manual(1975)
18) 福士 勳·嵩 英雄 : 高性能減水劑, コンクリート工學, Vol. 16, No. 3
19) 국토교통부 : 콘크리트표준시방서(KSC 14 20 01)(2021)
20) 明石外世樹 : コンクリートの各種混和劑一主としてセメント分散劑の諸特性について, 土木學會關西支部, 昭和36年度夏期講習會テキスト(1961)
21) 赤塚雄三 : 注入モルタルに關する基礎研究, 港灣技術研究所報告, Vol. 3, No. 6(1964)
22) 工藤矩弘·伊部 博 : 海塑砂使用鐵筋コンクリートに用いる防錆劑, セメントコンクリート, No. 350(1976)
23) ACI : ACI Commitee 621 repot
24) 樋口芳朗 : 最新 土木工事ハソドブシ7(1983)
25) 西澤紀昭 : コンクリート骨材の比重, 吸水量, 安定性, すりへりの各試驗結果相互の關係, 電力中央研究所所報, Vol. 9, No. 1, 2(1959)
26) 斎藤鶴義 : 土木材料ハンドブック, 山海堂(1977)
27) Stewart : Mix Design and Quality of Concrete
28) PCA : Design and Control Mixtures, 13th Edition, PCA(1988)

29) セメント技術協會 : コンクリートパンフレット第18號(1963)
30) 爾見軍治, 嶋谷宏文 : コンクリート用骨材の破砕値とコンクリートの强度, セメントコンクリート, No. 235(1966)
31) 重倉祐光 : セメントコンクリート No. 331(1974)
32) 吉田彌智·野尻陽一 : コンクリートの施工の要点, 鹿島出版會(1983)
33) 福士 勳 : コンクリート用細骨材としての砕砂の利用, セメントコンクリート, No. 357(1976)
34) 山崎寬司 : 鉱物質微粉末がコンクリートの强度におよぼす効果に関する基礎研究, 土木学会論文集, 第85号, 1962-9
35) 山本奉彦 : コンクリートのワーカビリチーおよび强度におよぼす粗骨材粒の特質, コンクリートジャーナル(1969)
36) 横道, 林, 田口 : 砕石コンクリートと砂利コンクリートの比較研究, セメント技術年報, VII(1953)
37) 出光ほか : 土木學會西部支部研究發表會論文概要集, No. 24(1972)
38) 村田二郭 : 人工輕量骨材コンクリート, セメント協会(1974)
39) 長滝重義, 關博 : 新體系土木工学28, コンクリート材料, 技報堂出版(1980)
40) D. A. Abrams : Bulletion No. 12, Str. Mat. Res. Lab. Lewis Institute, Chicago(1924)
41) 児玉和己·御所窪邦男 : 練りまぜ水中の不純物がモルタルおよびコンクリートの諸性質におよぼす影響, コンクリートジャーナル, Vol. 6, No. 11(1968)

연습문제

1. 포틀랜드 시멘트의 주성분과 제조 시 석고를 섞는 이유를 설명하여라.
2. 시멘트의 수경률이란 무엇이며, 어디에 쓰이는가?
3. 포틀랜드 시멘트 클링커의 주요 화합물 4가지를 들고, 각각의 특성을 설명하여라.
4. 시멘트의 풍화란 무엇이며, 풍화가 시멘트의 성질에 미치는 영향을 설명하여라.

5. 시멘트의 수화열이 콘크리트에 미치는 영향은 무엇인가?
6. 시멘트의 비표면적이란 무엇이며, 시멘트의 분말도가 콘크리트에 미치는 영향을 설명하여라.
7. 시멘트의 응결 시간을 알아야 할 이유는 무엇인가?
8. 시멘트 모르타르의 강도 시험에서 표준사를 사용하는 이유는 무엇인가?
9. 시멘트 모르타르의 강도 시험 방법을 설명하여라.
10. 포틀랜드 시멘트의 종류를 들고, 각각의 특성과 용도를 설명하여라.
11. 혼합 시멘트의 종류를 들고, 각각의 특성과 용도를 설명하여라.
12. 팽창 시멘트의 종류를 들고, 그 특성에 대해서 설명하여라.
13. 조강 시멘트, 초조강 시멘트, 초속경 시멘트의 특성을 비교·설명하여라.
14. 콜로이드 시멘트의 특성과 용도를 설명하여라.
15. 혼화재와 혼화제는 어떻게 다르며, 각각의 종류를 설명하여라.
16. 플라이 애시의 포졸란 반응이란 무엇인가?
17. 플라이 애시의 효과를 설명하여라.
18. 고로 슬래그의 잠재 수경성에 대해서 설명하여라.
19. 팽창재의 종류를 들고, 각각의 특징에 대해서 설명하여라.
20. AE제란 무엇이며, 그 작용과 효과를 설명하여라.
21. 감수제가 콘크리트의 성질에 미치는 영향에 대해서 설명하여라.
22. 고성능 감수제의 효과에 대해서 설명하여라.
23. 응결 촉진제의 용도에 대해서 설명하여라.
24. 응결 지연제의 용도에 대해서 설명하여라.
25. 기포제와 발포제는 어떻게 다르며, 각각의 용도는 무엇인가?
26. 철근 방청제의 작용에 대해서 설명하여라.
27. 수중 불분리성 혼화제의 특성은 무엇인가?
28. 콘크리트의 골재가 갖추어야 할 성질은 무엇인가?
29. 콘크리트의 성질과 관계되는 골재의 성질에 대하여 설명하여라.
30. 골재 밀도의 종류를 설명하여라.
31. 골재의 함수 상태를 설명하고, 콘크리트의 배합 설계에서 표면 건조 포화 상태의 골재를 기준으로 하는 이유를 설명하여라.
32. 골재 입도의 판정 방법을 설명하여라.

33. 골재의 입형이 콘크리트의 성질에 미치는 영향을 설명하여라.
34. 다음 골재의 체가름 시험 결과를 사용하여 골재의 조립률을 구하여라.

골재의 체가름 시험 결과

굵은 골재	체의 치수(mm)	80	40	25	20	10	5	2.5
	통과 질량비(%)	100	82	65	12	17	3	0
잔골재	체의 치수(mm)	10	5	2.5	1.2	0.6	0.3	0.15
	통과 질량비(%)	100	98	86	65	45	16	5

35. 조립률 1.55인 잔골재 A와 3.01인 잔골재 B의 두 골재를 혼합하여 조립률 2.80인 잔골재 C를 만들려고 한다. 잔골재 A, B의 혼합비를 구하여라.
36. 굵은 골재의 최대 치수가 콘크리트에 미치는 영향을 설명하여라.
37. 실적률로써 골재의 어떤 성질을 알 수 있는가?
38. 표면수에 의한 잔골재의 체적 팽창(bulking) 현상에 대해서 설명하여라.
39. 골재의 공극률이 콘크리트에 미치는 영향을 설명하여라.
40. 골재 중의 유해물 종류를 들고, 콘크리트에 미치는 영향을 설명하여라.
41. 알칼리 골재 반응에 대해서 설명하여라.
42. 바다 모래를 콘크리트용 골재로 사용할 때의 문제점과 그 대책을 설명하여라.
43. 부순 골재를 사용한 콘크리트의 성질에 대해서 설명하여라.
44. 고로 슬래그 굵은 골재의 성질에 대해서 설명하여라.
45. 구조용 인공 경량 골재의 종류 및 성질에 대해서 설명하여라.
46. 중량 골재의 특성 및 용도를 설명하여라.
47. 순환 골재의 특성과 용도를 설명하여라.
48. 콘크리트용 혼합수와 양생수는 어떻게 다른가를 설명하여라.

3 콘크리트

3.1 개설

1. 콘크리트의 의의

콘크리트란, 넓은 의미에서 골재를 시멘트 풀, 아스팔트 또는 합성 수지 등의 결합재에 의해 굳힌 것을 총칭해서 말한다. 그러나 일반적으로 콘크리트라 하면 시멘트를 결합재로 해서 만든 시멘트 콘크리트(cement concrete)를 말한다.

콘크리트는 건설 재료로서 많은 장점을 가지고 있으므로, 강재와 함께 건설 구조물에서 가장 많이 사용되고 있다.

(1) 콘크리트의 역사

콘크리트는 포틀랜드 시멘트가 발명되면서부터 19세기 후반까지는 무근 콘크리트로 사용되어 왔다. 그 후 콘크리트의 인장 강도를 보완하기 위한 철근 콘크리트의 사용법이 고안되면서 오늘날까지 많은 발전을 이루어 왔다.

(가) 19세기 후반까지 무근 콘크리트(plain concrete)로 사용하였다.

(나) 1850년 프랑스의 랑보(J. L. Lambot)가 철근 콘크리트로서의 사용법을 고안하였다.

(다) 1887년 독일의 코에넨(M. Koenen)이 철근 콘크리트 보의 설계법을 발표하여, 현재의 철근 콘크리트 설계 기초 이론이 되었다.

(라) 1892년 오스트리아 멜란(Melan)이 철골 콘크리트의 특허를 냈다.

(마) 1892년 프랑스의 엔비크(F. Hennebique)가 보의 전단 보강 배근법을 발표하였다.

(바) 1919년 미국의 아브람(D. A. Abrams)이 콘크리트 강도에 관한 이론이 되는 물-시멘트비(W/C) 학설을 발표하였다.

(사) 1928년 프랑스의 프레시네(E. Fressinet)가 프리스트레스트 콘크리트 공법을 발표하였다.

(아) 1932년 노르웨이의 리세(I. Lyse)가 시멘트-물비(C/W)의 학설을 발표하여, 콘크리트 강도에 관한 기초 이론을 확립하였다.

(자) 1934년 미국에서 공기 연행 콘크리트를 발견하였다.

(차) 이후 프리플레이스트 콘크리트, 진공 콘크리트, 섬유 보강 콘크리트, 합성 수지 콘크리트 등이 사용되었다.

(2) 용어의 정의

콘크리트에 관한 용어의 정의는 다음과 같다(콘크리트표준시방서).

① **콘크리트**(concrete)

시멘트, 물, 잔골재 및 굵은 골재에 경우에 따라서는 혼화 재료를 혼합, 반죽하여 만든 복합체를 말한다.

② **모르타르**(mortar)

시멘트, 물, 잔골재 및 경우에 따라서는 이들에 혼화 재료를 혼합하여 반죽한 것을 말한다.

③ **시멘트 풀**(cement paste)

시멘트(필요에 따라 첨가하는 혼화 재료를 포함)와 물의 혼합물을 말한다.

(3) 콘크리트의 구성

콘크리트는 광물질 충전재인 잔골재와 굵은 골재, 결합재인 시멘트 풀로 구성되는 재료이다. 이 중에 골재가 콘크리트 전체 용적의 약 65~85%를 차지하고 있다.

시멘트 풀은 굳지 않은 콘크리트(fresh concrete)에 유동성을 주고, 수화한 후에는 골재를 결합하여 강도를 내게 한다.

일반적으로 좋은 골재를 사용하면, 골재의 강도가 시멘트 풀의 강도보다 크므로 경화한 콘크리트(hardened concrete)의 강도는 시멘트 풀의 품질에 영향을 받는다.

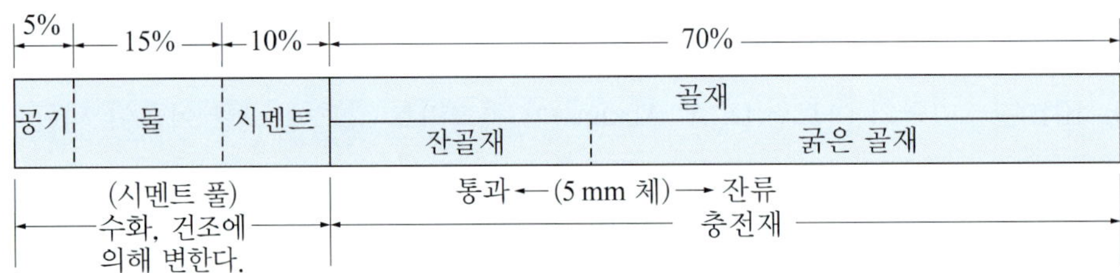

그림 3.1 콘크리트의 구성비(용적비) [1)]

2. 콘크리트의 특성 및 요건

(1) 콘크리트의 특성

건설 재료로서 콘크리트의 장점과 단점을 들면 다음과 같다.

① **장점**

1) 모양과 치수에 제한이 없이 부재나 구조물을 만들 수 있다.
2) 임의의 강도를 갖는 콘크리트를 만들 수 있다.
3) 제조와 시공이 쉽고, 숙련공이 필요하지 않다.
4) 내구성, 내화성이 크다.
5) 구조물의 유지비가 거의 들지 않는다.
6) 재료를 얻기 쉽고, 운반하기 쉽다.
7) 구조물을 일체로 만들 수 있다.

② **단점**

1) 질량이 크다(중력식 댐과 해양 구조물에는 장점이 된다).
2) 인장 강도가 작고 균열이 생기기 쉽다.
3) 경화하는 데 시간이 걸리기 때문에 공사 기간이 길다.
4) 현장 시공일 경우에는 품질 관리가 어렵다.

(2) 콘크리트의 요건

좋은 콘크리트가 되기 위해서는 강도, 내구성, 경제성의 3가지 조건을 갖추어야 한다.

① **강도**

1) 좋은 시멘트 풀을 사용해야 한다.
2) 품질이 좋은 골재를 사용해야 한다.
3) 밀도가 큰 치밀한 콘크리트로 만들어야 한다.

② **내구성**

1) 화학 작용에 대한 저항성이 커야 한다.
2) 풍화에 대한 저항성이 커야 한다.
3) 마모에 대한 저항성이 커야 한다.
4) 동결 융해 저항성이 커야 한다.

③ **경제성**

1) 재료를 적절히 사용해야 한다.
2) 작업을 능률적으로 해야 한다.
3) 재료의 취급이 쉬워야 한다.

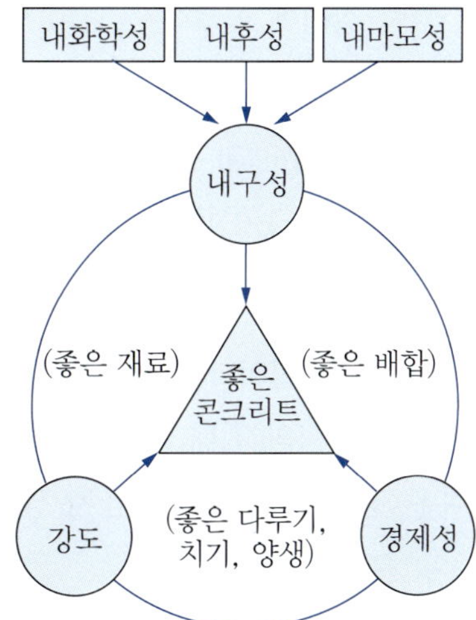

그림 3.2 좋은 콘크리트의 조건[2)]

3.2 굳지 않은 콘크리트의 성질

1. 굳지 않은 콘크리트의 의의

(1) 굳지 않은 콘크리트의 요건

굳지 않은 콘크리트는 다음 조건을 만족할 수 있어야 한다.

1) 비비기와 운반하기가 쉬워야 한다.
2) 거푸집(form) 속에 완전히 채울 수 있는 유동성이 있어야 한다.
3) 치기와 다지기 할 때 재료 분리가 일어나지 않아야 한다.
4) 표면 처리에 있어서 적절하게 마무리가 되어야 한다.

(2) 용어의 정의

굳지 않은 콘크리트의 성질에 관한 용어 정의는 다음과 같다(콘크리트표준시방서).

① **반죽 질기**(consistency)

굳지 않은 콘크리트에서 주로 단위 수량의 다소에 따라 유동성의 정도를 나타내는 것으로서, 작업성을 판단할 수 있는 요소를 말한다.

② **워커빌리티**(workability)

반죽 질기에 따르는 작업의 난이한 정도와 균질 콘크리트를 만들기 위하여 필요한 재료의 분리에 저항하는 정도를 나타내는 굳지 않은 콘크리트의 성질을 말한다.

③ **성형성**(plasticity)

거푸집에 다져 넣을 수 있고, 거푸집을 제거하면 천천히 형상이 변하기는 하지만 허물어지거나 재료가 분리되지 않는 굳지 않은 콘크리트의 성질을 말한다.

④ **피니셔빌리티**(finishability)

굵은 골재의 최대 치수, 잔골재율, 잔골재의 입도, 반죽 질기 등에 따르는 마무리하기 쉬운 정도를 나타내는 굳지 않은 콘크리트의 성질을 말한다.

⑤ **유동성**(fluidity)

중력이나 외력에 유동되기 쉬운 정도를 나타내는 굳지 않은 콘크리트의 성질을 말한다.

⑥ **펌퍼빌리티**(pumpability)

콘크리트 펌프(펌프 카)에 의해 굳지 않은 콘크리트 또는 모르타르를 압송할 때의 운반성을 말한다.

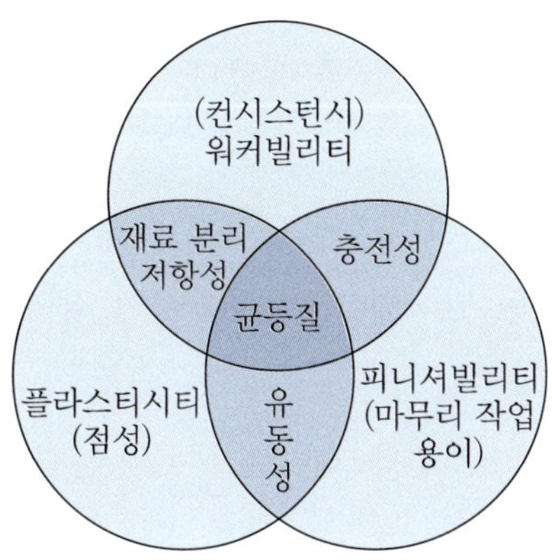

그림 3.3 굳지 않은 콘크리트의 여러 성질의 관계[1)]

2. 콘크리트의 워커빌리티

(1) 워커빌리티에 영향을 미치는 요인

콘크리트의 워커빌리티에 영향을 미치는 여러 가지 요인 중에서 중요한 것은 그림 3.4와 같다.

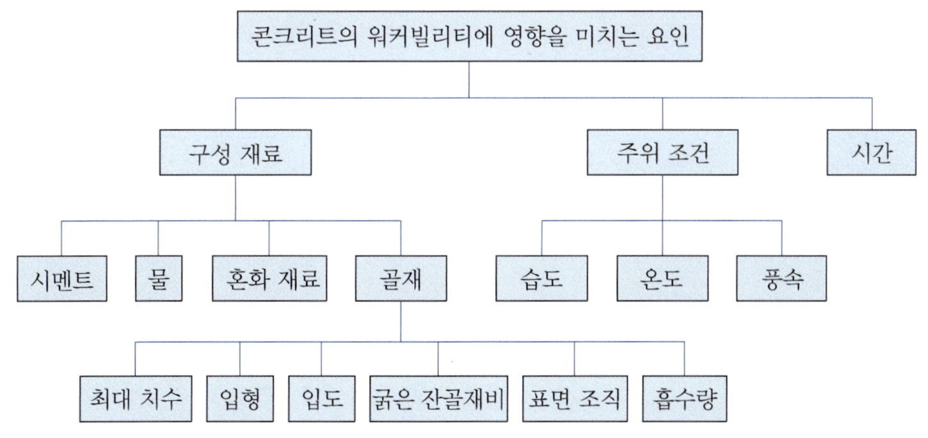

그림 3.4 콘크리트의 워커빌리티에 영향을 미치는 요인[3)]

① **시멘트**

1) 시멘트 양이 많을수록 성형성이 좋다.
2) 혼합 시멘트는 보통 시멘트보다 성형성이 좋다.
3) 분말도가 높을수록 워커빌리티가 좋다.
4) 풍화된 시멘트는 워커빌리티가 좋지 않다.

② **수량**

1) 단위 수량이 많을수록 콘크리트는 묽어지고 재료의 분리가 생긴다.
2) 단위 수량이 적으면 된 반죽이 되어 유동성이 작아진다.

③ **혼화 재료**

1) 포졸란, 플라이 애시, 고로 슬래그 미분말 등의 혼화재를 사용하면 워커빌리티가 좋아진다.
2) AE제, 감수제 등의 혼화제를 사용하면 워커빌리티가 좋아진다.

④ **골재**

1) 일정한 물-시멘트비에 대하여 골재/시멘트비가 클수록 워커빌리티는 나빠진다.
2) 잔골재는 0.3 mm 이하의 잔입자가 많을수록 점성이 작아진다.
3) 골재의 입자가 둥글수록 워커빌리티가 좋아진다.
4) 표면 조직과 흡수량은 워커빌리티에 영향을 미친다.
5) 일반적으로 굵은 골재의 연속 입도가 워커빌리티에 좋다.

⑤ **시간과 온도**

1) 시간이 지남에 따라 워커빌리티는 감소한다.
2) 온도가 높을수록 워커빌리티는 감소한다(그림 3.5 참조).

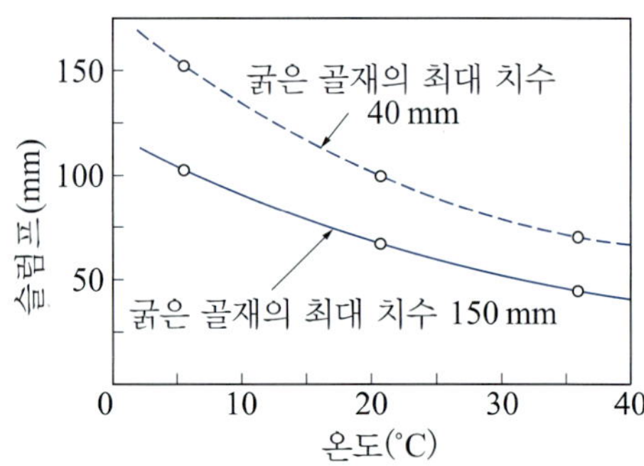

그림 3.5 콘크리트의 온도와 슬럼프의 관계 [2)]

(2) 워커빌리티의 측정 방법

콘크리트의 워커빌리티는 여러 가지 요인에 따라 변하므로, 이것을 완전하게 측정할 수 있는 방법은 아직 없다. 그러나 워커빌리티는 반죽 질기에 크게 좌우되므로, 일반적으로 반죽 질기를 측정하여 그 결과에 따라 워커빌리티의 정도를 판단하고 있다.

① **슬럼프 시험**(slump test)

콘크리트가 자체의 질량에 의하여 변형을 일으키려는 힘과 그 변형에 저항하는 힘이 비길 때, 그 변형량을 측정하는 것이다. 콘크리트 반죽 질기의 표준 시험으로 간편하기 때문에 현장이나 실험실에서도 가장 많이 사용된다.

그림 3.6(a)와 같이 슬럼프 콘(cone)에 콘크리트를 3층으로 나누어 넣고, 각 층을 지름 16 mm의 다짐봉으로 25회씩 다진다. 슬럼프 콘을 연직으로 빼올렸을 때, 콘크리트가 무너져 내려 앉은 길이를 슬럼프 값(mm)으로 한다.

콘크리트의 슬럼프 시험 방법은 KS F 2402에 규정되어 있다.

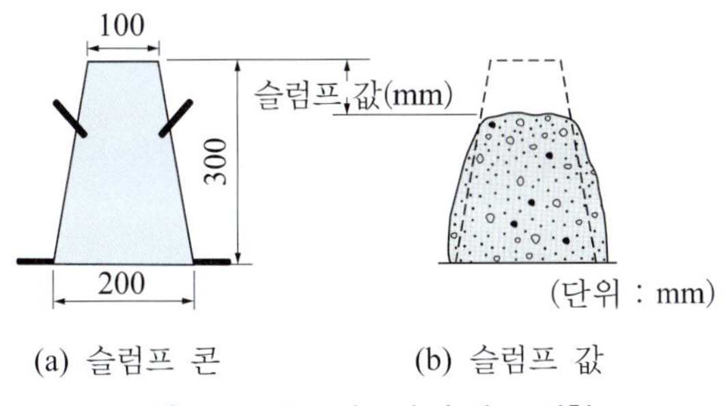

그림 3.6 콘크리트의 슬럼프 시험

② **슬럼프 플로 시험**(slump flow test)

그림 3.7과 같이 평판 위의 슬럼프 콘에 콘크리트를 채운 후 슬럼프 콘을 들어 올렸을 때, 콘크리트의 퍼짐 지름을 측정하여 슬럼프 플로값(mm)으로 한다.

슬럼프 플로 500 mm 도달 시간은 슬럼프 콘을 들어 올리는 시점으로부터 콘크리트의 퍼짐이 500 mm의 원에 최초에 이르기까지의 시간(초)으로 한다.

플로 유동 정지 시간은 슬럼프 콘을 들어 올리는 시점으로부터 콘크리트의 유동이 정지될 때까지의 시간(초)으로 한다.

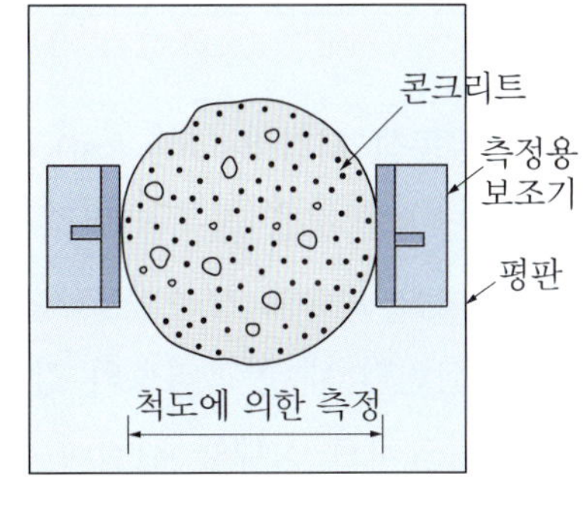

그림 3.7 콘크리트의 슬럼프 플로 시험

굵은 골재 최대 치수가 40 mm 이하인 고유동 콘크리트, 수중 불분리성 콘크리트 및 고강도 콘크리트의 유동성 시험에 사용한다.

굳지 않은 콘크리트의 슬럼프 플로 시험 방법은 KS F 2594에 규정되어 있다.

③ **비비 반죽 질기 시험**(Vebe consistency test)

그림 3.8과 같은 진동대식 반죽 질기 측정기를 사용한다. 진동대 위에 놓은 용기 속의 콘크리트 윗면에 투명한 원판을 얹어 놓고 용기를 진동시켜, 콘크리트가 원판에 완전히 접촉하는 시간을 측정한다.

이것을 비비 시간(Vebe time)이라 하고 침하도(초)로 나타낸다.

보통 슬럼프 시험으로 나타낼 수 없는 포장 콘크리트와 같은 슬럼프 25 mm 이하 된 반죽 콘크리트의 반죽 질기 측정에 사용된다.

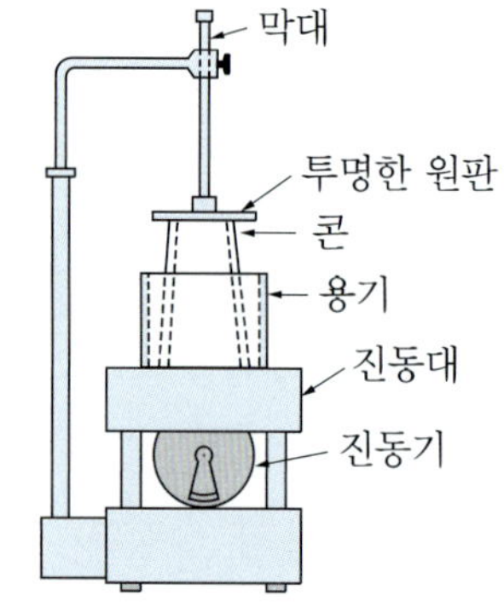

그림 3.8 진동대식 반죽 질기 측정기

굳지 않은 콘크리트의 반죽 질기 시험 방법(비비 방법)은 KS F 2427에 규정되어 있다.

표 3.1 슬럼프와 비비 시간의 비교[1)]

워커빌리티	슬럼프(mm)	비비 시간(초)
매우 나쁘다	0	32～18
나쁘다	0～25	18～5
보통이다	15～50	5～3
좋다	25～100	3

④ **유동성 시험**(fluidity test)

그림 3.9와 같은 진동식 반죽 질기 측정기를 사용한다. 실린더 속에 채운 콘크리트를 15초간 진동시켜서, 실린더 내 콘크리트의 강하와 유출공에서 유출된 콘크리트 상태를 관찰하는 것이다.

슬럼프 50 mm 이하의 된비빔 콘크리트가 진동을 받아 철근 등의 사이를 통과하는 경우의 유동성 및 분리 경향을 관측하는 데 편리하다.

주로 프리스트레스트 콘크리트용 반죽 질기 측정에 사용된다.

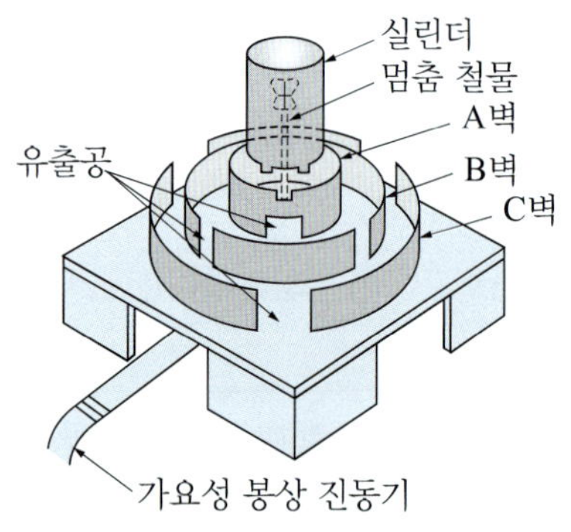

그림 3.9 진동식 반죽 질기 측정기

진동식 반죽 질기 측정기에 의한 콘크리트의 유동성 시험 방법은 KS F 2428에 규정되어 있다.

3. 콘크리트의 재료 분리

콘크리트는 시멘트의 입자나 골재 입자의 크기, 밀도 등이 서로 다른 재료들을 물로 비빈 것이기 때문에, 작업 도중과 콘크리트를 친 후에도 재료 분리가 일어난다. 재료가 분리되면 콘크리트의 강도와 수밀성이 작아지고 품질도 고르지 못하게 되므로, 재료 분리(segregation)가 일어나지 않도록 비비기와 치기를 잘해야 한다.

(1) 작업 중의 재료 분리

① 원인

콘크리트가 운반, 치기 및 다지기 등의 작업 중에 재료 분리를 일으키는 원인은 다음과 같다.

1) 굵은 골재의 최대 치수가 너무 클 경우
2) 단위 골재량이 너무 많을 경우
3) 단위 수량이 너무 많을 경우
4) 단위 시멘트 양이 너무 적을 경우

② 재료 분리의 영향

작업 중에 콘크리트의 재료 분리가 일어나면, 콘크리트가 굳은 후에 기포, 벌집 모양(honey comb) 등의 결함이 생기게 된다. 이것은 콘크리트의 구조적인 약점이 될 뿐만 아니라, 수밀성이 작아져 철근의 부식을 빨라지게 한다.

③ 재료 분리의 방지

재료 분리를 적게 하기 위해서는 적당한 워커빌리티의 콘크리트를 사용하는 것이 중요하며, 감수제나 AE제, 포졸란 등을 사용하면 효과가 있다.

(2) 작업 후의 재료 분리

① 원인

거푸집에 콘크리트를 친 후 시멘트의 입자, 골재 입자 등이 가라앉으면서 물이 올라와 콘크리트 표면에 떠오른다. 이러한 현상을 블리딩(bleeding)이라 한다. 이 블리딩에 의하여 콘크리트 표면에 떠올라와 침전된 미세한 물질을 레이턴스(laitance)라 한다.

② 블리딩의 영향

블리딩이 크면 콘크리트에 다음과 같은 나쁜 영향을 주게 된다.

1) 콘크리트의 상부가 다공질로 되어 강도, 수밀성 및 내구성이 작아진다.
2) 골재 입자나 수평 철근 밑부분에 수막이 생겨 시멘트 풀과의 부착이 나빠진다.
3) 레이턴스는 굳어도 강도가 거의 없으므로, 이것을 제거하지 않고 콘크리트를 치면 시공 이음의 약점이 된다.

③ 블리딩 억제 방법

블리딩을 적게 하는 데는 다음과 같은 방법이 효과가 있다.

1) 분말도가 높은 시멘트를 사용한다(그림 3.10 참조).
2) AE제나 응결 촉진제, 광물질 혼화재를 사용한다.
3) 소요의 워커빌리티를 얻을 수 있는 범위 내에서 단위 수량을 줄인다.

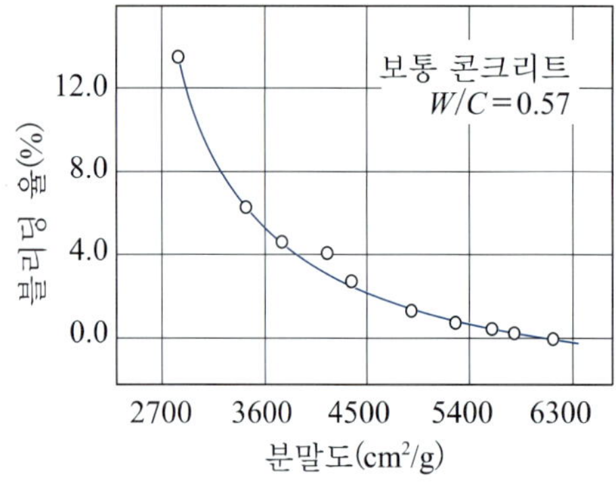

그림 3.10 시멘트의 분말도와 블리딩[4)]

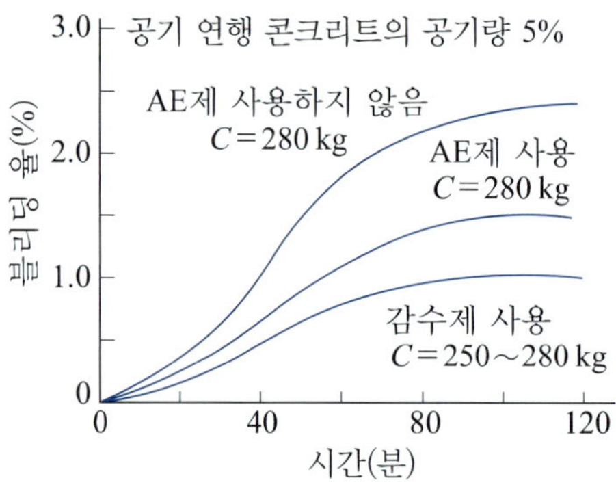

그림 3.11 혼화제가 블리딩에 미치는 영향[5)]

④ 블리딩 시험

용기 속의 콘크리트 표면에 올라온 물을 피펫으로 빨아내어, 그 물의 양을 측정한다. 블리딩 양 및 블리딩 율은 다음 식으로 산출한다.

$$\left.\begin{aligned}\text{블리딩 양 } B_q(\mathrm{m^3/m^2}) &= \frac{V_b}{A} \\ \text{블리딩 율 } B_r(\%) &= \frac{m_b}{m_w}\times 100\end{aligned}\right\} \tag{3.1}$$

여기서, V_b : 규정된 시간 동안에 생긴 블리딩 물의 양($\mathrm{m^3}$)

A : 콘크리트의 노출된 면적($\mathrm{m^2}$)

m_b : 시료의 블리딩 물의 질량(kg)

m_w : 시료 중 물의 질량(kg)

콘크리트의 블리딩 시험 방법은 KS F 2414에 규정되어 있다.

4. 콘크리트의 공기량

(1) 콘크리트의 연행 공기

AE제에 의하여 콘크리트 속에 발생한 연행 공기는 굳지 않은 콘크리트의 워커빌리티를 좋게 한다. 그 효과는 빈배합 콘크리트 또는 부순 골재 콘크리트의 경우에 더 좋다.

공기 연행 콘크리트는 수밀성, 동결 융해에 대한 내구성, 해수에 대한 저항성이 크다. 그러나 부배합 콘크리트의 경우에는 강도가 저하되고, 철근과의 부착 강도가 작아진다.

공기 연행 콘크리트의 적당한 공기량은 굵은 골재의 최대 치수에 따라 다르나, 콘크리트 용적의 4~7%를 표준으로 하고 있다.

(2) 연행 공기량에 영향을 미치는 요인

콘크리트의 연행 공기량에 영향을 미치는 여러 가지 요인 중에서 중요한 것은 다음과 같다.

① 재료

(가) AE제의 종류 및 양

1) 공기량은 AE제의 종류에 따라 달라진다.
2) 공기량은 첨가량에 비례하며 거의 직선적으로 변한다.

(나) 시멘트의 종류, 양 및 분말도

1) 시멘트의 종류가 다르면 공기량도 달라진다.
2) 단위 시멘트 양이 많으면 공기량은 감소한다. 즉 빈배합 콘크리트(poor mix concrete)는 부배합 콘크리트(rich mix concrete)보다 더 많은 공기를 연행한다.
3) 시멘트의 분말도가 높으면 공기량이 감소한다.

(다) AE제와 혼화제의 병용

1) 포졸란을 사용하면 공기량이 감소한다.
2) 플라이 애시를 사용하면 플라이 애시 속의 탄소량 때문에 공기 연행을 막는다.
3) 경화 촉진제, 응결 지연제 등을 함께 사용하면 공기량이 감소한다.

(라) 골재의 입도 및 양

1) 0.15~0.6 mm 정도인 모래의 양이 증가하면 공기량은 증가한다.
2) 잔골재율이 커지면 공기량은 증가한다(그림 3.12(a)).
3) 굵은 골재의 최대 치수가 클수록 공기량은 감소한다.

② 배합 및 시공

(가) 배합 및 비비기

1) 물-결합재비(W/B)가 커지면(슬럼프가 커지면) 공기량은 커지나, 슬럼프 150 mm 정도 이상이 되면 감소한다(그림 3.12(b)).

2) 비비기 시간이 길어지면 처음에는 공기량이 증가하나, 그 후 비비기 시간이 연장되면 점차 감소한다(그림 3.12(c)).

3) 콘크리트 온도가 높아지면 공기량은 감소한다. 온도가 10℃에서 38℃로 증가하면 공기량은 거의 반으로 줄어든다(그림 3.12(d)).

(나) 다지기

1) 진동 시간이 길면 공기량은 감소한다(그림 3.12(e)).

2) 진동 시간이 15초 정도면 갇힌 공기량(entrapped air)은 감소되나 연행 공기에는 영향이 없다(그림 3.12(b)).

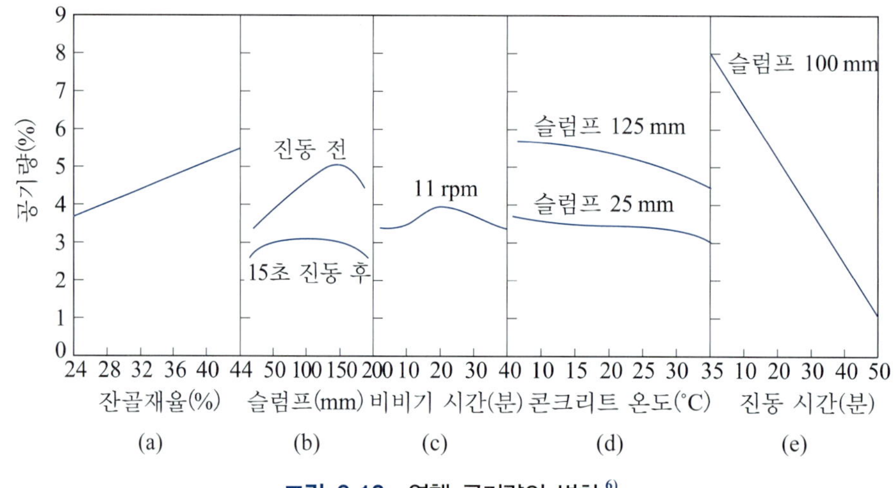

그림 3.12 연행 공기량의 변화[6)]

(3) 콘크리트의 공기량 시험

① **질량법**(gravimetric method)

질량에 의해 굳지 않은 콘크리트의 공기량을 측정하는 방법이다. 공기가 전혀 없는 것으로 가정하여 시방 배합에서 계산한 콘크리트의 이론 단위 질량과 실제로 측정한 단위 질량의 차이로써 공기량을 구한다.

콘크리트의 공기량은 다음 식으로 산출한다.

$$A = \frac{T - M}{T} \times 100 \tag{3.2}$$

여기서, A : 콘크리트 중의 공기량(%)

T : 공기가 전혀 없다고 가정하여 계산한 콘크리트의 이론 단위 질량(kg/m^3)

M : 콘크리트의 단위 질량(kg/m^3)

굳지 않은 콘크리트의 질량에 의한 공기 함유량 시험 방법은 KS F 2409에 규정되어 있다.

② **용적법**(volumetric method)

용적에 의해 굳지 않은 콘크리트의 공기량을 측정하는 방법이다. 콘크리트 중의 공기를 물로 치환하여, 물의 양으로부터 공기량을 구한다.

인공 경량 골재 콘크리트와 같은 다공질 골재를 사용한 콘크리트에 대해서도 적용이 가능한 공기량의 측정법이다.

굳지 않은 콘크리트의 용적에 의한 공기량 시험 방법은 KS F 2449에 규정되어 있다.

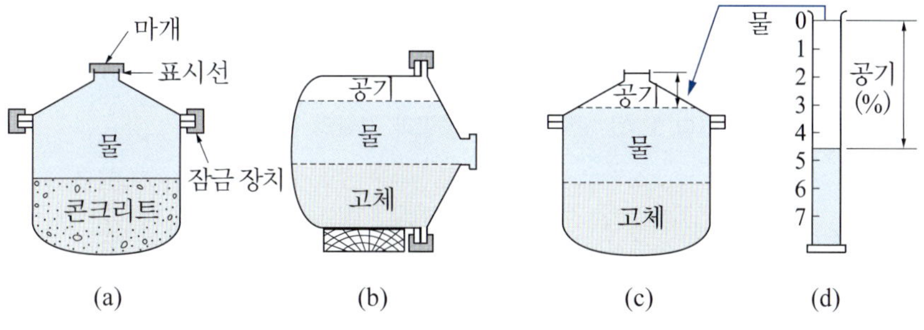

그림 3.13 용적법에 의한 콘크리트의 공기량 시험

③ **공기실 압력법**(pressure method)

워싱턴형 공기량 측정기를 사용한다. 보일(Boyle) 법칙에 의하여 공기실의 일정한 압력을 콘크리트에 가할 때, 공기량으로 인하여 압력이 저하한다고 하는 이론으로부터 공기량을 구하는 것이다.

비교적 간편하여 많이 이용되고 있다.

공기실 압력법에 의한 굳지 않은 콘크리트의 공기량 시험 방법은 KS F 2421에 규정되어 있다.

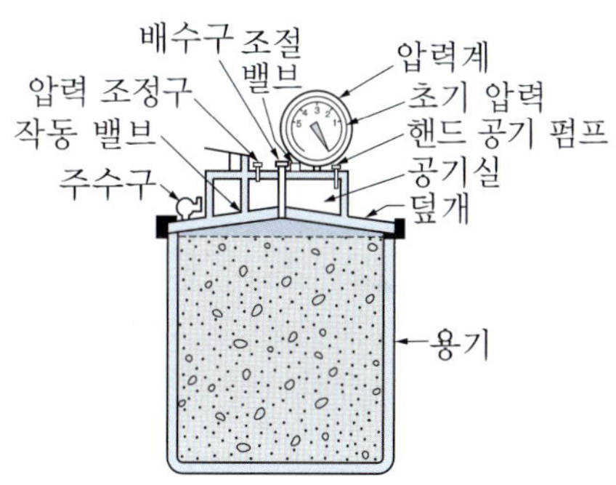

그림 3.14 워싱턴형 공기량 측정기

5. 콘크리트의 응결

(1) 콘크리트의 응결과 경화

응결은 굳지 않은 콘크리트의 강성(rigidity) 시작으로 정의된다. 이것은 측정할 수 있는 강도의 증진을 나타내는 경화와는 분명히 다르다.

응결은 경화보다는 먼저이지만, 양자는 계속적인 수화에 의해서 달라지는 점차적인 변화이며, 응결은 유동성과 강성 사이의 과도기라 할 수 있다.

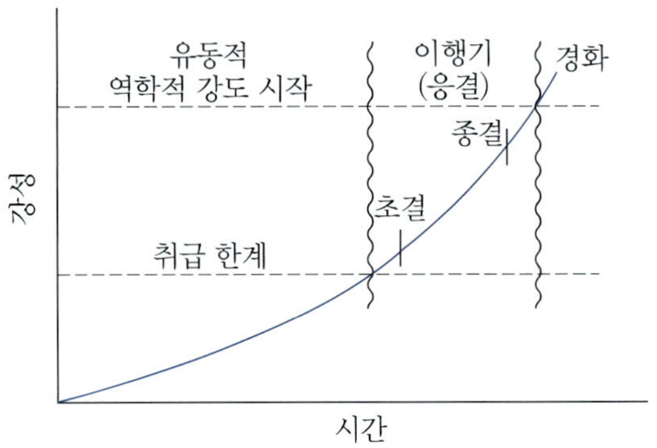

그림 3.15 콘크리트의 응결과 경화의 진행 과정[6)]

(2) 콘크리트의 응결 시험

콘크리트의 응결 시험은 관입 저항침을 콘크리트 속에 약 10초 동안 25 mm까지 관입시켜, 관입 저항이 28 MPa이 될 때까지의 시간을 측정하는 것이다.

이때, 시멘트와 물이 접촉한 후 관입 저항이 3.5 MPa이 될 때의 소요 시간을 응결의 초결로 하고, 관입 저항이 28 MPa이 될 때의 소요 시간을 종결로 한다.

관입 저항침에 의한 콘크리트의 응결 시간 시험 방법은 KS F 2436에 규정되어 있다.

6. 콘크리트의 초기 균열

굳지 않은 콘크리트의 초기 균열에는 콘크리트의 부등 침하에 의해 생기는 침하 수축 균열과 표면의 건조에 의해서 생기는 플라스틱 수축 균열이 있다.

굳기 전 콘크리트 균열의 원인과 대책은 그림 3.16과 같다.

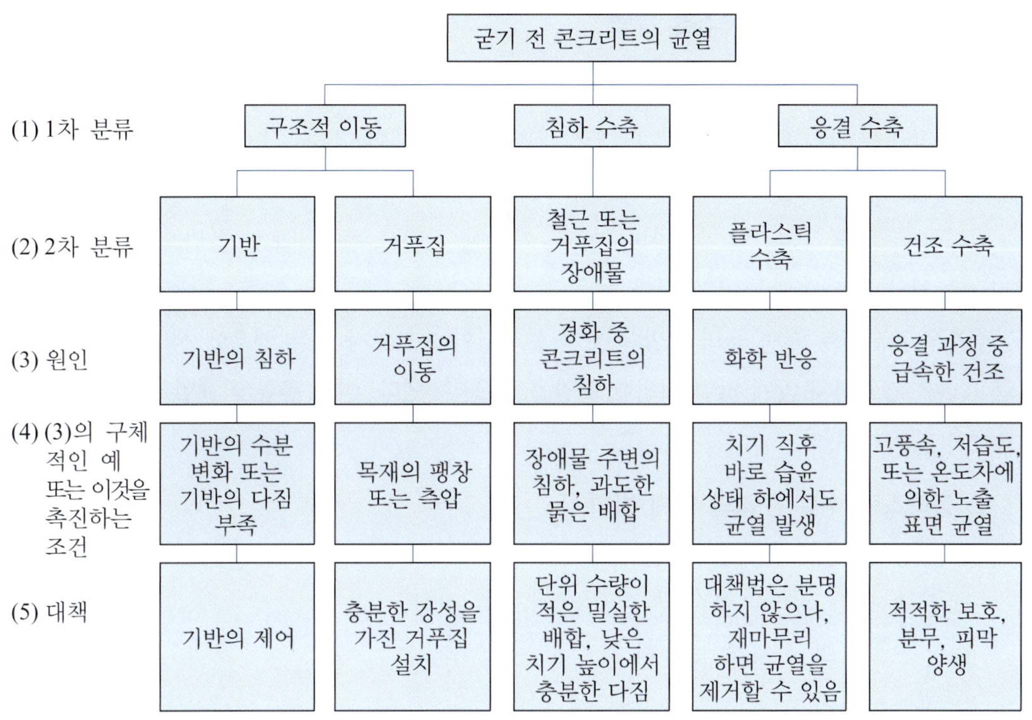

그림 3.16 굳기 전 콘크리트 균열의 원인과 대책(Mercer)[7]

(1) 콘크리트의 침하 수축 균열

① 침하 수축 균열의 원인

콘크리트는 친 후 1~2시간 이내 굳지 않은 동안, 철근이나 큰 골재, 거푸집 이동 등으로 인하여 부등 침하 수축이 일어나 표면에 균열이 생긴다. 이것을 콘크리트의 침하 수축 균열(settlement shrinkage crack)이라 한다.

이런 종류의 균열은 그 폭이 큰 것이 특징이지만, 이것이 발생했을 때 바로 재마무리를 하면 보수할 수 있다.

비교적 작은 균열은 콘크리트가 굳기 전에 재진동을 한다.

② 침하 수축 균열의 방지 방법

1) 블리딩이 적은 콘크리트를 사용한다.
2) 콘크리트의 침하가 적게 되도록 배합한다.
3) 콘크리트의 치기 높이를 적절하게 한다.
4) 피복 두께를 적절히 한다.

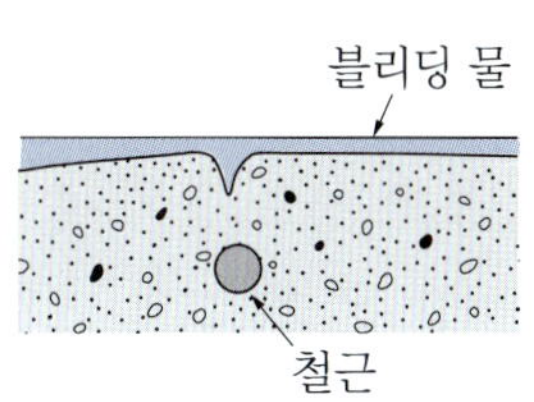

그림 3.17 콘크리트의 침하 수축

(2) 콘크리트의 플라스틱 수축 균열

① 플라스틱 수축 균열의 원인

굳지 않은 콘크리트의 표면이 건조하게 되면 표면에 상당히 큰 건조 수축이 일어나 폭이 큰 균열이 생긴다.

이러한 수축을 플라스틱 수축이라 하고, 이러한 균열을 콘크리트의 플라스틱 수축 균열(plastic shrinkage crack)이라 한다.

수축은 콘크리트 표면 물의 증발 속도가 블리딩의 속도보다 빠른 경우에 생기며, 콘크리트의 표면을 건조하지 않게 하면 이러한 균열을 막을 수 있다. 이런 종류의 균열은 서중 콘크리트에서 생기기 쉽다.

② 플라스틱 수축 균열의 억제 방법

1) 방풍 시설로 풍속을 줄인다.
2) 콘크리트 중의 수분이 흡수되지 않도록 한다.
3) 콘크리트의 온도를 낮춘다.
4) 콘크리트의 응결 속도를 빠르게 한다.
5) 콘크리트의 표면을 습윤 상태로 유지한다.

3.3 굳은 콘크리트의 성질

1. 콘크리트의 단위 질량

(1) 단위 질량

단위 용적당 콘크리트의 질량을 콘크리트의 단위 질량(density of concrete)이라 한다. 주로 골재의 밀도에 따라 결정되지만, 굵은 골재의 최대 치수, 공기량, 배합, 다짐 방법 및 건조의 정도 등에 따라서도 달라진다.

경화한 콘크리트의 단위 질량은 보통 콘크리트에서는 2 300∼2 400 kg/m^{3}이다. 인공 경량 골재를 사용한 경량 콘크리트에서는 1 500∼2 000 kg/m^3, 철광석 또는 철 부스러기를 사용한 중량 콘크리트에서는 3 500∼5 000 kg/m^3 정도 된다.

(2) 설계 계산용 단위 질량

설계 계산에 사용하는 콘크리트의 단위 질량은 시험을 하여 정하는 것이 원칙이지만, 일반적으로 표 3.2의 값을 사용해도 된다.

표 3.2 설계 계산에 사용하는 콘크리트의 단위 질량

콘크리트의 종류		단위 질량(kg/m^3)
무근 콘크리트		2 350
철근 콘크리트 및 프리스트레스트 콘크리트		2 500
경량 콘크리트	골재의 전부를 경량 골재로 한 경우	1 700
	골재의 일부에 보통 골재를 사용한 경우	1 900

2. 콘크리트의 압축 강도

(1) 콘크리트의 압축 강도의 의의

콘크리트의 강도라 하면 일반적으로 압축 강도(compressive strength)를 말한다. 이것은 압축 강도가 다른 강도에 비해 상당히 크고, 구조 설계상 압축 강도가 가장 기본적인 성질이 되기 때문이다. 또 압축 강도 이외의 모든 강도나 품질도 압축 강도로부터 대체로 판단할 수 있다. 따라서 압축 강도는 콘크리트의 강도 및 품질을 나타내는 기준으로서 가장 중요한 성질이 된다.

일반적으로, 콘크리트의 강도는 콘크리트의 기본적인 파괴 조건을 얻기 위한 것보다 품질 관리의 수단으로서 큰 의미를 가지는 경우가 많다. 그러므로 미세한 내부 구조의 파괴는 고려하지 않고, 정해진 방법으로 시험했을 때의 극한 강도를 가지고 콘크리트의 성상을 대표하고 있다.

콘크리트의 강도는 일반적으로 재령 28일의 압축 강도를 기준으로 한다. 그러나 댐 콘크리트에서는 재령 91일의 압축 강도를 기준으로 하고, 포장 콘크리트에서는 재령 28일의 휨 강도를 기준으로 한다.

(2) 콘크리트의 압축 강도에 영향을 미치는 요인

콘크리트의 압축 강도에 영향을 미치는 요인에는 여러 가지가 있으나, 그 주된 것은 그림 3.18과 같다.

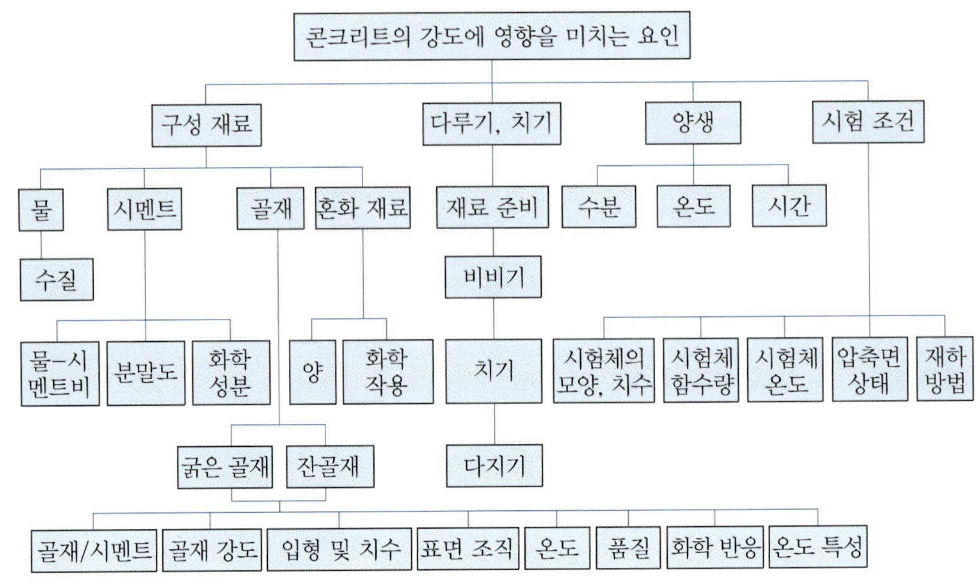

그림 3.18 콘크리트의 강도에 영향을 미치는 요인[3)]

① **재료의 품질**

(가) 시멘트 골재의 강도가 시멘트 풀의 강도보다 크면, 콘크리트의 강도는 시멘트 풀의 강도에 크게 좌우된다. 따라서 시멘트의 품질이 다르면 물-시멘트비가 일정해도 콘크리트의 강도가 달라진다.

규정된 시험에 의한 시멘트의 압축 강도와 콘크리트 압축 강도의 관계는 다음 식과 같다.

$$f_c = K(AX + B) \tag{3.3}$$

여기서, f_c : 콘크리트의 압축 강도

K : 시멘트의 압축 강도

X : 시멘트-물비

A, B : 상수

(나) 골재 일반적으로 골재의 강도는 시멘트 풀의 강도보다 크기 때문에, 골재의 품질은 콘크리트의 강도에 거의 영향을 미치지 않는 것이 보통이다. 그러나 연한 석편을 많이 함유하고 있거나, 골재 표면에 점토나 실트 등의 잔입자가 붙어 있으면 콘크리트의 강도가 떨어진다.

단단한 골재를 사용하고, 물-시멘트비가 작은 고강도 콘크리트에서는 골재와 시멘트 풀과의 부착력에 따라 그 강도가 달라진다.

즉, 사용한 골재 모양이 모가 나 있고, 표면이 거칠수록 압축 강도가 커진다.

구조용 인공 경량 골재는 그 자체의 강도가 보통 골재보다 작지만, 콘크리트의 강도에 미치는 영향은 보통 골재의 경우와 큰 차이가 없다(그림 3.19 참조).

(다) 혼화 재료 감수제는 콘크리트의 강도에 영향을 준다. 또 염화칼슘은 초기 강도를 크게 하는데 유효하다. 그러나 혼화 재료는 콘크리트의 극한 강도에 영향을 주지 못한다.

(라) 혼합수 혼합수의 수질은 콘크리트의 강도, 시공 시의 응결 시간, 경화 후 콘크리트의 여러 성질에 영향을 미치는 중요한 것이다.

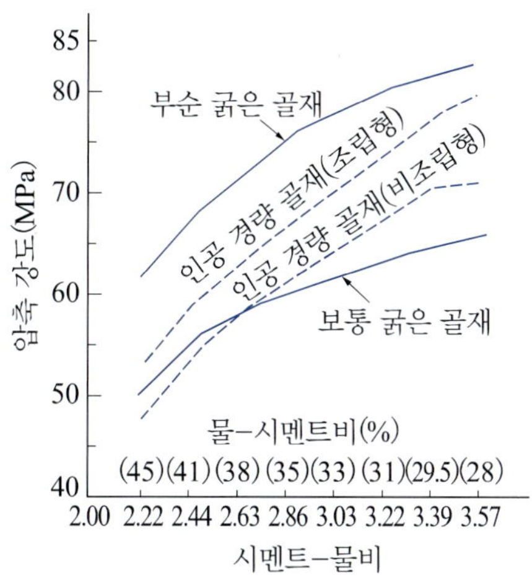

그림 3.19 각종 골재를 사용한 콘크리트의 압축 강도[8)]

② 배합

(가) 물–시멘트비 콘크리트의 강도에 영향을 미치는 여러 가지 요인 중에서 가장 중요한 것은 물-시멘트비이다.

(ㄱ) 물-시멘트비 설(water-cement ratio theory) : 1919년에 아브람(D. A. Abrams)이 제창하였다.

'콘크리트가 워커블(workable)하고 플라스틱(plastic)하면 콘크리트의 강도는 시멘트 풀의 물-시멘트비(W/C)에 의해서 결정된다.'는 것이다.

그 관계식은 다음과 같다.

$$f_c = \frac{A}{B^x} \tag{3.4}$$

여기서, f_c : 콘크리트의 압축 강도

x : 물-시멘트비(W/C)

A, B : 시멘트의 품질과 시험 등에 의해서 정하는 상수

그림 3.20은 이것을 도식화한 것이며, 파선 부분은 워커블하지 않은 부분이다.

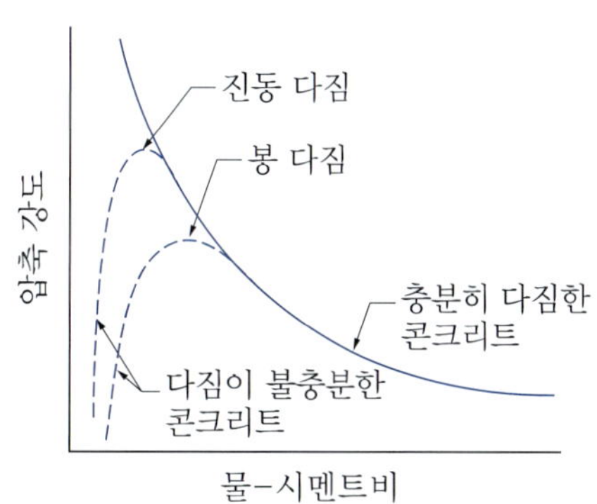

그림 3.20 물–시멘트비와 압축 강도의 관계

(ㄴ) 시멘트-물비 설(cement-water ratio theory) : 1925년경에 리세(I. Lyse)가 제창했다.

'콘크리트의 강도와 시멘트-물비(C/W)는 직선 관계가 있다.'는 것이다.

그 관계식은 다음과 같다.

$$f_c = A + B(C/W) \tag{3.5}$$

여기서, f_c : 콘크리트의 압축 강도

C/W : 시멘트-물비

A, B : 실험에서 결정되는 상수

이 식은 물-시멘트비(W/C)와 역수 관계이며, 실용상 간편하므로 보통 콘크리트의 배합 설계에 사용된다.

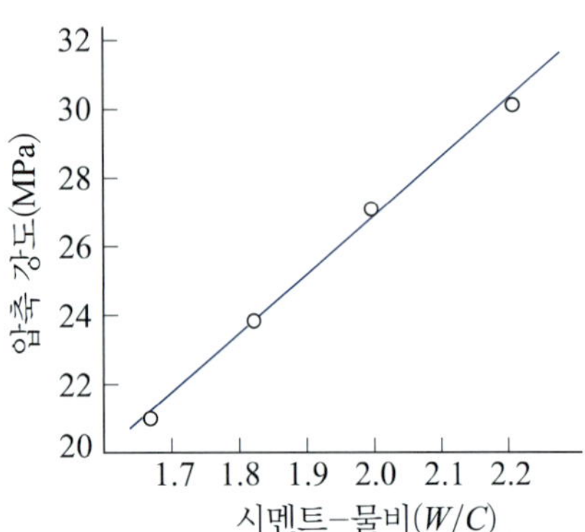

그림 3.21 시멘트-물비와 재령 28일 압축 강도의 관계[8)]

(나) 시멘트-공극비 설(cement-void ratio theory) 1921년에 탤벗(A. N. Talbot)이 제창하였다.

'콘크리트의 강도는 시멘트-공극비(C/v)에 의하여 결정된다.'는 것이다.

그 관계식은 다음과 같다.

$$f_c = A + B(C/v) \tag{3.6}$$

여기서, f_c : 콘크리트의 압축 강도

C : 시멘트의 절대 용적

v : 단위 수량의 용적과 공기 용적의 합

A, B : 상수

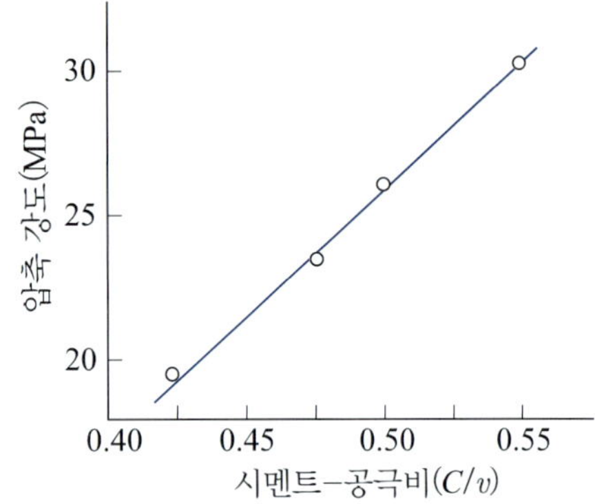

그림 3.22 시멘트-공극비와 압축 강도의 관계[8)]

이 이론은 매우 된 반죽의 콘크리트에 공기가 남아 있는 경우라든가 또는 공기 연행 콘크리트 등의 경우에 잘 적용된다.

(다) 공기량 물-시멘트비가 일정한 콘크리트에서 공기량이 1% 커짐에 따라 압축 강도는 4~6% 감소한다(그림 2.20 참조).

그러나 공기 연행 콘크리트에서는 소요의 워커빌리티를 얻는 데 필요한 단위 수량을 줄일 수 있으므로, 단위 시멘트 양과 슬럼프를 일정하게 할 경우에는 AE제를 사용하지 않은 콘크리트와 압축 강도가 거의 같다(그림 3.23 참조).

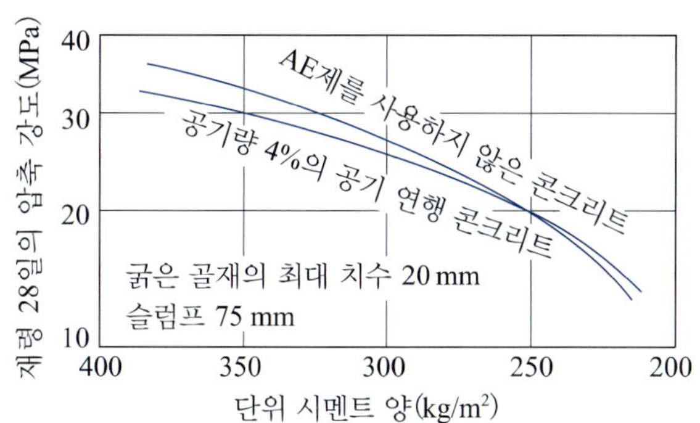

그림 3.23 단위 시멘트 양과 공기 연행 콘크리트의 강도[9)]

③ 시공 방법

(가) 비비기 콘크리트는 비비기 시간이 길수록 시멘트와 물과의 접촉이 좋게 되기 때문에 일반적으로 강도가 커진다. 이러한 현상은 빈배합일수록, 된 반죽일수록 효과가 크다. 그러나 비비기 시간이 너무 길면 오히려 강도가 떨어진다.

또 비빈 후에 어느 정도 시간이 지나서 굳기 시작할 경우, 다시 비비기를 하면 일반적으로 강도가 증가한다.

(나) 가압 성형 콘크리트를 성형할 때 압력을 가한 채로 경화하면 강도는 증가한다(그림 3.24 참조). 이것은 콘크리트 속에 있는 기포와 과잉수가 빠지기 때문이다.

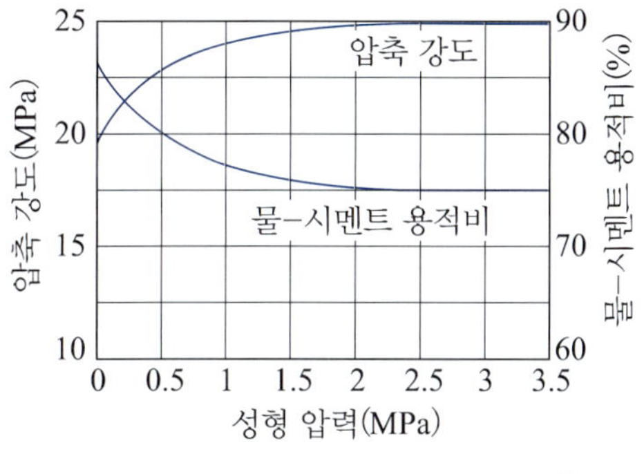

그림 3.24 성형 압력과 압축 강도[10)]

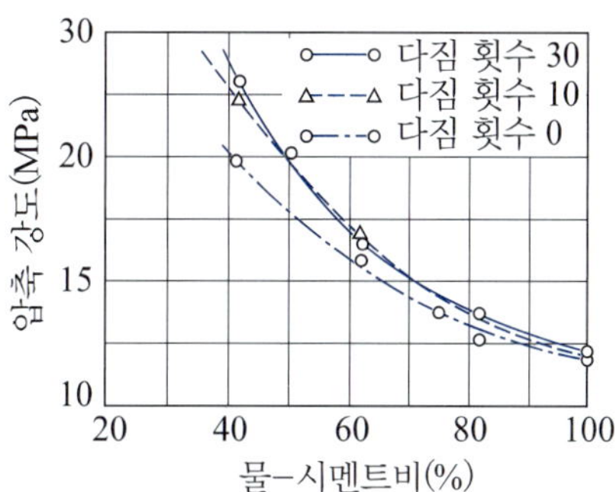

그림 3.25 다지기와 압축 강도[11)]

(다) 다지기 진동 다지기를 하면 콘크리트 속의 공극이나 기포가 감소하여 밀도가 커지므로 강도가 커진다. 특히 물-시멘트비가 작은 된 반죽 콘크리트에서는 진동 다짐 효과가 크다(그림 3.25 참조).

그러나 과도한 다지기는 재료의 분리를 일으키므로 강도가 감소되는 경우도 있다.

④ 양생 방법

콘크리트가 경화하는 데 필요한 온도와 습도를 주고, 유해한 응력을 주지 않고 보호하는 것을 콘크리트의 양생이라 한다.

(가) 건습 콘크리트를 친 후 공기 중에서 건조시키면, 수화 반응이 방해되어 초기 재령에서 압축 강도가 증가하지 않는다. 그러나 습윤 양생을 계속하면 압축 강도가 재령과 함께 증가한다.

습윤 양생을 실시한 시험체를 2~3주간 공기 중에서 건조하면 압축 강도는 20~40% 증가하지만, 이것은 일시적인 것이며, 그대로 두면 강도는 점점 떨어진다(그림 3.26 참조).

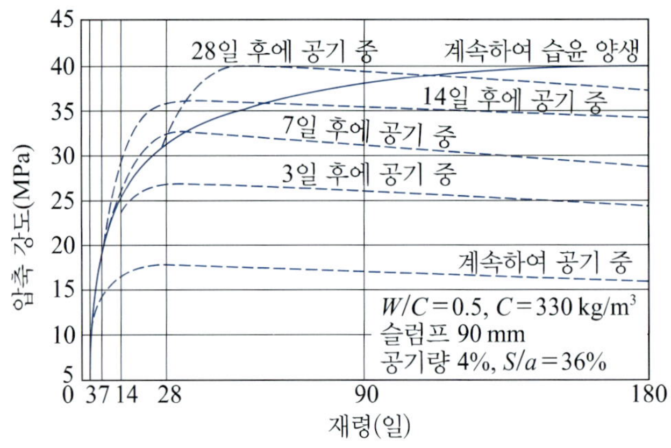

그림 3.26 양생 상태와 압축 강도[2)]

건조 상태의 시험체를 다시 습윤 상태로 하면 정지되었던 수화 반응이 진행되어 강도는 다시 증가한다.

(나) 온도 4.5~46°C 범위에서는 양생 온도가 높을수록 재령 28일까지의 압축 강도는 커진다(그림 3.27 참조).

그러나 장기 재령에서는 반대로 고온에서 양생한 것이 저온에서 양생한 것보다 강도가 작아진다.

(다) 동결(frost) 굳지 않은 콘크리트는 약 −3°C에서 동결한다. 콘크리트가 동결하면 수화 반응을 하지 않으므로 콘크리트는 거의 굳지 않는다.

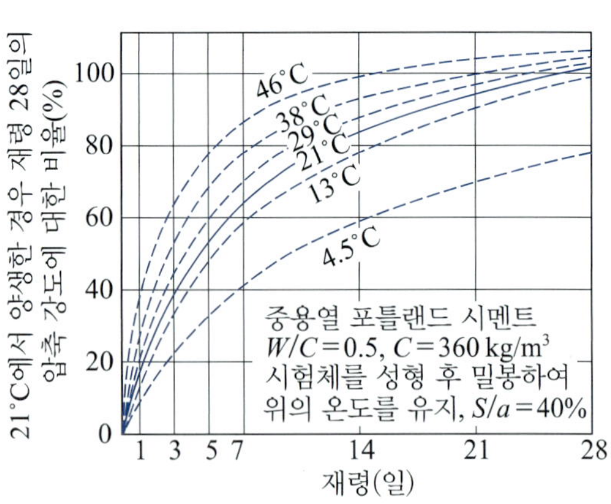

그림 3.27 양생 온도와 압축 강도[2)]

한 번 동결한 콘크리트는 적당한 온도로 양생하면 같은 재령의 표준 양생을 한 콘크리트 강도의 50%에 달한다.

그러나 콘크리트가 어느 정도 굳은 후에는 동결해도 강도가 늦게 나타날 뿐이고, 그 후에 충분히 양생하면 강도는 회복된다(그림 3.28 참조).

(라) 증기 양생 대기압 하의 증기 양생에서 양생 온도 55~75℃ 정도가 콘크리트의 초기 강도에 미치는 양생 효과가 가장 좋다(그림 3.29 참조).

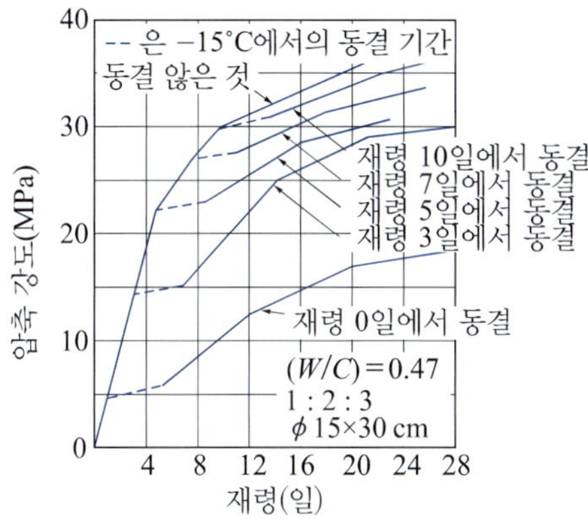

그림 3.28 동결이 콘크리트의 압축 강도에 미치는 영향[12)]

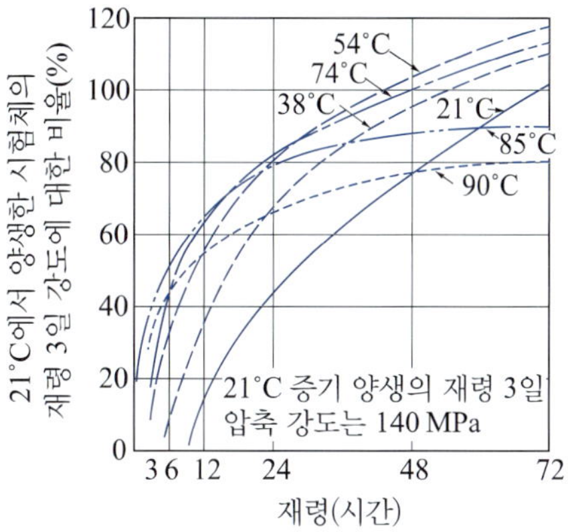

그림 3.29 93°C 이하 온도에서 증기 양생한 콘크리트 초기 재령의 압축 강도[2)]

⑤ **재령**

(가) 재령과 압축 강도 콘크리트의 압축 강도는 재령(age)이 경과함에 따라 증가한다. 그 증가율은 초기 재령에서 크며, 시멘트의 종류, 양생 조건 등에 따라 달라진다.

재령과 압축 강도의 관계를 아브람(D. A. Abrams)은 다음 식과 같이 나타냈다.

$$f_c = A \log t + B \tag{3.7}$$

여기서, f_c : 콘크리트의 압축 강도

t : 재령(일)

A, B : 상수

(나) 적산 온도(maturity)**와 압축 강도** 콘크리트의 강도는 양생 온도와 관계가 크며, 온도와 재령의 곱을 적산 온도라 한다.

콘크리트의 강도를 온도와 시간과의 함수로 나타내는 적산 온도는 일반적으로 다음 식으로 나타낸다.

$$M = \Sigma(\theta + A)\Delta t \tag{3.8}$$

여기서, M : 적산 온도(°C·일 또는 °C·시)

θ : Δt 시간 중의 콘크리트 온도(°C)

A : 정수(일반적으로 10°C 사용)

Δt : 시간(일 또는 시)

적산 온도와 압축 강도와의 관계식을 플로먼(Plowman)은 다음과 같이 나타냈다.

$$f_c = \alpha \log_{10} M + \beta \tag{3.9}$$

여기서, f_c : 콘크리트의 압축 강도

α, β : 상수

적산 온도와 압축 강도 사이의 관계는 그림 3.30과 같다. 적산 온도를 사용하여 콘크리트의 강도를 추정할 때, 매스 콘크리트는 열손실 속도가 느리므로 적용할 수 없으며, 낮은 적산 온도에서는 유용하지 않다.

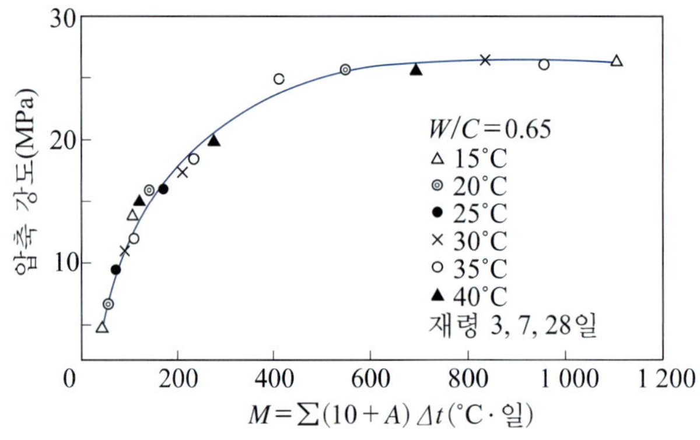

그림 3.30 적산 온도와 압축 강도의 관계 [13)]

(다) 28일 강도의 추정식 7일 강도로부터 콘크리트의 28일 강도를 조기에 추정하는 식은 다음과 같은 것이 있다.

(ㄱ) 슬레이터(Slater) 식

$$f_{28} = f_7 + 2.53\sqrt{f_7} \tag{3.10}$$

여기서, f_{28} : 원주 시험체에 의한 재령 28일의 압축 강도(MPa)

f_7 : 원주 시험체에 의한 재령 7일의 압축 강도(MPa)

(ㄴ) 오레곤 주(Oregon state) 도로 위원회 식

$$f_{28} = 1.51\, f_7 + 0.34 \tag{3.11}$$

여기서, f_{28} : 원주 시험체에 의한 재령 28일의 압축 강도(MPa)

f_7 : 원주 시험체에 의한 재령 7일의 압축 강도(MPa)

(ㄷ) 그라프(O. Graf) 식

$$\left.\begin{aligned} f_{28} &= 1.4\,f_7 + 1.0 \quad (\text{하한치}) \\ f_{28} &= 1.7\,f_7 + 5.9 \quad (\text{상한치}) \end{aligned}\right\} \tag{3.12}$$

여기서, f_{28} : 재령 28일의 압축 강도(MPa)

f_7 : 1 : 3 모르타르 70 mm 육면체의 7일 압축 강도(MPa)로서, 범위는 5∼45 MPa이다.

⑥ 시험 방법

(가) 시험체의 모양과 크기 같은 품질의 콘크리트라도 압축 강도의 시험값은 시험체의 모양과 치수에 따라 달라진다.

우리나라에서는 KS F 2405(콘크리트의 압축 강도 시험 방법)에서 높이가 지름의 2배인 원주 시험체를 사용하는 것을 표준으로 하고 있다.

원주 시험체에서 높이와 지름의 비 l/d와 압축 강도의 관계는 그림 3.31과 같으며, l/d의 값이 작을수록 압축 강도는 커진다.

또 l/d가 일정(2.0)한 원주 시험체에서 지름과 압축 강도의 관계는 그림 3.32와 같으며, 시험체의 치수가 클수록 압축 강도는 작아진다.

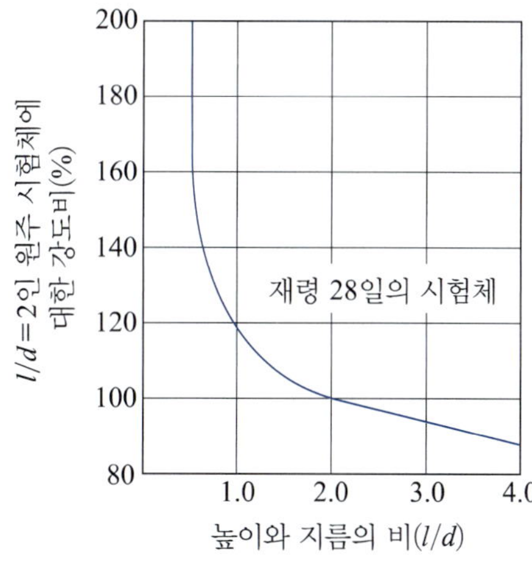

그림 3.31 원주 시험체의 높이와 지름의 비와 압축 강도의 관계[14)]

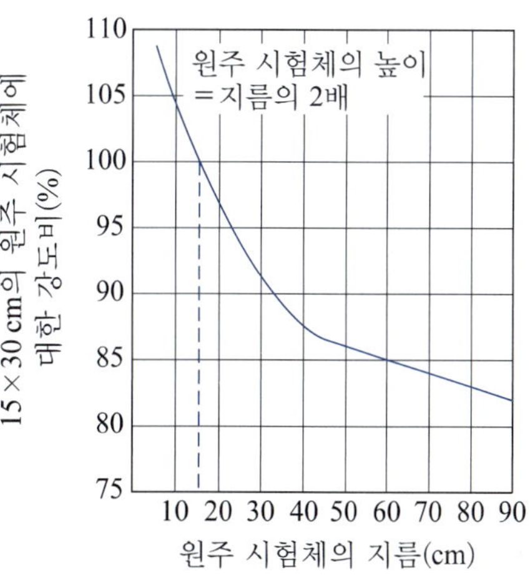

그림 3.32 원주 시험체의 치수와 압축 강도의 관계[14)]

특히, 코어(core) 시험체에서는 $l/d=2$ 이하의 경우가 있다. 이때 $l/d=2$인 경우로 환산할 때는 그림 3.33의 보정 계수를 사용하면 된다.

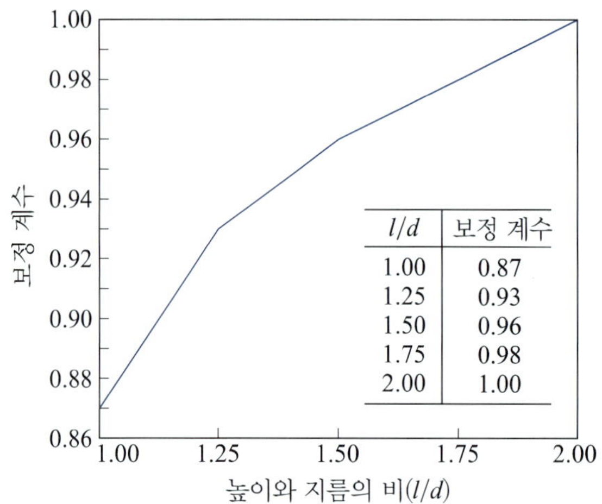

그림 3.33 l/d가 2보다 작은 원주 시험체에 대한 보정 계수[15)]

$l/d=2$보다 큰 경우에는 시험체를 시험하기 전에 잘라 버려야 한다.

또, 원주 시험체가 아닌 각주 시험체나 정육면체를 사용하여 압축 강도 시험을 했을 경우, 이들의 강도 시험값을 표준 시험체(standard specimen)의 강도로 환산할 때는 표 3.3을 이용할 수 있다.

표 3.3 원주형, 정육면체, 각주형 시험체의 강도 관계[16)]

재령 \ 시험체	원주형(mm)			정육면체형(mm)		각주형(mm)	
	150×150	150×300	200×400	150	200	150×300	200×400
7일	0.67	0.51	0.48	0.72	0.66	0.48	0.48
28일	1.12	1.00*	0.95	1.16	1.15	0.93	0.92
3개월	1.47	1.49	1.27	1.55	1.42	1.27	1.27
1년	1.95	1.70	1.78	1.90	1.74	1.68	1.60

주 : * 150×300 mm 원주 시험체의 28일 강도를 1로 한 값이다.

(나) 하중 속도 콘크리트의 강도는 하중 속도에 의존한다. 시험체에 가하는 하중 속도가 빠를수록 일반적으로 콘크리트의 강도가 크게 나타난다. 이러한 경향은 10 MPa/s를 넘으면 뚜렷하게 나타난다(그림 3.34 참조).

KS에서 재하 속도를 압축 강도 시험에서 0.6±0.4 MPa/s, 인장 강도 시험과 휨 강도 시험에서 0.06±0.04 MPa/s가 되도록 규정하고 있다.

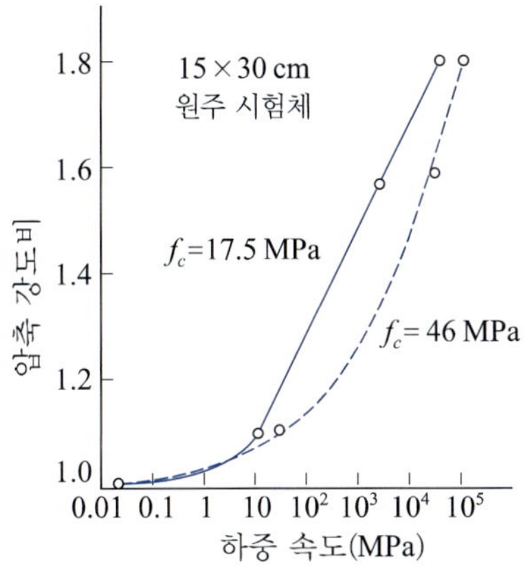

그림 3.34 하중 속도와 압축 강도비[17)]

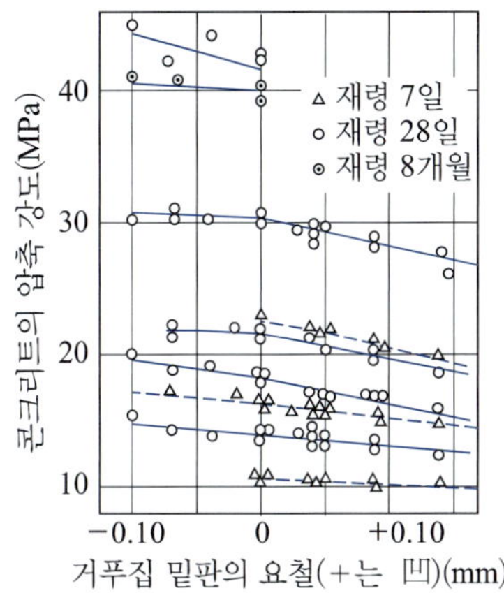

그림 3.35 시험체 밑면의 평탄도와 압축 강도[18)]

(다) 가압면의 평탄도 시험체의 가압면이 평면이 아니면 지압 하중이 걸려서 인장 응력이 생기고, 또 편심 하중이 걸려서 일반적으로 강도가 떨어진다.

그림 3.35는 요철이 강도에 미치는 영향을 나타낸 것이다. 밑면이 볼록한 것은 평면보다 강도가 작아지며, 중앙부에서 1/10 mm 볼록한 것은 약 6~10% 정도 강도가 작아진다.

KS에서는 콘크리트의 압축 강도 시험에서 가압면의 요철을 0.25 mm 이하로 규정하고 있다.

(라) 시험체의 함수량 습윤 상태의 콘크리트는 건조 상태일 때보다 압축 강도가 작다. 노건조한 시험체는 습윤 상태일 때보다 10~15% 정도 강도가 커진다.

일반적으로 콘크리트의 강도 시험은 습윤 상태에서 하도록 하고 있다.

(마) 시험체의 온도 시험할 때 시험체의 온도가 높으면 콘크리트의 강도가 작아진다(그림 3.36 참조).

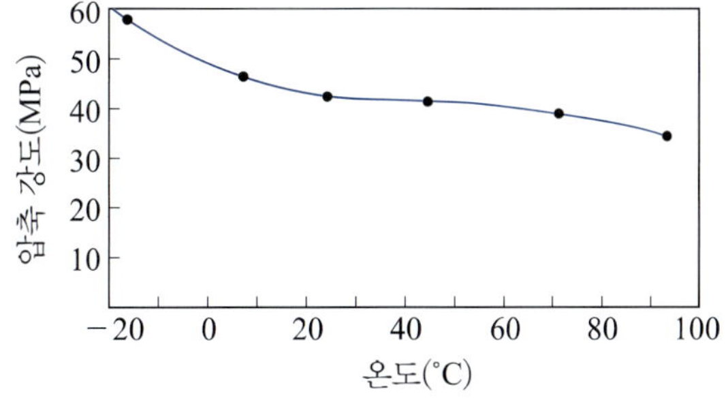

그림 3.36 시험체의 온도와 압축 강도[19)]

(3) 콘크리트의 압축 강도 시험

콘크리트의 압축 강도는 원주 시험체(표준 시험체의 지름 150 mm, 높이 300 mm)를 습윤 양생(표준 양생 온도 20±3°C)을 한 후, 압축 시험기로 시험한다.

콘크리트의 압축 강도는 다음 식으로 산출한다.

$$f_c = \frac{P}{A} \tag{3.13}$$

여기서, f_c : 콘크리트의 압축 강도(MPa)

P : 시험체가 파괴될 때의 최대 하중(N)

A : 시험체의 단면적(mm^2)

콘크리트의 압축 강도 시험 방법은 KS F 2405에 규정되어 있다.

3. 기타 콘크리트의 강도

(1) 콘크리트의 인장 강도

① **인장 강도**(tensile strength)

콘크리트의 인장 강도는 압축 강도에 비해서 상당히 작으며, 대개 1/10~1/13 정도이다.

콘크리트의 압축 강도 f_c와 인장 강도 f_t의 비를 취도 계수(britteness index)라 한다. 콘크리트의 취도 계수는 다음 식과 같이 나타낸다.

$$\text{취도 계수 } BI = \frac{\text{압축 강도}}{\text{인장 강도}} \tag{3.14}$$

취도 계수는 재료의 취성을 나타내며, 압축 강도가 클수록 커진다(그림 3.37 참조).

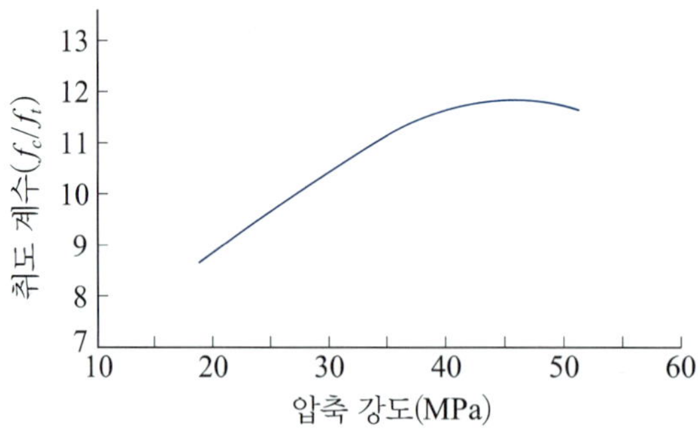

그림 3.37 콘크리트의 압축 강도와 취도 계수[8)]

콘크리트의 인장 강도는 건조하면 습윤 때보다 작아지며, 이러한 경향은 흡수량이 많은 인공 경량 골재 콘크리트에서 뚜렷하게 나타난다.

일반적으로 철근 콘크리트 부재에서는 인장 강도를 무시하고 설계하지만, 보의 사인장 응력, 슬래브, 수조 등의 설계에서는 인장 강도가 중요하다. 또한 건조 수축이나 온도 변화에 의한 균열 등은 콘크리트의 인장 강도와 직접 관계가 있다.

② 인장 강도 시험

콘크리트의 인장 강도 시험 방법에는 직접 인장 시험 방법과 쪼갬 인장(인장강 계수) 시험 방법이 있다. 직접 인장 시험 방법은 시험체의 모양, 시험 장치 등에 어려움이 있어 쪼갬 인장 시험 방법을 표준으로 하고 있다.

쪼갬 인장 시험(splitting tensile test)은 압축 강도용 원주 시험체를 그림 3.38(a)와 같이 가로로 하여, 상하에서 하중을 가해서 간접 인장 강도를 구하는 것이다.

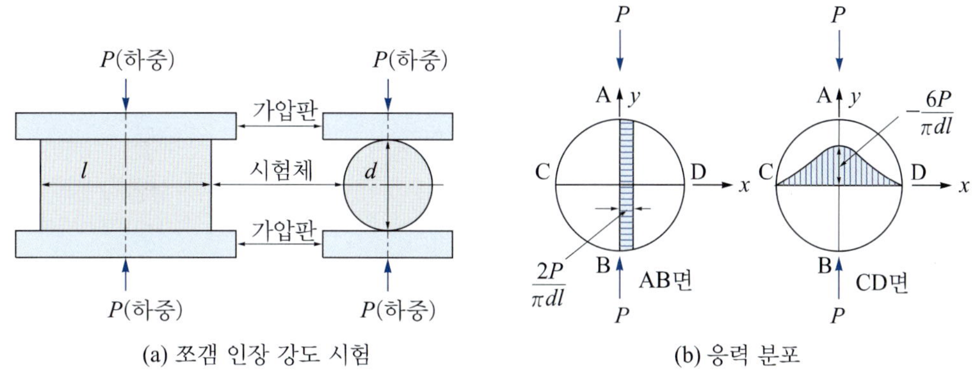

그림 3.38 콘크리트의 쪼갬 인장 강도 시험

콘크리트의 쪼갬 인장 강도는 다음 식으로 산출한다.

$$f_{sp} = \frac{2P}{\pi dl} \tag{3.15}$$

여기서, f_{sp} : 콘크리트의 쪼갬 인장 강도(MPa)

P : 시험체가 파괴될 때의 최대 하중(N)

d : 시험체의 지름(mm)

l : 시험체의 길이(mm)

콘크리트의 쪼갬 인장 강도 시험 방법은 KS F 2423에 규정되어 있다.

(2) 콘크리트의 휨 강도

① **휨 강도**(bending strength)

콘크리트의 휨 강도는 압축 강도의 약 1/5~1/7 정도이다. 일반적으로 콘크리트의 표면이 건조하면 휨 강도는 작아진다. 이것은 건조에 의한 인장 응력이 생기기 때문이다.

콘크리트의 휨 강도는 콘크리트 포장 슬래브의 설계, 콘크리트관, 콘크리트 말뚝 등의 품질 관리 판정에 이용되며, 콘크리트가 휨에 의해 균열이 생긴 것을 미리 아는 데도 이용된다.

② **휨 강도 시험**

콘크리트의 휨 강도 시험은 각주 시험체(150 mm ×150 mm ×530 mm)로 하며, 시험 방법은 단순보의 4점 재하법과 단순보의 중앙점 재하법이 있다.

이 시험에서 구한 휨 강도는 휨 인장 강도이며, 이것을 콘크리트의 파괴 계수(modulus of rupture)라 한다.

(가) 4점 재하법 그림 3.39와 같이 4점 재하 장치에 시험체를 올려놓고 하중을 가해서 시험한다.

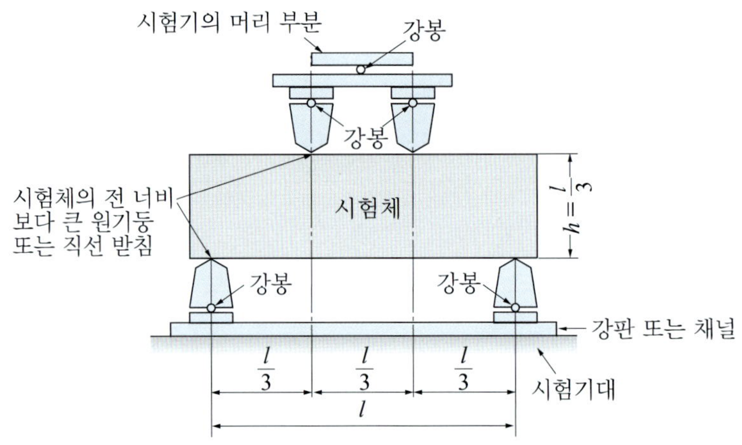

그림 3.39 콘크리트의 휨 강도 시험(4점 재하법)

1) 시험체가 인장 쪽 표면의 지간 방향 중심선의 4점 사이에서 파괴되었을 경우, 콘크리트의 휨 강도는 다음 식으로 산출한다.

$$f_b = \frac{Pl}{bh^2} \tag{3.16}$$

여기서, f_b : 콘크리트의 휨 강도(파괴 계수)(MPa)

P : 시험체가 파괴될 때의 최대 하중(N)

l : 지간(mm)

b : 파괴 단면의 너비(mm)

h : 파괴 단면의 높이(mm)

2) 시험체가 인장 쪽 표면의 지간 방향 중심선의 4점 바깥쪽에서 파괴된 경우는 그 시험 결과를 무효로 한다.

콘크리트의 휨 강도 시험 방법(4점 재하법)은 KS F 2408에 규정되어 있다.

(나) 중앙점 재하법 그림 3.40과 같이 중앙점 재하 장치에 시험체를 올려놓고 하중을 가해서 시험한다.

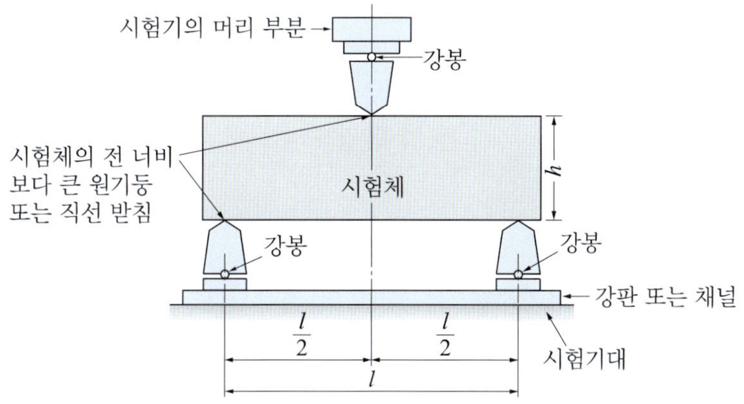

그림 3.40 콘크리트의 휨 강도 시험(중앙점 재하법)

콘크리트의 휨 강도는 다음 식으로 산출한다.

$$f_b = \frac{3Pl}{2bh^2} \tag{3.17}$$

여기서, f_b : 콘크리트의 휨 강도(파괴 계수)(MPa)

P : 시험체가 파괴될 때의 최대 하중(N)

l : 지간(mm)

b : 파괴 단면의 너비(mm)

h : 파괴 단면의 높이(mm)

콘크리트의 휨 강도 시험 방법(중앙점 재하법)은 KS F 2408의 부속서에 규정되어 있다.

(3) 콘크리트의 전단 강도

① **전단 강도**(shear strength)

콘크리트의 순수 전단 강도를 구하기 위한 방법은 아직 없다. 일반적으로 그림 3.41과 같은 직접 전단 시험 방법을 사용하지만, 이 방법은 휨이나 사압축의 영향을 받으므로 순수 전단 강도가 구해지지 않는다. 그러나 전단 응력이 휨 방향으로 일정하게 분포한다고 가정한다.

콘크리트의 전단 강도는 다음 식으로 구한다.

$$V_c = \frac{P}{A} \tag{3.18}$$

여기서, V_c : 콘크리트의 전단 강도(MPa)

P : 최대 하중(N)

A : 단면적(mm^2)

이 방법으로 구한 직접 전단 강도는 압축 강도의 1/4 ~1/6, 인장 강도의 약 2.5배이다.

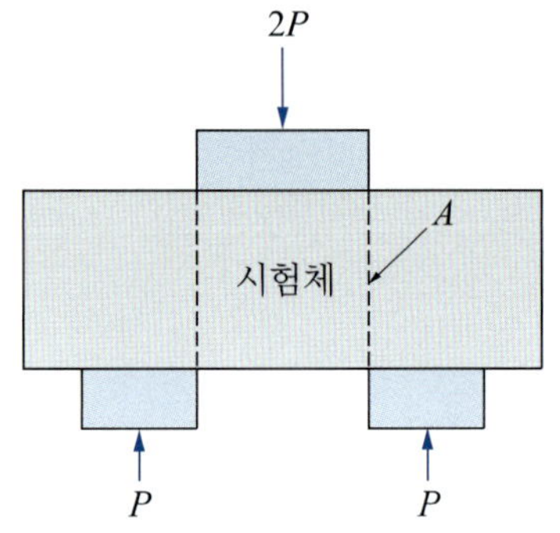

그림 3.41 직접 전단 시험

② **전단 강도의 추정**

모어(Mohr)의 파괴원을 가정하면, 콘크리트의 전단 강도 V_c는 압축 강도 f_c와 인장 강도 f_{sp}로부터 다음 식으로 추정할 수 있다.

$$\text{전단 강도} \quad V_c = 0.5\sqrt{f_c \cdot f_{sp}} \tag{3.19}$$

(4) 콘크리트의 지압 강도

① **지압 강도**(bearing strength)

교량 받침부나 프리스트레스트 콘크리트의 긴장재 정착부 등과 같이 부재 단면의 일부분만 국부 하중을 받는 경우의 압축 강도를 지압 강도라 한다.

그림 3.42와 같이 국부 재하에 의한 콘크리트의 지압 강도는 다음 식으로 구한다.

$$f_c' = \frac{P}{A'} = \frac{P}{a \times b'} \text{ 또는 } \frac{P}{a' \times b'} \tag{3.20}$$

여기서, f_c' : 콘크리트의 지압 강도(MPa)

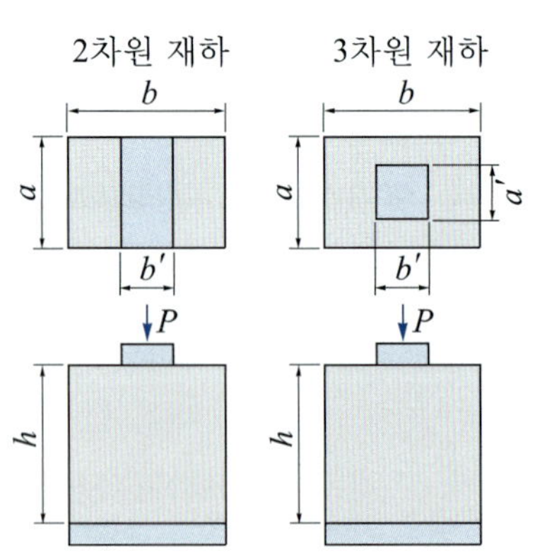

그림 3.42 지압 강도 시험

P : 최대 압축 하중(N)

A' : 국부 재하 면적(지압 면적)(mm^2)

a, a', b' : 그림 3.42 참조

② **압축 강도와의 관계**

일반적으로 콘크리트의 지압 강도는 전면 재하 경우의 압축 강도보다 크다. 이 둘 사이에는 다음과 같은 관계가 있다.

$$f_c' = \phi f_c \sqrt[n]{\frac{A}{A'}} \tag{3.21}$$

여기서, f_c' : 콘크리트의 지압 강도(MPa)

f_c : 콘크리트의 전면 압축 강도(MPa)

A : 받침부 콘크리트의 단면적(mm^2)

A' : 국부 재하 면적(지압 면적)(mm^2)

ϕ : 강도 감소 계수(0.7)

n : 실험 상수($a = 0.7 \sim 1$, $n = 2 \sim 3$)

(5) 콘크리트의 부착 강도

① **철근과 콘크리트의 부착 강도**(bond strength)

철근 콘크리트 구조는 철근과 콘크리트가 일체로 되어 하중에 저항하는 구조이므로, 철근과 콘크리트 사이에는 부착 강도가 필요하다.

부착력을 구성하는 요소는 다음과 같다.

1) 철근과 시멘트 풀과의 순부착력
2) 철근과 콘크리트 사이의 측압력에 의한 마찰력
3) 철근 표면의 요철에 의한 저항력

부착 강도는 철근의 종류 및 지름, 콘크리트 중 철근의 위치, 방향 및 묻힘 길이, 콘크리트의 품질 등에 따라 달라진다.

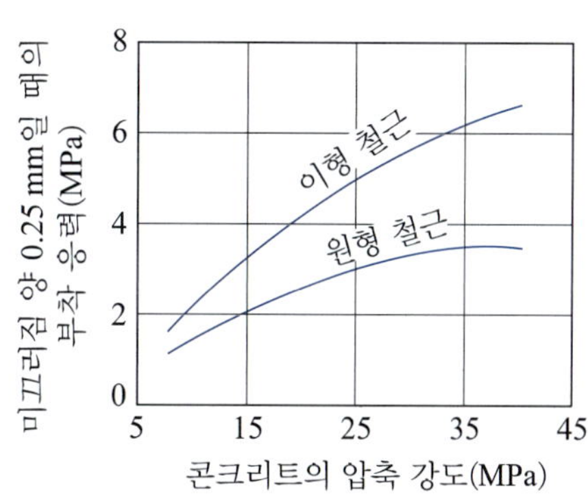

그림 3.43 압축 강도와 부착 강도 [14)]

② **부착 강도 시험**

철근의 부착 강도 시험 방법에는 인발법, 압발법, 인장법 및 보의 휨 시험법 등이 있다.

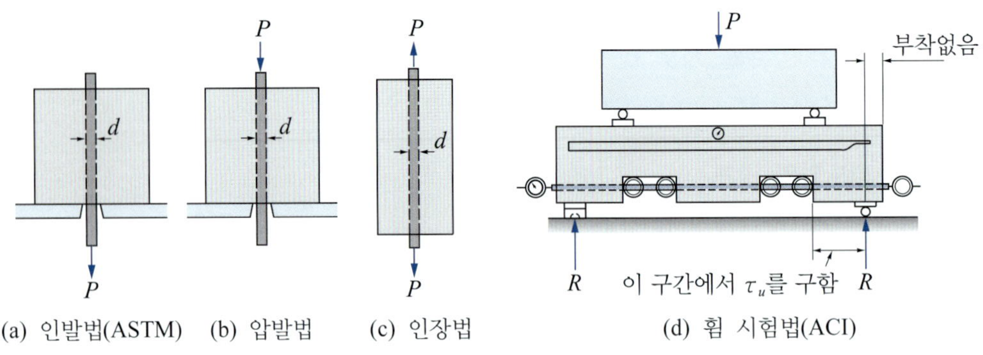

그림 3.44 철근과 콘크리트의 부착 강도 시험[8)]

일반적으로 인발(pull out) 시험법을 가장 많이 사용한다. 그림 3.45와 같이 콘크리트 블록 속에 묻힌 철근에 인장력을 가해 콘크리트에 대한 철근의 미끄러짐 양을 측정하여, 소정의 미끄러짐 양일 때의 부착 응력을 부착 강도로 한다.

콘크리트의 부착 강도는 다음 식으로 구한다.

$$\tau_u = \frac{P}{\pi d l} \tag{3.22}$$

여기서, τ_u : 콘크리트의 부착 강도(MPa)

P : 인발 최대 하중(N)

d : 철근의 지름(mm)

l : 철근의 묻힘 길이(mm)

철근의 부착에 의한 콘크리트 비교 시험 방법은 KS F 2441에 규정되어 있다.

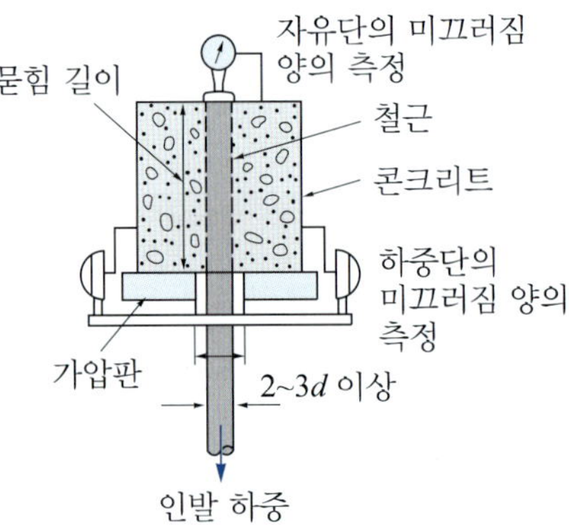

그림 3.45 철근의 인발 시험

4. 콘크리트의 탄성과 소성

(1) 콘크리트의 응력-변형률 선도

콘크리트는 완전 탄성체가 아니므로 응력과 변형의 관계는 처음부터 곡선으로 되며, 비교적 작은 하중을 가한 후 제거해도 잔류 변형이 생긴다.

그림 3.46에서 전 변형률 ε_t와 잔류 변형률 ε_r의 차를 탄성 변형률 ε_e이라 하며, 이것은 하중을 제거하면 회복되는 변형률이다.

콘크리트의 전 변형률은 다음 식과 같이 된다.

$$\varepsilon_t = \varepsilon_r + \varepsilon_e \tag{3.23}$$

콘크리트의 응력-변형률 선도는 최대 응력의 약 40% 전후에서 그 곡률이 커진다. 이것은 주로 하중에 의해 콘크리트 내부에서 발생하는 미세 균열(micro crack)의 영향 때문이라고 한다.

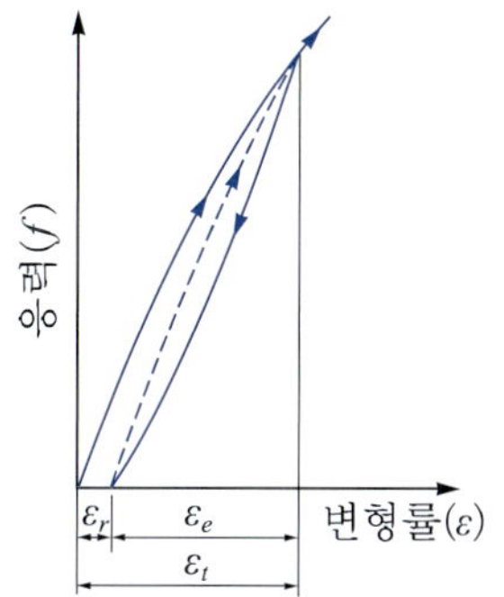

그림 3.46 콘크리트의 응력-변형률 선도

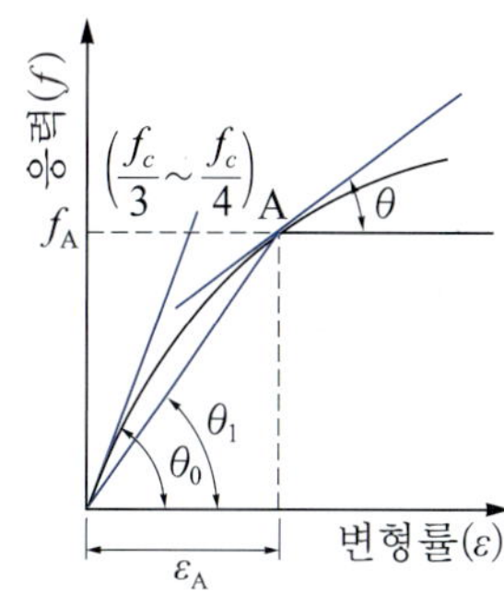

그림 3.47 콘크리트의 정 탄성 계수 구하는 방법

(2) 콘크리트의 탄성 계수와 푸아송비

① 콘크리트의 정 탄성 계수

(가) 정 탄성 계수(static modulus of elasticity) 정하중에 의하여 구한 영(Young) 계수를 정 탄성 계수라 한다.

콘크리트의 정 탄성 계수에는 초기 접선 계수 $\tan\theta_0$, 접선 계수 $\tan\theta$ 및 할선 계수 $\tan\theta_1$이 있다(식 (1.2) 참조). 이 중에서 실용적으로는 파괴 강도의 1/4 또는 1/3에 상당하는 응력점으로 구한 할선 계수를 사용하고 있다(그림 3.47 참조).

(나) 탄성 계수에 영향을 미치는 요인 콘크리트의 탄성 계수는 압축 강도와 밀도에 관계되므로, 콘크리트의 강도에 영향을 주는 요인들은 탄성 계수에 영향을 미친다.

1) 물-시멘트비가 작을수록 탄성 계수가 커진다.
2) 단위 질량이 증가하면 탄성 계수가 커진다.
3) 골재의 최대 치수가 클수록 탄성 계수가 커진다.
4) 재령이 클수록 탄성 계수가 커진다.
5) 압축 강도가 클수록 탄성 계수가 커진다.

(다) 정 탄성 계수의 측정 콘크리트의 탄성 계수는 일반적으로 압축 응력에 대한 것을 말하며, 원주형 시험체에 하중을 가하여 그때의 변형을 측정해서 구한다.

콘크리트의 정 탄성 계수는 다음 식으로 산출한다.

$$E_c = \frac{S_2 - S_1}{\varepsilon_2 - 0.000050} \tag{3.24}$$

여기서, E_c : 콘크리트의 탄성 계수(MPa)

S_1 : 세로 변형 0.000050에 대한 응력(MPa)

S_2 : 가해진 최대 하중의 40%에 대한 응력(MPa)

ε_2 : 응력 S_2로 생긴 세로 변형

콘크리트의 정 탄성 계수 시험 방법은 KS F 2438에 규정되어 있다.

(라) 탄성 계수의 추정 콘크리트의 탄성 계수 추정식은 다음과 같다(구조설계기준).

$$E_c = 0.077\, m_c^{1.5} \sqrt[3]{f_{cm}} \tag{3.25}$$

여기서, E_c : 콘크리트의 탄성 계수(MPa)

m_c : 콘크리트의 단위 질량(kg/m^3) (1 450 kg/m$^3 \leq m_c \leq$ 2 500 kg/m^3)

f_{cm} : 콘크리트의 평균 압축 강도(MPa)

윗식에서, f_{cm}에 대한 충분한 자료가 없는 경우에는 다음 식을 사용할 수 있다.

$$f_{cm} = f_{ck} + \Delta f \tag{3.26}$$

여기서, f_{ck}: 콘크리트의 설계 기준 압축 강도(MPa)

이때 Δf는 $f_{ck} \leq 40$ MPa이면 4 MPa이고, $f_{ck} \geq 60$ MPa이면 6 MPa이며, 그 사이는 직선 보간으로 구한다.

보통 골재를 사용한 콘크리트(m_c = 2 300 kg/m^3)의 경우는 다음 식을 이용할 수 있다.

$$E_c = 8\,500 \sqrt[3]{f_{cm}} \ \text{(MPa)} \tag{3.27}$$

② 콘크리트의 동 탄성 계수

(가) 동 탄성 계수(dynamic modulus of elasticity) 동적 방법에 의하여 구한 탄성 계수를 콘크리트의 동 탄성 계수라 한다.

동 탄성 계수는 콘크리트가 지진, 충격 등의 동적 하중을 받게 되는 구조물에 사용되며, 동결 융해 작용 등에 따른 내구성 시험에서 콘크리트의 안정성을 평가하는 데 주로 사용된다.

동 탄성 계수는 초기 접선 계수에 가까운 값이 되며, 정 탄성 계수보다 약 15% 크게 된다.

(나) 동 탄성 계수의 측정 콘크리트의 원주 시험체에 진동을 가해 공명 진동수(resonance frequency)를 측정한다.

콘크리트의 동 탄성 계수는 다음 식으로 산출한다.

$$E_D = C_1 \cdot m \cdot n_1^2 \tag{3.28}$$

여기서, E_D : 콘크리트의 동 탄성 계수(MPa)

C_1 : 시험체 크기에 따라 정해지는 상수

m : 시험체의 질량(kg)

n_1 : 1차 공명 진동수(Hz)

공명 진동에 의한 콘크리트의 동 탄성 계수 시험 방법은 KS F 2437에 규정되어 있다.

③ 콘크리트의 푸아송비

(가) 푸아송비(Poisson's ratio) 탄성 계수와 마찬가지로 사용 재료, 강도, 응력 등에 따라 다르다. 일반적으로 허용 응력 부근에서는 1/5～1/7, 파괴 응력 부근에서는 1/2～1/4이다. 동 푸아송비는 평균 약 1/4 정도이다.

(나) 푸아송비의 시험

(ㄱ) 정 푸아송비 : 콘크리트의 정 푸아송비는 다음 식으로 산출한다.

$$\mu = \frac{\varepsilon_{t2} - \varepsilon_{t1}}{\varepsilon_2 - 0.000050} \tag{3.29}$$

여기서, μ : 콘크리트의 정 푸아송비

ε_{t1} : 식 (3.24)의 응력 S_1으로 시험체 높이의 중간에 생긴 가로 변형

ε_{t2} : 식 (3.24)의 응력 S_2로 시험체 높이의 중앙에 생긴 가로 변형

ε_2 : 식 (3.24)의 응력 S_2로 생긴 세로 변형

콘크리트 정 푸아송비의 시험 방법은 KS F 2438에 규정되어 있다.

(ㄴ) 동 푸아송비 : 콘크리트의 동 푸아송비는 다음 식으로 산출한다.

$$\mu_D = \frac{E_D}{2G_D} - 1 \tag{3.30}$$

여기서, μ_D : 콘크리트의 동 푸아송비

E_D : 콘크리트의 동 탄성 계수(MPa)

G_D : 콘크리트의 동 전단 계수(MPa)

콘크리트의 동 푸아송비 시험 방법은 KS F 2437에 규정되어 있다.

④ **콘크리트의 전단 탄성 계수**

(가) 정 전단 탄성 계수 압축 강도 시험에 의한 정 탄성 계수와 정 푸아송비로 구한다. 콘크리트의 정 전단 탄성 계수는 다음 식으로 산출한다.

$$G = \frac{E}{2} \cdot \frac{1}{\mu + 1} \tag{3.31}$$

여기서, G : 콘크리트의 정 전단 탄성 계수(MPa)

E : 콘크리트의 정 탄성 계수(MPa)

μ : 콘크리트의 정 푸아송비

(나) 동 강성 계수(동 전단 탄성 계수) 공명 장치에 의한 공명 진동수를 측정하여 구한다. 콘크리트의 동 강성 계수는 다음 식으로 산출한다.

$$G_D = C_2 \cdot m \cdot n_2^2 \tag{3.32}$$

여기서, G_D : 콘크리트의 동 강성 계수(MPa)

C_2 : 시험체의 크기에 따라 정해지는 상수

m : 시험체의 질량(kg)

n_2 : 비틀림 진동의 1차 공명 진동수(Hz)

콘크리트의 동 강성 계수 시험 방법은 KS F 2437에 규정되어 있다.

(3) 콘크리트의 크리프

① **크리프의 원인**

콘크리트에 하중을 계속 재하하면 응력의 변화는 없는데도 변형은 재령과 함께 증가한다. 이것을 크리프(creep)라 한다.

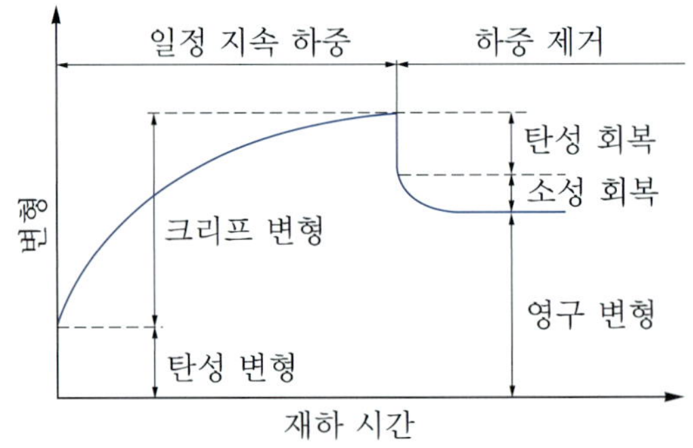

그림 3.48 콘크리트의 크리프 곡선

콘크리트 크리프의 주원인은 다음과 같다.

1) 시멘트 풀의 점탄성적(viscoelastic) 성질과 시멘트 풀과 골재 사이 소성 성질의 복합 작용에 기인한다.
2) 연속 재하에 의한 겔수(gel water)의 완만한 압출에 기인한다.

② 크리프에 영향을 미치는 요인

(가) 재료

1) 보통 포틀랜드 시멘트는 조강 시멘트나 고로 슬래그, 포졸란을 함유한 저열 시멘트보다 크리프 변형이 증가한다.
2) 혼화제는 종류에 따라 다르며, 건조 수축을 증가시키는 염화칼슘, 감수제 등의 혼화제는 크리프를 증가시킨다.
3) 골재의 탄성 계수가 클수록 크리프는 작아진다.
4) 인공 경량 골재 콘크리트의 크리프 계수는 보통 콘크리트보다 작다.

(나) 배합

1) 물-시멘트비가 일정할 경우 시멘트 양이 많을수록 크리프가 커진다.
2) 물-시멘트비가 클수록 크리프는 커진다.
3) 공기량이 많으면 크리프가 커진다.
4) 골재량이 많을수록 크리프가 작아진다.

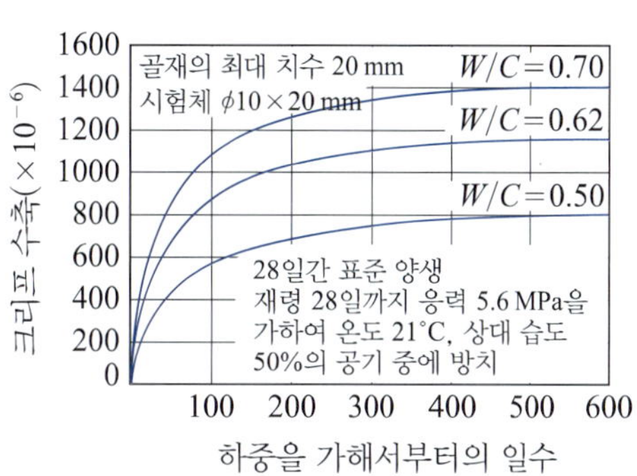

그림 3.49 물-시멘트비와 크리프[2)]

(다) 다지기 및 양생

1) 진동 다지기를 한 것은 크리프가 작다.
2) 양생 온도가 높고 양생 기간이 길면 크리프는 감소한다.

(라) 대기 조건

1) 온도가 높을수록 크리프는 증가한다.
2) 상대 습도가 높을수록 크리프는 감소하게 된다.

(마) 부재의 크기

1) 부재의 치수가 작을수록 크리프는 커진다.
2) 체적/표면적의 비가 클수록 크리프는 작아진다(그림 3.50 참조).

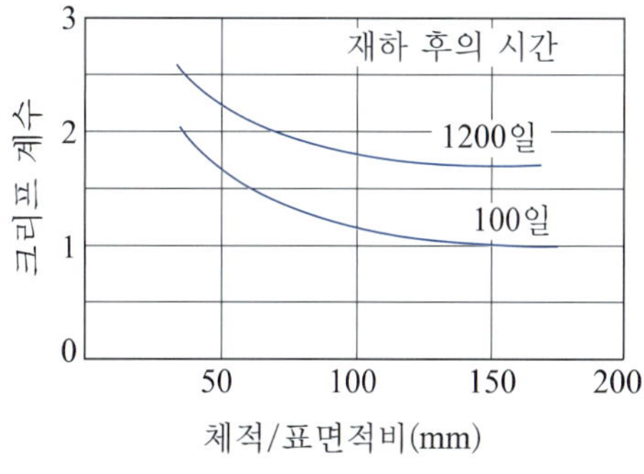

그림 3.50 체적/표면적비와 크리프[20)]

(바) 재하 상태

1) 재하 시의 재령이 작을수록 크리프가 커진다.
2) 지속 응력이 클수록 크리프가 커진다(그림 3.51 참조).
3) 재하 기간이 길수록 크리프가 커진다. 그러나 크리프의 증가 비율은 재하 기간과 더불어 점차 감소한다(그림 3.52 참조).

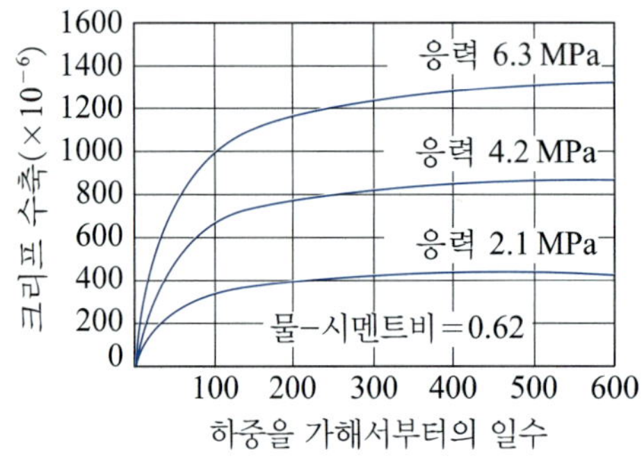

그림 3.51 지속 응력의 크기와 크리프[2)]

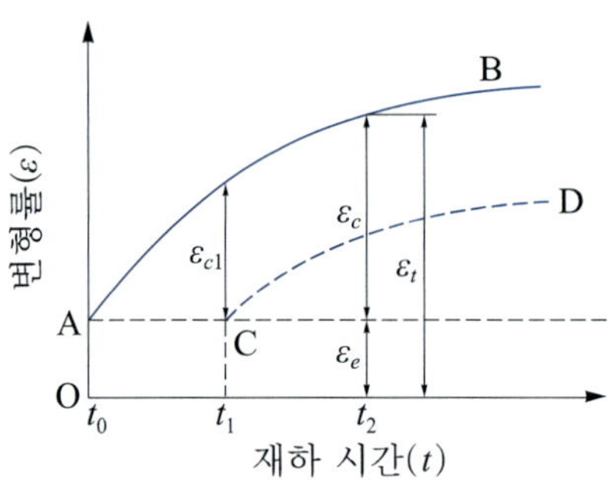

그림 3.52 재하 시간과 크리프 변형[21)]
(Whitney의 법칙)

③ **크리프에 관한 법칙**

지속 응력(sustained stress)에 대한 2가지 크리프 법칙은 다음과 같다.

(가) 데이비드–그랜빌(Davis-Granville)**의 법칙** '지속 응력이 콘크리트 강도의 1/3 정도 이내에 있으면, 크리프 변형률(creep strain)은 응력에 비례하며, 압축이나 인장에 대해서도 비례 상수는 같다.'는 것이다.

(나) 휘트니(Whitney)**의 법칙** '같은 콘크리트에서는 단위 응력에 대한 크리프 변형률의 진행은 일정하다'는 것이다.

이 법칙은 그림 3.52의 곡선 AB와 CD가 각각 시간 t_0와 t_1에서 지속 하중을 가했을 경우 크리프 변형의 진행을 나타낸다고 하면, 곡선 CD는 곡선 AB를 아래로 일정하게 평행 이동한 것과 같다는 것을 의미한다.

이 그림에서 OAB는 크리프의 시간적 경과를 나타낸 것이다. 여기서, OA를 탄성 변형률(ε_e)이라 하면, 전 변형률(ε_t)에서 탄성 변형률을 뺀 것이 크리프 변형률(ε_c)이 된다.

크리프 변형률은 초기에 증가율이 크고, 장기가 될수록 증가율이 작아진다.

④ **크리프 계수**(creep factor)

각 변형률 사이에는 다음과 같은 관계가 있다.

$$\frac{\varepsilon_t}{\varepsilon_e} = 1 + \left(\frac{\varepsilon_c}{\varepsilon_e}\right) = 1 + \phi \tag{3.33}$$

여기서, ε_t : 전 변형률

ε_e : 탄성 변형률

ε_c : 크리프 변형률

ϕ : 크리프 계수

즉, 크리프 변형률과 탄성 변형률과의 비를 크리프 계수라 한다. 크리프를 역학적으로 취급할 때에는 크리프 계수가 사용된다.

콘크리트의 크리프 계수는 보통의 대기 중에 있는 부정정 구조물로서 조기에 재하되지 않을 때, 옥내의 경우는 3.0, 옥외의 경우는 2.0으로 하고 있다.

⑤ 크리프 시험

크리프 변형률은 시험체에 규정의 하중을 가한 후 1년간의 각 재령에서의 변형을 측정하여, 크리프 시험체와 표준 시험체의 평균 변형률의 차를 응력으로 나눈 값을 단위 응력에 대한 합계 변형률로 한다.

콘크리트의 크리프 시험 방법은 KS F 2453에 규정되어 있다.

⑥ 크리프의 영향

(가) 이득

1) 균일하지 않은 수축에 의한 내부 응력의 저감으로 균열 발생을 줄인다.
2) 부정정 구조에서 수축, 온도 변화 또는 수축 침하 등에 의한 응력을 완화한다.
3) 응력의 재분배에 의한 단면력을 저감, 완화시킨다.

(나) 손실

1) 철근 콘크리트에서 비정상 처짐이 발생한다.
2) 프리스트레스트 콘크리트에서 PS 강재에 릴랙세이션이 생긴다.
3) 크리프 파괴가 일어난다.

(4) 콘크리트의 피로

① 피로 강도

콘크리트는 다른 재료와 마찬가지로 반복 하중을 받거나, 또는 일정한 하중을 지속적으로 받으면, 피로 때문에 정정 파괴 하중보다 작은 하중에서 파괴된다.

피로에 의한 강도 저하의 주원인은 콘크리트의 미세 균열의 발달로 인한 것이다.

콘크리트의 피로 한도는 금속 재료에서와 같이 확인되지 않는다(그림 3.53 참조). 따라서 일반적으로 콘크리트의 피로 강도는 시간 강도(time strength)에 의해서 표시된다.

실제로는 200만 회의 압축 반복 응력에 견딜 수 있는 상한 응력(200만 회 시간 강도)으로 표시되는 경우가 많다.

이 값은 보통 콘크리트에서 압축 강도의 약 55~58% 정도이다.

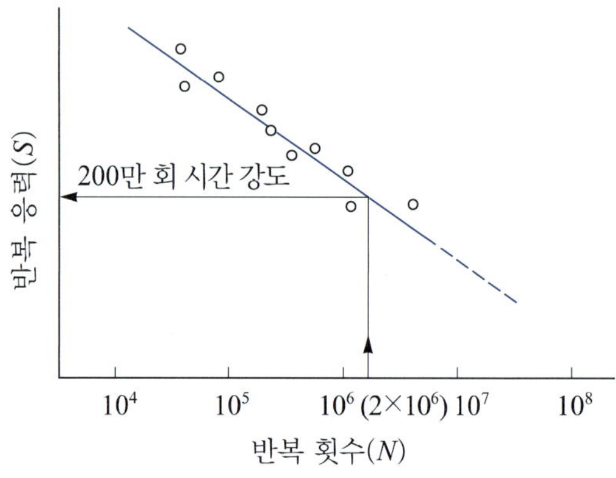

그림 3.53 콘크리트의 $S-N$ 선도[22)]

② **정적 피로**(static fatigue)

콘크리트에 정적 하중의 약 80% 이상의 지속 하중을 가해 놓으면 점차로 콘크리트의 변형이 증가하여 결국에는 파괴된다.

이것을 정적 피로 또는 크리프 파괴라 한다.

5. 콘크리트의 체적 변화

경화한 콘크리트는 수분의 변화, 온도의 변화에 따라 체적이 변한다. 이 체적 변화는 콘크리트 구조물에 나쁜 영향을 미치게 된다.

(1) 콘크리트의 건조 수축

① **건조 수축의 원인과 영향**

콘크리트는 공기 중에서 건조하면 수축한다. 이것을 콘크리트의 건조 수축(drying shrinkage)이라 한다.

건조 수축은 배합이나 습도 조건에 따라 다르지만, 일반 콘크리트는 $400 \sim 700 \times 10^{-6}$ 정도 수축한다.

건조 수축은 시멘트 풀이 건조할 때 유리수가 없어지고, 다음에 겔수(gel water)가 빠지면서 시멘트 겔의 수축에 따라 생기는 것이다.

건조 수축이 생기면 인장 응력의 부족으로 균열이 생긴다. 이것을 건조 수축 균열이라 한다. 건조 수축은 프리스트레스트 콘크리트에서 PS의 감소 원인이 된다.

② 건조 수축에 영향을 주는 요인

(가) 시멘트

1) 시멘트 양이 많을수록 건조 수축이 크다(그림 3.54 참조).
2) 분말도가 높을수록 건조 수축이 크다.
3) C_3A의 함유량이 많을수록 건조 수축이 크다.

(나) 단위 수량 수량이 많을수록 건조 수축이 커진다(그림 3.55 참조).

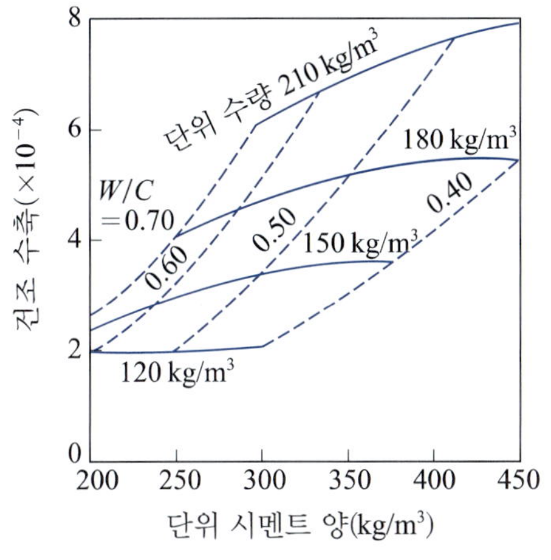

그림 3.54 단위 시멘트 양과 건조 수축[23)]

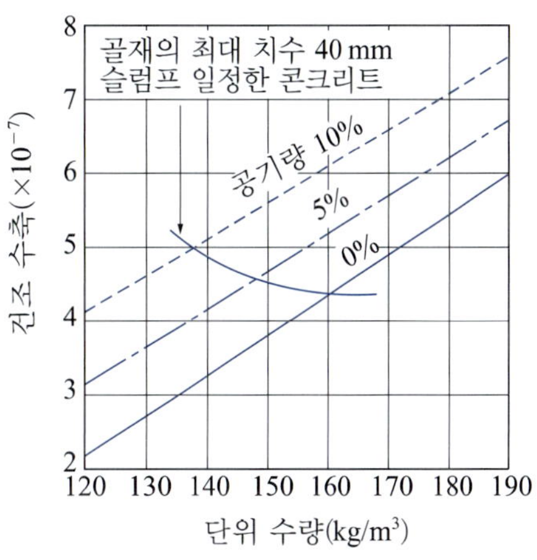

그림 3.55 단위 수량과 건조 수축[2)]

(다) 골재

1) 골재의 최대 치수가 클수록 건조 수축이 작아진다.
2) 골재의 강성이 클수록 건조 수축이 작아진다.
3) 골재량이 많을수록 건조 수축이 작아진다.

(라) 철근 철근은 건조 수축이 일어나지 않으므로, 콘크리트의 건조 수축에 대하여 구속 재료로서 작용한다.

(마) **온도** 온도가 높을수록 건조 수축이 커진다.

(바) **습도** 습도가 낮을수록 건조 수축이 커진다(그림 3.56 참조).

(사) **양생 방법** 수중 양생을 계속한 것이나 수중 구조물은 수축이 거의 생기지 않는다.

(아) **부재의 크기** 부재의 치수가 클수록 수축이 작아진다.

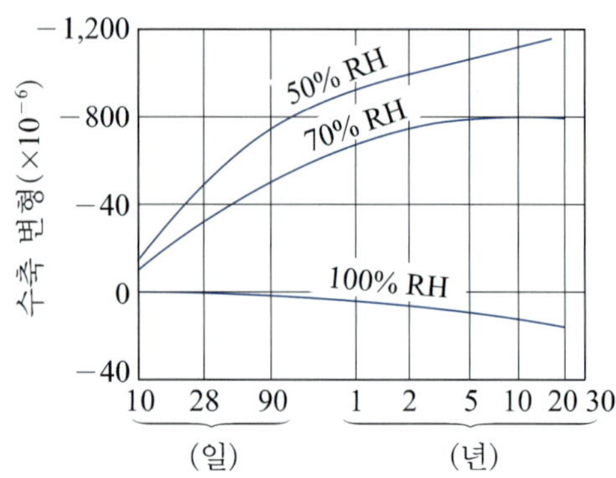

그림 3.56 상태 습도와 수축 변형[8)]

③ **건조 수축 계수**

콘크리트 부정정 구조물 설계에 사용되는 건조 수축 계수는 일반적으로 150×10^{-6} 값을 표준으로 하고 있다.

(2) 콘크리트의 온도에 의한 체적 변화

콘크리트의 열팽창 계수는 시멘트와 골재의 종류 및 배합 등에 따라 다르다. 보통 온도 변화의 범위에서는 1°C마다 $7\sim13\times10^{-6}$ 정도이며, 설계 계산에서는 일반적으로 10×10^{-6}/°C를 사용한다.

인공 경량 골재 콘크리트의 열팽창 계수는 보통 콘크리트의 70~80% 정도이다.

매스 콘크리트에서는 시멘트의 수화열에 의해 20~30°C의 온도 상승이 생긴다. 구조물이 구속되어 있는 경우에는 온도가 상승하고 있는 초기 재령에서 콘크리트의 탄성 계수는 작고 크리프가 크므로, 팽창에 의한 압축 응력은 비교적 작다.

그러나 그 후 온도가 내려가면 콘크리트의 탄성 계수는 크고, 크리프가 작아지므로 수축에 의한 인장 응력에 의해 콘크리트에 균열이 발생하기 쉽다.

6. 콘크리트의 균열

콘크리트는 구조물의 설계에 있어서 고려되지 않은 인장 응력을 받게 된다. 이 응력이 어느 값 이상이 되면, 콘크리트는 인장 강도가 작으므로 균열이 생긴다. 콘크리트에 인장 응력이 생기는 원인은 많으며, 이것을 피하기는 어렵다.

굳은 후 콘크리트 균열의 원인과 대책은 그림 3.57과 같다.

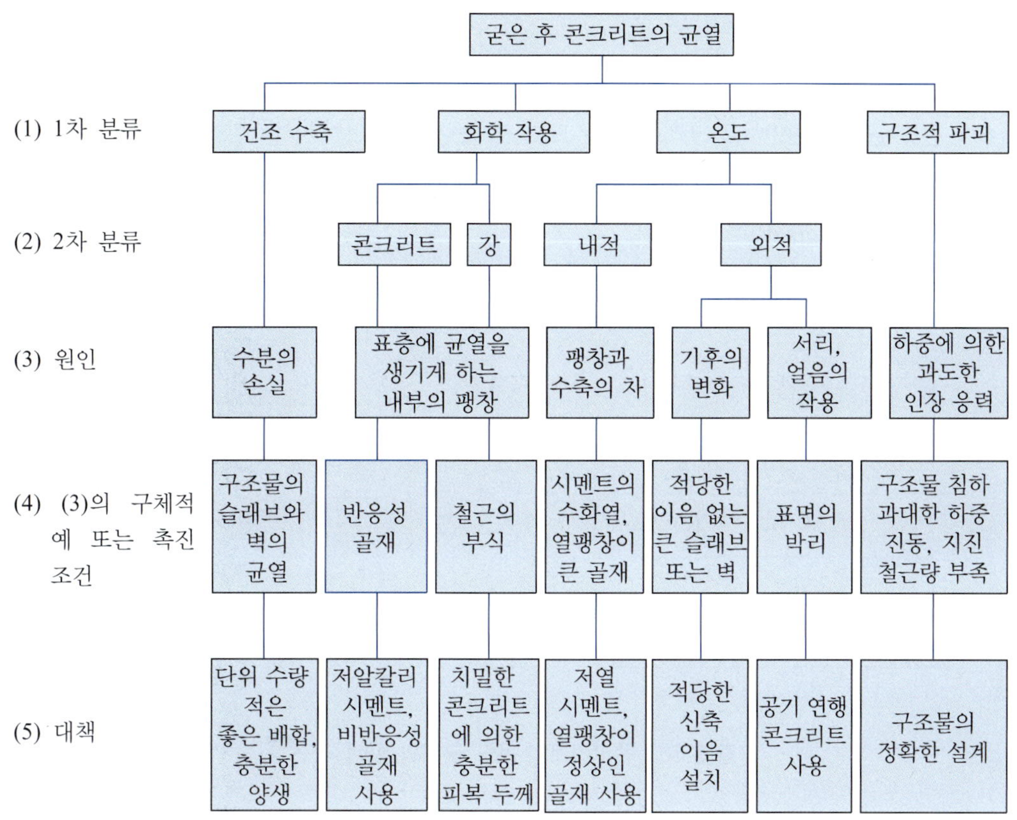

그림 3.57 굳은 후 콘크리트 균열의 원인과 대책(Mercer)[7)]

(1) 콘크리트의 수축 균열

① 수축 균열의 원인

모든 콘크리트에서 정도 차이는 있지만 수축이 발생하게 되며, 구조물이 구속을 받으면 콘크리트에 인장 응력이 생긴다. 이 인장 응력이 콘크리트의 인장 강도를 넘게 되면 균열이 생기게 된다. 이것을 수축 균열(shrinkage crack)이라 한다.

② 수축 균열의 방지 대책

1) 단위 수량을 적게 하여 배합을 한다.
2) 팽창성 시멘트 또는 무수축성 시멘트를 사용한다.
3) 철근량을 많게 하여 균열을 분산시킨다.
4) 적당한 간격으로 수축 이음을 만든다.

콘크리트의 건조 수축 균열 시험 방법은 KS F 2595에 규정되어 있다.

(2) 콘크리트의 온도 균열

① 온도 균열의 원인과 특징

(가) 온도 균열의 원인 콘크리트의 온도가 상승했다가 떨어지면 콘크리트는 수축한다. 이 수축이 방해를 받으면 인장 응력이 생겨 균열이 발생한다. 이것을 콘크리트의 온도 균열(temperature crack)이라 한다.

그림 3.58은 콘크리트 온도 균열의 발생 기구를 나타낸 것이다.

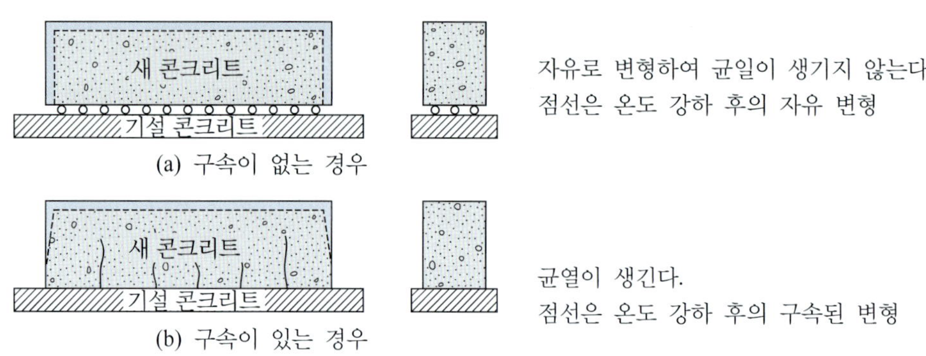

그림 3.58 콘크리트의 온도 균열의 발생 기구[22)]

단면이 큰 콘크리트에서는 표면에 가까운 부분과 표면에서 깊은 부분의 온도차가 크며, 그림 3.59와 같이 온도가 낮은 쪽의 콘크리트에서 인장 응력이 생기게 된다. 어느 경우에도 온도차가 클수록 인장 응력이 크므로 균열이 발생한다.

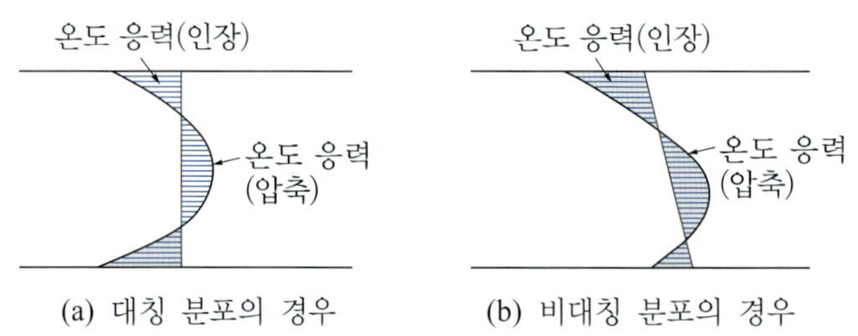

그림 3.59 단면 내의 온도차에 의한 인장 응력의 발생[22)]

(나) 온도 균열의 특징 온도 균열이 다른 균열과 구별되는 특징은 다음과 같다.

1) 온도 균열을 일으킨 콘크리트에는 상당히 큰 균열이 생긴다.

2) 온도 균열은 재령이 작은 시기에 생긴다. 이 시기는 온도 상승이 최고에 도달하여 온도가 강하되는 직후와 대개 일치한다.

3) 발생한 온도 균열의 방향이나 위치 및 폭은 규칙성이 있다.

② 온도 균열 발생의 위험성 평가

(가) 온도 균열 지수(temperature cracking index) 균열 발생에 대한 안정성의 척도를 온도 균열 지수라 하며, 다음 식으로 나타낸다.

$$I_{cr}(t) = \frac{f_{sp}(t)}{f_t(t)} \tag{3.34}$$

여기서, $I_{cr}(t)$: 온도 균열 지수

$f_t(t)$: 재령 t일에서 수화열에 의한 부재 내부의 온도 응력 최댓값(MPa)

$f_{sp}(t)$: 재령 t일에서 쪼갬 인장 강도(MPa)

(나) 온도 균열 지수의 선정 온도 균열 지수는 구조물의 중요도, 기능, 환경 조건 등에 대응할 수 있도록 선정해야 한다.

철근이 배치된 일반적인 콘크리트 구조물에서의 표준적인 온도 균열 지수의 값은 다음과 같다.

(ㄱ) 균열 발생을 방지해야 할 경우 : 1.5 이상

(ㄴ) 균열 발생을 제한할 경우 : 1.2～1.5

(ㄷ) 유해한 균열 발생을 제한할 경우 : 0.7～1.2

③ 온도 균열의 방지

어떠한 경우에도 콘크리트의 온도차가 클수록 인장 응력이 크므로, 온도 균열을 방지하기 위해서는 콘크리트의 온도 상승을 작게 하여 온도차를 작게 하는 것이 기본 대책이다.

온도 균열에 대한 시공상의 대책은 다음과 같다.

1) 단위 시멘트 양을 적게 할 것

2) 수화열이 적은 시멘트를 사용할 것

3) 재료를 사용하기 전에 선행 냉각(pre-cooling)을 할 것

4) 1회 치기의 높이를 낮게 할 것

5) 수축 이음부를 설치할 것

6) 콘크리트를 친 후 관로식 냉각(pipe-cooling)을 할 것

7) 양생 방법에 주의할 것

(3) 콘크리트의 열화 균열

콘크리트의 염해나 중성화에 의한 철근의 부식, 알칼리 골재 반응 등의 열화(劣化)에 의해 균열이 생긴다. 이것을 콘크리트의 열화 균열(deterioration crack)이라 한다.

콘크리트의 열화 균열에 대한 시공 대책은 다음과 같다.

1) 투수성이 작은 콘크리트를 사용한다.
2) 부식 방지 혼화제를 사용한다.
3) 철근의 부식을 막는다.
4) 비반응성 골재를 사용한다.

(4) 콘크리트의 하중에 의한 휨 균열

콘크리트의 하중에 의한 휨 균열은 과대 하중, 구조물의 침하, 진동, 지진 및 철근량의 부족 등으로 과대 인장 응력 때문에 생긴다.

하중에 의한 휨 균열에 대한 시공 대책은 다음과 같다.

1) 거푸집의 강성을 크게 하고 정밀 시공을 한다.
2) 동바리를 정밀 시공하여 부등 침하를 방지한다.
3) 철근의 응력을 감소시킬 수 있도록 배근한다.
4) 과대한 외부 하중으로 인한 인장 응력의 발생을 방지한다.

철근 콘크리트 구조물에서 내구성을 확보하기 위한 허용 균열의 폭은 표 3.4와 같다(구조설계기준).

표 3.4 철근 콘크리트 구조물의 허용 균열폭(mm) [24)]

강재의 종류	강재의 부식에 대한 환경조건			
	건조 환경	습윤 환경	부식성 환경	고부식성 환경
철근	0.4 mm와 $0.006c_c$ 중 큰 값	0.3 mm와 $0.005c_c$ 중 큰 값	0.3 mm와 $0.004c_c$ 중 큰 값	0.3 mm와 $0.0035c_c$ 중 큰 값
긴장재	0.2 mm와 $0.005c_c$ 중 큰 값	0.2 mm와 $0.004c_c$ 중 큰 값	—	—

주 : c_c는 최외단 주철근의 표면과 콘크리트 표면 사이의 콘크리트 최소 피복 두께(mm)

콘크리트 균열의 원인과 특징은 표 3.5와 같다.

표 3.5 콘크리트 균열의 원인과 특징[25)]

구분	균열의 원인	균열의 특징
A 콘크리트의 재료적 성질에 관계하는 것	A1 시멘트의 이상 응결	폭이 크고 짧은 균열이 비교적 빨리 불규칙하게 발생
	A2 콘크리트의 침하 및 블리딩	철근의 상부와 벽과 상판의 경계 등에서 발생
	A3 시멘트의 수화열	단면이 큰 콘크리트에서 직선상의 균열이 발생
	A4 시멘트의 이상 팽창	방사형 그물 모양의 균열
	A5 골재 중의 이토분	콘크리트 표면 건조에 의한 불규칙한 망상 균열 발생
	A6 반응성 골재 또는 풍화암 골재 사용	콘크리트의 내부로부터 거북등 모양으로 다습한 곳에서 많이 발생
	A7 콘크리트의 경화·건조 수축	세장한 균열이 상판·보에서 등간격으로 수직하게 발생
B 시공상의 결함에 관계하는 것	B1 장시간의 비비기	전면에 그물 모양 또는 길이가 짧은 불규칙한 균열이 발생
	B2 펌프 압송 시의 시멘트 양과 수량의 증가	A2(철근의 상부와 벽과 상판의 경계)와 A7(개구부나 기둥·보의 모서리)의 균열이 발생
	B3 급속한 치기 속도	B7과 A2의 균열이 발생
	B4 불충분한 다짐	표면에 곰보가 생기기 쉽고, 각종 균열이 발생하기 쉬움
	B5 철근의 피복 두께 감소	슬래브에서 원형으로 발생, 배근·배관의 표면에 발생
	B6 이음 처리의 부정확	이음 부분에서 균열이 발생
	B7 거푸집의 변형	거푸집이 움직인 방향으로 평행하게 부분적으로 발생
	B8 동바리의 침하	상판과 보의 단부 상방 및 중앙부 하단 등에 발생
	B9 거푸집의 조기 제거	콘크리트 강도 부족에 의한 균열, A5의 영향도 큼
	B10 경화전의 진동과 재하	D의 외력에 의한 균열과 동일
	B11 초기 양생 중의 급격한 건조	치기 직후, 표면의 각 부분에 짧은 균열이 불규칙하게 발생
	B12 초기 동해	가느다란 균열, 탈형하면 콘크리트 면이 하얗게 됨
C 사용·환경 조건에 관계하는 것	C1 환경온도·습도의 변화	A7의 균열과 유사, 발생한 균열은 습도 변화에 따라 변동
	C2 부재 양면의 온·습도차	저온 측, 저습 측의 표면에 휨 방향과 직각으로 발생
	C3 동결·융해의 반복	표면이 부풀어 올라서 부슬부슬 떨어지게 됨
	C4 동상	D의 외력에 의한 균열과 같은 상태
	C5 내부 철근의 녹	철근을 따라 큰 균열이 발생, 피복 콘크리트의 박리, 녹의 유출
	C6 화재·표면가열	표면 전체에 가느다란 거북등 모양의 균열이 발생
	C7 산·염류의 화학 작용	표면의 침식, 팽창성 물질의 형성으로 전면에 균열이 발생
D 구조·외력 등에 관계하는 것	D1 하중(설계 하중의 이내)	휨 하중에 의해 보나 슬래브의 인장 측에 수직 균열이 발생
	D2 하중(설계 하중 초과)	D1 또는 D3과 같은 형태의 균열이 발생
	D3 하중(지진의 경우)	전단 하중에 의한 기둥·보·벽 등에 45° 방향의 균열 발생
	D4 단면·철근량 부족	D1, D2와 같은 형태, 상판 등에서 처짐 방향 균열 발생
	D5 구조물의 부등 침하	45° 방향으로 큰 균열이 발생

7. 콘크리트의 수밀성

(1) 콘크리트의 투수와 흡수

모든 구조물, 특히 수공 구조물은 투수 및 흡수에 대한 저항성, 즉 수밀성(water tightness)이 커야 한다. 그러나 콘크리트는 본질적으로 다공질이며, 투수 및 흡수의 요소가 많다. 그 요소를 만드는 원인은 대개 다음과 같다.

1) 시멘트 수화에 필요한 이상의 물은 콘크리트 내부에 모관 물집을 만든다.
2) 시공 중 블리딩에 의하여 골재 또는 철근 아래에 물집 공극이 생긴다.
3) 불안전한 시공 이음, 경화 후의 균열 등이 투수 및 흡수의 요인이 된다.

(2) 투수에 영향을 주는 요인

콘크리트의 투수에 영향을 미치는 요인은 다음과 같다.

① 재료

1) 시멘트 양이 많으면 투수성이 작아진다.
2) 시멘트의 분말도가 높으면 투수성이 작아진다.
3) 굵은 골재의 최대 치수가 크면 투수성이 커진다(그림 3.60 참조).

② 배합 및 시공

1) 물-시멘트비가 클수록 투수성이 커져서 수밀성은 현저히 저하된다(그림 3.60 참조).
2) 다지기를 잘하면 투수성이 작아진다.
3) 양생 상태가 좋으면 투수성이 작아진다.

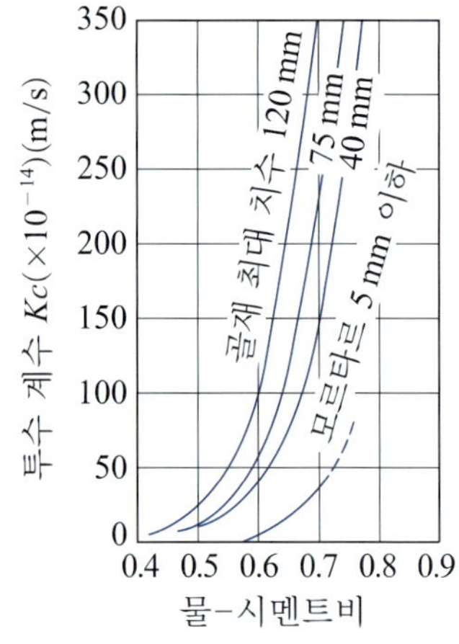

그림 3.60 물-시멘트비와 콘크리트의 투수성[2)]

(3) 콘크리트의 투수성 시험

① 흡수성 시험

수압을 가하여 하는 시험 방법이다. 질량의 변화를 측정하여 흡수량을 구하는 간단한 흡수 시험과 모관 현상에 의한 흡수 현상을 확대하여 흡수 경과를 측정하는 시험 방법이 있다.

② 투수성 시험

(가) 아웃풋(output) 방법 일정한 압력으로 중공 원주 시험체에 가한 물이 단위 시간에 단위 면적으로부터 유출하는 양을 측정하여 투수 계수를 구하는 것이다.

투수 계수는 다음 식으로 구한다.

$$K_c = \frac{L\,Q}{A\,H} \tag{3.35}$$

여기서, K_c : 투수 계수(m/s)

Q : 유량(m^3/s)

L : 시험체의 길이(m)(유입 방향의 길이)

A : 시험체의 단면적(m^2)

H : 수두차(m)

(나) 인풋(input) 방법 일정한 압력을 바탕으로 일정한 시간에 시험체에 압입된 수량 또는 물의 침투 면적, 침투 깊이를 측정하여 확산 계수를 구하는 것이다.

8. 콘크리트의 내열성 및 내랭성

(1) 콘크리트의 내화성·내열성

① 내화성과 내열성

(가) 내화성(fire resistance) 콘크리트가 화재 시의 가열과 같이 800~1 000°C의 높은 온도에서 1~2시간의 비교적 짧은 시간만 가열되는 경우, 이것에 견디는 성질을 콘크리트의 내화성이라 한다.

(나) 내열성(heat resistance) 콘크리트가 일반 공업로나 원자로의 압력 용기 등과 같이 70~80°C로부터 1 000°C 이상의 온도 범위에서 10~20년 이상 장기간에 걸쳐 연속으로 가열되는 경우, 이것에 견디는 성질을 콘크리트의 내열성이라 한다.

② 고온에서의 콘크리트 성질

콘크리트는 고온을 받으면 강도 및 탄성 계수가 저하되고, 구조물이 여러 가지 손상을 입는다. 가열에 의한 강도와 탄성 계수의 저하율은 가열 온도가 높을수록 크다.

1) 가열 정도의 차이에 의한 열팽창 때문에 부재에 큰 변형과 2차 응력이 생긴다.
2) 부재의 어느 단면에서도 표면과 내부의 온도차로 열응력이 생겨 손상된다.
3) 콘크리트와 강재는 가열되면 재질이 열화되고, 열팽창 계수가 높은 온도에서 큰 차이가 생기므로 서로 부착이 나빠진다.

③ 고온에서의 콘크리트 강도

고온에서의 콘크리트 강도의 변화는 다음과 같다.

(ㄱ) 100°C의 전후 : 자유수만 손실되므로 강도는 거의 변하지 않는다.

(ㄴ) 260°C 부근 : 시멘트 수화물 중의 결정수가 탈수되기 시작하므로 강도가 급격히 저하하기 시작한다.

(ㄷ) 500°C 전후 : $Ca(OH)_2$가 탈수 분해에 의해 CaO로 되며, 강도가 급격히 저하한다.

(ㄹ) 750°C 전후 : $CaCO_3$가 가스(gas) 분해를 일으키므로 콘크리트는 거의 백색의 목탄과 같은 상태가 되며, 강도는 거의 상실된다.

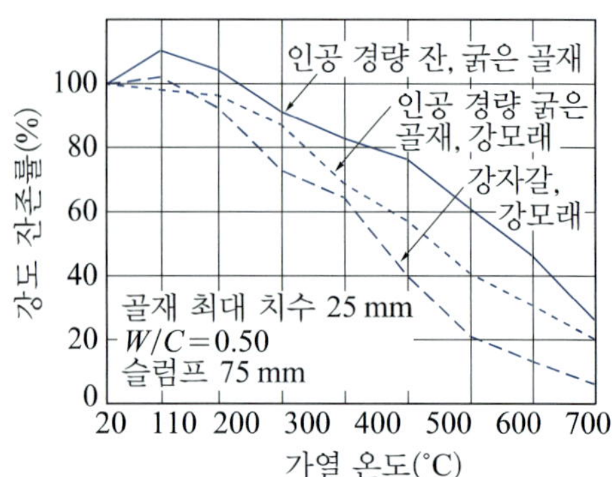

그림 3.61 가열 온도에 따른 콘크리트의 강도 변화[26)]

(2) 콘크리트의 내랭성

콘크리트가 저온(0°C 이하)에서 견디는 성질을 콘크리트의 내랭성(cold resistance)이라 한다. 콘크리트의 내랭성은 액화 석유 가스(LPG) 저장 탱크 등에 관계된다.

① 저온에서의 콘크리트 변화 요인

저온에서 콘크리트 성질의 변화는 공극수의 결빙에 의해서 생기며, 골재의 종류, 배합 조건, 양생 조건, 온도 이력 등에 따라 다르다.

② 저온에서의 콘크리트 성질

경화한 콘크리트의 저온(0°C 이하)에 의한 성질 변화는 다음과 같다.

1) 냉각 전 함수율의 영향이 가장 크다. 일반적으로 함수율이 큰 콘크리트일수록 저온에 의한 성질 변화가 크다.
2) 압축 강도와 인장 강도는 온도의 저하에 따라 증가하며 −60∼−110°C의 온도 범위에서 최대가 된다. −110∼−180°C의 온도 범위가 되면 강도가 감소한다(그림 3.62).
3) 탄성 계수는 온도가 0°C 이하로 되면 급격히 증가하며, 온도 저하와 함께 다시 증가한다.

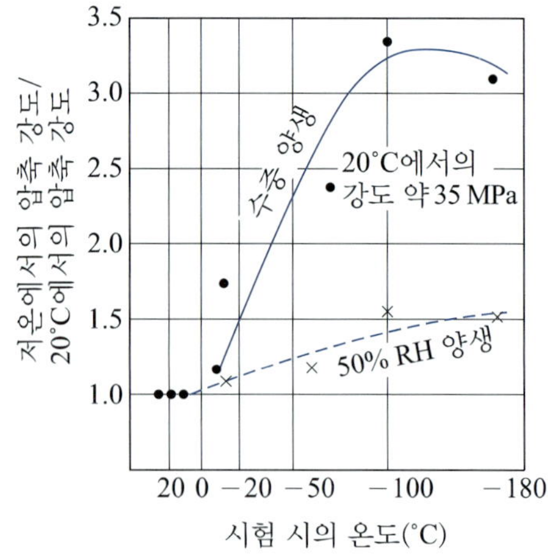

그림 3.62 저온에서 콘크리트의 강도 변화[27)]

9. 콘크리트의 내구성

콘크리트의 내구성(durability)이란, 그 사용 기간 중에 품질이 저하하지 않는 성질 또는 저하시키는 각종 요인에 저항하는 성질을 말한다.

콘크리트의 내구성은 그 구조물이 수행할 기능, 내용 연수, 경제성 등과 관련하여 고려하여야 한다.

콘크리트의 내구성에 영향을 주는 주요인은 그림 3.63과 같다.

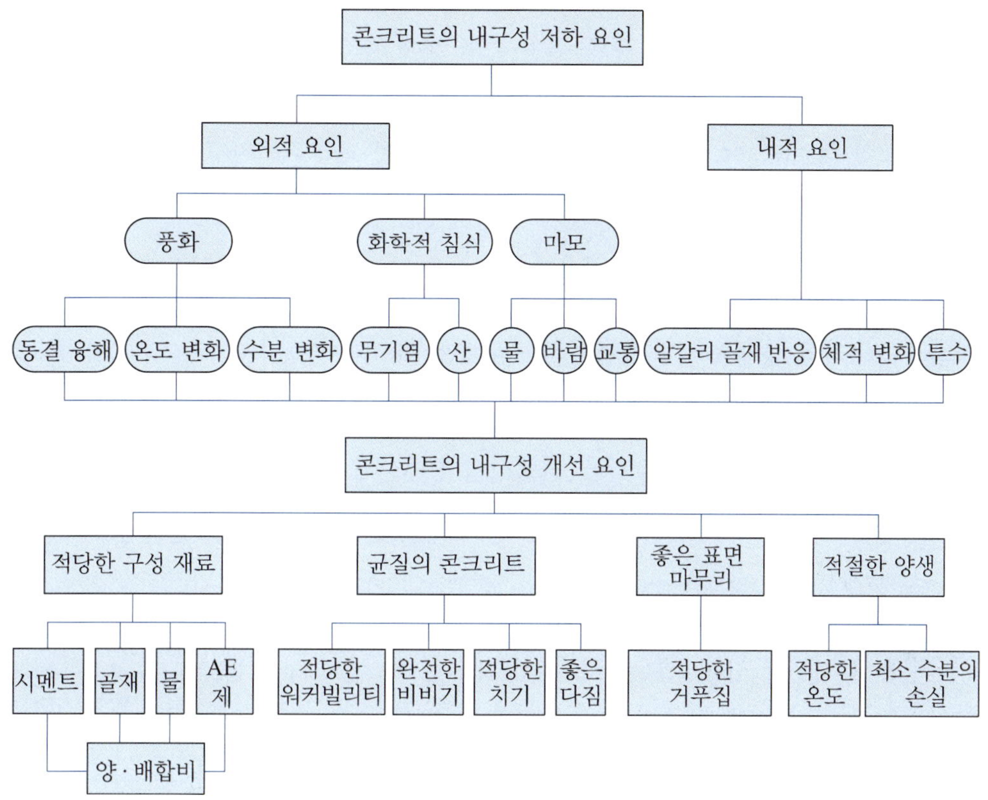

그림 3.63 콘크리트의 내구성에 영향을 미치는 요인[3)]

(1) 기상 작용에 대한 내구성

기상 작용에 대한 내구성은 건습, 풍우, 동결 융해 등의 반복과 탄산가스 작용 등 자연의 노출 조건에서의 기상 작용에 대한 것으로서, 내후성(weathering resistance)이라고도 한다. 이 중에서 특히 심한 것은 동결 융해 반복 작용이다.

① **내동해성**(frost resistance)

(가) 동결 융해에 의한 손상 콘크리트 속에 흡수된 수분이 동결하면, 그 빙압으로 콘크리트에 미세한 균열이 생기며, 동결 융해가 반복되면 손상이 커진다.

(ㄱ) 팝 아웃(pop out) : 콘크리트 속의 골재가 동결 융해 작용으로 팽창되어 콘크리트가 분화구 모양으로 떨어져 나오는 것이다. 이 현상은 골재가 다공질일 때 생긴다.

(ㄴ) 선상 균열(D-line crack) : 부재의 끝부분, 포장판의 이음, 수리 구조물의 수면 등의 선에 평행하게 생기는 균열이다.

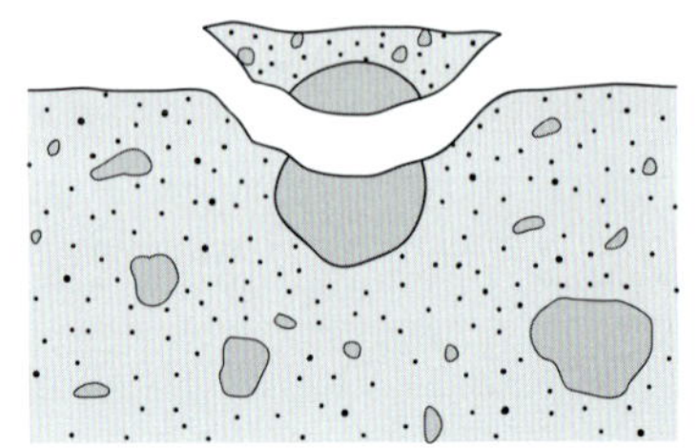

그림 3.64 팝 아웃 현상

(ㄷ) 층상 박리(scaling) : 교량의 슬래브 등과 같은 콘크리트의 표면이 벗겨지는 것이다.

(나) 내동해성의 향상 적당한 공기량을 가진 공기 연행 콘크리트로 하고, 물-결합재비를 작게, 흡수량이 적은 내구적인 골재를 사용하면, 동결 융해에 대한 저항성이 큰 콘크리트를 만들 수 있다.

(ㄱ) 공기량 : 3~12%의 공기를 연행시키면 동결 융해에 대한 저항성을 크게 개선할 수 있다(그림 3.65 참조).

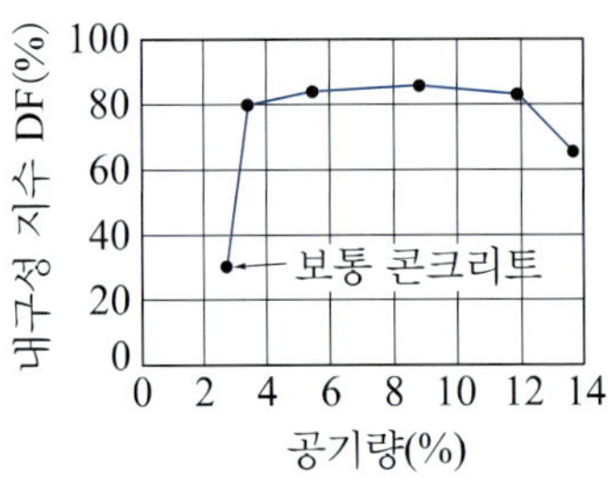

그림 3.65 공기량과 내구성 지수[28)]

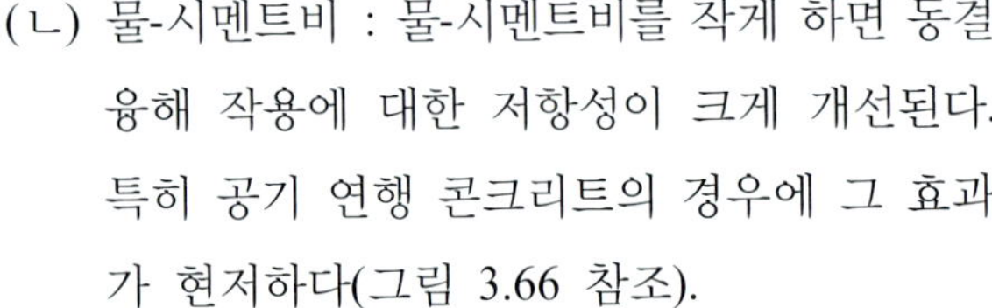

(ㄴ) 물-시멘트비 : 물-시멘트비를 작게 하면 동결 융해 작용에 대한 저항성이 크게 개선된다. 특히 공기 연행 콘크리트의 경우에 그 효과가 현저하다(그림 3.66 참조).

(ㄷ) 골재 : 인공 경량 골재 콘크리트는 동결 융해 작용에 대한 저항성은 보통 콘크리트에 비하여 상당히 작지만, 적당한 공기량의 공기 연행 콘크리트로 하면 충분히 내구적인 콘크리트로 만들 수 있다.

골재의 내구성 시험은 골재의 안정성 시험 방법(KS F 2507)에 따른다.

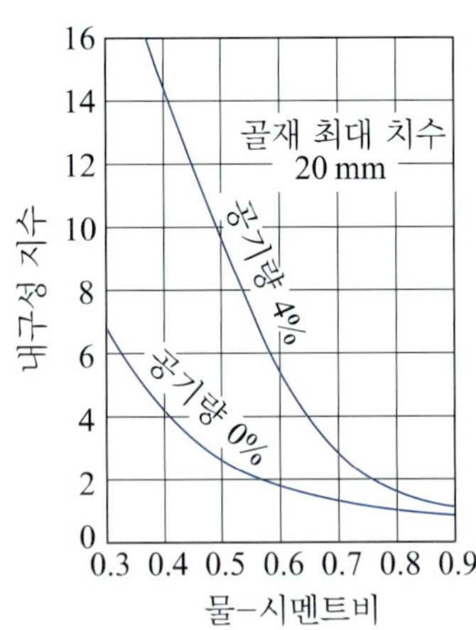

그림 3.66 물-시멘트비와 내구성 지수[2)]

(다) 동결 융해 시험 급속 동결 융해 시험은 동결 융해의 급속 반복 사이클에 대한 콘크리트 시험체의 저항을 구하는 것이다.

콘크리트의 내구성 지수(durability factor)는 다음 식으로 산출한다.

$$DF = \frac{PN}{M} \tag{3.36}$$

여기서, DF : 내구성 지수(%)

P : N 사이클에서의 상대 동 탄성 계수(%)

N : 상대 동 탄성 계수가 60% 되는 사이클 수

M : 동결 융해에의 노출이 끝날 때 사이클 수

급속 동결 융해에 대한 콘크리트의 저항 시험 방법은 KS F 2456에 규정되어 있다.

② **탄산화**(carbonation)

(가) 콘크리트의 탄산화 콘크리트에 포함된 수산화칼슘이 공기 중의 탄산가스와 반응하여, 수산화칼슘이 소비되어 알칼리성을 잃고 탄산칼슘이 형성되는 것을 탄산화라 한다.

$$Ca(OH)_2 + CO_2 \rightarrow CaCO_3 + H_2O \tag{3.37}$$

콘크리트가 탄산화하면 철근의 보호막이 파괴되어 철근이 부식되기 쉽다.

(나) 탄산화의 속도 탄산화 깊이와 경과 연수의 사이에는 다음과 같은 관계가 있다.

$$x = \frac{1}{b}\left(\frac{W}{B} - a\right)\sqrt{t} \tag{3.38}$$

여기서, x : 콘크리트의 평균 탄산화 깊이(mm)

t : 경과 연수(년)

W/B : 물-결합재비

a, b : 상수(보통 포틀랜드 시멘트를 사용하고, $W/c = 55 \sim 75\%$의 콘크리트를 옥외에 노출한 경우 $a = 38.4$, $b = 12.0$)

식 (3.37)에서 어느 연수의 평균 탄산화 깊이는 물-결합재비에 비례한다는 것을 나타낸다.

(다) 탄산화에 영향을 미치는 요인

(ㄱ) 재료

㉠ 시멘트 – 산화칼슘을 많이 함유한 시멘트일수록 탄산화가 잘 되지 않는다. 포틀랜드 시멘트에 비해 고로 슬래그 시멘트나 포틀랜드 포졸란 시멘트는 수화 반응으로 생기는 수산화칼슘이 적으므로 탄산화 속도가 빠르다.

㉡ 골재 – 경량 골재와 같이 다공성으로 투기성이 큰 골재를 사용한 콘크리트는 보통 골재를 사용한 콘크리트보다 일반적으로 탄산화 속도가 빠르다.

㉢ 혼화 재료 – AE제나 감수제를 사용한 콘크리트는 보통 콘크리트보다 탄산화 속도가 느리고, 고로 슬래그 미분말, 플라이 애시, 포졸란질 혼화재를 사용한 콘크리트는 탄산화 속도가 빠르다.

(ㄴ) 배합 및 기타

㉠ 물-시멘트비 – 일반적으로 물-시멘트비가 클수록 탄산화되기 쉽다.

㉡ 주위 환경 – 실내에서는 대기 중에 비해 2～3배 정도 탄산화 속도가 빠르다.

㉢ 균열 및 결함 – 균열 및 결함은 투기성, 투수성이 크므로 탄산화 속도가 빠르다.

(라) 탄산화의 방지법

1) 물-시멘트비를 작게 한다.

2) AE제, 감수제를 사용한다.

3) 흡수율이 작은 단단한 골재를 사용한다.

(마) 탄산화 시험 방법 콘크리트의 탄산화 깊이는 콘크리트의 파괴면에 페놀프탈레인(phenolphthalein)의 1% 알코올 용액을 묻혀서 시험한다. 시험 용액에 의해 탄산화된 부분은 변하지 않고, 탄산화되지 않은 알칼리성 부분은 붉은 자색을 띤다.

③ 물과 탄산가스의 작용

(가) 물에 의한 피해 콘크리트는 유수 중에서 수화 반응에 의해서 생긴 수산화칼슘이 용해되어 침식된다. 이 수산화칼슘이 이산화탄소와 작용하여 탄산화되어 물의 증발에 의하여 흰 침전물인 백태가 생긴다.

(나) 피해 방지 적당한 혼화 재료를 사용하고, 수밀성이 큰 콘크리트로 한다.

(2) 화학 물질에 대한 내구성

콘크리트 속의 시멘트 수화물은 규산, 알루미나 등의 칼슘염과 수산화칼슘으로 구성되어 있어 화학 물질의 영향을 받는다.

① 산류

(가) 산에 의한 피해 황산, 염산, 질산 등의 산류는 시멘트 속의 규산 또는 알루미나를 녹여 콘크리트를 심하게 침식하여 붕괴시킨다.

염류 중에서 황산염은 시멘트 조성 화합물의 하나인 C_3A와 반응해서 에트링가이트를 형성하여(식 (2.3) 참조) 체적 팽창을 일으켜 콘크리트를 파괴한다.

그 외에 탄산(H_2CO_3)은 가용성 산성염($Ca(HCO_3)_2$)을 만들어 콘크리트를 침식한다.

$$\left.\begin{array}{l} CO_2+H_2O \rightarrow H_2CO_3 \\ H_2CO_3+CaCO_3 \rightarrow Ca(HCO_3)_2 \end{array}\right\} \quad (3.39)$$

(나) 황산염의 피해 방지법

1) 황산염에 의한 팽창 반응은 C_3A의 양에 기인하므로, C_3A의 함유량이 4% 이하인 내황산염 포틀랜드 시멘트를 사용한다.

2) 에트링가이트를 적게 생성하는 고로 슬래그 시멘트, 플라이 애시 시멘트를 사용한다.

② 유류

석유계는 영향이 적지만 식물유, 어유 등의 유류는 콘크리트의 표면을 천천히 침식하여 붕괴시킨다.

(3) 해수 및 염해에 대한 내구성

① 해수에 포함된 염류의 작용

해수에 의한 콘크리트의 침식은 주로 해수 중에 포함되어 있는 황산나트륨, 황산마그네슘이나 염화물의 작용에 의한다.

② 염화물의 허용 함유량

콘크리트 염해의 영향을 억제하기 위하여 다음과 같이 하고 있다.

1) 굳지 않은 콘크리트 중의 염화물 함유량은 염소 이온 양으로 $0.30\ kg/m^3$ 이하를 원칙으로 하고 있다.

2) 굳은 콘크리트의 최대 염화물 함유량의 이온 양은 표 3.6과 같다.

표 3.6 굳은 콘크리트의 최대 수용성 염소 이온 양[29)]

항목 \ 노출 범주*		일반	EC (탄산화)	ES (염화물)	EF (동결 융해)	EA (황산염)
최대 수용성 염소 이온 양 (결합재 질량비)(%)	무근 콘크리트	–	–	–	–	–
	철근 콘크리트	1.00	0.30	0.15	0.30	0.30
	프리스트레스트 콘크리트	0.06	0.06	0.06	0.06	0.06

주: * 노출 범주는 표 3.7 참조

콘크리트의 수용성 염화물 시험 방법은 KS F 2715에 규정되어 있다.

(4) 알칼리 골재 반응에 대한 내구성

① 알칼리 골재 반응의 영향

골재 중에 포함되어 있는 실리카, 탄산염 등과 시멘트의 알칼리가 반응하여 팽창성 물질이 생겨 콘크리트가 파괴된다.

② 알칼리 골재 반응의 억제법

1) 저알칼리형 시멘트(전 알칼리 양 0.6% 이하, 그림 2.40 참조)를 사용한다.
2) 양질 포졸란이나 고로 슬래그 미분말을 사용한다.
3) 콘크리트 중의 알칼리 총량을 3.0 kg/m^3 이상으로 한다.

(5) 손식에 대한 내구성

① 손식의 원인

콘크리트는 유수 중 모래 등의 물질, 교통에 의한 마모 및 충격, 바람의 작용, 유빙의 충격, 공동 현상(cavitation) 등에 의하여 손식(erosion)된다.

② 손식의 방지법

콘크리트의 손식에 대한 저항성을 높이는 방법은 다음과 같이 한다.

1) 물-결합재비가 작고, 강도와 밀도가 큰 콘크리트로 한다.
2) 단단한 골재를 사용하고, 잔골재율을 작게 한다.
3) 충분한 습윤 양생을 한다.

(6) 전기적 손식에 대한 내구성

① 전류 작용의 피해

(가) 무근 콘크리트 직류나 교류에 의한 피해를 받지 않는다.

(나) 철근 콘크리트 철근에 직류가 흐르면 철근이 산화해서 부식되어 체적이 팽창하므로 콘크리트에 균열이 생긴다. 또 철근이 연화되어 부착 강도가 감소된다.

(다) 염류를 함유한 콘크리트 전류의 작용을 받기 쉽다.

② 전류의 피해 방지법

1) 콘크리트를 건조 상태로 한다.
2) 방동제 및 염화칼슘 등이 포함되지 않은 혼화제를 사용한다.
3) 직류 전선이 땅에 닿지 않도록 한다.

(7) 내구성에 관한 노출 범주 및 등급

구조물에 사용되는 콘크리트는 적절한 내구성을 확보하기 위하여, 내구성에 영향을 미치는 환경 조건에 노출되는 정도를 고려하여 표 3.7에 따른 노출 등급을 정한다.

표 3.7 콘크리트의 노출 범주 및 등급[29)]

범주	등급	조건	예
일반	E0	물리적, 화학적 작용에 의한 손상의 우려가 없는 콘크리트, 내부 금속의 부식 위험 없는 경우	공기 중 습도가 매우 낮은 건물 내부의 콘크리트
EC (탄산화)	EC1	건조하거나 수분으로부터 보호되는 또는 영구적으로 습윤한 콘크리트	습도가 낮은 건물 내부의 콘크리트 물에 계속 잠겨 있는 콘크리트
	EC2	습윤하고 드물게 건조되는 콘크리트로 탄산화의 위험이 보통인 경우	장기간 물과 접하는 콘크리트 표면 외기에 노출되는 기초
	EC3	보통 정도의 습도에 노출되는 콘크리트로 탄산화 위험이 높은 경우	습도가 높은 건물 내부의 콘크리트 비를 맞지 않는 외부의 콘크리트
	EC4	건습이 반복되는 콘크리트로 매우 높은 탄산화 위험에 노출되는 경우	EC2 등급에 해당하지 않고, 물과 접하는 콘크리트(예 : 비 맞는 외벽)
ES (염화물)	ES1	대기 중의 염화물에 노출되지만 염화물을 함유한 물에 직접 접하지 않는 콘크리트	해안가 또는 해안 근처의 구조물 제빙 화학제에 노출되는 콘크리트
	ES2	습윤하고 드물게 건조되며, 염화물에 노출되는 콘크리트	염화물을 함유한 공업용수에 노출되는 콘크리트(예 : 수영장)
	ES3	항상 해수에 침지되는 콘크리트	해상 교각의 해수에 침지되는 부분
	ES4	건습이 반복되면서 해수 또는 염화물에 노출되는 콘크리트	해양 환경의 물보라 지역 콘크리트 염화물 물보라에 노출된 교량 부위
EF (동결 융해)	EF1	간혹 수분과 접하나 염화물에 노출되지 않고, 동결 융해의 반복 작용에 노출되는 콘크리트	비와 동결에 노출되는 수직 콘크리트의 표면
	EF2	간혹 수분과 접하고 염화물에 노출되며, 동결 융해의 반복 작용에 노출되는 콘크리트	제빙 화학제와 동결에 노출되는 도로 구조물의 수직 콘크리트의 표면
	EF3	지속적으로 수분과 접하나 염화물에 노출되지 않고, 동결 융해의 작용에 노출되는 콘크리트	비와 동결에 노출되는 수평 콘크리트의 표면
	EF4	지속적으로 수분과 접하고 염화물에 노출되며, 동결 융해의 반복 작용에 노출되는 콘크리트	제빙 화학제에 노출되는 도로, 교량 동결에 노출되는 해양 콘크리트

범주	등급	노출 상태	토양 내의 수용성 황산염 (SO_4^{2-}) 질량비(%)*	물속에 용해된 황산염 (SO_4^{2-}) (ppm)**
EA (황산염)	EA1	보통 수준	$0.10 \le SO_4^{2-} < 0.02$	$150 \le SO_4^{2-} < 1\,500$, 해수
	EA2	유해한 수준	$0.20 \le SO_4^{2-} \le 2.00$	$1\,500 \le SO_4^{2-} < 10\,000$
	EA3	매우 유해한 수준	$SO_4^{2-} > 2.00$	$SO_4^{2-} > 10\,000$

주 : * 토양의 질량에 대한 비로 KS I ISO 11048에 따라 측정해야 한다.
** 수용액에 용해된 농도로 ASTM D 516 또는 ASTM D 4130에 따라 측정해야 한다.

10. 콘크리트의 열적 성질

(1) 콘크리트의 열 특성

① 비열

비열은 재료가 흡수하는 열용량의 정도를 나타내는 지표이다(단위 : J/kg · °C). 콘크리트의 비열은 골재의 비열이 클수록, 콘크리트의 밀도가 클수록 함수율이 클수록 커진다.

② 열전도율

열전도율은 물질 내부에 일정한 온도 경사가 있을 때, 정상적으로 이동하는 열량의 대소를 나타내는 비례 상수이다(단위 : W/m · °C).

콘크리트의 열전도율은 골재의 전도율이 높을수록, 함수율이 높을수록 크다.

③ 열확산율

열확산율은 온도 전도율이라고도 하며, 물질에 온도를 전달하기 쉬운 정도를 나타내는 계수이다(단위 : m^2/s).

열전도율과 같이 골재의 종류 및 그 단위량 등에 크게 영향을 받는다.

표 3.8 콘크리트의 열 특성 계수 일반값[29)]

열계수	사용값
열전도율(W/m · °C)	2.6～2.8
비열(J/kg · °C)	1 050～1 260
열확산율(m^2/s)	$(0.83 \sim 1.10) \times 10^{-6}$
밀도(kg/m^3)	2 300
열팽창 계수(/°C)	1×10^{-5}

(2) 열 특성치 사이의 관계

콘크리트의 열 특성치 사이에는 다음과 같은 관계식이 성립한다.

$$h_c^2 = \frac{\lambda_c}{d_c C_c} \tag{3.40}$$

여기서, h_c^2 : 콘크리트의 열확산율(m^2/s)

λ_c : 콘크리트의 열전도율(W/m · °C)

d_c : 콘크리트의 밀도(kg/m^3)

C_c : 콘크리트의 비열(J/kg · °C)

3.4 콘크리트의 배합

1. 콘크리트의 배합 설계

(1) 배합 설계의 정의

콘크리트를 만들 때 소요되는 각 재료의 비율 또는 사용량을 콘크리트의 배합(mix proportion of concrete)이라 하며, 소요의 강도, 내구성, 수밀성 및 작업에 적합한 워커빌리티를 가지는 범위 내에서 단위 수량이 적게 되도록 각 재료의 비율을 정하는 것을 콘크리트의 배합 설계(design of mix proportion of concrete)라 한다.

(2) 용어의 정의

콘크리트의 배합 설계에 관한 용어의 정의는 다음과 같다(콘크리트표준시방서).

① **물-시멘트비**(water-cement ratio)

콘크리트 또는 모르타르에서 골재가 표면 건조 포화 상태에 있을 때, 반죽 직후 시멘트 풀 속에 있는 물과 시멘트의 질량비를 물-시멘트비(W/C)라 하며, 이것의 역수를 시멘트-물비(C/W)라 한다.

② **물-결합재비**(water-binder ratio)

혼화재로 고로 슬래그 미분말, 플라이 애시, 실리카 퓸 등의 결합재를 사용한 모르타르나 콘크리트에서 골재가 표면 건조 포화 상태에 있을 때, 반죽 직후 물과 결합재의 질량비를 물-결합재비(W/B)라 한다.

③ **설계 기준 압축 강도**(specified compressive strength)

콘크리트 구조 설계에서 기준이 되는 콘크리트의 압축 강도를 설계 기준 압축 강도(f_{ck})라 하며, 표준적으로 설계 기준 강도(specified concrete strength)라 한다.

일반적으로 재령 28일의 압축 강도를 기준으로 하며, 댐 콘크리트에서는 재령 91일의 압축 강도, 포장 콘크리트에서는 재령 28일의 휨 강도를 설계 기준 강도(f_{bk})로 한다.

④ **배합 강도**(required average strength)

콘크리트의 배합을 정하는 경우 구조물의 품질을 확보할 수 있도록 목표로 하는 압축 강도를 배합 강도(f_{cr})라 하며, 일반적으로 표준 양생 조건(20±2°C)에서 재령 28일 시험체의 압축 강도를 기준으로 한다.

⑤ 품질 기준 강도

설계 기준 압축 강도와 내구성 기준 압축 강도 중에서 큰 값으로 결정된 강도를 품질 기준 강도(f_{cq})라 한다.

⑥ 내구성 기준 압축 강도

콘크리트의 내구성 설계에 있어서 기준이 되는 압축 강도를 내구성 기준 압축 강도(f_{cd})라 한다.

⑦ 호칭 강도(nominal strength)

레디믹스트 콘크리트 주문 시 KS F 4009에 따라 사용되는 강도로서 기온, 습도, 양생 등 시공적인 영향에 따른 보정값을 고려하여 주문한 강도를 호칭 강도(f_{cn})라 한다.

⑧ 단위량(quantity of material per unit volume)

콘크리트 1 m^3를 만들 때 쓰이는 각 재료의 양을 단위량(kg/m^3)이라 한다.

⑨ 잔골재율(fine aggregate ratio)

콘크리트 내의 전 골재량에 대한 잔골재량의 절대 용적비를 백분율로 나타낸 값을 잔골재율(S/a)이라 한다.

(3) 배합 선정의 기본 방침

소요의 강도, 내구성, 경제성을 가진 콘크리트를 만들기 위한 배합 선정의 기본 방침은 다음과 같다.

1) 작업이 가능한 범위 내에서 단위 수량은 될 수 있는 대로 적게 할 것
2) 기상 작용, 화학 작용 등에 대하여 충분히 저항할 수 있는 내구성을 가질 것
3) 설계, 시공상 허용되는 범위 내에서 되도록 최대 치수가 큰 굵은 골재를 사용할 것

(4) 배합의 표시법

① 시방 배합(specified mix)

표준 시방서 또는 책임 기술자에 의하여 지시된 배합이다. 이때 골재는 표면 건조 포화 상태의 것이고, 5 mm 체를 통과하는 것을 잔골재, 5 mm 체에 남은 것을 굵은 골재로 한다.

② 현장 배합(mix proportion in field)

현장에서 사용하는 골재의 함수 상태와 잔골재 중에서 5 mm 체에 남는 양, 굵은 골재 중에

서 5 mm 체를 통과하는 양을 고려하여, 시방 배합을 현장 골재의 상태에 따라 고친 것이다.

콘크리트 배합의 표시 방법은 일반적으로 표 3.9에 따른다.

표 3.9 배합의 표시법[29)]

굵은 골재의 최대 치수 (mm)	슬럼프의 범위 (mm)	공기량의 범위 (%)	물-결합재비* W/B (%)	잔골재율 S/a (%)	단위 질량(kg/m³)					
					물 W	시멘트 C	잔골재 S	굵은 골재 G	혼화 재료	
									혼화재	혼화제** (g/m³)

주: * 포졸란 반응성 및 잠재 수경성을 갖는 혼화재를 사용하지 않는 경우에는 물-시멘트비가 된다.
** 여러 종류의 것을 사용하는 경우에는 각각의 난을 나누어 표시한다.

(5) 시험 배합의 결정 순서

콘크리트의 시험 배합의 결정 순서는 다음과 같다.

1) 사용 재료의 선정 및 품질 시험을 한다.
2) 시험 배합을 정한다.
3) 시험 비비기를 하여 배합을 조정한다.
4) 압축 강도 시험을 한다.
5) $B/W-f_{28}$의 관계로부터 W/B를 결정한다.
6) 시방 배합을 결정한다.
7) 현장 배합으로 고친다.

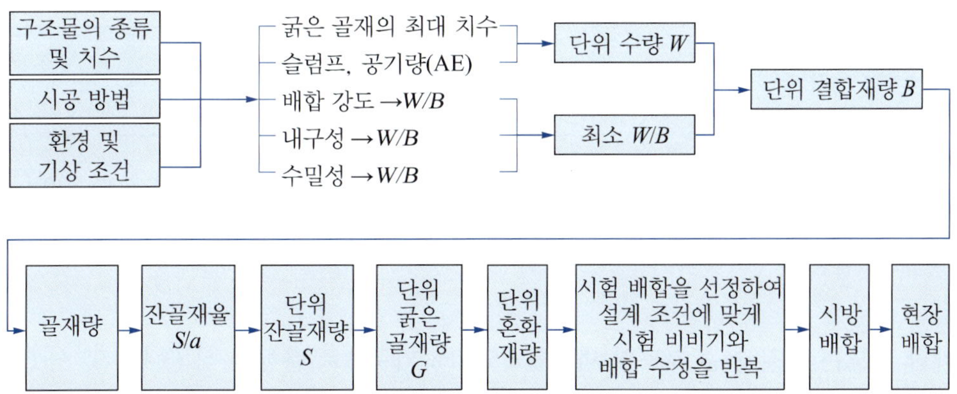

그림 3.67 콘크리트의 배합 설계 순서[30)]

2. 콘크리트의 배합 설계 방법

(1) 시험 배합의 설계

① 배합 강도

구조물에 사용되는 콘크리트의 압축 강도가 소요의 강도를 갖기 위해서는 콘크리트의 배합 설계 시 배합 강도를 정해야 한다.

현장 콘크리트의 품질은 골재, 시멘트 등의 품질 변동, 계량 오차, 비비기 작업 등에 따라 공사 기간 중에 상당히 변하는 것이 보통이다. 따라서 콘크리트의 배합 강도는 현장 콘크리트의 품질 변동을 고려하여 설계 기준 강도보다 크게 정해야 한다.

배합 강도는 20±2°C의 표준 양생한 시험체의 압축 강도로 표시하고, 강도는 강도 관리를 기준으로 하는 재령에 따른다.

(가) 배합 강도의 결정 배합 강도는 식 (3.41)과 같이, 구조 계산에서 정해진 설계 기준 압축 강도와 표 3.10의 내구성 설계를 반영한 내구성 기준 압축 강도 중에서 큰 값으로 결정된 품질 기준 강도보다 크게 해야 한다.

$$f_{cr} > f_{cq} = \max(f_{ck},\ f_{cd}) \tag{3.41}$$

여기서, f_{cr} : 배합 강도(MPa)

f_{cq} : 품질 기준 강도(MPa)

f_{ck} : 설계 기준 압축 강도(MPa)

f_{cd} : 내구성 기준 압축 강도(MPa)

표 3.10 콘크리트의 내구성 기준 압축 강도[29)]

항목 \ 노출 범주 및 등급*	일반	EC (탄산화)				ES (염화물)				EF (동결 융해)				EA (황산염)		
	E0	EC1	EC2	EC3	EC4	ES1	ES2	ES3	ES4	EF1	EF2	EF3	EF4	EA3	EA2	EA3
내구성 기준 압축 강도 f_{cd}(MPa)	21	21	24	27	30	30	30	35	35	24	27	30	30	27	30	30

주 : * 표 3.7 참조

배합 강도는 품질 기준 강도의 범위를 35 MPa 기준으로 분류한 식 (3.42) 및 식 (3.43)으로 다음과 같이 정한다.

이때, 배합 강도를 구할 때 품질 기준 강도는 표 3.11의 콘크리트 강도의 기온에 따른 보정값을 더하여 구한다.

(ㄱ) $f_{cq} \leq 35$ MPa인 경우 : 다음 두 식에 의한 값 중 큰 것으로 정해야 한다.

$$\left.\begin{aligned} f_{cr} &= (f_{cq} + T_n) + 1.34s \\ f_{cr} &= (f_{cq} + T_n - 3.5) + 2.33s \end{aligned}\right\} \tag{3.42}$$

여기서, f_{cr} : 배합 강도(MPa)

f_{cq} : 품질 기준 강도(MPa)

T_n : 콘크리트 강도의 기온에 따른 보정값(MPa)(표 3.11)

s : 압축 강도 표준 편차(MPa)

(ㄴ) $f_{cq} > 35$ MPa인 경우 : 다음 두 식에 의한 값 중 큰 것으로 정해야 한다.

$$\left.\begin{aligned} f_{cr} &= (f_{cq} + T_n) + 1.34s \\ f_{cr} &= 0.9(f_{cq} + T_n) + 2.33s \end{aligned}\right\} \tag{3.43}$$

표 3.11 **콘크리트 강도의 기온에 따른 보정값**[29)]

결합재의 종류	재령 (일)	콘크리트를 친 날로부터 재령까지의 예상 평균 기온의 범위(°C)		
보통 포틀랜드시멘트 플라이 애시 시멘트 1종 고로 슬래그 시멘트 1종	28	18 이상	8 이상~18 미만	4 이상~ 8 미만
	42	12 이상	4 이상~18 미만	–
	56	7 이상	4 이상~18 미만	–
	91	–	–	–
플라이 애시 시멘트 2종	28	18 이상	10 이상~18 미만	4 이상~10 미만
	42	13 이상	5 이상~13 미만	4 이상~ 5 미만
	56	8 이상	4 이상~ 8 미만	–
	91	–	–	–
고로 슬래그 시멘트 2종	28	18 이상	13 이상~18 미만	4 이상~13 미만
	42	14 이상	10 이상~14 미만	4 이상~10 미만
	56	10 이상	5 이상~10 미만	4 이상~ 5 미만
	91	–	–	–
콘크리트 강도의 기온에 따른 보정값 T_n(MPa)		0	3	6

(나) 레디믹스트 콘크리트의 경우 배합 강도를 호칭 강도(f_{cn})보다 크게 정한다. 호칭

강도는 품질 기준 강도(f_{cq})에 콘크리트 강도의 기온에 따른 보정값(T_n)을 더한 것이 된다. 따라서 배합 강도는 식 (3.25) 및 식 (3.26)에서 ($f_{cq} + T_n$) 대신에 f_{cn}을 적용하여 정한다.

(다) 압축 강도의 표준 편차 이 값은 공사 초기에 구하여 적용하여야 한다.

1) 콘크리트 압축 강도의 표준 편차는 실제 사용한 콘크리트의 30회 이상의 시험 실적으로부터 결정하는 것을 원칙으로 한다.
   그러나 압축 강도의 시험 횟수가 29회 이하이고 15회 이상인 경우는, 그것으로 계산한 표준 편차에 표 3.12의 보정 계수를 곱한 값을 표준 편차로 사용할 수 있다.

표 3.12 시험 횟수가 29회 이하일 때 표준 편차의 보정 계수[29)]

시험 횟수	표준 편차의 보정 계수
15	1.16
20	1.08
25	1.03
30 이상	1.00

주: 위의 표에 명시되지 않은 시험 횟수는 직선 보간한다.

2) 공사 초기에 표준 편차의 정보가 없어 콘크리트 압축 강도의 표준 편차를 알지 못할 경우, 또는 콘크리트 압축 강도의 시험 횟수가 14회 이하인 경우 콘크리트의 배합 강도는 표 3.13과 같이 정할 수 있다.

표 3.13 시험 횟수가 14회 이하이거나 기록이 없는 경우의 배합 강도[29)]

품질 기준 강도(f_{cq})의 기온에 따른 보정값(T_n)을 더한 강도(MPa)	배합 강도(f_{cr}) (MPa)
21 미만	$(f_{cq} + T_n) + 7$
21 이상 35 이하	$(f_{cq} + T_n) + 8.5$
35 초과	$1.1(f_{cq} + T_n) + 5$

주: 윗식에서 레디믹스트 콘크리트의 경우에는 ($f_{cq} + T_n$) 대신에 f_{cn}을 적용한다.

② 물-결합재비

콘크리트의 물-결합재비는 소요의 강도와 내구성, 수밀성 및 균열 저항성 등을 고려하여 정해야 한다.

(가) 콘크리트의 압축 강도를 기준으로 하여 정하는 경우 적당한 3종류 이상의 서로 다른 물-결합재비(W/B)를 가진 콘크리트 시험체를 2개 이상 만들어 28일 압축 강도(f_{28}) 시험을 하여, 결합재-물비(B/W)와 f_{28}과의 관계를 얻는다.

이것으로부터 필요한 콘크리트의 배합 강도(f_{cr})에 해당하는 B/W를 구하고, 그 역수로 W/B를 구한다.

결합재-물비와 콘크리트의 28일 압축 강도의 관계는 다음 식으로 표시된다.

$$f_{28} = a + b\left(\frac{B}{W}\right) \tag{3.44}$$

여기서, f_{28} : 재령 28일에서의 콘크리트의 압축 강도(MPa)
a, b : 시험에 의하여 정하는 상수
$\frac{B}{W}$: 결합재-물비

1) 공기 연행 콘크리트의 경우는 소요의 공기량을 가지는 콘크리트 시험체를 만든다. 이 경우에는 B/W와 콘크리트 압축 강도의 관계는 공기량에 따라 달라지지만, 공기량이 일정한 경우에는 B/W와 콘크리트 압축 강도의 관계는 거의 직선으로 나타낼 수 있다.
2) 압축 강도의 재령이 28일이 아닌 경우에는 재령 28일의 강도와 그 재령의 강도 관계가 분명한 경우, 28일의 재령을 기준으로 하여 물-결합재비를 정해도 된다. 각 W/B에 대한 콘크리트 압축 강도의 값은 배합 시험의 오차를 적게 하기 위하여 2배치 이상의 콘크리트로부터 만든 시험체의 압축 강도 평균값을 취하는 것이 좋다. 양질의 혼화재를 사용하면 시멘트와 혼화재의 총량을 결합재량으로 한다.

다음에 열거하는 공식들은 미국 콘크리트 시방서에서 얻은 자료로서, 굵은 골재의 최대 치수가 40 mm인 경우의 압축 강도의 범위에 따른 B/W와 f_{28}과의 관계식을 나타낸 것이다. 이것을 참고 자료로 제시한다.

(ㄱ) AE제를 쓰지 않은 콘크리트

$$\left.\begin{aligned} &f_{28} = 16 \sim 23\ \text{MPa인 경우},\ f_{28} = -13.9 + 23.0\,B/W \\ &f_{28} = 23 \sim 33\ \text{MPa인 경우},\ f_{28} = -7.6 + 19.0\,B/W \\ &f_{28} = 33 \sim 39\ \text{MPa인 경우},\ f_{28} = 2.2 + 14.4\,B/W \end{aligned}\right\} \tag{3.45}$$

(ㄴ) 공기량이 4%인 공기 연행 콘크리트

$$\left.\begin{aligned} &f_{28} = 14 \sim 25\ \text{MPa인 경우},\ f_{28} = -7.4 + 16.2\,B/W \\ &f_{28} = 25 \sim 32\ \text{MPa인 경우},\ f_{28} = -1.8 + 13.4\,B/W \end{aligned}\right\} \tag{3.46}$$

예제 3.1

표 3.14의 물-결합재비와 콘크리트의 28일 압축 강도를 사용하여 $B/W-f_{28}$의 관계식을 구하여라.

표 3.14 B/W와 f_{28}의 관계표

W/B(%)	B/W	재령 28일의 압축 강도의 평균(MPa)
45	2.22	32.1
50	2.00	27.6
55	1.82	23.9

해

일반적으로 $B/W-f_{28}$의 관계는 $f_{28}=a+b(B/W)$의 식으로 표시되므로, 상수 a, b를 다음과 같이 구한다.

표 3.15 상수 a, b의 결정법

$B/W=x_i$	2.22	2.00	1.82
$f_{28}=y_i$	32.1	27.6	23.9

i	x_i	y_i	x_i^2	$x_i \cdot y_i$
1	2.22	32.1	4.9284	71.262
2	2.00	27.6	4.0000	55.200
3	1.82	23.9	3.3124	43.498
합계 $\Sigma n=3$	6.04	83.6	12.2408	169.960

$$a=\frac{\Sigma x_i^2\,\Sigma y_i-\Sigma x_i\,\Sigma(x_i y_i)}{n\Sigma x_i^2-(\Sigma x_i)^2}=\frac{12.2408\times 83.6-6.04\times 169.96}{3\times 12.2408-6.04^2}\fallingdotseq -13.4$$

$$b=\frac{n\Sigma(x_i y_i)-\Sigma x_i\,\Sigma y_i}{n\Sigma x_i^2-(\Sigma x_i)^2}=\frac{3\times 169.96-6.04\times 83.6}{3\times 12.2408-6.04^2}\fallingdotseq 20.5$$

$$\therefore\ f_{28}=-13.4+20.5(B/W)$$

(나) 콘크리트의 수밀성을 고려하여 정하는 경우 물-결합재비는 50% 이하로 한다.

(다) 콘크리트의 내구성을 기준으로 하여 정하는 경우 탄산화 작용, 염화물 침투, 동결 융해 작용, 황산염 등과 같이 콘크리트 구조물의 내구성에 영향을 미치는 요인을 고려할 경우에는 표 3.16에 따른다.

표 3.16 콘크리트의 내구성 기준 최대 물-결합재비[29)]

노출 범주 및 등급* / 항목	일반	EC (탄산화)				ES (염화물)				EF (동결 융해)				EA (황산염)		
	E0	EC1	EC2	EC3	EC4	ES1	ES2	ES3	ES4	EF1	EF2	EF3	EF4	EA3	EA2	EA3
최대 물-결합재비 (%)**	–	60	55	50	45	45	45	40	40	55	.50	45	45	50	45	45

주: * 표 3.7 참조

** 경량 골재 콘크리트에는 적용하지 않는다. 실적, 연구 성과 등에 의하여 확증이 있을 때에는 5% 더 한 값으로 할 수 있다

③ 굵은 골재의 최대 치수

콘크리트를 경제적으로 만들기 위해서는 될 수 있는 대로 최대 치수가 큰 굵은 골재를 사용하는 것이 좋다. 철근 콘크리트의 경우에는 철근의 간격이나 부재의 치수, 모양 등으로 인하여 큰 골재를 사용할 수 없을 때가 많다.

굵은 골재의 최대 치수는 표 3.17의 값을 표준으로 하고 있다.

표 3.17 굵은 골재 최대 치수의 표준[29)]

콘크리트의 종류	굵은 골재의 최대 치수(mm)
일반적인 경우 단면이 큰 경우	20 또는 25 40
무근 콘크리트	40 부재 최소 치수의 $\frac{1}{4}$을 초과해서는 안 됨

④ 슬럼프

슬럼프가 큰 콘크리트를 사용하면 작업하기는 쉽지만, 블리딩이 커지고 굵은 골재가 분리되기 쉽다. 따라서 작업에 알맞은 범위 내에서 될 수 있는 대로 슬럼프 값을 작게 해야 한다.

슬럼프 값은 표 3.18의 값을 표준으로 한다.

표 3.18 슬럼프 값의 표준[29)]

콘크리트의 종류		슬럼프 값(mm)
무근 콘크리트	일반적인 경우	50～150
	단면이 큰 경우	50～100
철근 콘크리트	일반적인 경우	80～150
	단면이 큰 경우	60～120

주: 유동화 콘크리트의 슬럼프는 3.6 각종 콘크리트 7.(1)③의 (나)에 따른다.

⑤ 연행 공기량

AE제, AE 감수제 또는 고성능 AE 감수제를 사용한 공기 연행 콘크리트의 공기량은 굵은 골재의 최대 치수와 내동해성을 고려하여 정한다.

공기 연행 콘크리트의 공기량은 표 3.19의 값을 표준으로 한다.

표 3.19 공기 연행 콘크리트의 공기량 표준값[29)]

굵은 골재의 최대 치수 (mm)	공기량(%)	
	심한 노출*	보통 노출**
10	7.5	6.0
15	7.0	5.5
20	6.0	5.0
25	6.0	4.5
40	5.5	4.5

주 : * 노출 등급 EF2, EF3, EF4(표 3.7 참조)
** 노출 등급 EF1(표 3.7 참조)

⑥ 단위 수량

단위 수량은 185 kg/m^3 이내의 작업이 가능한 범위 내에서 될 수 있는 대로 적게 사용하며, 그 양은 시험해서 정해야 한다.

단위 수량을 정할 때 표 3.20의 값을 이용하면 편리하다.

표 3.20 콘크리트의 잔골재율 및 단위 수량의 대략값[29)]

굵은 골재의 최대 치수 (mm)	단위 굵은 골재의 용적 (%)	AE제 사용하지 않은 콘크리트			공기 연행 콘크리트				
		갇힌 공기량 (%)	잔골재율 S/a (%)	단위 수량 W (kg)	공기량 (%)	양질 AE제 사용		양질 AE 감수제 사용	
						잔골재율 S/a(%)	단위 수량 W(kg)	잔골재율 S/a(%)	단위 수량 W(kg)
15	58	2.5	49	190	7.0	47	180	48	170
20	62	2.0	45	185	6.0	44	175	45	165
25	67	1.5	41	175	5.0	42	170	43	160
40	72	1.2	36	165	4.5	39	165	40	155

주 : 1) 이 표의 값은 보통 입도를 가진 모래(조립률 2.80 정도)와 자갈을 사용한 물-시멘트비 55% 정도, 슬럼프 약 80 mm의 콘크리트에 대한 것이다.
2) 사용 재료 또는 콘크리트의 품질이 위 1)의 조건과 다를 때에는 상기 표의 값을 표 3.21과 같이 보정한다.

표 3.21 잔골재율(S/a)과 물(W)의 보정법[29]

구분	S/a(%)의 보정	단위 수량 W(kg)의 보정
모래의 조립률이 0.1만큼 클(작을) 때마다	0.5만큼 크게(작게) 한다.	보정하지 않는다.
슬럼프 값이 10 mm만큼 클(작을) 때마다	보정하지 않는다.	1.2%만큼 크게(작게) 한다.
공기량이 1%만큼 클(작을) 때마다	0.5~1만큼 작게(크게) 한다.	3%만큼 작게(크게) 한다.
물-결합재비가 0.05만큼 클(작을) 때마다	1만큼 크게(작게) 한다.	보정하지 않는다.
S/a가 1% 클(작을) 때마다	보정하지 않는다.	1.5 kg만큼 크게(작게) 한다.
부순 굵은 골재를 사용할 경우	3~5만큼 크게 한다.	9~15만큼 크게 한다.
부순 잔골재를 사용할 경우	2~3만큼 크게 한다.	6~9만큼 크게 한다.

주 : 단위 굵은 골재의 용적에 의하는 경우에는 모래의 조립률이 0.1만큼 커질(작아질) 때마다 단위 굵은 골재의 용적을 1%만큼 작게(크게) 한다.

⑦ 잔골재율

콘크리트의 잔골재와 굵은 골재의 비는 잔골재율(fine aggregate ratio)로 정하는 것이 일반적이다.

잔골재율은 다음 식으로 구한다.

$$\frac{S}{a} = \frac{S}{S+G} \times 100 \tag{3.47}$$

여기서, $\frac{S}{a}$: 잔골재율 (%)

S : 잔골재량의 절대 용적 (m^3)

G : 굵은 골재량의 절대 용적 (m^3)

a : 전체 골재량의 절대 용적 (m^3)

골재의 절대 용적은 골재의 공극을 제외한 골재가 순수히 차지하고 있는 용적을 말한다.

굵은 골재와 잔골재의 가장 알맞은 비율, 즉 최적 잔골재율은 필요한 워커빌리티를 얻을 수 있는 범위 내에서 단위 수량이 적게 되도록 시험에 의해 정한다.

일반 콘크리트 배합 설계를 할 때 잔골재율의 대략의 표준으로 표 3.20의 값을 사용하면 편리하다.

⑧ 단위 결합재량

단위 결합재량은 원칙적으로 단위 수량과 물-결합재비로부터 정해야 한다. 소요의 강도, 내구성, 수밀성, 균열 저항성, 강재 보호 성능 등을 갖는 콘크리트가 얻어지도록 시험에 의하여 정한다.

단위 수량과 물-결합재비로부터 정하며, 300 kg/m^3 이상으로 하는 것이 좋다.

⑨ 단위 혼화 재료량

AE제, AE 감수제 및 고성능 AE 감수제 등의 단위량은 소요의 슬럼프 및 공기량을 얻을 수 있도록 시험에 의해 정한다.

제빙 화학제에 노출된 콘크리트의 노출 등급에 있어서 플라이 애시, 고로 슬래그 미분말 또는 실리카 퓸을 시멘트 재료의 일부로 치환하여 사용하는 경우 이들 혼화재의 사용량은 표 3.22의 값을 초과하지 않도록 한다.

표 3.22 제빙 화학제*에 노출된 콘크리트의 최대 혼화재 비율[29)]

혼화재의 종류	시멘트와 혼합재 전체에 대한 혼화재의 질량비(%)
플라이 애시 또는 기타 포졸란	25
고로 슬래그 미분말	50
실리카 퓸	10
플라이 애시 또는 기타 포졸란, 고로 슬래그 미분말 및 실리카 퓸의 합	50*
플라이 애시와 실리카 퓸의 합	35*

주 : * 노출 등급 EF4(표 3.7 참조)에 해당한다.
** 플라이 애시 또는 기타 포졸란의 합은 25% 이하, 실리카 퓸은 10% 이하여야 한다.

⑩ 각 재료 단위량의 산출

콘크리트 배합에 필요한 각 재료의 단위량은 다음 식으로 구한다.

$$
\left.
\begin{aligned}
&\text{단위 시멘트 양 } C(\text{kg})=\frac{\text{단위 수량}}{\text{물-결합재비}}\\
&\text{단위 골재량의 절대 용적 } V_a(\text{m}^3)\\
&=1-\left(\frac{\text{단위 수량}}{1\,000}+\frac{\text{단위 시멘트 양}}{\text{시멘트의 밀도}\times 1\,000}+\frac{\text{단위 혼화재량}}{\text{혼화재의 밀도}\times 1\,000}+\frac{\text{공기량}}{100}\right)\\
&\text{단위 잔골재량의 절대 용적 } V_s(\text{m}^3)=(\text{단위 골재량의 절대 용적})\times(\text{잔골재율})\\
&\text{단위 잔골재량 } S(\text{kg})=(\text{단위 잔골재량의 절대 용적})\times(\text{잔골재의 밀도})\times 1\,000\\
&\text{단위 굵은 골재량의 절대 용적 } V_g(\text{m}^3)\\
&\quad=(\text{단위 골재량의 절대 용적})-(\text{단위 잔골재량의 절대 용적})\\
&\text{단위 굵은 골재량 } G(\text{kg})\\
&\quad=(\text{단위 굵은 골재량의 절대 용적})\times(\text{굵은 골재의 밀도})\times 1\,000
\end{aligned}
\right\}\quad(3.48)
$$

(2) 시험 비비기

1) 1배치의 양을 정하여 각 재료를 계량한다.
2) AE제 또는 감수제를 사용한 경우에는 수용액 속의 수량을 비비기에 사용하는 수량에서 뺀다.
3) 모든 재료를 전부 콘크리트 혼합기에 넣고 비비기를 한다.
4) 비비기를 한 콘크리트의 슬럼프와 공기량을 측정한다.
5) 슬럼프와 공기량이 정해진 값이 되지 않을 때, 표 3.21의 보정값을 사용해서 다시 시험 비비기를 하여 필요한 슬럼프와 공기량의 콘크리트를 만든다.
6) 슬럼프와 공기량을 일정하게 하고 잔골재율을 조금씩 변화시켜서, 정해진 워커빌리티가 얻어지는 범위 내에서 단위 수량이 될 수 있는 대로 적게 되도록 배합을 정한다.
7) 설계 조건을 만족하는 배합이 정해질 때까지 이러한 작업을 반복한다.

(3) 시방 배합의 결정

1) 콘크리트 시험체를 제작하고 압축 강도 시험을 한다.
2) 결합재-물비(B/W)와 압축 강도(f_{28})의 관계를 구하여, $f_{28}=a+b(B/W)$의 식으로 나타낸다.
3) $B/W-f_{28}$의 관계에서 물-결합재비(B/W)를 결정한다.
4) 각 재료의 단위량을 구하여 시방 배합을 정한다.

(4) 현장 배합으로의 환산

① 입도에 대한 보정

입도에 대한 골재의 보정은 다음 식으로 한다.

$$\left.\begin{aligned} S'+G'&=S+G \\ aS'+(100-b)G'&=100G \\ \text{또는}\quad bG'+(100-a)S'&=100S \end{aligned}\right\} \tag{3.49}$$

윗식에서 다음 식을 얻을 수 있다.

$$\left.\begin{aligned} S'&=\frac{100S-b(S+G)}{100-(a+b)} \\ G'&=\frac{100G-a(S+G)}{100-(a+b)} \quad \text{또는}\quad G'=S+G-S' \end{aligned}\right\} \tag{3.50}$$

여기서, S' : 실제로 계량할 단위 잔골재량(kg)

G' : 실제로 계량할 단위 굵은 골재량(kg)

S : 시방 배합의 단위 잔골재량(kg)

G : 시방 배합의 단위 굵은 골재량(kg)

a : 잔골재 중의 5 mm 체에 남는 양(%)

b : 굵은 골재 중의 5 mm 체를 통과하는 양(%)

② 함수 상태에 대한 보정

(가) 표면수가 있는 경우 잔골재에 표면수가 있는 경우, 잔골재량과 수량은 다음 식으로 보정한다.

$$\left.\begin{aligned} S'' &= S\left(1+\frac{c}{100}\right) \\ W' &= W-(S''-S) \end{aligned}\right\} \tag{3.51}$$

여기서, S'' : 실제로 계량할 단위 잔골재량(kg)

S : 시방 배합의 단위 잔골재량(kg) (입도 보정한 경우 S' 적용)

W' : 실제로 계량할 단위 수량(kg)

W : 시방 배합의 단위 수량(kg)

c : 잔골재의 표면 수율(%)

굵은 골재에 표면수가 있을 경우에도 같은 방법으로 보정한다.

(나) 기건 상태의 경우 굵은 골재가 기건 상태일 경우에는 다음 식으로 보정한다.

$$\left.\begin{aligned} G'' &= G\frac{\left(1+\dfrac{d}{100}\right)}{\left(1+\dfrac{e}{100}\right)} \\ W'' &= W+(G-G'') \end{aligned}\right\} \tag{3.52}$$

여기서, G'' : 실제로 계량할 단위 굵은 골재량(kg)

G : 시방 배합의 단위 굵은 골재량(kg) (입도 보정한 경우 G' 적용)

W'' : 실제로 계량할 단위 수량(kg)

W : 시방 배합의 단위 수량(kg)

d : 굵은 골재의 기건 함수율(%)

e : 굵은 골재의 흡수율(%)

잔골재가 기건 상태일 경우에도 같은 방법으로 보정한다.

3. 콘크리트의 배합 설계 예

보통 기상 작용을 받는 지역에서 일반 철근 콘크리트 구조물에 사용하는 콘크리트의 배합 설계를 한다.

(1) 설계 조건 및 사용 재료

① 설계 조건

설계 기준 압축 강도 : $f_{ck}=21$ MPa

슬럼프 값 : 120 mm

공기량 : 6.0%

압축 강도의 표준 편차 : $s=3.8$ MPa

콘크리트를 친 날로부터 재령까지의 예상 평균 기온 : 15°C

구조물의 노출 상태 : 보통

② 사용 재료 및 시험 결과

시멘트 : 보통 포틀랜드 시멘트, 밀도 3.16 Mg/m^3

잔골재 : 하천 모래, 밀도 2.62 g/cm^3, 조립률(FM) 2.75

굵은 골재 : 하천 자갈, 밀도 2.65 g/cm^3, 최대 치수 25 mm

혼화제 : AE제, 시멘트 질량의 0.03% 사용

③ 압축 강도의 시험 결과

3종류의 결합재-물비(B/W)에 대한 시험 배합의 콘크리트 압축 강도 시험 결과는 표 3.14와 같고, $B/W-f_{28}$의 관계는 그림 3.68과 같다.

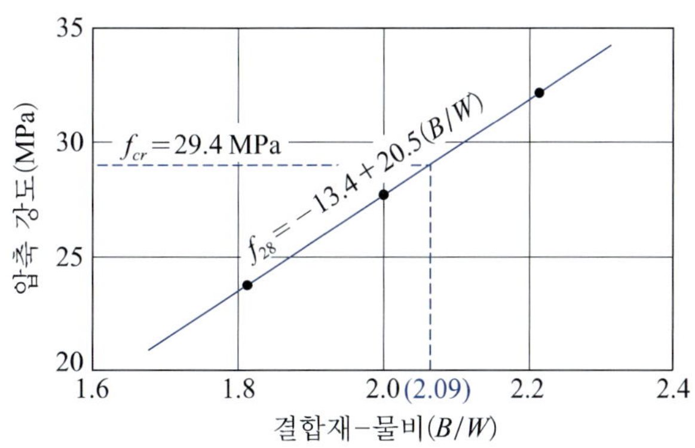

그림 3.68 결합재-물비와 압축 강도의 관계

(2) 시험 배합의 계산

① 배합 강도

(가) 품질 기준 강도(f_{cq}) 식 (3.41)에 따라, 설계 기준 압축 강도 f_{ck} = 21 MPa과 내구성 기준 압축 강도 f_{cd} = 21 MPa(표 3.10에서 노출 범주가 일반이고, 등급이 E0일 경우) 중에서 큰 값으로 정한다.

따라서 품질 기준 강도(f_{cq})는 다음과 같이 정한다.

$$f_{cq} = 21\ \text{MPa}$$

(나) 배합 강도(f_{cr}) 배합 강도는 범위가 $f_{cq} \leq 35$ MPa이므로, 식 (3.42)에 의한 두 값 중 큰 것으로 정한다.

이때, 품질 기준 강도는 표 3.11의 콘크리트를 친 날로부터 재령까지의 예상 평균 기온 15°C에 대한 콘크리트 강도의 기온에 따른 보정값 T_n =3 MPa을 더하여 구한 값으로 한다.

$$f_{cr} = (21 + 3) + 1.34 \times 3.8 = 29.1\ \text{MPa}$$

$$f_{cr} = (21 + 3 - 3.5) + 2.33 \times 3.8 = 29.4\ \text{MPa}$$

따라서 배합 강도(f_{cr})는 다음과 같이 정한다.

$$f_{cr} = 29.4\ \text{MPa}$$

② 물-결합재비(W/B)

(가) 콘크리트의 압축 강도를 기준으로 하여 정하는 경우 그림 3.68의 $B/W - f_{28}$의 관계에서 구한 식을 사용한다.

$$f_{28}(f_{cr}) = -13.4 + 20.5\left(\frac{B}{W}\right)$$

$$\therefore\ \frac{W}{B} = \frac{20.5}{29.4 + 13.4} = 0.479$$

(나) 콘크리트의 수밀성을 고려하여 정하는 경우 수밀성 콘크리트는 물-결합재비를 50% 이하로 한다.

(다) 콘크리트의 내구성을 기준으로 하는 경우 표 3.16에서 노출 범주가 일반이고, 등급이 E0일 경우의 물-결합재비에 관한 규정이 없으므로 고려하지 않는다.

이상의 결과로부터 최소 물-결합재비(W/B) = 47.9 %이지만, 안전측을 고려하여 47.5%로 정한다.

③ **굵은 골재의 최대 치수**

주어진 굵은 골재의 최대 치수 25 mm를 사용한다.

④ **슬럼프 값**

주어진 슬럼프 값 120 mm로 한다.

⑤ **잔골재율 및 단위 수량**

표 3.20에서 굵은 골재의 최대 치수 25 mm일 때, 잔골재율과 단위 수량을 구하여 표 3.21에 따라 보정하면 표 3.23과 같다.

표 3.23 잔골재율과 단위 수량의 보정

보정 항목	배합 조건	표 3.18 조건	잔골재율 $S/a = 42\%$	단위 수량 $W = 170$ kg
			잔골재율의 보정	단위 수량의 보정
조립률(FM)	2.75	2.8	$\frac{2.75-2.8}{0.1} \times 0.5 = -0.25\%$	−
슬럼프(mm)	120	80	−	$1+\frac{120-80}{10} \times 1.2 = 4.8\%$
공기량(%)	6.0	5	$\frac{5.0-6.0}{1} \times 0.75 = -0.75\%$	$1+\frac{5.0-6.0}{1} \times 3 = -3\%$
물-결합재비(%)	47.5	55	$\frac{0.475-0.55}{0.05} \times 1 = -1.5\%$	−
합계			-2.5%	1.8%
보정한 설계값			$S/a = 42 - 2.5 = 39.5\%$	$W = 170 \times (1+0.018) = 173$ kg

⑥ **각 재료의 단위량**

식 (3.48)에 따라 각 재료의 단위량을 구하면 다음과 같다.

단위 수량$(W) = 173$ kg

단위 시멘트 양$(C) = \frac{173}{0.475} = 364$ kg

단위 골재의 절대 용적$(V_a) = 1 - \left(\frac{173}{1\,000} + \frac{364}{3.16 \times 1\,000} + \frac{6}{100}\right) = 0.652\ \text{m}^3$

단위 잔골재량의 절대 용적$(V_s) = 0.652 \times 0.395 = 0.258\ \text{m}^3$

단위 잔골재량$(S) = 0.258 \times 2.62 \times 1\,000 = 676$ kg

단위 굵은 골재의 절대 용적$(V_g) = 0.652 - 0.258 = 0.394\ \text{m}^3$

단위 굵은 골재량$(G) = 0.394 \times 2.65 \times 1\,000 = 1\,044$ kg

단위 AE제량$(\text{AE}) = 364 \times 0.0003 = 0.109$ kg $= 109$ g

(3) 시험 비비기

① 시험 배치의 양

1배치의 양을 30 L로 하면, (2)⑥의 각 재료량은 다음과 같이 된다.

물의 양 = 173 × 30/1 000 = 5.19 kg

시멘트 양 = 364 × 30/1 000 = 10.92 kg

잔골재량(표건 상태) = 676 × 30/1 000 = 20.28 kg

굵은 골재량(표건 상태) = 1 044 × 30/1 000 = 31.32 kg

AE제량 = 0.109 × 30/1 000 = 0.0033 kg

② 제1배치

재료량을 30 L 사용하여 시험 비비기를 한 결과, 슬럼프 값이 120 mm, 공기량이 6.0%가 되어 설계 조건을 만족하고 워커빌리티도 상당히 좋았다. 따라서 이 값을 시방 배합으로 결정한다.

콘크리트의 시험 비비기 결과가 설계 조건에 맞지 않을 때에는 표 3.21에 따라 보정한다.

(4) 시방 배합의 결정

위의 결과를 시방 배합표에 나타내면 표 3.24와 같다.

표 3.24 시방 배합표

굵은 골재의 최대 치수 (mm)	슬럼프의 범위 (mm)	공기량의 범위 (%)	물-결합재비 W/B (%)	잔골재율 S/a (%)	단위 질량(kg/m^3)					
					물 W	시멘트 C	잔골재 S	굵은 골재 G	혼화 재료: 혼화재	혼화 재료: 혼화제 (g/m^3)
25	120	6.0	47.5	39.5	173	364	676	1 044	–	109

(5) 현장 배합으로의 환산

① 현장 골재의 상태

(가) 골재의 입도

잔골재 중의 5 mm 체에 남는 양 : 10%

굵은 골재 중의 5 mm 체를 통과하는 양 : 5%

(나) 골재의 함수율

잔골재 : 표면 수율 5%

굵은 골재 : 기건 함수율 0.8%, 흡수율 1.8%

② 현장 배합의 계산

(가) 입도에 대한 보정 입도 보정된 잔골재량(S')과 입도 보정된 굵은 골재량(G')은 식 (3.50)에 따라 다음과 같이 된다.

$$S' = \frac{100 \times 676 - 5(676 + 1\,044)}{100 - (10 + 5)} = 694 \text{ kg}$$

$$G' = \frac{100 \times 1\,044 - 10(676 + 1\,044)}{100 - (10 + 5)} = 1\,026 \text{ kg}$$

(나) 함수 상태에 대한 보정 잔골재의 표면 수량에 대해 보정된 잔골재량(S'')과 수량(W')은 식 (3.51)에 따라 다음과 같이 된다.

$$S'' = 694\left(1 + \frac{5}{100}\right) = 729 \text{ kg}$$

$$W' = 173 - (729 - 694) = 138 \text{ kg}$$

굵은 골재의 함수량에 대해 보정된 굵은 골재량(G'')과 수량(W'')은 식 (3.52)에 따라 다음과 같이 된다.

$$G'' = 1\,026\,\frac{\left(1 + \frac{0.8}{100}\right)}{\left(1 + \frac{1.8}{100}\right)} = 1\,016 \text{ kg}$$

$$W'' = 138 + (1\,026 - 1\,016) = 148 \text{ kg}$$

③ 현장 배합표

위의 결과를 현장 배합표에 나타내면 표 3.25와 같다.

표 3.25 현장 배합표

굵은 골재의 최대 치수 (mm)	슬럼프의 범위 (mm)	공기량의 범위 (%)	물-결합재비* W/B (%)	잔골재율 S/a (%)	단위 질량(kg/m³)					
					물 W	시멘트 C	잔골재 S	굵은 골재 G	혼화 재료	
									혼화재	혼화제 (g/m³)
25	120	6.0	47.5	39.5	148	364	739	1 016	–	109

3.5 콘크리트의 시공

1. 콘크리트 재료의 계량

재료를 계량(batching)하기 전에 시방 배합을 현장 배합으로 고치고, 현장 배합에 따라 계량한다. 1회분의 비비기 양은 공사의 종류, 콘크리트의 치기 양, 비비기 설비, 운반 방법 등을 고려해서 정한다.

각 재료는 1회분의 비비기 양마다 질량으로 계량한다. 다만, 물과 혼화제 용액은 용적으로 계량해도 된다.

(1) 재료의 계량

① 물

물은 질량이나 체적의 어느 쪽을 사용해도 다른 재료에 비하여 비교적 정확하게 계량할 수 있다.

물의 계량 오차는 콘크리트의 반죽 질기, 강도 등에 직접 영향을 끼치므로 정확하게 계량해야 한다.

② 시멘트

시멘트는 질량으로 계량한다. 포대 시멘트를 사용할 때에는 1포대의 질량(40 kg)이 일정하므로 포대수를 세면 되고, 1포대보다 적은 양은 질량으로 계량한다.

무포대 시멘트(bulk cement)를 사용할 때에는 계량기를 사용해야 한다.

③ 혼화 재료

혼화재는 시멘트와 같은 방법으로 계량한다. 혼화제는 보통 물에 타서 계량하며, 혼화제를 녹이는 데 사용하는 물이나 혼화제를 묽게 하는 데 사용하는 물은 단위 수량의 일부로 보아야 한다.

④ 골재

잔골재와 굵은 골재는 따로따로 계량해야 한다. 골재의 흡수량 및 표면 수량은 콘크리트의 단위 수량에 크게 영향을 끼치므로, 골재의 함수량을 측정하여 혼합 수량을 보정해야 한다.

골재가 건조한 경우에는 유효 흡수량을 측정하고, 시험 방법은 시험의 소요 시간, 시험 횟수, 시험의 정밀도, 경제성 등을 고려하여 선정하는 것이 좋다.

특히 잔골재는 함수량이 변하기 쉬우므로 표면 수량을 자주 측정해야 한다.

(2) 계량 오차

각 재료 계량의 정밀도는 매우 중요하므로 이를 허용 오차 이내로 해야 한다.

각 재료의 계량 오차는 1회 계량분에 대하여 표 3.26의 값 이하라야 한다.

표 3.26 계량의 허용 오차[29)]

재료의 종류	측정 단위	허용 오차(%)
물	질량 또는 체적	−2, ±1
시멘트	질량	−1, +2
혼화재	질량	±2
혼화제	질량	±3
골재	질량	±3

2. 콘크리트의 비비기

콘크리트는 균등질이 될 때까지 비비기(mixing)를 해야 워커빌리티가 좋아져서 강도가 커진다. 그러나 너무 오래 비비면 워커빌리티가 나빠지고 재료 분리가 생기며, 공기 연행 콘크리트에서는 공기량이 감소되고 워커빌리티가 변하는 경우도 있다.

(1) 믹서

콘크리트의 비비기에는 일반적으로 가경식 믹서와 강제 혼합식 믹서가 사용된다.

① **가경식 믹서**(tilting mixer)

동력에 의하여 회전하는 비빔통 속에 재료를 넣고 비비는 것이다. 일반적으로 된 반죽 콘크리트의 비비기에 사용하지만, 묽은 반죽 콘크리트 비비기에도 사용할 수 있다.

② **강제 혼합식 믹서**(forced ciculating mixer)

비빔통 속에 재료를 넣고, 동력에 의하여 회전하는 날개로 비비기를 하는 것이다. 일반적으로 된 반죽 콘크리트를 비비기에 사용하며, 가경식 믹서에 비해 비비기 시간이 짧다. 또, 가경식 믹서로서는 충분히 비비기를 할 수 없는 부배합 콘크리트나 경량 골재 콘크리트 비비기에 알맞다.

(2) 비비기

① **재료 넣기의 순서**

재료를 믹서에 넣을 때에는 모든 재료를 균등하게 넣는 것이 원칙이다. 다만, 물은 다른 재료보다 조금 빨리 넣기 시작하여 그 넣는 속도를 일정하게 하고, 다른 재료를 전부 넣은 후에 투입이 완료되도록 해야 한다.

② **비비기 시간**(mixing time)

재료는 반죽된 콘크리트가 성형성이고 균등질이 될 때까지 충분히 비벼야 한다. 비비기 시간은 시험에 의하여 정하는 것을 원칙으로 한다.

보통 믹서 안에 재료를 충분히 넣은 후 가경식 믹서일 경우에는 1분 30초 이상, 강제 혼합식 믹서일 경우에는 1분 이상을 표준으로 한다. 믹서의 용량이 큰 경우에는 비비기 시간을 길게 한다.

③ **다시 비비기**

(가) 되비비기(retempering) 콘크리트 또는 모르타르가 엉기기 시작한 경우에 다시 비비기를 하는 작업이다.

(나) 거듭 비비기(remixing) 콘크리트 또는 모르타르가 엉기기 시작하지는 않았으나, 비빈 후 상당히 시간이 지났거나 또는 재료가 분리된 경우에 다시 비비기를 하는 작업이다.

3. 콘크리트의 운반

콘크리트는 재료의 분리, 콘크리트의 손실, 슬럼프 및 공기량의 감소가 적게 되도록 알맞는 방법으로 신속하게 운반(transporting)해야 한다.

(1) 운반 계획

콘크리트 치기를 시작하기 전에 구조물에 요구되는 기능, 강도, 내구성 및 시공상 주의해야 할 점 등을 고려하여 구체적인 운반, 치기 등의 방법에 관해 충분한 계획을 세워야 한다.

계획 수립 시 검토해야 할 사항은 다음과 같다.

1) 전 공정 중의 콘크리트 작업의 공정
2) 1일에 쳐야 할 콘크리트 양에 맞추어 운반, 치기 방법 등의 결정 및 인원 배치
3) 운반로, 운반 경로
4) 치기 구획, 시공 이음의 위치, 시공 이음의 처치 방법
5) 콘크리트의 치기 순서
6) 콘크리트의 비비기에서 치기까지 소요 시간
7) 기상 조건(온도, 습도, 풍속, 직사 광선)

(2) 운반 기기

① 운반차

운반 거리가 먼 경우나 슬럼프가 큰 콘크리트일 경우에는, 교반 장치(agitator)를 붙인 트럭이나 애지테이터와 같은 교반 설비를 갖춘 운반차를 사용하여 운반해야 한다.

운반 거리가 50～100 m 이하의 평탄한 운반로를 만들어 콘크리트의 재료 분리를 막을 수 있을 때에는 손수레차 등을 사용해도 된다.

슬럼프 50 mm 이하의 된 반죽 콘크리트를 10 km 이하의 거리를 운반하는 경우나 1시간 이내에 운반이 가능한 경우, 재료 분리가 심하지 않으면 덤프 트럭에 의하거나 버킷을 자동차에 실어서 운반해도 된다.

② 버킷(bucket)

믹서로부터 비벼져 나오는 콘크리트를 적당한 구조의 버킷으로 받아 바로 콘크리트를 칠 장소로 운반하는 것이 가장 좋은 방법이다.

버킷 구조는 콘크리트를 투입하거나 배출할 때에 재료 분리를 일으키지 않고, 배출구로부터 콘크리트의 배출이 쉽고 빠른 것이어야 한다.

③ 콘크리트 펌프(concrete pump)

콘크리트 펌프를 사용하여 적절한 배합의 콘크리트를 압송하면 재료 분리가 매우 적은 상태로 콘크리트를 수송할 수 있다.

콘크리트 펌프를 사용할 경우 굵은 골재의 최대 치수는 40 mm 이하를 표준으로 하며, 슬럼프는 100～180 mm의 범위가 적절하다.

펌프의 호퍼(hopper)에 콘크리트 투입 시의 슬럼프를 120 mm 이상으로 할 경우에는 유동화 콘크리트를 원칙으로 한다.

④ 콘크리트 플레이서(concrete placer)

수송관 내의 콘크리트를 압축 공기로써 압송하는 기계이다. 콘크리트 펌프와 같이 터널 등의 좁은 곳에 콘크리트를 운반하는 데 편리하다.

콘크리트 플레이서의 수송 거리는 공기압, 공기 소비량 등에 따라 다르다. 콘크리트 플레이서를 사용하면 콘크리트의 재료 분리가 매우 심한 경우가 발생하므로 잔골재율을 크게 한 단위 모르타르량이 많은 콘크리트를 사용하는 것이 좋다.

⑤ 벨트 컨베이어(belt conveyer)

콘크리트를 연속적으로 운반하는 데 편리하다. 운반 거리가 길면 햇빛이나 공기에 노출되는 시간이 길어지므로 콘크리트가 건조하거나, 반죽 질기가 변하게 되므로 벨트 컨베이어를 적당한 위치에 배치하여 덮개를 설치하여야 한다.

벨트 컨베이어의 끝부분에는 조절판 및 깔대기를 설치해서 재료 분리를 막아야 한다.

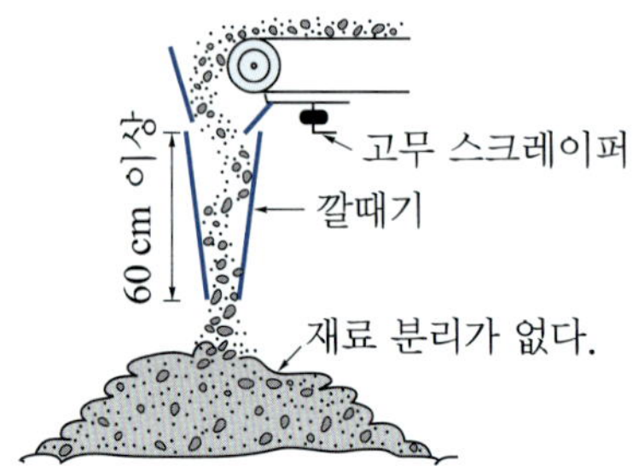

그림 3.69 벨트 컨베이어에 의한 콘크리트 운반

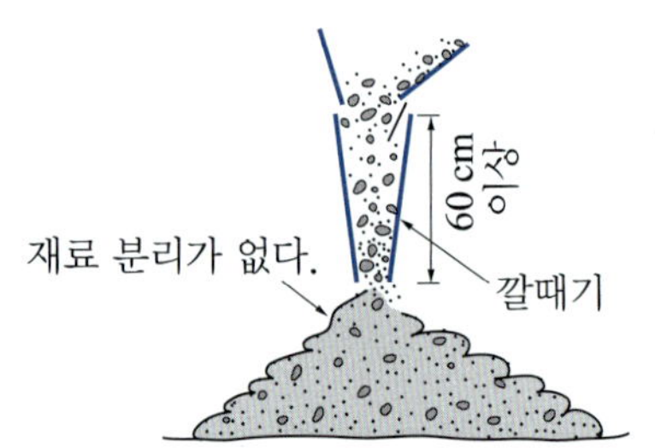

그림 3.70 슈트에 의한 콘크리트 운반

⑥ **슈트**(chute)

슈트를 사용하는 경우에는 원칙적으로 연직 슈트를 사용해야 한다. 높은 곳에서부터 콘크리트를 부리는 경우 적당한 관경을 가진 연직 슈트를 사용하는 것이 좋다. 연직 슈트는 깔때기 등을 이어 만들어 재료 분리가 적은 것이어야 한다.

경사 슈트는 전 길이에 걸쳐 거의 일정한 경사를 가져야 하며, 그 경사는 콘크리트가 재료 분리를 일으키지 않는 것이라야 한다.

4. 콘크리트의 치기

운반되어 온 콘크리트는 즉시 치기(placing)를 해야 한다. 콘크리트의 비비기부터 치기까지의 시간은 온난하고 건조할 때는 1시간, 저온이고 습할 때에도 2시간을 넘지 않도록 한다.

(1) 치기 준비

콘크리트를 치기 전에 준비할 사항은 다음과 같다.

1) 철근, 거푸집, 기타에 관해서 확인한다.
2) 운반 및 치기 설비 등이 치기 계획에 일치하는가를 확인한다.
3) 운반, 치기 설비 및 거푸집 속을 청소한다.
4) 터파기 안의 물을 제거한다.

(2) 치기 작업

콘크리트의 치기(placing of concrete) 작업은 다음과 같이 한다.

1) 한 구획 내의 콘크리트는 연속해서 쳐야 하며, 치기 1층의 높이는 내부 진동기의 성능 등을 고려하여 400∼500 mm 이하로 한다.
2) 콘크리트를 2층 이상으로 나누어 칠 경우에는, 각 층의 콘크리트가 일체로 되도록 아래층의 콘크리트가 굳기 전에 위층의 콘크리트를 쳐서, 콜드 조인트(cold joint)가 생기지 않도록 한다.
3) 거푸집의 높이가 높을 때에는 슈트, 깔때기 등을 사용해서 콘크리트를 쳐야 한다. 이때 배출구와 치기면까지의 높이는 1.5 m 이하를 원칙으로 한다.
4) 벽이나 기둥과 같이 높이가 높은 콘크리트를 연속해서 칠 경우에는 치기 속도를 일반적으로 30분에 1∼1.5 m 정도로 한다.
5) 시공 이음(construction joint)은 될 수 있는 대로 전단력이 작은 위치에 설치하고, 부재의 압축력이 작용하는 방향과 직각 되게 한다.

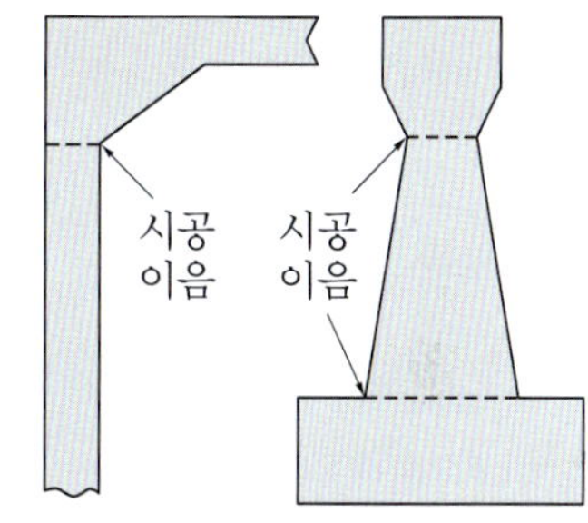

그림 3.71 시공 이음의 위치

5. 콘크리트의 다지기

콘크리트를 친 후 공극을 적게 해서 밀도를 크게 하기 위해 다지기(compaction)를 한다.

(1) 진동기

콘크리트의 다지기에는 내부 진동기를 사용하는 것을 원칙으로 하나, 얇은 벽 등 내부 진동기를 사용하기 어려운 장소에는 거푸집 진동기를 사용한다. 콘크리트 포장과 같이 얇고 넓은 곳에는 표면 진동기를 사용한다.

(2) 다지기 작업

진동 다지기(vibrating compaction) 작업은 다음과 같이 한다.

1) 내부 진동기를 똑바로 찔러넣고, 아래층 콘크리트 속에 0.1 m 정도 들어가게 한다.

2) 내부 진동기를 똑바로 찔러넣는 수평 간격은 슬럼프 80~150 mm 정도의 콘크리트에서는 500 mm 이하, 진동 시간은 5~15초 이하로 한다.
3) 진동기를 콘크리트로부터 빼낼 때에는 천천히 빼내어 구멍이 남지 않도록 한다.

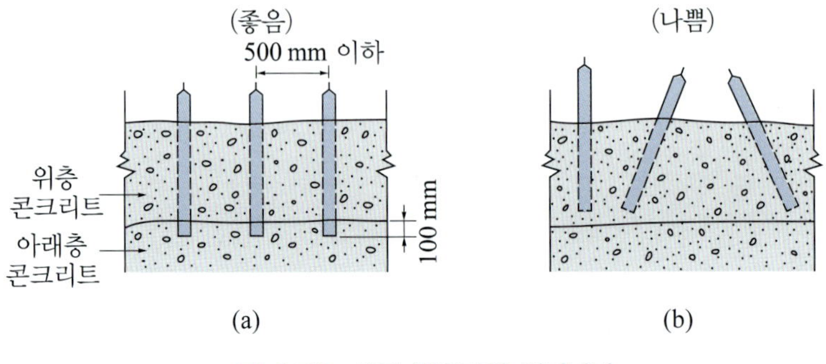

그림 3.72 내부 진동기의 찔러넣기

(3) 재진동 다지기

재진동(revibration) 다지기는 콘크리트를 한 차례 진동기로 다지기를 한 후, 적절한 시기에 다시 진동을 주는 것이다. 재진동(revibration) 다지기를 하면 콘크리트는 다시 유동화되어 콘크리트 속의 빈틈이 작아지고, 콘크리트의 강도 및 철근과의 부착 강도가 커지며, 침하 균열을 막을 수 있다.

다만, 재진동을 할 경우에는 콘크리트에 나쁜 영향이 생기지 않도록 적절한 시기에 하여야 한다.

6. 콘크리트의 양생

콘크리트를 친 후, 콘크리트가 수화 반응에 의하여 충분한 강도를 내고 균열이 생기지 않도록 하기 위하여, 콘크리트에 일정한 기간 동안 적당한 온도와 충분한 습도를 주고 보호해야 한다. 이러한 작업을 콘크리트의 양생(養生, curing)이라 한다.

콘크리트는 습윤 상태로 보존하면 장기에 걸쳐서 강도가 증진되며, 대기 중에 방치하면 강도 증진이 급격히 감소하고 다시 습윤 상태로 하면 강도는 다시 증대된다. 초기 재령 시 급격한 건조는 강도의 발현을 늦게 하는 원인이 된다.

양생의 종류를 목적별로 나누면 다음과 같다.

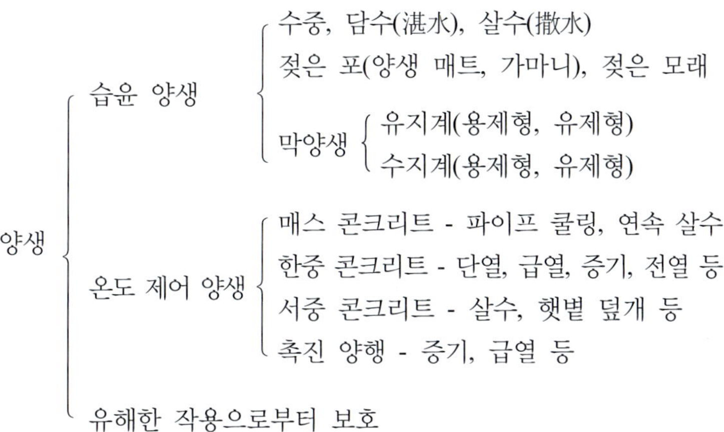

(1) 습윤 양생

① **수중 양생**(water curing)

표준 양생(standard curing)이라 하며, 일반적으로 콘크리트의 배합 설계 시에 강도를 결정할 때 사용하는 방법이다. 20±3°C의 물속에 콘크리트를 담가서 양생하며, 콘크리트의 수분 손실을 막아주고, 추가수를 공급할 수 있는 양생이다.

② **습윤 양생**(moist curing)

콘크리트의 노출면을 양생용 매트, 가마니 등을 적셔서 덮든가 또는 살수하여 젖은 상태로 보호하는 것이다.

콘크리트의 수분 손실을 막아주며 양생 방법이 간단하고, 수평면, 연직면에 모두 사용할 수 있는 가장 확실한 방법이다.

콘크리트의 강도 증진을 위해서는 될 수 있는 대로 오랫동안 습윤 상태로 유지하는 것이 좋다. 그러나 일반적인 구조물에서는 장기간 습윤 양생하는 것은 어렵고 비경제적이다.

콘크리트의 종류에 따른 최소 습윤 양생 기간은 표 3.27과 같다.

표 3.27 습윤 양생 기간의 표준[29)]

일평균 기온	보통 포틀랜드 시멘트	고로 슬래그 시멘트 플라이 애시 시멘트 B종	조강 포틀랜드 시멘트
15°C 이상	5일	7일	3일
10°C 이상	7일	9일	4일
5°C 이상	9일	12일	5일

③ **피막 양생**(membrane curing)

콘크리트의 표면에 막을 만드는 양생제를 뿌려서 수분 증발을 방지하는 방법이다. 습기 양생이 곤란한 경우 또는 습기 양생 전의 초기 양생에 적당하다.

일반적으로 콘크리트 포장 및 콘크리트 슬래브 등 넓은 노출 면적을 갖는 구조물의 양생에 사용된다.

피막 양생제는 콘크리트 표면의 물빛이 없어진 직후에 살포한다. 피막 양생제의 효과는 어느 기간이 지나면 없어진다.

콘크리트 양생용 액상 피막 형성제의 규격은 KS F 2540에 규정되어 있다.

(2) 온도 제어 양생

온도 제어 양생(temperature-controlled curing)은 콘크리트가 경화에 필요한 온도 조건을 유지하고 저온, 고온, 급격한 온도 변화 등에 의한 유해한 영향을 받지 않도록, 치기를 한 후에 일정한 시간 동안 콘크리트의 온도를 제어하는 양생이다.

기온이 상당히 낮은 경우에는 콘크리트의 수화 반응이 늦어 강도 발현이 늦고, 초기 동해를 받기 쉽다. 따라서 급열 또는 보온이 필요하게 된다.

증기 양생(steam curing), 급열 양생(heat curing) 등을 할 경우에는 양생 온도, 양생 시간 등을 적절하게 정해야 한다.

또 기온이 매우 높을 때, 부재 단면이 커서 온도 상승이 큰 경우에는 파이프 쿨링이나 표면 보온을 하여 균열 발생을 막아야 한다.

(3) 유해한 작용에 대한 보호

충분히 경화되지 않은 콘크리트는 충격이나 과대한 하중, 진동 등에 의하여 균열 등이 생겨 손상되기 쉽다.

작업 중에 소나기, 양생수의 수질, 급열 양생용 히터 등의 영향을 받지 않도록 하고, 재령 5일이 될 때까지는 물에 씻기지 않도록 보호해야 한다.

(4) 촉진 양생

콘크리트를 경화 촉진시켜야 할 경우에는 증기 양생, 기타의 촉진 양생(accelerated curing)을 실시해야 한다.

이 경우에는 콘크리트에 나쁜 영향을 미치지 않도록 양생 시작 시기, 온도의 상승 및 하강 속도, 양생 온도 및 양생 시간을 정해야 한다.

3.6 각종 콘크리트

1. 강재 보강재를 사용한 콘크리트

(1) 철근 콘크리트

콘크리트는 압축력에는 강하나 인장력에는 약하므로, 철근으로 보강하여 콘크리트는 압축력, 철근은 인장력을 받도록 철근과 콘크리트가 일체가 되도록 만든 복합 재료를 철근 콘크리트(reinforced concrete, RC)라 한다.

① 철근 콘크리트의 성립 이유

철근과 콘크리트는 서로 성질이 다른 재료이나, 철근과 콘크리트는 부착력이 크고, 팽창계수가 거의 같다. 또, 콘크리트 속의 철근은 부식되지 않으므로 철근 콘크리트가 성립한다.

② 철근 콘크리트의 특징

(가) 장점

1) 구조물의 모양과 치수에 제약을 받지 않고 구조물을 만들 수 있다.
2) 구조물을 일체로 만들 수 있다.
3) 내구성, 내화성이 우수하다.
4) 진동과 소음이 적다.
5) 내진성이 크다.
6) 유지 관리 비용이 적게 든다.

(나) 단점

1) 단위 질량이 크다.
2) 균열이 생기기 쉽다.
3) 부분적 파손이 일어난다.
4) 개조하거나 보강하기 어렵다.
5) 검사하기 어렵다.

③ 재료

(가) 시멘트 포틀랜드 시멘트, 고로 슬래그 시멘트, 플라이 애시 시멘트, 포졸란 시멘트 등을 사용한다.

(나) 철근 철근 콘크리트용 봉강(KS D 3504)을 사용한다.

(2) 합성 구조 콘크리트

I형강, H형강 등의 강재를 철근 콘크리트 부재의 내부에 배치하여 양자를 외력에 저항하도록 한 철골 철근 콘크리트, 콘크리트 채움 기둥 및 샌드위치 부재 등을 합성 구조 콘크리트(composite structure)라 한다.

① 합성 구조 콘크리트의 특징

(가) 장점

1) 부재의 치수를 작게 할 수 있다.
2) 내진성이 좋다.
3) 내구성, 내화성이 좋다.
4) 구조체로서 신뢰성이 있다.

(나) 단점

1) 강재와 콘크리트의 부착이 좋지 않다.
2) 강재비가 클 경우 콘크리트 치기가 어렵고, 균열폭이 커진다.

② 재료

(가) 시멘트 포틀랜드 시멘트, 고로 슬래그 시멘트, 플라이 애시 시멘트, 포졸란 시멘트 등을 사용한다.

(나) 강재 구조용 강재는 일반 구조용 압연 강재(KS D 3503), 용접 구조용 압연 강재(KS D 3515)를 사용한다. 강관은 일반 구조용 탄소 강관(KS D 3566), 일반 구조용 각형 강관(KS D 3568)을 사용한다.

(3) 프리스트레스트 콘크리트

콘크리트는 인장 강도가 작으므로 미리 강재를 긴장하여 콘크리트에 압축 응력을 주어, 하중으로 생기는 인장 응력을 상쇄시키거나 감소시키도록 만든 콘크리트를 프리스트레스트 콘크리트(prestressed concrete, PSC)라 한다.

① 프리스트레스트 콘크리트의 특징

철근 콘크리트에 비해 프리스트레스트 콘크리트의 특징은 다음과 같다.

(가) 장점

1) 균열이 생기지 않으므로 내구성, 수밀성이 좋다.
2) 구조물의 단면을 줄일 수 있다.

3) 경간을 길게 할 수 있다.

4) 구조물의 처짐이 작고, 안전성이 좋다.

5) 전단면이 유효하다.

6) 고강도 콘크리트를 얻을 수 있다.

7) 복원성이 좋다.

(나) 단점

1) 강성이 작아서 변형이 크고, 진동하기 쉽다.

2) 설계, 제작, 가설에 주의가 필요하다.

3) 부속 장치에 비용이 든다.

② 프리스트레스(prestress) 도입 방식

(가) 프리텐션(pretension) 방식 PS 강재를 미리 인장하여 놓은 채로 콘크리트를 치고, 콘크리트가 경화한 후에 PS 강재의 인장력을 천천히 풀어 콘크리트와 강재의 부착으로 콘크리트에 프리스트레싱을 주는 방식이다.

주로 공장 제품에 이용된다.

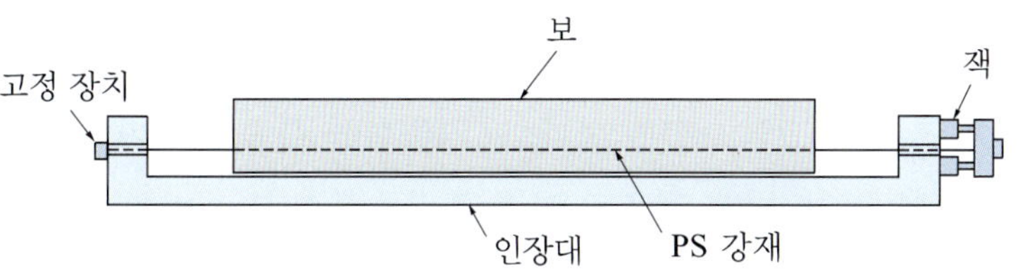

그림 3.73 프리텐션 방식

(나) 포스트텐션(posttension) 방식 콘크리트를 미리 쳐서 콘크리트가 굳은 후, 콘크리트 속에 미리 배치한 시스(sheath) 속에 PS 강재를 넣고 긴장시켜 콘크리트에 프리스트레스를 주는 방식이다.

주로 현장에서 이용된다.

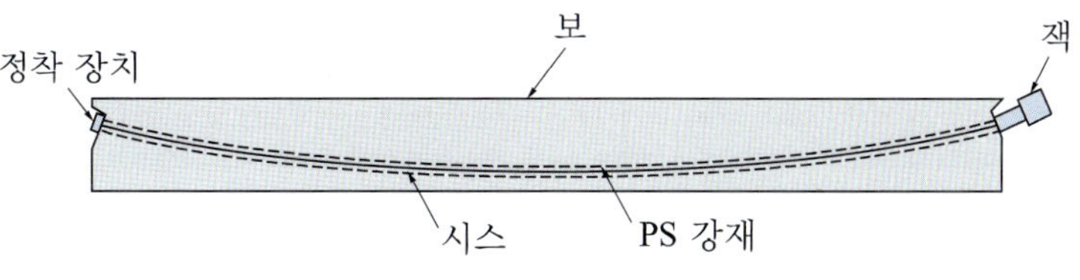

그림 3.74 포스트텐션 방식

③ 재료 및 강도

(가) 콘크리트 재료

(ㄱ) 시멘트 : 주로 보통 포틀랜드 시멘트를 사용한다.

(ㄴ) 골재 : 보통의 경우 25 mm를 표준으로 한다.

(ㄷ) 혼화 재료 : 혼화제는 염화칼슘을 사용해서는 안 된다.

(나) PS 강재 균질성, 부착성, 신직성이 좋고, 릴랙세이션이 적은 것이어야 한다. PS 강선 및 PS 강연선은 KS D 7002, PS 강봉은 KS D 3505에 적합한 것이어야 한다.

(다) 그라우트(grout)

(ㄱ) 팽창률 : 0∼10%를 표준으로 한다.

(ㄴ) 블리딩 율 : 기준값은 3시간 경과 시 0.3% 이하로 한다.

(ㄷ) 물-결합재비 : 45% 이하로 한다.

(ㄹ) 압축 강도 : 재령 28일에서 30 MPa 이상이어야 한다.

④ 프리플렉스(preflex) 공법

콘크리트에 프리스트레스를 도입시키는 특수 공법이다. 그림 3.75와 같이 소정의 솟음(camber)을 가진 강재보에 프리플렉션(preflextion) 하중을 주고, 이 재하 상태에서 하부 플랜지(flange)에 콘크리트를 친다.

콘크리트가 소정의 강도에 도달했을 때, 프리플렉션 하중을 제거하면 콘크리트에 프리스트레스가 도입된다. 이렇게 제조된 보를 프리플렉스 보(preflex beam)라고 한다. 이 보를 소정의 위치에 가설하고 슬래브 콘크리트를 쳐서 합성시키는 공법이다.

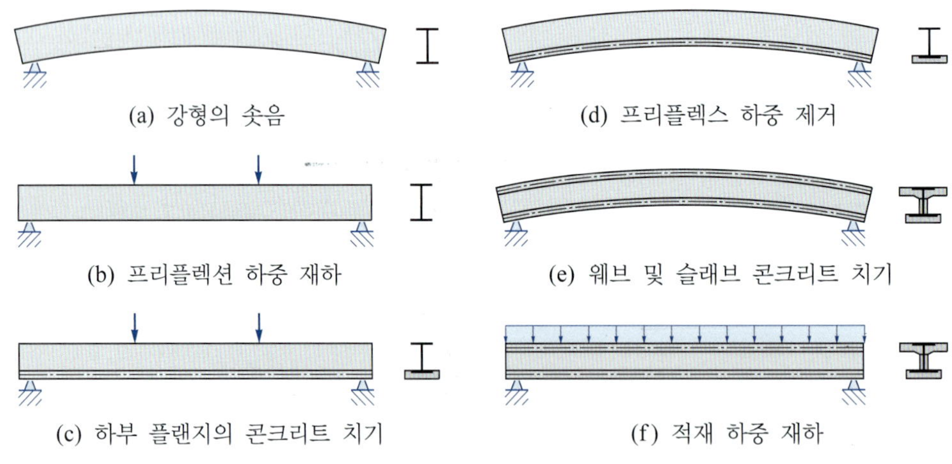

그림 3.75 프리플렉스 공법의 원리

2. 섬유 보강재를 사용한 콘크리트

(1) 강섬유 보강 콘크리트

콘크리트의 인장 강도, 휨 강도, 비틀림 강도, 인성 또는 내충격성을 개선하기 위하여, 짧은 강섬유(steel fiber)를 고르게 분산시켜 만든 콘크리트를 강섬유 보강 콘크리트(steel fiber reinforced concrete, SFRC)라 한다.

주로 도로 및 활주로의 포장, 터널 라이닝, 각종 구조물의 보수, 프리캐스트 콘크리트(precast concrete) 제품 등에 사용된다.

① 강섬유의 종류 및 품질

(가) 강섬유의 종류

(ㄱ) 제조 방법에 따른 분류 : 와이어 섬유, 이형 절단 시트 섬유, 용출 추출 섬유 등이 있다.

(ㄴ) 모양에 따른 분류 : 직선 섬유, 이형 섬유가 있다.

(나) 섬유의 품질

(ㄱ) 평균 인장 강도 : 50 MPa 이상 되어야 한다.

(ㄴ) 분산성 : 콘크리트 내에서 분산이 잘 되어야 한다.

콘크리트용 강섬유의 표준은 KS F 2564에 규정되어 있다.

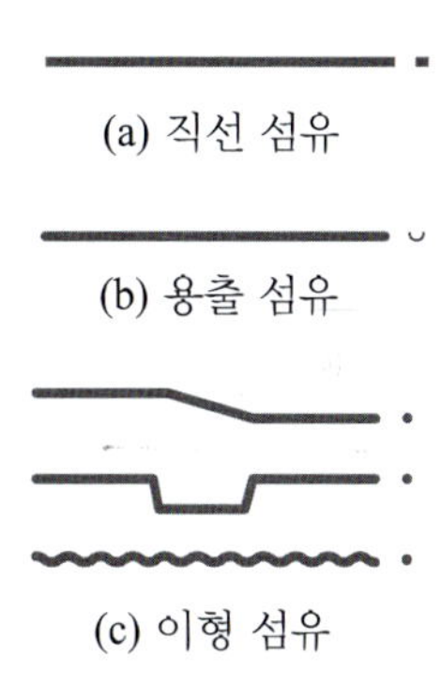

그림 3.76 강섬유의 모양

② 강섬유 보강 콘크리트의 성질

강섬유 혼입률이 체적비로 약 2%일 때, 보통 콘크리트에 비해 성질은 다음과 같다.

(ㄱ) 강도 : 인장 강도 1.5~1.7배, 휨 강도 1.6~1.8배, 동적 강도 5~10배 정도 된다.

(ㄴ) 인성 : 40~200배 정도이다.

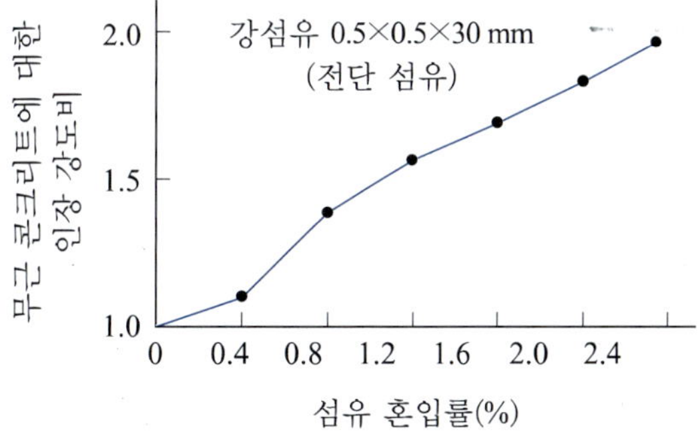

그림 3.77 섬유 혼입률과 인장 강도[31)]

③ **시공**

(가) 비비기

(ㄱ) 믹서 : 강섬유 혼입률 1.5%의 경우에는 중력식 믹서 또는 강제 혼합식 믹서, 강섬유 혼입률 2%의 경우에는 강제 혼합식 믹서를 사용한다.

(ㄴ) 재료의 투입 : 강섬유를 믹서에 넣을 때에는 섬유 분산기를 사용한다. 강섬유 투입은 다른 재료의 투입과 동시에 한다.

(나) 운반 및 치기 보통 콘크리트의 운반 및 치기와 같은 방법으로 한다.

(다) 다지기 내부 진동기를 사용할 때에는 강섬유가 진동기를 찔러넣는 방향으로 모이지 않도록 한다.

(라) 양생 보통 콘크리트의 경우와 같은 방법으로 한다.

(2) 고성능 섬유 보강 콘크리트

① **유리 섬유 보강 콘크리트**(glass fiber reinforced concrete, GFRC)

콘크리트 속에 불연속한 짧은 유리 섬유를 분산시켜 만든 것을 유리 섬유 보강 콘크리트라 한다.

섬유의 길이는 25～38 mm, 혼입률은 5～6%(체적비)가 적당하다.

(가) 유리 섬유의 특성 고강도이고 인성이 크나, 내알칼리성이 약하다.

(나) 섬유 보강 콘크리트의 성질

1) 인장 강도와 휨 강도는 섬유의 혼입량 6%까지는 커진다.
2) 내충격성은 섬유의 혼입량과 섬유의 길이가 증가함에 따라 커진다.
3) 압축 강도는 증가하지 않는다.

② **탄소 섬유 보강 콘크리트**(carbon fiber reinforced concrete, CFRC)

콘크리트 속에 불연속한 짧은 탄소 섬유를 분산시켜 만든 것을 탄소 섬유 보강 콘크리트라 한다.

주로 보수, 보강을 위한 숏크리트 등에 사용된다.

(가) 탄소 섬유의 특성 고강도, 고탄성이고 내식성, 내고열성이며 시멘트와 부착이 좋다.

(나) 섬유 보강 콘크리트의 성질

1) 압축 강도는 AE 공기량이 증대되어 약간 작아진다.
2) 인장 강도는 1.5～2.4배 정도 커진다.
3) 휨 강도는 2.6～3.0배 정도 커진다.

4) 내충격성이 커진다.

5) 동결 융해 저항성이 커진다.

③ 아라미드 섬유 보강 콘크리트(aramid fiber reinforced concrete, AFRC)

콘크리트 속에 불연속한 짧은 아라미드 섬유(방향족 폴리아미드 섬유의 약칭)를 분산시켜 만든 것을 아라미드 섬유 보강 콘크리트라 한다.

(가) 아라미드 섬유의 특성 고강도이고 인성과 내충격성이 크나, 탄성계수가 작다.

(나) 섬유 보강 콘크리트의 특성

1) 강도가 크고, 경량화할 수 있다.

2) 내구성이 향상된다.

3) 미세 균열의 분산 효과가 크다.

④ 비닐론 섬유 보강 콘크리트(vinylon fiber reinforced concrete, VFRC)

콘크리트 속에 불연속한 짧은 비닐론 섬유(폴리비닐알코올계 합성 섬유의 총칭)를 분산시켜 만든 것을 비닐론 섬유 보강 콘크리트라 한다.

(가) 비닐론 섬유의 특성 고장력, 고탄성, 내충격성이 크며 흡수성, 내후성, 내산성 및 내알칼리성이 우수하다. 시멘트와의 부착성도 좋다.

(나) 섬유 보강 콘크리트의 특성

1) 동결 융해 저항성이 좋다.

2) 미세 균열의 분산 효과가 크다.

3) 휨 강도 및 인성이 향상된다.

⑤ 폴리프로필렌 섬유 보강 콘크리트(polypropylene fiber reinforced concrete, PFRC)

콘크리트 속에 불연속한 짧은 폴리프로필렌 섬유를 분산시켜 만든 것을 폴리프로필렌 섬유 보강 콘크리트라 한다.

(가) 폴리프로필렌 섬유의 특성 인장 강도가 크고, 내식성, 내알칼리성이 좋으며, 융점(165°C)이 높다.

(나) 섬유 보강 콘크리트의 특성

1) 인장 강도가 증가한다.

2) 미세한 균열을 억제한다.

3) 내동해성이 크다.

4) 내충격성이 크다.

⑥ 고성능 섬유 보강 프리스트레스트 콘크리트(high range fiber PSC)

탄소 섬유, 아라미드 섬유 등 고성능 긴 섬유를 묶어서 에폭시 수지나 비닐에스테르 수지, 고성능 무기 접착재로 고화시켜 만든 것을 섬유 강화 플라스틱(fiber reinforced plastic, FRP) 로드(rod)라 한다.

이 로드를 PS 강재 대신 사용하여 긴장시켜서, 콘크리트에 압축 응력을 주어 만든 것을 고성능 섬유 보강 프리스트레스트 콘크리트라 한다.

(가) 섬유 강화 플라스틱의 특성

1) 철근에 비해 고강도이다.
2) 내구성이 크다.
3) 내식성이 크다.
4) 내약품성이 우수하다.

(나) 용도

강재의 부식이 심한 해안, 해양 구조물 콘크리트에 PS 강선이나 철근 대신 보강 재료로 사용한다.

3. 운반 방법에 의한 콘크리트

(1) 레디믹스트 콘크리트

정비된 콘크리트 제조 설비를 갖춘 공장에서 생산되며, 굳지 않은 상태에서 구입자에게 배달될 수 있는 콘크리트를 레디믹스트 콘크리트(ready mixed concrete)라 한다.

① 레디믹스트 콘크리트의 이점

1) 현장에 콘크리트의 혼합 설비가 없어도 된다.
2) 공사 진행에 차질이 없다.
3) 품질이 보증된다.
4) 공사 기간을 단축할 수 있다.

② 제조와 운반 방법

(가) 센트럴 믹스트 콘크리트(central mixed concrete) 플랜트에 있는 고정 믹서에서 혼합을 끝낸 콘크리트를 애지테이터 트럭(agitator truck) 또는 트럭 믹서로 교반해서 배달 지점에 운반하는 방법이다.

(나) 시링크 믹스트 콘크리트(shrink mixed concrete) 플랜트에 있는 고정 믹스에서 어느 정도 혼합하고, 트럭 믹서 안에서 혼합을 완료하는 방법이다.

(다) 트랜싯 믹스트 콘크리트(transit mixed concrete) 플랜트에서 재료를 계량하여 트럭 믹서에 싣고, 운반 중에 물을 넣고 혼합하는 방법이다.

③ 레디믹스트 콘크리트의 종류

보통 콘크리트, 경량 골재 콘크리트, 포장 콘크리트, 고강도 콘크리트가 있다. 호칭 강도의 종류는 표 3.28에 표시한 ○표인 것으로 한다.

표 3.28 레디믹스트 콘크리트의 종류[29)] (KS F 4009)

콘크리트 종류	굵은 골재의 최대 치수 (mm)	슬럼프 또는 슬럼프 플로 (mm)	호칭 강도 MPa												
			18	21	24	27	30	35	40	45	50	55	60	휨 4.0*	휨 4.5*
보통 콘크리트	20, 25	80, 120, 150, 180	○	○	○	○	○	○							
		210		○	○	○	○	○							
		500**, 600**				○	○	○							
	40	50, 80, 120, 150	○	○	○	○	○	○							
경량 콘크리트	15, 20	80, 120, 150, 180, 210	○	○	○	○	○	○	○						
포장 콘크리트	20, 25, 40	25, 65												○	○
고강도 콘크리트	15, 20, 25	120, 150, 180, 210							○	○	○				
		500**, 600**, 700**							○	○	○	○	○		

주 : * 포장용 콘크리트의 휨 호칭 강도를 의미한다.
** 슬럼프 플로값을 의미한다.

④ 레디믹스트 콘크리트의 품질

레디믹스트 콘크리트의 강도, 슬럼프, 슬럼프 플로 및 공기량은 배출 지점에서 다음 조건을 만족시켜야 한다.

(가) 강도 레미콘의 강도는 강도 시험을 한 경우, 다음 규정을 만족시키는 것이어야 한다.

1) 1회의 시험 결과는 구입자가 지정한 호칭 강도값의 85% 이상이어야 한다.

2) 3회의 시험 결과 평균값은 구입자가 지정한 호칭 강도값 이상이어야 한다.

(나) 슬럼프 콘크리트의 슬럼프 및 슬럼프 플로의 허용 오차는 표 3.29에 따른다.

표 3.29 슬럼프 및 슬럼프 플로의 허용차[29] (KS F 4009)

슬럼프(mm)	허용차(mm)	슬럼프 플로	허용차(mm)
25	±10	500	±75
50 및 65	±15	600	±100
80 이상	±25	700	±100

주: 굵은 골재의 최대 치수 13 mm 이상인 경우에 한하여 적용한다.

(다) 공기량 콘크리트의 공기량은 표 3.30에 따른다.

표 3.30 공기량의 허용차[29] (KS F 4009)

콘크리트의 종류	공기량(%)	허용차(%)
보통 콘크리트	4.5	±1.5
경량 골재 콘크리트	5.5	
포장 콘크리트	4.5	
고강도 콘크리트	3.5	

(라) 염화물 함유량 콘크리트 중의 염화물 함유량은 염소 이온(Cl^-) 양으로 0.30 kg/m^3 이하이어야 한다.

다만, 구입자의 승인을 얻을 경우에는 0.60 kg/m^3 이하로 할 수 있다.

⑤ 레디믹스트 콘크리트의 검사

(가) 검사 강도, 슬럼프, 공기량 및 염화물 함유량에 대하여 하고, 합격 여부를 판정한다.

(나) 강도 및 시험 횟수 450 m^3를 1로트로 하여 150 m^3당 1회 비율로 한다.

레디믹스트 콘크리트의 표준은 KS F 4009에 규정되어 있다.

⑥ 레디믹스트 콘크리트의 사용상 주의

1) 콘크리트 부리기가 편리하도록 장소와 설비를 확보한다.
2) 콘크리트는 운반 시간과 대기 시간이 길지 않도록 한다.
3) 운반 중에 재료 분리가 될 수 있는 대로 적게 되도록 운반차를 선정한다.
4) 현장 내외의 운반로가 콘크리트 운반차에 견디고, 진동을 주지 않도록 한다.
5) 비비기로부터 치기가 끝날 때까지의 시간은 외기 온도가 25°C 이상일 때 1.5시간, 25°C 이하일 때에는 2시간을 넘어서는 안 된다.

(2) 펌프 콘크리트

혼합한 콘크리트를 펌프로 압송하여 치는 콘크리트를 펌프 콘크리트(pumped concrete) 또는 펌프크리트(pumpcrete)라 한다.

펌프 콘크리트는 일반 콘크리트와는 다르며, 압송관 속에서 최대 2 MPa 정도의 압력을 받는다.

그러므로 콘크리트는 균질이어야 하고, 펌프 압송할 때 관내에서 성질의 변화가 없어야 하며, 또 펌프로 압송하기 쉬워야 한다.

주로 운반로가 좁은 곳에서의 콘크리트 공사, 예를 들면 방파제나 터널 라이닝 공사 등에 사용된다.

① 펌프 시공의 이점과 문제점

(가) 이점

1) 기계적 운반에 의한 생력화를 도모한다.
2) 준비가 쉽고, 가설 기기류가 간단하다.
3) 치기의 범위가 넓다.
4) 특수한 조건(예 : 수중 등)에서의 시공이 가능하다.
5) 적절한 배합으로 품질 변동이 적다.

(나) 문제점

1) 재료 분리가 생긴다.
2) 압송 전후 콘크리트의 품질이 변한다.
3) 펌퍼빌리티를 위한 배합의 보정이 필요하다.
4) 거푸집, 배근에의 영향을 받는다.
5) 기종의 선정과 압송 기술자의 기술 수준에 따라 달라진다.

② 콘크리트의 배합

(가) 단위 시멘트 양 보통 콘크리트에서는 250 kg/m^3, 경량 골재 콘크리트에서는 320 kg/m^3 이상으로 한다.

(나) 슬럼프 값 100～180 mm 정도로 한다.

(다) 잔골재율 35～38% 정도로 크게 하면 펌퍼빌리티가 좋다.

(라) 굵은 골재의 최대 치수 40 mm 이하로 한다.

(마) 골재의 입도 콘크리트표준시방서에 규정된 값(표 2.28, 표 2.29 참조)의 중간값으로 한다.

③ 시공 시의 주의 사항

펌프 콘크리트의 시공 시 다음과 같은 사항에 대해서 주의해야 한다.

1) 혼합 중 또는 운반 중의 재료 분리
2) 펌프차의 호퍼 및 관 속에서의 골재 분리
3) 콘크리트 온도 상승에 의한 유동성의 감소
4) 공기량의 발산 또는 감소
5) 압력에 의한 골재의 탈수 또는 흡수
6) 관의 굴곡, 수송 거리, 관의 경사

4. 온도를 고려한 콘크리트

(1) 한중 콘크리트

기온이 낮을 때 시공하는 콘크리트를 한중 콘크리트(cold weather concreting)라 한다. 일반적으로 하루의 평균 기온이 4°C 이하로 될 때에는 한중 콘크리트로 시공해야 한다.

콘크리트의 동결 온도는 혼화 재료의 종류에 따라 다르나 대략 −5∼−2°C 사이이다.

① 한중 콘크리트의 문제점

1) 4°C 이하가 되면 콘크리트의 경화 시간이 늦어지고, 강도의 증진이 늦어진다.
2) 콘크리트가 초기에 동결하면 시멘트의 수화 반응이 늦어질 뿐만 아니라, 그 후 적당한 온도로 양생하여도 강도, 내구성, 수밀성 등에 나쁜 영향을 미친다.
3) 응결 초기에는 콘크리트가 동결하지 않도록 적당한 방법으로 보호해야 한다.

② 시공 시의 목표

1) 응결 경화 초기에 동결하지 않도록 할 것
2) 양생이 끝난 후 해동이 될 때까지 동결 융해 작용에 대하여 충분한 저항성을 가질 것
3) 공사 중의 각 단계에서 예상되는 하중에 대하여 충분한 강도를 가질 것
4) 완성된 구조물로서 최종적으로 필요로 하는 강도, 내구성, 수밀성을 가지게 할 것

③ 재료

(가) 시멘트 시멘트는 포틀랜드 시멘트를 표준으로 한다. 매시브한 구조물의 경우를 제외하고는 조강 포틀랜드 시멘트, 초조강 시멘트 등의 촉진형 시멘트를 사용하는 것이 좋다.

시멘트는 될 수 있는 대로 냉각되지 않는 방법으로 저장하며, 어떤 경우라도 직접 가열해서는 안 된다.

(나) 혼화 재료 AE제, 감수제의 사용은 단위 수량을 줄여서 동결이 잘되지 않도록 함과 동시에 연행 공기에 의해서 동결 융해에 대한 저항성을 크게 한다.

염화칼슘은 콘크리트의 경화를 촉진시키고, 시멘트의 수화열을 증가시켜 콘크리트의 온도를 높이므로 방동제로서 유효하다. 그러나 황산염의 작용을 받을 경우에는 염화칼슘을 사용해서는 안 된다. 플라이 애시, 기타의 포졸란을 사용하는 것은 좋지 않다.

(다) 골재 동결 또는 빙설이 혼입되어 있는 골재는 그대로 사용해서는 안 된다. 골재는 온도가 균등하게 되고, 과도하게 건조하지 않는 방법으로 가열해야 한다. 그러나 골재를 65℃ 이상으로 가열하면 취급이 곤란하고, 시멘트가 급결될 염려가 있다. 물과 골재 혼합물의 온도가 40°C 이하가 되면 이러한 우려가 없다.

(라) 물 재료의 가열 작업 중에 물을 따뜻하게 하는 것이 가장 용이하다.

④ 콘크리트의 온도

재료를 가열했을 때 발생하는 콘크리트의 대체적인 온도는 비비기 중의 콘크리트의 냉각을 고려하지 않으면 다음 식으로 계산할 수 있다.

$$T = \frac{C_s(T_a m_a + T_c m_c) + T_m m_m}{C_s(m_a + m_c) + m_m} \tag{3.53}$$

여기서, T : 콘크리트의 온도(°C)

m_a 및 T_a : 골재의 질량 및 온도(°C)

m_c 및 T_c : 시멘트의 질량 및 온도(°C)

m_m 및 T_m : 비비기에 사용한 물의 질량 및 온도(°C)

C_s : 시멘트 및 골재의 비열로서 0.2로 가정해도 좋다.

⑤ 배합

(가) 공기량 공기 연행 콘크리트를 사용하는 것을 원칙으로 한다.

(나) 물-결합재비 60% 이하로 한다.

⑥ 시공

(가) 비비기 가열된 재료를 믹서에 투입하는 순서는 시멘트가 더운 물과 접촉하여 급결하지 않도록 우선 더운 물과 골재를 넣고, 믹서 내의 재료 온도가 균일하게 되면 마지막에 시멘트를 넣는 것이 좋다.

(나) 운반 운반 시 콘크리트의 열 손실이 적게 되도록 하기 위하여, 믹서에서부터 치기 장소까지의 거리를 짧게 하도록 계획해야 한다.

콘크리트 펌프를 사용하는 경우에 수송관이 과도하게 냉각되어 있으면, 그 내벽에 모르타르가 동결하여 부착하므로 치기 전에 온수로 예열할 필요가 있다.

(다) 치기 콘크리트의 운반 시간, 치기 시간을 보통 1시간으로 보았을 때 콘크리트의 온도와 주위의 기온과의 차이를 15% 정도라고 하면, 치기가 끝난 후의 콘크리트의 온도 추정식은 다음과 같다.

$$T_2 = T_1 - 0.15(T_1 - T_0)t \tag{3.54}$$

여기서, T_2 : 치기 끝난 후의 콘크리트의 온도(°C)

T_1 : 비빌 때의 콘크리트의 온도(°C)

T_0 : 주위의 기온(°C)

t : 비빈 후부터 치기를 끝냈을 때까지의 시간(h)

콘크리트를 칠 때의 온도는 구조물의 단면 치수, 기상 조건 등을 고려하여 5~20°C의 범위에서 정한다. 한중 콘크리트의 시공 방법은 기온, 구조물의 종류와 크기 등에 따라 다르다.

일반적으로 기온에 따른 한중 콘크리트의 시공 방법은 다음과 같다.

(ㄱ) 4°C 이상 : 상온의 시공 방법으로 시공해도 된다.

(ㄴ) 4~0°C : 간단한 주의와 보온으로 시공한다.

(ㄷ) 0~−3°C : 물 또는 물과 골재를 가열할 필요가 있는 동시에 어느 정도의 보온이 필요하다.

(ㄹ) −3°C 이하 : 물과 골재를 가열하여 콘크리트의 온도를 높일 뿐만 아니라 적절한 보온과 급열에 의하여 친 콘크리트를 소요의 온도를 유지하는 등의 본격적인 한중 콘크리트의 시공을 한다.

(라) 양생

(ㄱ) 양생 온도 : 콘크리트는 친 후 동결하지 않도록 충분히 보호하고, 특히 바람을 막아야 한다. 양생 중의 콘크리트의 온도는 약 5°C로 유지하는 것을 표준으로 한다. 양생 중의 콘크리트의 온도가 너무 높으면 냉각했을 때 균열이 생기기 쉽고, 너무 낮으면 강도의 발현이 늦어진다.

(ㄴ) 양생 기간 : 콘크리트는 예상되는 하중에 대해서 충분한 강도가 얻어질 때까지 양생해야 한다.

급격한 기상 작용을 받는 콘크리트는 표 3.31의 압축 강도가 얻어질 때까지 양생하는 것을 표준으로 한다. 이 후 2일간은 콘크리트의 온도를 0°C 이상으로 유지해야 한다.

구조물의 콘크리트가 표 3.31에 표시된 강도를 얻는 데 필요한 양생 일수는 시멘트의 종류, 배합, 양생 온도 등에 따라 다르므로, 시험에 의하여 정하는 것이 원칙이다. 그러나 5°C 및 10°C에서 양생할 경우 대체의 일수 표준은 표 3.32와 같다.

표 3.31 한중 콘크리트의 양생이 끝날 때 소요 압축 강도의 표준[29)]

단면 / 구조물의 노출 상태	압축 강도(MPa)		
	얇은 경우	보통의 경우	두꺼운 경우
(1) 계속해서 또는 자주 물로 포화되는 부분	15	12	10
(2) 보통의 노출 상태에 있고 (1)에 속하지 않는 부분	5	5	5

표 3.32 소요의 압축 강도를 얻는 양생 일수의 표준[29)]

단면 / 시멘트의 종류 / 구조물의 노출 상태		보통의 경우		
		보통 포틀랜드 시멘트	조강 포틀랜드 보통 포틀랜드 +촉진제	혼합 시멘트 B종
(1) 계속해서 또는 자주 물로 포화되는 부분	5°C	9일	5일	12일
	10°C	7일	4일	9일
(2) 보통의 노출 상태에 있고 (1)에 속하지 않는 부분	5°C	4일	3일	5일
	10°C	3일	2일	4일

(2) 서중 콘크리트

기온이 높을 때 시공하는 콘크리트를 서중 콘크리트(hot weather concreting)라 한다. 하루 평균 기온이 25°C 또는 최고 온도 30°C를 넘는 시기에는 서중 콘크리트 시공이 되도록 해야 한다.

① 서중 콘크리트의 문제점

1) 콘크리트의 단위 수량이 증가한다.

콘크리트의 온도가 높을수록 단위 수량이 커지며, 더욱이 수송 시에 슬럼프가 감소되므로 이것을 보정하기 위하여 수량이 증가한다.

2) 공기량의 조정이 어렵다.
AE 공기량은 콘크리트의 온도 상승에 따라 감소되고, 또한 불안정하게 된다. 이것에 따르는 슬럼프의 변화를 조정하기가 어렵다.

3) 응결 경화 속도가 빨라진다.
시공 가능 시간이 단축되며, 다지기, 마무리 등이 불충분하게 된다. 특히 먼저 친 콘크리트와 나중에 친 콘크리트 사이가 완전히 일체가 되지 않아서 시공 불량에 의한 이음인 콜드 조인트(cold joint)가 발생할 위험이 크다.

4) 강도가 저하한다.
단위 수량의 증가에 따른 강도 저하 외에 장기 강도의 증진을 억제한다. 더욱이 수분이 많이 증발하므로 양생이 불충분하게 되어 강도가 저하되기 쉽다.

5) 균열 발생의 위험이 크다.
경화 전에 물의 증발이 많고, 또한 응결이 빨라 유동성이 저하된다. 또 경화 후에는 단위 수량의 증가에 의한 건조 수축 균열 등이 생기기 쉽다.

② 문제점에 대한 대책

1) 콘크리트의 온도를 낮춘다.
이렇게 하기 위하여는 저온의 재료를 사용한다. 혼합용, 운반용 기재, 거푸집 등의 온도 상승을 막고, 야간에 콘크리트를 치는 등의 방법이 있다.

2) 단위 수량의 증가 및 조기 응결에 대처한다.
응결 지연형의 감수제 사용, 신속한 운반 및 치기, 유동화제의 사용 등의 방법이 있다.

3) 표면 마무리 직후부터 경화 초기 단계에 중점을 둔다.
급격한 건조를 막고, 수분을 공급하여 균열 발생과 강도 저하를 막는다.

③ 재료

(가) 시멘트 시멘트의 온도가 콘크리트의 온도에 미치는 영향은 그다지 크지 않지만, 콘크리트의 온도를 낮추기 위해서는 시멘트를 저온으로 해야 한다.

표준적인 콘크리트 배합의 경우, 시멘트의 온도가 8°C 변화하면 콘크리트의 온도는 약 1°C 변화한다.

시멘트를 사이로에 저장할 경우에는 온도 상승을 줄이기 위하여 사이로에 은색 또는 백색 등을 칠한다.

(나) 혼화 재료 고온이 되면 단위 수량이 증가하여 공기가 연행되므로, 양질의 감수제, AE 감수제, 고성능 AE 감수제를 사용한다. 유동화제는 지연형을 사용하는 것을 표준으로 한다. 콘크리트의 응결 시간을 늦추기 위하여 응결 지연제를 잘 쓰는 것이 좋다.

(다) 골재 골재는 콘크리트 중에 차지하는 비율이 크므로 골재의 온도가 콘크리트에 미치는 영향이 크다. 골재의 온도 변화 2°C에 대해 콘크리트의 온도는 1°C 정도 변화한다.

장기간 뜨거운 열에 쏘인 골재를 그대로 사용하면, 콘크리트의 온도가 40°C 이상으로 되어 수량이 증가하거나 슬럼프가 감소하고 또 급격히 응결된다. 따라서 골재는 일광의 직사를 피하도록 하고 굵은 골재에는 물을 뿌려 두어야 한다.

(라) 물 물은 될 수 있는 대로 저온의 것을 사용해야 한다. 물의 온도 변화 4°C에 대하여 콘크리트의 온도는 약 1°C 변화한다. 수온 저하에는 지하수의 이용, 냉각 장치에 의한 저온화, 얼음을 섞는 방법 등이 있다.

물 저장 탱크나 수송관은 직사 광선을 받지 않도록 해야 한다. 물은 비열이 높고 저온화하기 쉬우므로, 인공적으로 콘크리트의 온도를 낮추는 데에는 물의 냉각이 검토되어야 한다.

④ 콘크리트의 온도

재료의 온도로부터 콘크리트의 온도는 식 (3.53)에 따라 추정할 수 있다.

⑤ 배합

서중 콘크리트의 배합은 소요의 강도 및 워커빌리티를 얻을 수 있는 범위 내에서, 단위 수량 및 단위 시멘트 양을 될 수 있는 대로 적게 해야 한다.

⑥ 시공

(가) 운반 콘크리트가 건조되어 슬럼프가 감소하지 않도록 적당한 장치를 사용하여 될 수 있는 대로 빨리 운반한다.

손수레, 덤프 트럭 등을 사용하여 수송할 때에는 직사 광선이나 바람으로부터 보호해야 한다. 펌프로 수송할 경우에는 수송관을 축축한 천으로 덮는 것이 좋다.

(나) 치기 콘크리트를 치기 전에 기초 등 콘크리트로부터 흡수할 우려가 있는 부분을 충분히 적셔야 한다. 비빈 콘크리트는 될 수 있는 대로 빨리 쳐넣어야 하며, 지연형 감수제를 사용하는 등의 일반적인 대책을 강구한 경우라도 1.5시간 내에 쳐야 한다. 콘크리트의 치기 온도는 35°C 이하로 한다.

콘크리트의 슬럼프가 줄어들어 치기가 곤란한 경우에는 시멘트 풀의 양을 증가시켜야 한다.

온도가 높을 경우에는 야간에 치는 것이 좋으며, 거푸집판에도 물을 뿌리는 것이 좋다. 또 콘크리트 치기는 콜드 조인트가 생기지 않도록 적절한 조치를 취해야 한다.

(다) 양생 콘크리트 치기를 끝냈을 때, 또는 시공을 중지했을 때에는 노출면이 건조하지 않도록 즉시 보호해야 한다.

콘크리트를 친 후 적어도 24시간은 노출면을 반드시 습윤 상태로 유지하고, 그 동안은 일시적으로 건조되게 해서는 안 된다. 계속 습윤 양생이 곤란한 경우에는 표면이 젖어 있는 동안에 피막 양생을 실시하는 것이 좋다.

거푸집을 떼어 낸 뒤에는 곧 노출면을 습윤 상태로 한다.

(3) 매스 콘크리트

부재 또는 구조물의 치수가 커서, 시멘트의 수화열로 인한 온도 상승 및 하강에 따른 콘크리트의 과도한 팽창과 수축을 고려하여 시공해야 하는 콘크리트를 매스 콘크리트(mass concrete)라 한다.

매스 콘크리트는 수화열에 발생하는 온도 상승을 억제하여 콘크리트의 균열을 방지해야 한다.

① 매스 콘크리트의 문제점

1) 콘크리트 내부의 온도는 1주일 정도 사이에 단열 온도 상승(30∼50°C)으로 인하여 경화되어 가는 도중 콘크리트에 인장 응력을 발생시켜 균열이 생긴다.
2) 콘크리트의 균열은 구조물의 안정성을 해치고 누수의 원인이 된다.

② 콘크리트의 열 특성

매스 콘크리트에서는 내부 온도 상승에 따른 열응력(thermal stress)에 의한 균열이 발생한다. 이것을 방지하기 위하여 콘크리트의 단열 온도 상승(adiabatic temperature rise)을 알아 온도를 규제해야 한다.

단열 온도 상승은 시멘트의 종류, 단위 시멘트 양, 물-결합재비, 콘크리트의 치기 온도 등에 영향을 받는다.

단열 온도 상승량은 실험에 의한 방법일 때는 다음 식으로 나타낼 수 있다.

$$Q(t) = Q_\infty (1 - e^{-rt}) \tag{3.55}$$

여기서, Q_∞ : 최종 단열 온도 상승량(°C)으로서 시험에 의해 정해지는 계수(표 3.33)
r : 온도 상승 속도로서 시험에 의해 정해지는 계수(표 3.33)
t : 재령(일)
$Q(t)$: 재령 t일에서의 단열 온도 상승량(°C)

표 3.33 식 (3.55)에서의 Q_∞ 및 r의 표준값[29)]

시멘트의 종류	치기 온도 (°C)	$Q(t)=Q_\infty(1-e^{-rt})$			
		$Q_\infty(C)=aC+b$		$r(C)=gC+h$	
		a	b	$g(\times 10^{-3})$	h
보통 포틀랜드 시멘트	10	0.12	11.0	1.5	0.135
	20	0.11	13.0	3.8	−0.036
	30	0.11	12.0	4.0	0.337
중용열 포틀랜드 시멘트	10	0.11	6.0	0.3	0.303
	20	0.10	9.0	1.5	0.279
	30	0.11	9.0	2.1	0.299
조강 포틀랜드 시멘트	10	0.13	15.0	1.6	0.478
	20	0.13	12.0	2.5	0.650
	30	0.13	10.0	1.4	1.720
고로 슬래그 시멘트	10	0.11	14.0	1.4	0.073
	20	0.10	15.0	2.5	0.207
	30	0.10	15.0	3.5	0.332
플라이 애시 시멘트	10	0.15	−3.0	0.7	0.141
	20	0.12	8.0	2.8	−0.143
	30	0.11	11.0	3.0	0.059

주 : C는 결합재의 질량으로서 단위는 kg/m^3이다.

온도 및 온도 응력의 검토는 콘크리트 내부 온도가 외기 온도에 가깝게 거의 정상 상태가 될 때까지 실시한다.

③ 재료

(가) 시멘트 수화열이 적은 저열 포틀랜드 시멘트, 중용열 포틀랜드 시멘트를 사용하며, 단위 시멘트 양은 될 수 있는 대로 적게 한다.

(나) 혼화 재료 감수제나 양질 혼화제를 사용한다.

(다) 골재 굵은 골재의 최대 치수를 크게 한다.

(라) 물 단위 수량을 가능한 한 적게 한다.

④ 배합

매스 콘크리트의 재료 및 배합의 결정은 설계 기준 강도와 소정의 워커빌리티를 만족시키는 범위 내에서, 콘크리트의 온도 상승이 최소가 되도록 해야 한다.

⑤ **시공**

(가) 콘크리트 치기 콘크리트의 치기 온도가 25°C를 넘으면 치기를 중지해야 하며, 친 콘크리트의 온도가 25°C를 넘으면 인공 냉각을 한다.

콘크리트 1회 치기 높이(lift)는 낮게 하고, 이음의 위치 및 구조는 온도 균열을 억제할 수 있도록 한다.

(나) 양생 온도 경사를 느리게 하는 양생 방법(온수 양생, 보온 등)을 택해야 하며, 표면의 급격한 건조로 인한 건조 수축 균열을 막기 위하여 살수 양생을 한다.

5. 특수 골재를 사용한 콘크리트

(1) 경량 골재 콘크리트

골재의 전부 또는 일부를 인공 경량 골재를 사용해서 만든 콘크리트를 경량 골재 콘크리트(light weight aggregate concrete)라 하며, 간단히 경량 콘크리트라고도 한다.

경량 골재 콘크리트는 잔골재, 굵은 골재 모두 경량 골재를 사용한 경우 단위 질량을 1600 kg/m^3 정도까지 작게 할 수가 있다.

강도 및 내구성은 보통 골재를 사용한 경우보다도 떨어지는 수가 있으므로, 이들의 성질을 개선하기 위하여 경량 골재의 일부를 보통 골재로 치환하여 사용하는 경우가 있다. 이 경우 단위 질량은 잔골재로 하천 모래를 사용했을 때 약 1900 kg/m^3 정도가 된다.

① **경량 골재 콘크리트의 특징**

(가) 장점

1) 질량이 작아서 구조물 부재의 치수를 줄일 수 있다.
2) 내화성이 크다.
3) 열전도율, 음의 반사가 작다.
4) 콘크리트의 운반과 치기에 노력이 덜 든다.

(나) 단점

1) 강도와 탄성 계수가 작다.
2) 건조 수축과 수중 팽창이 크다.
3) 다공질이고, 흡수성과 투수성이 크다.
4) 기상 작용에 대한 내구성이 약하다.

② 경량 골재 콘크리트의 성질

경량 골재 콘크리트는 경량 골재 콘크리트 1종 및 경량 골재 콘크리트 2종으로 분류한다. 기건 단위 질량의 범위 및 대응하는 레디믹스트 콘크리트의 호칭 강도는 표 3.34와 같다.

표 3.34 경량 골재 콘크리트의 종류[29)]

종류	사용 골재	기건 단위 질량 (kg/m^3)	레디믹스트 콘크리트로 발주 시 호칭 강도(MPa)
경량 골재 콘크리트 1종	굵은 골재를 경량 골재로 사용	1 800～2 100	18, 21, 24, 27, 30, 35, 40
경량 골재 콘크리트 2종	굵은 골재와 잔골재를 주로 경량 골재로 사용	400～1 800	18, 21, 24, 27

③ 경량 골재 콘크리트의 성질

(가) 단위 질량 배합, 골재의 종류에 따라 달라진다. 경량 골재 콘크리트의 단위 질량은 설계 기준치보다 커서는 안 되며, 단위 질량 시험은 굳지 않은 콘크리트에 대해서 시험한다.

골재의 종류에 따른 경량 골재 콘크리트의 단위 질량은 표 3.34와 같다.

구조용 경량 콘크리트의 단위 질량 시험 방법은 KS F 2462에 규정되어 있다.

(나) 강도 압축 강도는 물-결합재비가 동일하면 보통 골재를 사용한 콘크리트 경우와 거의 같다(그림 3.78 참조). 압축 강도 이외의 강도도 대체로 압축 강도에 의해서 판단할 수가 있다.

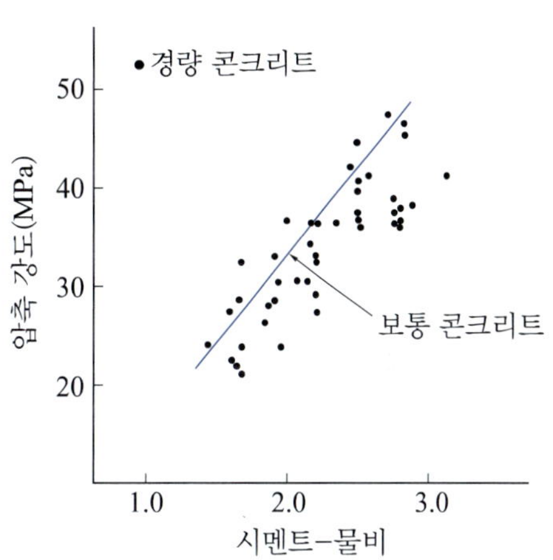

그림 3.78 경량 골재 콘크리트의 시멘트–물비와 압축 강도와의 관계[32)]

그러나 골재의 강도에 한계가 있기 때문에 실용적인 압축 강도의 한계는 50 MPa 정도이고, 인장 강도 및 전단 강도는 보통 골재 콘크리트 경우의 70% 정도이다.

(다) 탄성 계수 및 푸아송비

(ㄱ) 탄성 계수 : 대개 12 ~20 GMPa 정도이다. 일반적으로 보통 콘크리트의 탄성 계수보다 상당히 작으며, 같은 정도의 압축 강도를 가진 보통 콘크리트 경우의 50～70 % 정도이다.

경량 골재 콘크리트의 탄성 계수는 식 (3.25)에 따라 다음 식으로 구할 수 있다.

$$\left.\begin{array}{r} E_c = 5400\sqrt[3]{f_{cm}} \;\;(\text{MPa}) \\ \text{이때, } m_c = 1{,}700\ \text{kg/m}^3 \\ E_c = 6400\sqrt[3]{f_{cm}} \;\;(\text{MPa}) \\ \text{이때, } m_c = 1{,}900\ \text{kg/m}^3 \end{array}\right\} \qquad (3.56)$$

(ㄴ) 푸아송비 : $\frac{1}{6}$로 규정하고 있으나, 저응력 시에는 0.2 전후로서 보통 콘크리트와 거의 같지만, 파괴 응력 부근에서는 보통 콘크리트의 경우만큼 푸아송비는 급격히 증가하지 않는다.

(라) 건조 수축 보통 콘크리트보다 약간 크다. 부정정 구조물의 설계 계산에 사용하는 건조 수축 계수는 일반적으로 20×10^{-5}을 표준으로 하고 있다.

(마) 크리프 크리프 변형은 보통 콘크리트의 경우보다 크다. 경량 콘크리트의 크리프 계수는 1~2 정도이며, 보통 콘크리트의 경우보다도 일반적으로 작다.

(바) 내구성 황산염에 대한 내구성은 골재의 종류나 콘크리트의 배합 등에 따라 약간 다르나, 전반적으로 보통 콘크리트와 큰 차이는 없다.

동결 융해에 대한 저항성은 보통 콘크리트에 비해 상당히 약하다.

(사) 수밀성 슬럼프 값이 120 mm 이하로 되면 블리딩이 적어져 균질한 콘크리트를 얻을 수 있으므로, 일반적으로 수밀성은 보통 콘크리트와 같은 정도로 좋다.

④ 재료

(가) 시멘트 포틀랜드 시멘트, 고로 슬래그 시멘트, 플라이 애시 시멘트, 포졸란 시멘트 등을 사용한다.

(나) 혼화 재료 혼화재는 고강도용 혼화재, 고로 슬랙 미분말, 프라이 애시, 규산질 미분말 등을 사용하고, 혼화제는 AE제, 감수제, AE 감수제. 고성능 감수제, 고성능 AE 감수제, 방청제 등을 사용한다.

(다) 골재 2.3의 3.(6)에 따른다.

⑤ 배합

소요의 강도, 단위 질량, 내동해성 및 수밀성을 가지며, 작업에 적합한 워커빌리티를 갖는 범위 내에서 단위 수량이 가능한 한 적게 되도록 시험에 의해서 배합을 정해야 한다.

(가) 배합 강도 3.4의 2.(1)①에 따른다.

(나) 물–결합재비(W/B)

(ㄱ) 경량 골재 콘크리트의 압축 강도를 기준하여 물-결합재비를 정할 경우 : 압축 강도와 물-결합재비의 관계는 동일한 경량 골재를 사용한 시험에 의하여 정한다. 이때 시험체는 재령 28일을 표준으로 하고, 압축 강도는 3회 강도 시험값의 평균으로 한다.

(ㄴ) 최대 물-결합재비 : 60%를 원칙으로 한다.

(ㄷ) 콘크리트의 내동해성 또는 황산염에 대한 내구성을 기준으로 하여 물-결합재비를 정할 경우 : 노출 상태(표 3.16 참조)에 따라 최소 설계 기준 압축 강도를 27 MPa, 30 MPa 또는 35 MPa로 설정한다.

(다) 단위 결합재량 단위 수량과 물-결합재비로부터 정하며, 단위 결합재량의 최솟값은 300 kg/m^3 이상으로 한다.

(라) 슬럼프 일반 콘크리트와 같게 50～120 mm로 한다.

(마) AE 공기량 5.5%를 기준으로 그 오차의 한계는 ±1.5%로 한다.

⑥ 시공

보통 골재 콘크리트의 시공과 다른 점은 일반적으로 골재를 프리웨팅(prewetting)한다는 것과 반드시 공기 연행 콘크리트로 시공해야 하는 것이다. 또, 현 상태에서는 펌프 시공은 원칙적으로 하지 않는다는 것 등이다.

(가) 비비기 혼합기에 재료를 넣는 순서는 비비기의 효율, 믹서기 안에서의 골재의 흡수 정도를 고려하여 소정의 경량 콘크리트가 얻어지도록 한다.

비비기 시간의 표준은 믹서 내에 재료를 전부 넣은 후, 강제 혼합식 믹서를 사용할 경우에는 1분 이상, 가경식 믹서의 경우에는 2분 이상으로 한다.

(나) 운반 통상의 레디믹스트 콘크리트용 운반차를 기준으로 한다. 일반 콘크리트와 마찬가지로 콘크리트 펌프를 사용하여 압송할 수 있다.

(다) 다지기 다지기에는 내부 진동기를 사용하는 것을 원칙으로 한다. 얇은 벽이나 거푸집의 구조상, 내부 진동기를 사용하기 곤란한 곳에는 거푸집 진동기를 사용하는 것으로 한다.

내부 진동기로 다질 때, 표준적인 찔러넣기의 간격과 진동 시간은 유동화되지 않은 것은 0.3 m와 30초이고, 유동화된 것은 0.4 m와 10초이다.

(라) 양생 콘크리트의 노출면은 양생용 매트, 마포, 모래 등을 적셔서 덮든가 또는 살수하여 콘크리트를 친 후 적어도 5일간은 습윤 상태로 보존해야 한다.

5일간 습윤 상태로 보존한 후에도 급격한 건조를 피하기 위하여 충분히 보호해야 한다.

(2) 중량 콘크리트

중량 골재를 사용하여 만든 콘크리트를 중량 콘크리트(heavy weight concrete)라 한다. 주로 생물체의 방호를 위하여 X선, γ선, 중성자선을 차폐할 목적으로 사용하므로 방사선 차폐용 콘크리트(radiation shielding concrete)라고도 한다.

표 3.35 중량 콘크리트의 단위 질량[33)]

골재의 종류	단위 질량(kg/m^3)
적철광	3 300~3 900
자철광	3 300~3 900
갈철광	2 700~3 300
중정석	3 000~3 600

① **재료**

(가) 시멘트 포틀랜드 시멘트와 중용열 포틀랜드 시멘트가 사용된다.

(나) 골재 중정석, 갈철광, 자철광, 적철광 등이 사용된다.

(다) 혼화 재료 AE제, 감수제, 철광석 미분말 등을 사용한다.

② **배합**

(가) 단위 시멘트 양 300~400 kg/m^{3}가 적당하다.

(나) 슬럼프 가능한 한 작게 하며, 일반적으로 150 mm 이하로 한다.

(다) 물-결합재비 50% 이하로 한다.

(라) 골재 굵은 골재의 최대 치수는 40 mm 정도이고, 철 골재 등과 같이 비중이 큰 경우에는 20 mm 정도로 한다.

③ **시공**

콘크리트의 시공은 일반 콘크리트의 시공 방법에 따른다. 콘크리트를 다질 때는 재료 분리를 방지하기 위하여 과도한 진동 다지기를 하지 않도록 한다.

(3) 순환 골재 콘크리트

건설 폐기물 콘크리트에서 회수한 골재를 사용하여 만든 콘크리트를 순환 골재 콘크리트(recycle aggregate concrete)라 한다.

콘크리트의 성질은 보통 골재 콘크리트와 비슷하다.

① 순환 골재의 사용 비율

순환 골재의 사용 비율은 표 3.36과 같다.

표 3.36 순환 골재의 사용 비율[29)]

설계 기준 압축 강도(MPa)	사용 골재	
	굵은 골재	잔골재
27 이하	굵은 골재 용적의 60% 이하	잔골재 용적의 30% 이하
	혼합 사용 시 총 골재 용적의 30% 이하	

② 재료, 배합 및 시공

(가) 재료 시멘트 및 혼화 재료는 보통 콘크리트와 같고, 순환 골재는 표 2.48과 같다.

(나) 배합 강도 27 MPa 이하로 한다.

(다) 시공 일반 콘크리트의 시공법에 따른다.

6. 합성 수지를 사용한 콘크리트

(1) 레진 콘크리트

경화제(hardening agent)를 가한 액상 레진을 골재와 혼합하여 만든 콘크리트를 레진 콘크리트(resin concrete, REC)라 한다.

주로 맨홀, 옆도랑, 터널용 세그먼트(segment) 등의 공장 제품에 사용한다. 현장에서는 댐의 배수로, 건축의 기초 등에 사용한다.

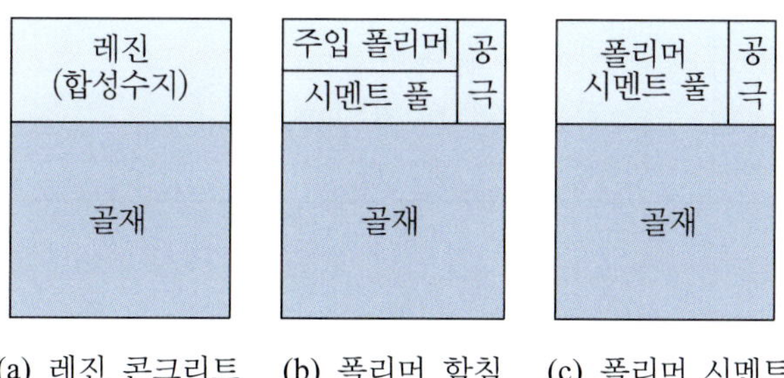

그림 3.79 합성 수지 콘크리트의 종류

① **특성**

(가) 장점

1) 속경성이고, 고강도이다.

2) 내수성, 내식성, 내마모성이 크다.

(나) 단점

1) 경화 수축이 크고, 경화 시 발열이 크다.

2) 온도에 따라 역학적 성질이 달라진다.

3) 내화성이 작다.

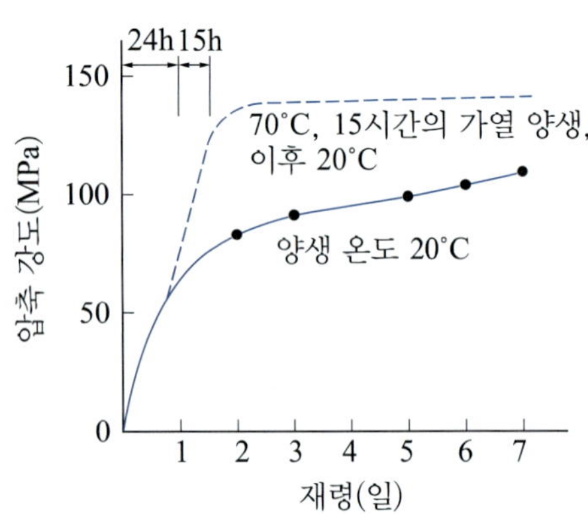

그림 3.80 폴리에스테르 수지 콘크리트의 경화 속도[8)]

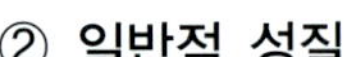

② **일반적 성질**

(가) 단위 질량 약 2300 kg/m^3 정도이다.

(나) 강도 압축 강도 120～140 MPa, 인장 강도 10～12 MPa 정도의 고강도이다.

(다) 탄성 계수 3×10^4 MPa 정도로 시멘트 콘크리트보다 약간 작다.

레진 콘크리트의 시험 방법은 KS F 2497에 규정되어 있다.

③ **재료**

(가) 액상 레진 폴리에스테르 수지, 에폭시 수지, 푸란 수지 등을 사용한다.

(나) 골재 보통 골재 또는 특수 골재를 사용한다.

④ **배합**

레진 콘크리트의 배합 일례를 나타내면 표 3.37과 같다.

표 3.37 레진 콘크리트의 배합 예[8)]

재료		질량 백분율(%)
액상 수지	불포화 폴리에스테르 수지	10
골재	하천 모래(～5 mm)	50
	부순 굵은 골재(5～10 mm)	15
	부순 굵은 골재(10～15 mm)	15
채움재	석회석분	10

⑤ **시공**

(가) 비비기 믹서를 사용하여 될 수 있는 대로 빨리 비빈다.

(나) 치기 한 층의 두께를 50～100 mm 정도로 한다.

(다) 양생

(ㄱ) 상온 양생 : 경화 수축이 작으며 현장 치기, 대형 제품에 알맞다.

(ㄴ) 가열 양생 : 생산 속도가 빠르나 경화 수축이 크고, 균열이 생기기 쉽다.

(2) 폴리머 함침 콘크리트

성형된 콘크리트에 액상의 모노머(monomer)를 주입시켜 만든 것을 폴리머 함침 콘크리트(polymer impregnated concrete, PIC)라 한다.

주로 실드(shield) 공법의 세그먼트, 콘크리트관, 슬래브 등에 사용된다.

① 특성

(가) 장점

1) 고강도이다.
2) 내수성이 크다.
3) 내식성이 크다.
4) 내마모성이 크다.
5) 동결 융해 저항성이 크다.

(나) 단점

1) 비용이 많이 든다.
2) 부재의 단면이 한정된다.
3) 철근 콘크리트 부재에 대해서는 침투 효과가 작다.
4) 현장 시공이 어렵다.

② 강도 및 탄성 계수

폴리머 주입률 5% 정도의 함침 콘크리트에서 압축 강도는 120～150 MPa, 인장 강도는 80～110 MPa 정도이며, 탄성 계수는 35～40 GPa 정도이다.

③ 재료

(가) 시멘트 콘크리트 성형된 콘크리트 제품을 사용한다.

(나) 주입용 모노머 메틸메타크릴레이트, 에틸아크릴레이트, 스틸렌, 아크릴로니트릴, 불포화 폴리에스테르 등이 사용된다.

④ 시공

성형된 콘크리트 제품에 폴리머를 주입시키는 방법으로서는 자연 주입법, 탈기 주입법, 가압 주입법, 탈기 가압 주입법 등이 있다.

(3) 폴리머 시멘트 콘크리트

결합재로서 시멘트와 물, 고무 라텍스 등의 폴리머를 사용하여 골재를 결합시켜 만든 것을 폴리머 시멘트 콘크리트(polymer cement concrete, PCC)라 한다. 또 결합재와 잔골재만 사용하여 만든 것을 폴리머 시멘트 모르타르(polymer cement mortar, PCM)라 한다.

주로 포장재, 방수재, 접착재, 방식 라이닝 등에 사용된다.

① 특성

1) 워커빌리티가 좋다.
2) 다른 재료와 접착성이 좋다.
3) 휨 강도, 인장 강도 및 신장성이 크다.
4) 내수성, 내식성, 내마모성, 내충격성이 크다.
5) 동결 융해에 대한 저항성이 크다.
6) 경화 속도가 다소 느리다.

② 재료

(가) 시멘트 보통 콘크리트에 사용하는 시멘트를 사용한다.

(나) 골재 보통 잔골재, 굵은 골재를 사용한다.

(다) 물 보통 콘크리트용 혼합수를 사용한다.

(라) 폴리머 천연 고무 또는 합성 고무의 라텍스와 합성 수지 폴리머의 수성 디스퍼션(dispersion)을 사용한다. 사용량은 시멘트 질량의 10~20% 정도이다.

시멘트 혼화용 폴리머의 품질은 KS F 4916에 규정되어 있다.

③ 배합

(가) 물-결합재비 30~60%의 범위로 한다.

(나) 폴리머-시멘트비 5~30%의 범위로 한다.

④ 시공

(가) 비비기 먼저 믹서로 시멘트와 잔골재, 굵은 골재를 비빈다. 다음에 폴리머에 물을 가하여 잘 혼합한 후, 콘크리트 반죽에 한 번에 넣고 약 5분간 비빈다.

(나) 치기 반죽이 끝난 후 1시간 이내에 친다. 시공 온도는 5~35°C를 표준으로 한다.

(다) 양생 최초에 습윤 양생을 실시하여 시멘트의 수화를 촉진시킨다. 다음, 건조 양생을 하여 폴리머의 강도를 발휘시킨다.

시공 후 1~3일간 습윤 양생을 실시하고, 양생 기간은 7일을 표준으로 한다.

7. 특수 혼화 재료를 사용한 콘크리트

(1) 유동화 콘크리트

미리 비빈 콘크리트에 유동화제를 첨가하여, 이것을 교반해서 유동성을 증대시킨 콘크리트를 유동화 콘크리트(superplasticized concrete)라 한다. 또 유동화 콘크리트를 제조하기 위하여 비벼놓은 유동화 전 기본 배합의 콘크리트를 베이스 콘크리트(base concrete)라 한다.

① 유동화 콘크리트의 특성

(가) 장점

1) 보통 콘크리트로 치기 어려운 곳에 사용한다.
2) 콘크리트를 칠 때 운반 시간이 길고, 슬럼프의 손실로 시공이 곤란한 곳에 사용한다.
3) 단위 시멘트 양을 줄일 수 있으므로 매스 콘크리트에 사용할 수 있다.

(나) 단점

1) 유동화제는 경우에 따라 효과가 적은 것이 있다.
2) 장시간 진동 다짐을 하면 재료 분리의 염려가 있다.
3) 슬럼프의 손실이 크므로 운반, 치기에 주의하여야 한다.

② 유동화 콘크리트의 성질

(가) 굳지 않은 유동화 콘크리트

1) 워커빌리티가 좋다.
2) 블리딩이 적다.

(나) 경화한 콘크리트

1) 압축 강도, 인장 강도는 베이스 콘크리트와 거의 같다.
2) 탄성 계수는 베이스 콘크리트와 거의 같다.
3) 건조 수축은 베이스 콘크리트보다 약간 작다(약 1%).

③ 재료와 배합

(가) 유동화제 분산성이 큰 고성능 감수제를 사용한다.

(나) 슬럼프 보통 콘크리트에서 베이스 콘크리트는 150 mm 이하, 유동화 콘크리트는 210 mm 이하로 한다.

④ 시공 시의 유의 사항

1) 혼화제는 정확하게 계량한다.

2) 콘크리트의 치기 시간을 잘 지켜야 한다.

3) 콘크리트 배출 시에는 애지테이터 트럭을 고속으로 회전시켜 균일하게 비빈다.

(2) 고유동 콘크리트

굳지 않은 상태에서 높은 유동성 및 재료 분리 저항성을 가진 콘크리트로서, 다짐 작업 없이 자기 충전성(self compacting ability)이 가능한 콘크리트를 고유동 콘크리트(high fluidity concrete)라 한다.

① **재료**

(가) 시멘트 포틀랜드 시멘트, 고로 슬래그 시멘트, 플라이 애시 시멘트를 사용한다.

(나) 혼화 재료 플라이 애시, 고로 슬래그 미분말, 실리카 퓸을 사용한다.

(다) 골재 보통 콘크리트용 골재를 사용한다.

② **배합 강도**

3.4 의 2.(1)① 배합 강도에서 정한 값과 고유동 콘크리트에서 설정된 자기 충전성과 품질을 만족할 수 있는 배합으로부터 산정된 압축 강도를 비교하여 큰 값으로 정한다.

③ **품질**

(가) 유동성 슬럼프 플로 600 mm 이상으로 한다.

(나) 재료 분리 저항성 슬럼프 플로 500 mm 도달 시간은 3~20초 범위를 만족해야 한다.

(다) 자기 충전성 충전 높이는 300 mm 이상이어야 한다.

④ **시공**

(가) 치기 콘크리트의 최대 낙하 높이는 5 m 이하로 하고, 최대 수평 유동 거리는 8~15 m 이하로 한다.

(나) 양생 콘크리트의 부재 두께가 0.8 m 이상인 경우에는 3.6 의 4.(3) 매스 콘크리트의 양생 방법을 따른다.

(3) 고강도 콘크리트

일반적으로 설계 기준 강도 40 MPa 이상의 콘크리트를 고강도 콘크리트(high-strength concrete)라 한다. 고강도 경량 콘크리트의 설계 기준 강도는 27 MPa 이상으로 한다.

① **재료**

(가) 시멘트 포틀랜드 시멘트, 고로 슬래그 시멘트, 플라이 애시 시멘트 등을 사용한다.

(나) 혼화 재료 혼화제는 고성능 감수제 등을 사용하고, 혼화재는 플라이 애시, 실리카 퓸, 고로 슬래그 미분말 등을 사용한다.

(다) 잔골재 품질 및 입도는 보통 콘크리트용과 같은 골재를 사용한다.

(라) 굵은 골재 품질 및 입도는 보통 콘크리트용과 같은 골재를 사용한다. 굵은 골재의 최대 치수는 25 mm 이하로 하며, 철근 최소 순간격의 3/4 이내의 것을 사용하도록 한다.

② 배합

(가) 물-결합재비 45% 이하로 한다.

(나) 단위 수량 180 kg/m^3 이하로 한다.

(다) 슬럼프 플로값 설계 기준 압축 강도 40 MPa 이상 60 MPa 이하의 경우, 구조물의 작업 조건에 따라 500 mm, 600 mm 및 700 mm로 구분하여 정한다.

③ 시공

(가) 운반 재료의 분리 및 슬럼프의 손실이 적은 방법으로 운반해야 한다.

(나) 치기 콘크리트의 치기 높이는 재료 분리가 일어나지 않는 범위 내로 한다.

(다) 양생 습윤 양생을 해야 한다. 부재 두께가 80 mm 이상인 경우에는 3.6의 4.(3) 매스 콘크리트의 양생 방법에 따른다.

(4) 팽창 콘크리트

혼화재로서 팽창재를 사용한 콘크리트를 팽창 콘크리트(expansive cement concrete)라 한다.

팽창 콘크리트는 그림 3.81과 같이 팽창력의 크기에 따라 수축 보상 콘크리트와 화학적 프리스트레스트 콘크리트로 나뉜다.

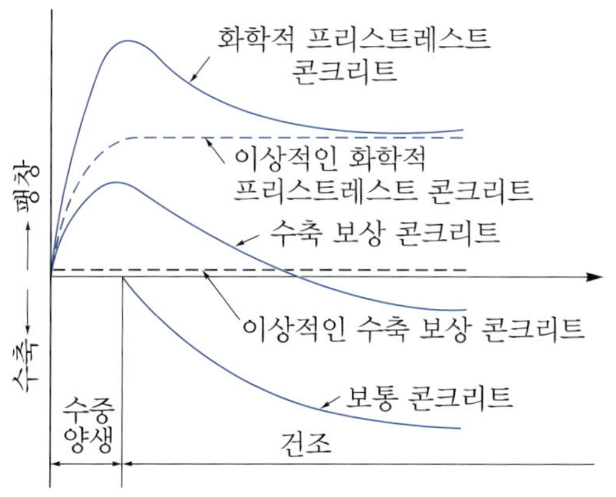

그림 3.81 팽창 콘크리트의 팽창 특성[34)]

① **팽창 콘크리트의 종류**

(가) 수축 보상 콘크리트(shrinkage compensating concrete) 팽창 콘크리트의 팽창을 철근으로 구속해서 그 반력으로 작은 압축 응력을 생기게 하여, 건조 수축에 의하여 생긴 인장력을 상쇄하거나 저감시킬 정도의 팽창력을 준 콘크리트이다. 즉, 건조 수축에 의한 균열의 저감을 목적으로 하고 있다.

수축 보상용 콘크리트의 팽창률은 150×10^{-6} 이상, 250×10^{-6} 이하인 값을 표준으로 한다.

(나) 화학적 프리스트레스트 콘크리트(chemical prestressed concrete) 팽창재에 의해 건조 수축이 생긴 후에도 압축 응력이 남아, 프리스트레스로 하중에 의한 인장 응력의 일부에 저항할 정도의 팽창력을 준 콘크리트이다.

화학적 프리스트레스트 콘크리트의 팽창률은 200×10^{-6} 이상, 1000×10^{-6} 이하를 표준으로 한다.

② **재료**

(가) 시멘트 포틀랜드 시멘트, 고로 슬래그 시멘트, 플라이 애시 시멘트를 사용한다.

(나) 혼화 재료 콘크리트용 팽창재(표 2.15)를 사용한다.

③ **배합**

(가) 시멘트 양 화학적 프리스트레스용 콘크리트의 단위 시멘트 양은 단위 팽창재량을 제외한 값으로서, 보통 콘크리트인 경우 260 kg/m^3 이상, 경량 콘크리트의 경우는 300 kg/m^3 이상으로 한다.

(나) 공기량 AE제 또는 AE 감수제를 사용한 콘크리트는 표 3.19에 따르고, 경량 콘크리트는 5.5%를 표준으로 한다.

④ **시공**

(가) 비비기 비비기 시간은 강제 혼합식 믹서인 경우 1분으로 하고, 가경식 믹서인 경우 1분 30초 이상으로 한다.

(나) 치기 비비고 나서 치기가 끝날 때까지의 시간은 1~2시간 이내로 한다.

(다) 양생 5일간은 습윤 상태를 유지하고, 콘크리트의 온도를 2°C 이상 5일간 유지해야 한다.

(5) 수중 불분리성 콘크리트

수중 불분리성 혼화제를 사용하여, 재료 분리 저항성을 높인 수중 콘크리트를 수중 불분리성 콘크리트(anti washout concrete)라 한다.

① **재료**

(가) 혼화 재료 수중 불분리성 혼화제를 사용한다.

(나) 굵은 골재 굵은 골재의 최대 치수는 40 mm 이하, 부재 최소 치수의 1/5을 표준으로 하며, 철근의 최소 간격은 1/2을 넘어서는 안 된다.

② **배합**

(가) 단위 시멘트 양 400 kg/m^{3}로 한다.

(나) 단위 수량 220 kg/m^{3}로 한다.

(다) 물-결합재비 내구성을 고려한 최대 물-결합재비는 무근 콘크리트 55%, 철근 콘크리트 50%로 한다.

(라) 슬럼프 플로 시공 조건에 따라 350~600 mm가 되도록 정한다.

③ **시공**

(가) 비비기 강제 혼합식 믹서의 경우 90~180초를 표준으로 한다.

(나) 치기 유속이 0.05 m/s 정도 이하의 정수 중에서 수중 낙하의 높이 0.5 m 이하로 치기를 해야 한다.

8. 특수 공법의 콘크리트

(1) 숏크리트

압축 공기를 이용하여 호스(hose) 속으로 운반한 콘크리트 또는 모르타르 재료를 시공면에 뿜어서 만든 콘크리트 또는 모르타르를 숏크리트(shotcrete)라 한다.

주로 터널이나 구조물의 라이닝, 비탈면의 보호공, 댐 및 교량의 보수·보강 공사 등에 사용한다.

① **특성**

(가) 장점

1) 급결제에 의하여 조기에 강도를 발휘할 수 있다.

2) 소규모 시설로 임의의 방향에서 시공이 가능하다.

3) 거푸집이 필요 없고, 급속 시공이 가능하다.

(나) 단점

1) 리바운드(rebound) 등 재료의 손실이 많다.

2) 시공면이 고르지 못하고, 수밀성이 작다.
3) 건식 공법인 경우 작업 시에 먼지가 생긴다.
4) 뿜어 붙임면에 물이 나오면 부착이 어렵다.

② **재료**

(가) 시멘트 포틀랜드 시멘트, 고로 슬래그 시멘트, 플라이 애시 시멘트 등을 사용한다.

(나) 급결제 콘크리트용 급결제(표 2.19)의 품질에 적합한 것을 사용한다.

(다) 골재 보통 골재를 사용하며, 잔골재의 조립률은 3.4～4.1 범위의 것이 좋다. 굵은 골재는 부순 굵은 골재, 하천 자갈을 사용한다.

(라) 보강재 콘크리트용 강섬유(KS F 2564), 용접 철망을 사용한다.

숏크리트용 재료의 표준은 KS F 2577에 규정되어 있다.

③ **배합**

(가) 설계 기준 강도 장기 설계 기준 강도는 $f_{ck} = 21$ MPa 이상으로 한다.

(나) 물-결합재비 40～60%의 범위로 한다.

(다) 슬럼프 베이스 콘크리트를 펌프로 압송할 경우 150 mm 이상을 표준으로 한다.

(라) 잔골재율 55～75%의 범위로 한다.

(마) 굵은 골재의 최대 치수 10～13 mm로 한다.

④ **시공**

(가) 숏크리트 치기 방법

(ㄱ) 건식 공법 : 시멘트와 골재를 비벼서 노즐(nozzle)에 보내어, 여기서 물과 혼합하여 압축 공기로 뿜어 붙이는 공법이다.
이 공법은 분진이 많은 것이 결점이다.

(ㄴ) 습식 공법 : 재료를 물로 비벼서 압축 공기로 노즐에 보내어 뿜어 붙이는 공법이다.
이 공법은 품질 관리가 쉽다.

(나) 숏크리트 작업

1) 노즐은 항상 시공면에 직각이 되도록 하고, 일정한 압력(0.15～0.25 MPa) 또는 거리(1～1.5 m)를 유지한다.
2) 1회 치기의 두께는 100 mm 이내로 하고, 반복해서 소정의 두께로 한다.
3) 리바운드량을 최소로 한다.
4) 강재 동바리가 있을 경우에는 숏크리트와 일체 되도록 한다.
5) 특별한 경우를 제외하고는 숏크리트만으로 마무리하는 것을 원칙으로 한다.

⑤ 양생

숏크리트의 양생 방법으로서는 피막, 보온, 살수 등이 있다.

(2) 프리플레이스트 콘크리트

특정한 입도를 가진 굵은 골재를 먼저 거푸집에 채워 넣고, 그 공극 속에 특수한 모르타르를 적당한 압력으로 주입하여 만든 콘크리트를 프리플레이스트 콘크리트(preplaced aggregate concrete)라 한다.

주입용 모르타르는 부배합으로 하여 유동성이 좋고, 재료 분리가 적으며, 경화 후 소정의 강도를 가져야 한다.

① 특성

1) 보통 치기가 곤란한 공사에 효과적이다(예 : 수중 콘크리트 등).
2) 내구성, 수밀성이 크다.
3) 건조 수축과 팽창이 작다.
4) 동결 융해 저항성이 크다.
5) 장기 강도는 보통 콘크리트보다 크다.

② 재료

(가) 시멘트 보통 포틀랜드 시멘트, 조강 포틀랜드 시멘트, 중용열 포틀랜드 시멘트, 플라이 애시 시멘트, 고로 슬래그 시멘트 등을 사용한다.

(나) 혼화 재료 혼화재는 플라이 애시, 팽창제를 사용하고, 혼화제는 감수제, 알루미늄 분말을 사용한다

(다) 골재

(ㄱ) 잔골재 : 입도는 표 3.38의 범위를 표준으로 하고, 조립률은 1.4～2.2 범위에 있는 것이 적당하다.

표 3.38 잔골재의 입도 표준[29)]

체의 호칭 치수(mm)	체를 통과하는 것의 질량 백분율(%)
2.5	100
1.2	90～100
0.6	60～80
0.3	20～50
0.15	5～30

(ㄴ) 굵은 골재 : 최소 치수는 15 mm 이상, 최대 치수는 부재 단면 최소 치수의 1/4 이하, 철근 순간격의 2/3 이하로 한다.

(라) 물 무근 콘크리트일 때에는 해수를 사용해도 된다.

③ 주입용 모르타르

(가) 유동성 KS F 2432(주입 모르타르의 컨시스턴시 시험 방법)에 따라 시험한 경우, 유하 시간이 16~20초인 것을 표준으로 한다.

(나) 블리딩 율 KS F 2433(주입 모르타르의 블리딩 율 및 팽창률 시험 방법)에 따라 시험한 경우, 시험 개시 후 3시간에서의 값이 3 % 이하로 되어야 한다.

(다) 팽창률 KS F 2433(주입 모르타르의 블리딩 율 및 팽창률 시험 방법)에 따라 시험한 경우, 시험 개시 후 3시간에서의 값이 5~10 % 되어야 한다.

④ 압축 강도

프리플레이스트 압축 강도 시험 방법은 KS F 2426에 따라야 한다.

⑤ 시공

프리플레이스트 콘크리트의 시공 요점은 다음과 같다.

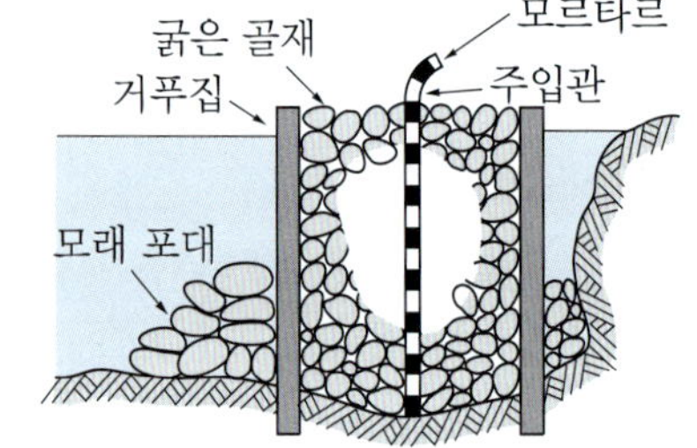

그림 3.82 프리플레이스트 콘크리트 시공

1) 모르타르 주입관은 안지름 25~65 mm의 강관을 사용한다.
2) 연직 주입관의 수평 간격은 2 m 정도를 표준으로 한다.
3) 수평 주입관의 수평 간격은 2 m 정도, 연직 간격은 1.5 m 정도를 표준으로 한다.
4) 모르타르 면의 상승 속도는 0.3~2 m/h 정도로 한다.
5) 주입관의 선단은 0.5~2 m 정도 모르타르 속에 묻혀 있는 상태로 유지한다.

(3) 진공 콘크리트

콘크리트를 쳐서 다진 후 진공 매트(mat)를 깔고, 진공 펌프로 콘크리트의 공기와 물을 제거해서 만든 콘크리트를 진공 콘크리트(vacuum processed concrete)라 한다.

주로 도로 포장, 콘크리트 제품, 건축물의 슬래브 등에 사용된다.

① 특성

1) 혼합수가 흡입 제거(20분 내에 약 30 %)되므로 물-결합재비가 저하된다.
2) 물-결합재비의 저하와 대기압의 작용으로 강도가 약 20~50 % 증가한다.

3) 재령 28일에서 보통 콘크리트보다 약 20 % 정도 수축이 감소된다.

4) 보통 콘크리트보다 5∼6배 정도 동결 융해 저항성이 커진다.

5) 밀도가 크므로 흡수성이 감소된다.

6) 강도와 표면 경도의 증가로 마모 저항성이 커진다.

② 시공

(가) 장치 및 흡인 시간

(ㄱ) 흡인 구멍 : 진공 매트 1 m^2에 1개 정도로 한다.

(ㄴ) 진공도 : 550∼650 mm의 수은주 정도로 한다.

(ㄷ) 펌프 용량 : 15∼20 PS로 한다.

(ㄹ) 흡인 시간 : 25∼40분 정도로 한다.

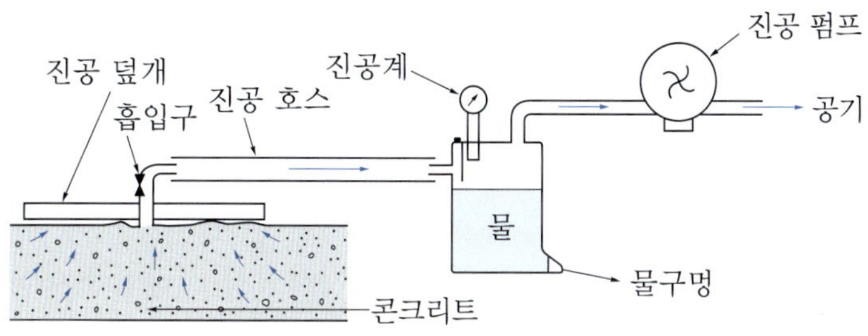

그림 3.83 진공 콘크리트의 장치

(나) 작업 순서 포장 콘크리트를 진공 콘크리트로 시공할 경우, 작업 순서는 다음과 같다.

1) 거푸집에 콘크리트를 치고 다진다.

2) 콘크리트의 면을 진동 스크리드(screed)로 고르면서 다진다.

3) 콘크리트의 면에 필터 매트(filter mat)를 깐다.

4) 필터 매트 위에 흡인 매트를 덮고 가장자리를 밀봉한다.

5) 진공 펌프로 진공 탈수한다.

6) 흡인 매트와 필터 매트를 제거하고 1차 마감을 한다.

7) 동력 연마기로 최종 마감을 한다.

(4) 수중 콘크리트

담수나 안정액 또는 해수 중에서 시공하는 콘크리트를 수중 콘크리트(underwater concrete)라 한다.

주로 방파제의 기초, 호안 기초, 수문 기초, 케이슨 바닥, 안벽 등의 구조물 축조에 사용한다.

① **배합**

(가) 물-결합재비 일반 수중 콘크리트는 50% 이하를 표준으로 한다.

(나) 단위 결합재량 370 kg/m^3 이상을 표준으로 한다.

(다) 유동성 콘크리트는 점성이 풍부한 것이라야 하며, 슬럼프는 표 3.39의 값을 표준으로 한다.

표 3.39 **수중 콘크리트의 슬럼프 표준**[29)]

시공 방법	슬럼프 범위(mm)
트레미, 콘크리트 펌프	130～180
밑열림 상자, 밑열림 포대	100～150

② **수중 콘크리트 치기의 원칙**

1) 콘크리트는 정수 중에서 쳐야 한다. 완전히 물막이를 할 수 없는 경우 유속은 0.05 m/s 이하라야 한다.
2) 콘크리트는 수중에 낙하시켜서는 안 된다.
3) 콘크리트는 그 면을 가능한 한 수평하게 유지하면서 소정의 높이 또는 수면 위에 이를 때까지 연속해서 쳐야 한다.
4) 레이턴스의 발생을 되도록 적게 하기 위하여 치는 도중에 가능한 한 콘크리트가 휘어지지 않도록 주의해야 한다.
5) 콘크리트가 경화될 때까지 물의 유동을 방지해야 한다.
6) 한 구획의 콘크리트 치기를 완료한 후, 레이턴스를 완전히 제거하지 않고서 다음 작업을 시작해서는 안 된다.
7) 콘크리트는 트레미나 콘크리트 펌프를 사용해서 쳐야 한다. 그러나 부득이 한 경우 또는 소규모 공사일 경우에는 밑열림 상자나 밑열림 포대를 사용해도 된다.

③ **시공**

(가) 트레미

1) 트레미(tremie)는 수밀성을 가지며, 콘크리트가 자유롭게 낙하할 수 있는 크기를 가져야 하므로 안지름은 굵은 골재의 최대 치수 8배 정도가 필요하다.
2) 트레미 한 개를 칠 수 있는 면적은 너무 넓어서는 안 되며, 30 m^2 정도가 좋다.
3) 트레미는 치는 동안 항상 그 하반부가 콘크리트로 채워져 있어야 한다.
4) 트레미는 치는 동안 수평 이동되어서는 안 된다.

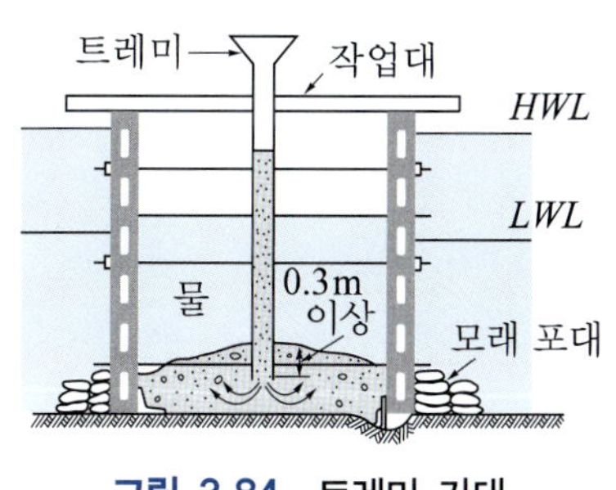

그림 3.84 트레미 가대

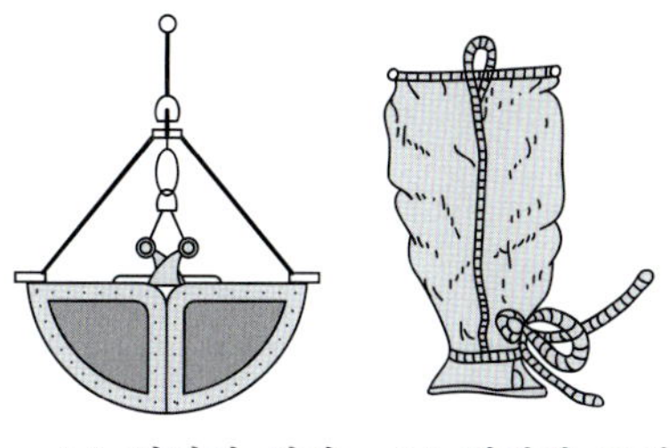

그림 3.85 밑열림 상자와 밑열림 포대

(나) 밑열림 상자와 밑열림 포대

1) 밑열림 상자 및 밑열림 포대는 콘크리트를 바닥에 쏟을 때 쉽게 열릴 수 있는 구조이어야 한다.
2) 콘크리트가 거푸집 구석까지 잘 들어가도록 깊은 곳에서부터 친다.
3) 콘크리트를 수중에 가만히 내려 쏟은 후, 콘크리트에서 상당히 거리가 떨어질 때까지 천천히 끌어올려야 한다.

(다) 콘크리트 펌프

1) 콘크리트 펌프의 안지름은 0.1～0.15 m 정도가 좋다.
2) 콘크리트 펌프의 배관은 수밀하여야 한다.
3) 수송관 한 개로 칠 수 있는 면적은 5 m^2 정도로 한다.
4) 콘크리트 치는 방법은 트레미에 준한다.

(5) 수밀 콘크리트

수밀성이 큰 콘크리트 또는 투수성이 작은 콘크리트를 수밀 콘크리트(watertight concrete)라 한다. 수밀 콘크리트 구조물은 투수, 투습에 의하여 구조물의 안정성, 내구성, 유지 관리, 외관 등에 영향을 주는 구조물이다. 주로 각종 저장 시설, 지하 구조물, 저수조, 수영장, 상하수도 시설, 터널 등을 들 수 있다.

① 수밀 콘크리트의 결함

수밀 콘크리트의 결함으로서는 다음과 같은 것을 들 수 있다.

1) 콜드 조인트의 결함
2) 시공 이음부의 결함
3) 재료 분리에 의한 불균등성

② **재료**

(가) 시멘트 중용열 포틀랜드 시멘트가 유효하다.

(나) 혼화 재료 양질 AE제, 감수제, AE 감수제, 고성능 감수제 또는 양질의 포졸란 등을 사용한다.

③ **배합**

(가) 단위 시멘트 양 300 kg/m^3 이상으로 한다.

(나) 물-결합재비 50% 이하로 한다.

(다) 슬럼프 180 mm 이하로 한다.

(라) 공기량 4% 이하로 한다.

(마) 잔골재율 보통 콘크리트의 경우보다 다소 크게 한다.

(바) 굵은 골재의 최대 치수 단면 최소 치수의 1/5 이하로 한다.

④ **시공**

수밀 콘크리트의 시공상 유의할 점은 다음과 같다.

1) 콘크리트는 재료 분리가 일어나지 않도록 운반, 치기를 한다.
2) 쳐넣은 콘크리트의 온도는 30°C 이하가 되도록 한다.
3) 시공 이음을 만들지 않아야 한다.
4) 연직 시공 이음에는 지수판을 사용해야 한다.
5) 거푸집 조임재는 누수에 대하여 나쁜 영향이 없는 것을 사용한다.
6) 습윤 양생 일수를 늘려야 한다.

(6) 댐 콘크리트

콘크리트 댐에 사용하는 콘크리트를 댐 콘크리트(dam concrete)라 한다. 댐 콘크리트는 보통 콘크리트보다 내구성과 수밀성이 커야 하고, 수화열에 의한 균열이 생기지 않아야 한다.

① **댐 콘크리트의 특성**

1) 대용량의 콘크리트를 연속적으로 시공하므로 매스 콘크리트로 해야 한다.
2) 댐의 일체성을 유지하기 위하여 균열 발생이 적어야 한다.

② **재료 및 배합**

(가) 시멘트 보통 포틀랜드 시멘트, 중용열 포틀랜드 시멘트, 고로 슬래그 시멘트, 플라이애시 시멘트, 저열 포틀랜드 시멘트 등을 사용한다.

(나) 혼화 재료 플라이 애시, 고로 슬래그 미분말을 사용한다.

(다) 잔골재 입도는 표 2.28의 범위를 표준으로 한다. 유해물 함유량의 한도는 표 2.34의 값으로 한다.

(라) 굵은 골재 밀도는 2.50 g/cm^{3}를 표준으로 하고, 최대 치수는 150 mm 정도 이하를 표준으로 한다. 유해물 함유량의 한도는 표 2.35의 값으로 하고, 마모 감량의 한도는 40% 이하로 한다.

굵은 골재의 입도는 표 3.40의 범위를 표준으로 한다.

표 3.40 굵은 골재의 입도 표준[35)]

굵은 골재의 최대 치수(mm) \ 체의 호칭 치수(mm)	입경별 질량 백분율(%)					
	150～80	120～80	80～40	40～20	20～10	10～5
150	35～20		32～20	30～20	20～12	15～8
120		25～10	35～20	35～20	25～15	15～10
75			40～20	40～20	25～15	15～10
40				55～40	35～30	25～15

(마) 반죽 질기 콘크리트의 슬럼프 값은 20～50 mm로 한다.

③ 시공

(가) 비비기 콘크리트의 비비기는 재료 분리가 적은 배치 믹서나 연속 믹서를 사용한다.

(나) 운반 콘크리트의 운반은 버킷, 덤프 트럭, 벨트 컨베이어, 콘크리트 펌프 등을 사용한다.

(다) 치기 콘크리트의 1회 치기 높이(lift)는 1.5 m 이상 2.0 m 이하를 표준으로 한다. 그 위에 새 콘크리트를 칠 때에는 먼저의 콘크리트를 친 후 5일이 지난 후에 쳐야 한다.

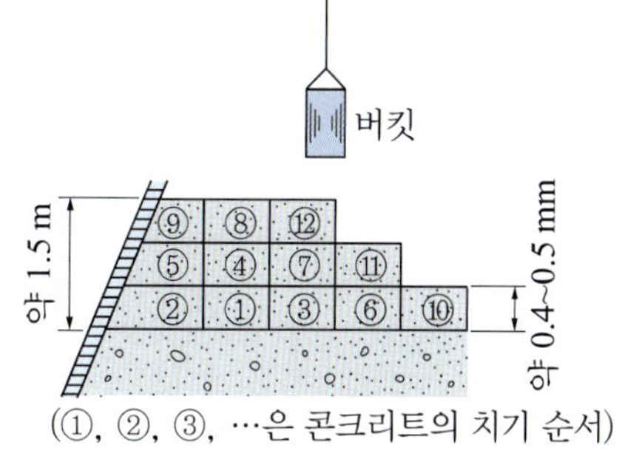

(①, ②, ③, …은 콘크리트의 치기 순서)

그림 3.86 댐 콘크리트의 치기

(라) 다지기 진동기는 내부 진동기 또는 탑재형 진동기를 사용한다.

(마) 양생 콘크리트를 친 후 경화에 필요한 온도 및 습도에 알맞게 양생해야 한다.

양생 기간은 보통 포틀랜드 시멘트를 사용하는 경우는 14일 이상, 플라이 애시 시멘트 또는 고로 슬래그 시멘트를 사용하는 경우는 21일 이상으로 하고 있다.

⑤ 콘크리트의 냉각

(가) 선행 냉각(pre-cooling)

(ㄱ) 얼음에 의한 방법 : 혼합수의 일부를 얼음으로 대치하는 방법이다. 얼음은 일반적으로 튜브 아이스(tube ice) 또는 플레이크 아이스(flake ice)를 사용한다.

(ㄴ) 냉풍에 의한 방법 : 배치 플랜트의 굵은 골재 빈(bin) 아래 부분에 냉풍을 보내어 굵은 골재를 냉각시키는 방법이다.

(ㄷ) 골재 침수법 : 굵은 골재를 벨트 컨베이어 등으로 냉각통에 넣고 냉각시킨 다음, 탈수 스크린을 거쳐 배치 플랜트로 보내는 것이다.

(ㄹ) 냉실 방법 : 골재를 벨트 컨베이어, 스크루 컨베이어(screw conveyer) 등으로 건조한 다음, 냉실을 통과시켜 냉각시키는 것이다.

(나) 관로식 냉각(pipe cooling) 콘크리트를 치기 전에 바닥에 냉각관을 배치하고 그 위에 콘크리트를 친 후, 냉각관 속으로 냉각수를 흐르게 한다.

냉각은 1단계 냉각과 2단계 냉각으로 나누어서 실시한다.

(ㄱ) 1단계 냉각 : 시멘트의 수화열에 의한 온도 상승을 낮추어 블록 내에 생기는 온도 응력을 작게 하기 위해 하는 것이다.

(ㄴ) 2단계 냉각 : 각 블록이 일체가 되도록 하기 위해 수축 이음에 그라우팅을 하기 전 각 블록의 콘크리트 온도를 예상 저수지 수온 이하로 낮추는 것이다.

㉠ 냉각관 – 지름 25 mm의 강관을 사용하며, 간격은 1~2 m, 길이는 200~300 m로 한다.

㉡ 유량 – 냉각관 속을 흐르는 냉각수는 13~16 L/분 정도로 한다.

㉢ 수온 – 냉각수의 온도와 콘크리트 온도와의 차이는 20°C 이하로 한다.

㉣ 통수 기간 – 1단계 냉각은 15~20일간, 2단계 냉각은 40~60일간에 걸쳐서 실시한다.

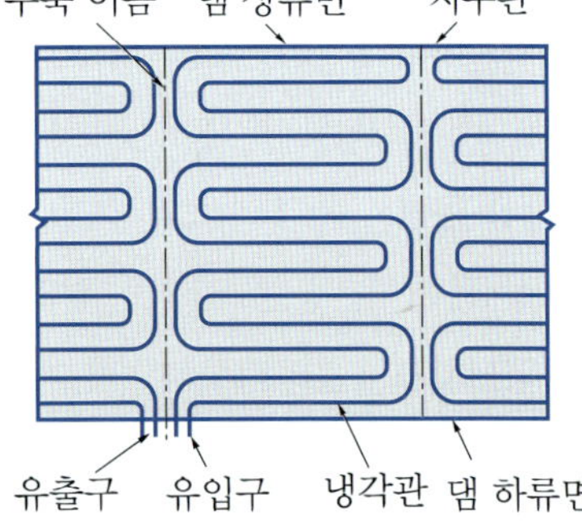

그림 3.87 냉각관의 배치

(7) 포장 콘크리트

도로, 공항 등의 보조 기층 위에 포장되는 콘크리트를 포장 콘크리트라 한다. 포장 콘크리트(pavement concrete)는 휨 응력, 마모 저항, 기상 작용, 건습 반복 작용을 받으므로, 이들 작용에 대한 저항성이 커야 한다.

① **재료**

(가) 시멘트 포틀랜드 시멘트, 고로 슬래그 시멘트, 플라이 애시 시멘트 및 포틀랜드 포졸란 시멘트를 사용한다.

(나) 혼화 재료 혼화재는 플라이 애시, 혼화제는 AE제, 감수제 및 AE 감수제를 사용한다.

(다) 잔골재 입도는 표 2.28의 범위를 표준으로 하고, 유해물 함유량의 한도는 표 2.34의 값으로 한다.

(라) 굵은 골재 굵은 골재의 최대 치수는 40 mm 이하로 하고, 입도는 표 2.29의 범위를 표준으로 한다. 마모 감량의 한도는 35%로 한다.

② **배합**

포장 콘크리트의 배합은 필요한 품질, 작업에 알맞은 워커빌리티 및 피니셔빌리티를 가지는 범위 내에서 단위 수량이 될 수 있는 대로 적게 되도록 정해야 한다.

포장용 시멘트 콘크리트의 배합을 정하는 경우의 기준은 표 3.41과 같다.

표 3.41 포장 시멘트 콘크리트의 배합 기준[36)]

설계 기준 휨 강도(MPa)	굵은 골재의 최대 치수(mm)	슬럼프 (mm)	공기량 (%)	단위 수량 (kg/m^3)
4.5	30 이하	10～60	6 ± 1.5	150 이하

③ **콘크리트 슬래브의 포장**

(가) 비비기 콘크리트의 비비기 시간은 가경식 믹서를 사용할 경우 1분 30초, 강제 혼합식 믹서를 사용할 경우에는 1분을 표준으로 한다.

(나) 운반 콘크리트를 비빈 후부터 치기가 끝날 때까지의 시간은 1시간 이내로 한다.

(다) 깔기 콘크리트의 깔기에는 콘크리트 스프레더(concrete spreader), 콘크리트 피니셔(concrete finisher) 등을 사용한다. 더돋기의 높이는 슬래브 두께의 15 % 정도로 한다.

(라) 다지기 콘크리트 피니셔 또는 슬립 폼 페이버(slip form paver)로 고르게 다진다.

(마) 표면 마무리 초벌 마무리, 평탄 마무리, 거친 마무리 등을 한다.

(바) 양생 콘크리트 표면 마무리가 끝난 후 차량이 통과할 때까지 햇빛의 직사, 비와 바람, 기온, 하중 및 충격 등에 의한 나쁜 영향을 받지 않도록 보호한다.

콘크리트를 칠 때 일평균 기온이 4℃ 이하로 예상되면, 양생 방법은 한중 콘크리트에 따른다.

(8) 롤러 다짐 콘크리트

매우 된 반죽 콘크리트를 얇게 층으로 깔고, 진동 롤러로 다지기를 한 콘크리트를 진동 롤러 다짐 콘크리트(roller compacted concrete, RCC)라 한다.

① RCC 공법의 특성

1) 아주 된 반죽(0 슬럼프) 콘크리트를 사용한다.
2) 콘크리트의 치기는 층으로 한다.
3) 콘크리트의 다지기는 진동 롤러로 한다.
4) 일반적으로 관로식 냉각을 하지 않는다.

② 재료

(가) 시멘트 저발열 시멘트를 사용한다.

(나) 혼화 재료 혼화제는 AE제, 감수제, 혼화재는 플라이 애시, 고로 슬래그 분말 등을 사용한다.

(다) 골재 굵은 골재의 최대 치수는 80～100 mm로 한다.

③ 배합

(가) 물-결합재비 70～80% 정도로 한다.

(나) 단위 시멘트 양 120 kg/m^3 정도로 한다.

(다) 잔골재율 30～35%로 한다.

(라) 반죽 질기 비비 시간 VB 20±10초 범위로 한다. 시공 시 진동 롤러가 콘크리트 속에 묻히지 않고, 충분히 다질 수 있는 워커빌리티가 필요하다.

④ 시공

(가) 비비기 강제 혼합식 믹서를 사용한다.

(나) 운반 덤프 트럭, 벨트 컨베이어를 사용한다.

(다) 깔기 1회 치기 높이는 0.7 m 정도로 하며, 주로 불도저를 사용한다. 깔기를 할 때에는 굵은 골재가 분리되지 않도록 한다.

(라) 다지기 자주식 진동 롤러를 사용하며, 특수한 곳은 내부 진동기를 사용한다.

(마) 수축 이음 가로 수축 이음은 콘크리트를 깐 직후 또는 다지기를 한 후에 절단하는 방법으로 시공한다. 세로 수축 이음은 일반적으로 만들지 않는다.

(바) 양생 단위 수량이 적어서 표면이 건조하기 쉬우므로 살수 양생을 한다. 특히 여름철의 시공에서는 충분한 살수가 필요하다.

9. 특수 환경에서 사용되는 콘크리트

(1) 해양 콘크리트

항만, 해안 또는 해양에 위치하여 해수 또는 조풍의 작용을 받는 구조물에 사용하는 콘크리트를 해양 콘크리트(marine concrete)라 한다.

해양 콘크리트는 해수 작용, 화학 작용, 기상 작용, 파랑이나 표류, 고형물에 의한 충격, 마모 작용 등을 받으므로 해수에 대한 내구성, 수밀성 및 강도가 커야 한다.

① 재료

(가) 시멘트 고로 슬래그 시멘트, 중용열 포틀랜드 시멘트, 플라이 애시 시멘트, 내황산염 포틀랜드 시멘트를 사용한다.

(나) 혼화 재료 혼화재는 플라이 애시, 고로 슬래그 미분말, 팽창재, 실리카 퓸 등을 사용하고, 혼화제는 AE제, 감수제, AE 감수제, 고성능 AE 감수제 등을 사용한다.

(다) 골재 일반 콘크리트용 골재와 같으며, 천연 잔골재는 표 2.34, 천연 굵은 골재는 표 3.35에서 규정한 유해물을 초과해서는 안 된다.

(라) 강재 KS D 3505 철근 콘크리트 봉강, KS D 7002 PS 강선 및 PS 강연선의 표준에 적합한 것이어야 한다.

② 배합

(가) 물-결합재비 내구성을 기준으로 하여 정해지는 물-결합재비는 표 3.16의 값을 표준으로 한다.

(나) 결합재량 구조물의 규모, 중요성, 환경 조건 등을 고려하여 소요의 내구성이 얻어지도록 정해야 한다.

해양 철근 콘크리트 및 프리스트레스트 콘크리트 구조물에서, 내구성으로부터 정해지는 단위 결합재량은 표 3.42의 값 이상으로 한다.

표 3.42 **내구성으로 정해지는 최소 단위 결합재량(kg/m³)**[29] (콘크리트표준시방서)

환경 구분 \ 굵은 골재의 최대 치수 (mm)	20	25	40
물보라 지역, 간만대 및 대기 중*	340	330	300
해중**	310	300	280

주: * 노출 등급 ES1, ES4(표 3.7 참조)
** 노출 등급 ES3(표 3.7 참조)

(다) 공기량 해양 콘크리트 구조물에 쓰이는 공기 연행 콘크리트의 공기량은 표 3.19의 값을 표준으로 한다.

③ 시공

해양 콘크리트의 시공 시 유의할 사항은 다음과 같다.

1) 해양 콘크리트는 치기, 다지기, 양생 등에 특히 주의해야 한다.
2) 시공 이음은 될 수 있는 대로 피해야 한다.
3) 콘크리트는 재령 5일이 되기까지 해수에 씻기지 않도록 보호해야 한다.
4) 강재와 거푸집판과의 간격은 소정의 피복 두께를 확보할 수 있도록 적절한 조치를 취해야 한다.

(2) 내화·내열 콘크리트

내화성을 가진 콘크리트를 내화 콘크리트(fire proof concrete)라 한다. 주로 내화 구조물에 사용된다.

내열 콘크리트(heat resistance concrete)는 내열성을 가진 콘크리트이다. 고온에 지속적 또는 반복해서 노출되어도 붕괴되지 않는 콘크리트를 말한다.

콘크리트는 불연성이고 열의 부도체이지만, 경화한 시멘트 풀과 골재의 체적 변화가 다르므로 붕괴된다.

① 재료

(가) 시멘트 내화성이 큰 고로 슬래그 시멘트, 알루미나 시멘트가 사용된다.

(나) 골재 골재는 내화적인 것을 사용한다. 화산암질 골재, 고로 슬래그 골재 등을 사용하면 내화성이 좋으며, 인공 경량 골재도 내화성이 크다. 그러나 화강암, 기타 실리카질의 골재는 사용하지 않는 것이 좋다.

골재는 최대 치수가 작을수록 내화적이 된다.

② 내화성을 증가시키는 방법

1) 철근을 보호하기 위하여 충분한 피복 두께를 둘 것
2) 콘크리트 표면에서부터 25 mm 정도 속에 철망을 넣어 철근 피복이 떨어지는 것을 막을 것
3) 구조물에는 가급적 우각부를 만들지 말 것
4) 내화적인 재료를 사용할 것
5) 콘크리트 표면을 내화 재료(염화암모늄, 황산암모늄, 탄산나트륨 등)로 보호할 것

(3) 내식 콘크리트

콘크리트는 화학 작용에 대한 저항성이 일반적으로 크지 않기 때문에, 환경에 따라 화학적 침식을 많이 받는다. 화학적 침식은 주로 각종 산에 의한 것과 염류에 의한 것이다.

① 재료

(가) 시멘트 고로 슬래그 시멘트, 플라이 애시 시멘트, 포졸란 시멘트, 알루미나 시멘트를 사용한다.

(나) 골재 적당한 입도와 입형을 가진 실적률 큰 골재를 사용한다.

(다) 혼화 재료 혼화재는 플라이 애시를 사용하고, 혼화제는 AE제, 감수제를 사용한다.

② 배합

(가) 물 – 결합재비

1) 수밀성이 큰 밀실한 콘크리트로 하여, 부식성 물질의 침투를 최소한으로 한다.
2) 물-결합재비를 될 수 있는 대로 작게 하여, 블리딩에 의해서 생기는 모세관을 적게 되도록 한다.

(나) 단위 시멘트 양 시멘트를 많이 사용할수록 내식성이 커진다.

(라) 공기량 연행 공기에 의해 물-결합재비를 저하시켜 치밀한 콘크리트를 만든다.

③ 시공

(가) 다지기 밀실한 콘크리트를 만들기 위해서는 다지기를 충분히 해야 한다.

(나) 양생 부식성 물질이 침투하기 전에 콘크리트가 충분히 경화하여, 공극, 균열이 생기지 않도록 습윤 양생을 한다.

10. 제조 공정 및 기타에 의한 콘크리트

(1) 프리캐스트 콘크리트

생산 공정이 일관되게 관리되는 공장에서 연속적으로 생산되는 콘크리트 제품을 프리캐스트 콘크리트(precast concrete, PC)라 한다.

① 프리캐스트 콘크리트의 특징

1) 재료, 배합, 생산 설비 시공 등의 관리가 쉽다.
2) 숙연된 작업원에 의하여 생산될 수 있다.
3) 생산, 취급 등의 작업을 기계화하기 쉽고, 에너지 절약이 가능하다.

4) 작업하기 쉬운 장소에서 콘크리트를 칠 수 있고, 기후에 영향을 받지 않는다.

5) KS에 따라 표준화되어 실물 시험을 할 수 있는 경우가 많다.

② 콘크리트의 강도

프리캐스트 콘크리트에 사용하는 콘크리트의 강도 시험은 KS F 2405(콘크리트의 압축 강도 시험 방법)에 따라 실시하며, 다음 중 어느 하나의 방법에 의해 구한 압축 강도로 나타내는 것을 원칙으로 한다.

1) 일반적인 공장 제품은 재령 14일에서의 압축 강도의 시험값

2) 오토클레이브 양생 등의 특수한 촉진 양생을 하는 공장 제품에서는 14일 이전의 적절한 재령의 압축 강도 시험값

3) 촉진 양생을 하지 않은 공장 제품이나 비교적 부재 두께가 큰 공장 제품에서는 재령 28일에서의 압축 강도의 시험값

③ 재료

(가) 콘크리트의 재료

(ㄱ) 일반 콘크리트의 경우: 일반 콘크리트의 재료를 사용한다.

(ㄴ) 경량 골재 콘크리트의 경우: 3.6 의 5.(1)④에 따른다.

(ㄷ) 고강도 콘크리트의 경우: 3.6 의 7.(3)①에 따른다.

(나) 혼화 재료 혼화재는 고강도용 혼화재, 고로 슬래그 미분말, 프라이 애시, 규산질 미분말 등을 사용하고, 혼화제는 AE제, 감수제, AE 감수제. 고성능 감수제, 고성능 AE 감수제, 방청제 등을 사용한다.

(다) 강재 철근으로 사용할 강재는 아래와 같은 표준에 적합한 것을 사용해야 한다.

(ㄱ) KS D 3504 철근 콘크리트용 봉강

(ㄴ) KS D 3554 연강 선재

(ㄷ) KS D 3559 경강 선재

(ㄹ) KS D 3510 경강선

(ㅁ) KS D 3552 철선

(ㅂ) KS D 3556 피아노선

④ 배합

(가) 배합 강도 3.4 의 2.(1)①에 따른다.

(나) 슬럼프 50~100 mm 정도이다.

⑤ 성형

(가) 비비기 콘크리트의 비비기에는 배치 믹서를 사용해야 한다. 일반적인 경우 비비기 시간은 믹서 내에 전 재료를 투입한 후, 강제 혼합식 믹서를 사용할 경우에는 1분 이상, 가경식 믹서를 사용할 경우에는 2분 이상으로 한다.

(나) 다지기 일반적으로 사용되는 다지기 방법에는 진동 다지기, 원심력 다지기, 가압 다지기, 진공 다지기 및 이들을 병용하는 방법이 있다.

(ㄱ) 진동 다지기 : 대형 제품에는 봉상 진동기를 사용하며, 거푸집 진동기는 널말뚝, 보와 같은 길이가 긴 제품에 사용된다. 진동대는 판상 제품이나 비교적 치수가 작은 제품의 다지기에 알맞다.

(ㄴ) 원심력 다지기 : 폴(pole), 말뚝, 관 등의 가운데가 빈 원통형 제품의 성형에 이용된다. 원심 다지기에서 원심력의 크기는 다음 식으로 구해진다.

$$f = m \cdot \frac{(2\pi rn)^2}{r} \cdot \frac{1}{mg} \qquad (3.57)$$

여기서, f : 원심력의 중력 가속도(g)에 대한 비

m : 질량(kg)

r : 회전 반지름(cm)

n : 회전 속도(rps)

g : 중력 가속도(9.8 cm/s^2)

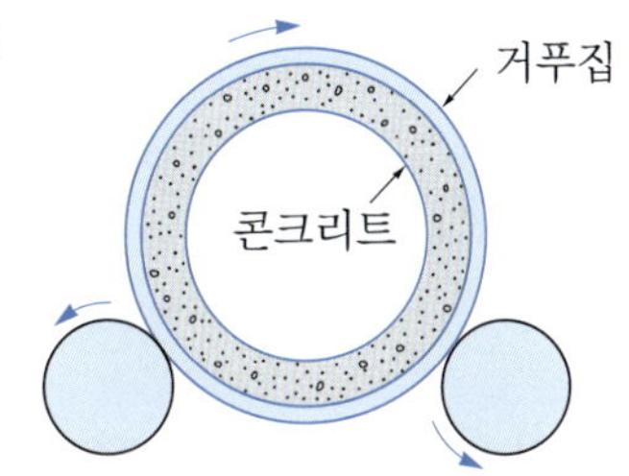

그림 3.88 콘크리트관의 원심 성형

(ㄷ) 가압 다지기 : 거푸집에 진동으로 다져 넣은 콘크리트에 압력을 가해서 물을 뽑아 내어 다져지게 하는 것이다. 가압력은 1～1.5 MPa 정도가 적당하며, 가압시킨 채로 100 °C의 고온 양생을 한다.

주로 슬래브, 널말뚝 등과 같은 판상 제품의 성형에 사용된다.

(ㄹ) 진공 다지기 : 진공 콘크리트와 같이 진공 펌프로 콘크리트 속의 물을 뽑아 내어 다져지게 하는 것이다.

⑥ 양생

공장 제품은 성형 후 빨리 탈형하여 거푸집의 회전율을 높이고, 또 조기에 출하하기 위하여 촉진 양생을 한다.

(가) 증기 양생 콘크리트의 경화를 촉진하기 위하여 상압 증기 양생 방법이 널리 사용되고 있다. 증기 양생을 할 경우, 급속히 고온에서 양생하면 콘크리트에 나쁜 영향을 미친다. 따라서 증기 양생에 관해서 대개 다음과 같이 규정하고 있다.

1) 거푸집과 함께 증기 양생실에 넣어 양생실의 온도를 균등하게 올린다.
2) 비빈 후 2~3시간 이후부터 증기 양생을 한다.
3) 온도 상승 속도는 1시간당 20°C 이하로 하고, 최고 온도는 65°C로 한다.
4) 양생실의 온도는 천천히 내려 외기의 온도와 큰 차가 없을 정도로 된 후에 제품을 꺼낸다.

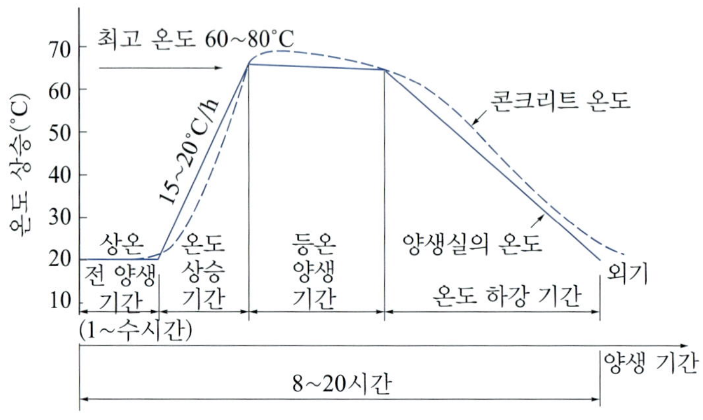

그림 3.89 증기 양생 시의 양생 조건[37)]

(나) 오토클레이브(autoclave) 양생 고온고압 양생이라고도 한다. 1 MPa, 온도 180°C의 고압 증기솥에서 양생한다.

주로 프리스트레스트 콘크리트 말뚝, 고강도 말뚝 등에 사용한다.

(다) 가압 양생 성형된 콘크리트에 0.5~1 MPa의 압력을 가한 상태에서 100°C의 고온으로 양생하는 것이다.

⑦ 취급, 운반 및 저장

1) 공장 제품은 취급, 운반 등의 도중에 균열, 흠 등의 손상을 받기 쉬우므로, 작업은 충분히 주의하며, 필요한 경우에는 이들의 손상을 막기 위한 방호 조치를 해야 한다. 특히 교량의 거더, 폴, 말뚝, 널말뚝 등과 같은 긴 공장 제품의 취급, 운반, 저장에서 큰 휨 모멘트가 생기지 않도록 하는 것이 중요하다.
2) 저장하기 위해 공장 제품을 쌓아놓을 경우에는 공장 제품의 강도, 자중 외에 저장 장소에서의 지지 상태 등을 고려하여 쌓아놓는 방법을 정해야 한다.
3) 교량 거더 등에서는 지진, 기타의 고려하지 않은 하중에 의하여 넘어가지 않도록 전도 방지 조치가 필요하다.

(2) 외장용 노출 콘크리트

부재나 건물의 내외장 표면에 콘크리트 그 자체만이 나타나는 제물치장으로 마감한 콘크리트를 외장용 노출 콘크리트(architectural formed concrete)라 한다.

① 재료

콘크리트의 구성 재료는 일반 콘크리트와 같다.

② 배합 설계

(가) 물－결합재비 50% 이하로 한다.

(나) 단위 수량 175 kg/m^3 이하로 한다.

(다) 단위 결합재량 360 kg/m^3 이상으로 한다.

(라) 굵은 골재의 최대 치수 20 mm로 한다.

(마) 슬럼프 150 mm 이상, 210 mm 이하로 한다.

③ 시공

(가) 치기 콘크리트를 연속 치기 하여 콜드 조인트가 발생하지 않도록 한다.

(나) 양생 일반 콘크리트와 같은 방법으로 한다.

3.7 콘크리트 공장 제품

콘크리트 공장 제품이란, 정비된 공장에서 제조된 모르타르, 콘크리트 및 철근 콘크리트 부재를 말하며, 시멘트 2차 제품 또는 프리캐스트 제품 등으로도 불린다.

1. 콘크리트 공장 제품의 특징 및 분류

(1) 콘크리트 공장 제품의 특징

콘크리트 공장 제품을 사용하면 현장 치기 콘크리트에 비해 다음과 같은 이점이 있다.

1) 현장에서 거푸집이나 동바리의 준비가 필요 없다.

2) 기후 조건에 영향을 받지 않는다.

3) 작업을 기계화할 때, 생력화나 숙련 작업의 저감이 가능하다.

4) 양생 기간이 필요 없으며, 공기가 단축된다.
5) 표준화되어 있는 KS 제품을 얻기 쉽다.
6) 사용 전에 발취 검사로 품질을 확인할 수 있다.
7) 지중에 매설하는 제품에서는 굴착량이 적어진다.

이와 같은 장점이 있는 반면에, 제품을 현장에서 접합할 경우에는 이음이 약점이 되기 쉬우므로, 설계 시공상 충분한 고려를 해야 한다.

(2) 콘크리트 공장 제품의 분류

(가) 용도에 따른 분류 토목용 제품, 건축용 제품 등

(나) 제조 방법에 따른 분류 진동 다짐 제품, 원심력 다짐 제품, 가압 다짐 제품, 즉시 탈형 제품, 진공 처리 제품 등

(다) 강재의 유무에 따른 분류 무근 콘크리트 제품, 철근 콘크리트 제품, 프리스트레스트 콘크리트 제품, 강섬유 보강 콘크리트 제품 등

(라) 질량에 따른 분류 보통 콘크리트 제품, 경량 콘크리트 제품, 기포 콘크리트 제품, 중량 콘크리트 제품 등

(마) 양생 방법에 따른 분류 수중 양생 제품, 증기 양생 제품, 오토클레이브 양생 제품, 전기 양생 제품, 압력 양생 제품 등

2. 각종 콘크리트 공장 제품

건설 공사용 콘크리트 공장 제품에는 여러 가지가 있으나, KS에 규정되어 있는 것 중에서 많이 사용되고 있는 것을 들면 다음과 같다.

(1) 도로용 콘크리트 제품

① **포장용 콘크리트 평판**(KS F 4001)

무근 콘크리트로 만든 평판이다. 주로 도로, 광장 등의 포장에 사용된다.

(가) 종류 및 치수 모르타르층 평판(보통 평판, 투수 평판)과 인조석층 평판(보통 평판, 컬러 평판, 음각 평판, 노출 평판)이 있다.

치수 및 품질은 표 3.43과 같다.

표 3.43 **포장용 콘크리트 평판의 치수 및 품질** (KS F 4001)

종류	치수(mm)			휨 강도 하중 (KN)	흡수율 (%)
	가로	세로	두께		
모르타르층 평판	300	300	30, 60, 80	3.0~35.6	7 이내
	400	400	60, 80		
인조석층 평판	450	450	60, 80		5 이내
	500	500	60, 80		

(나) 재료

(ㄱ) 시멘트 : 포틀랜드 시멘트, 고로 슬래그 시멘트, 플라이 애시 시멘트, 포졸란 시멘트를 사용한다.

(ㄴ) 혼화 재료 : AE제, 기타의 혼화 재료를 사용한다.

(ㄷ) 골재 : 굵은 골재의 최대 치수는 15 mm 이하로 한다.

(다) 제조

(ㄱ) 물-결합재비 : 30% 이하로 한다.

(ㄴ) 성형 : 거푸집에 믹서로 혼합한 콘크리트를 치고 압축기를 사용하여 성형한다.

(ㄷ) 양생 : 소요의 강도를 얻을 수 있도록 양생해야 한다. 다만, 1차 실내 양생은 적산 온도 500°C·h로 한다.

(라) 시험

(ㄱ) 휨 강도 : 그림 3.90과 같이 지간을 240 mm로 하고, 지간의 중앙에 하중을 가해서 시험기에 나타난 최대 하중을 구한다.

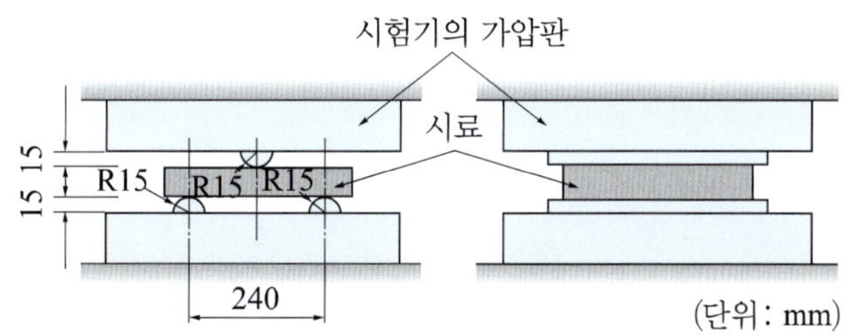

그림 3.90 **포장용 콘크리트 평판의 휨 시험**

(ㄴ) 흡수율 : 휨 시험이 끝난 후 1매의 시료에서 2매의 시험편을 취하여, 시험편의 표건 질량과 절건 질량을 구한다.

콘크리트 평판의 흡수율은 다음 식으로 구한다.

$$Q = \frac{m_s - m_d}{m_d} \times 100 \tag{3.58}$$

여기서, Q : 콘크리트 평판의 흡수율(%)

m_s : 시험체의 표건 질량(g)

m_d : 시험체의 절건 질량(g)

(마) 검사

(ㄱ) 모양 및 치수 : 1000매 또는 그 나머지를 1로트(lot)로 하고 1로트에서 2매의 시료를 취하여 검사한다. 2매가 전부 규정(표 3.43)에 합격하면 그 시료가 대표하는 로트는 전부 합격하는 것으로 한다.

1매라도 적합하지 않을 때에는 그 로트에 대하여 전수 검사를 실시한다.

(ㄴ) 휨 강도 : 2000매 또는 그 나머지를 1로트로 하고, 1로트에 대하여 임의로 3매의 시료를 취하여 시험한다. 시료가 전부 표 3.43의 휨 강도 하중에 견디면 그 시료가 대표하는 로트 전부를 합격으로 한다.

2매 이상이 휨 강도 하중에 견디지 못하면 그 로트는 전부 불합격으로 한다.

(ㄷ) 흡수율 : 시험편 2매가 전부 규정(표 3.43)에 합격하면, 그 시료가 대표하는 로트는 전부 합격으로 한다.

2매 이상이 규정에 적합하지 않으면 그 로트 전부를 불합격으로 한다.

② 콘크리트 및 철근 콘크리트 L형 측구(KS F 4005)

콘크리트 및 철근 콘크리트로 만든 L형 측구(side gutter)이다. 보도의 구별이 있는 노면 배수, 즉 가로의 옆도랑에 사용된다.

(가) 모양 및 배근 콘크리트 L형의 모양 및 배근은 그림 3.91과 같다.

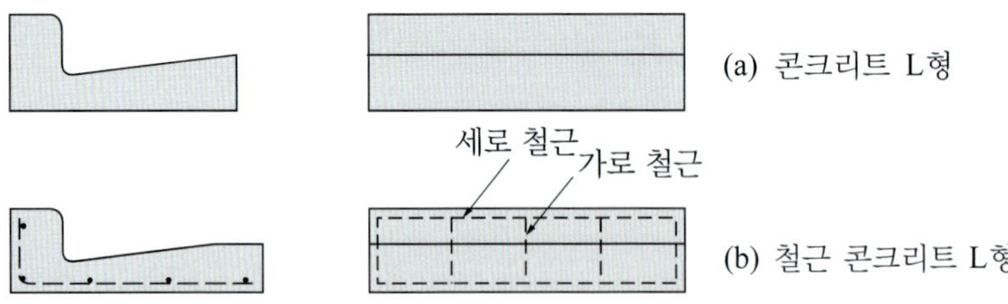

그림 3.91 콘크리트 L형의 모양, 치수 및 배근

(나) 재료

(ㄱ) 시멘트 : 포틀랜드 시멘트, 고로 슬래그 시멘트, 플라이 애시 시멘트, 포졸란 시멘트 등을 사용한다.

(ㄴ) 골재 : 굵은 골재의 최대 치수는 25 mm 이하로 한다.

(ㄷ) 혼화 재료 : 콘크리트용 화학 혼화제, 플라이 애시 등을 사용한다.

(ㄹ) 철근 : 철선(KS D 3552), 철근 콘크리트용 봉강(KS D 3504), 용접 철망 및 철근 격자(KS D 7017)를 사용한다.

(다) 제조

(ㄱ) 물-결합재비 : 50 % 이하로 한다.

(ㄴ) 공기량 : 4±1 %로 한다.

(ㄷ) 성형 : 철근 콘크리트 L형인 경우에는 금속제 거푸집 속에 조립한 철근을 넣고, 믹서로 혼합한 콘크리트를 쳐서 진동기로 다진다.

(ㄹ) 양생 : 콘크리트에 해로운 영향을 주지 않도록 양생한다.

(라) 시험 시료를 그림 3.92와 같이 놓고, 지간 L을 표 3.44의 값으로 취하여 지간 L의 중앙에 하중을 가해서 휨 강도 하중을 구한다.

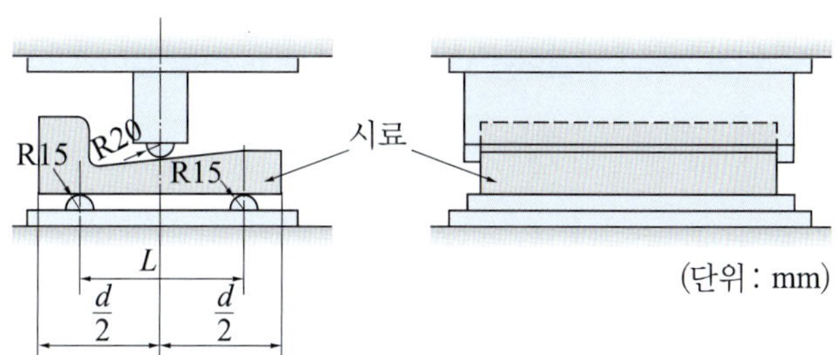

그림 3.92 콘크리트 및 철근 콘크리트 L형의 휨 시험

표 3.44 L형의 종류 및 휨 강도 하중 (KS F 4005)

종류	호칭	지간 L(mm)	휨 강도 하중(kN)
콘크리트 L형	C 250 A	250	33 이상
	C 250 B	350	26 이상
철근 콘크리트 L형	RC 250 A	250	19 이상
	RC 250 B	350	17 이상
	RC 300	400	16 이상
	RC 350	450	15 이상

(마) 검사

(ㄱ) 모양 및 치수 : 1 000개 또는 그 끝수를 1로트로 하여 1로트에서 2개의 시료를 검사한다. 2개 모두 규정(KS F 4005)에 적합하면, 그 시료가 대표하는 로트를 전부 합격으로 한다. 1개라도 적합하지 않을 때는 그 로트는 전수 검사를 해야 한다.

(ㄴ) 휨 강도 : 1 000개 또는 그 끝수를 1로트로 하고, 1로트에 대하여 임의로 2개의 시료를 취해서 시험한다. 2개가 모두 표 3.44의 휨 강도 하중에 견디면 그 로트는 전부 합격으로 한다.

③ 철근 콘크리트 U형(KS F 4016)

철근 콘크리트로 만든 U형 측구이다. 도로 또는 가로의 배수용 옆도랑에 사용된다.

(가) 모양 및 배근 철근 콘크리트 U형의 모양 및 배근은 그림 3.93과 같다.

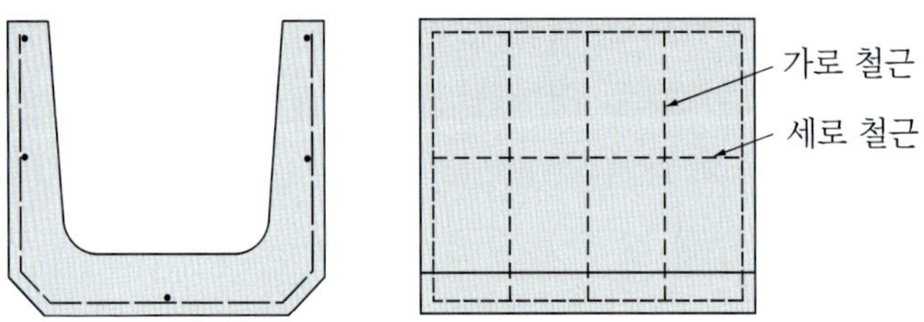

그림 3.93 철근 콘크리트 U형(호칭 180 이하)의 모양과 배근

(나) 재료

(ㄱ) 시멘트 : 포틀랜드 시멘트, 고로 슬래그 시멘트, 플라이 애시 시멘트, 포졸란 시멘트를 사용한다.

(ㄴ) 혼화 재료 : 플라이 애시, 팽창재, 화학 혼화제 등을 사용한다.

(ㄷ) 골재 : 굵은 골재의 최대 치수는 25 mm 이하로 한다.

(ㄹ) 철근 : 철근 콘크리트용 봉강(KS D 3504), 철선(KS D 3552)을 사용한다.

(다) 제조

(ㄱ) 물-결합재비 : 50% 이하로 한다.

(ㄴ) 염화물량 : 콘크리트에 포함되는 염화물 이온(Cl^-) 양은 0.3 kg/m^3 이하로 한다.

(ㄷ) 공기량 : 혼합 후의 공기량은 5%로 한다.

(ㄹ) 성형 : 금속제 거푸집 안에 조립한 철근을 넣고, 콘크리트 믹서로 혼합한 콘크리트를 쳐서 진동기로 다진다.

(ㅁ) 양생 : 양생은 소요의 강도를 얻을 수 있도록 해야 한다.

(라) 시험 시료를 그림 3.94와 같이 놓고, 지간(L)을 표 3.45의 값으로 하여 지간의 중앙에 하중을 가해서 U형의 단면에 너비 0.05 mm의 균열이 생기기 시작했을 때, 시험기에 나타난 하중을 휨 강도 하중으로 한다.

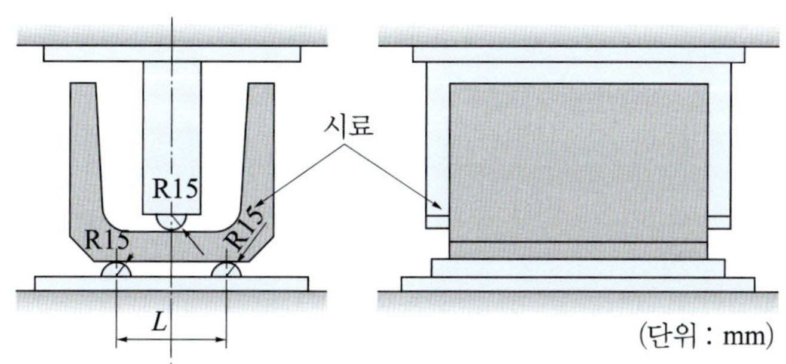

그림 3.94 철근 콘크리트 U형의 휨 시험

(마) 검사

(ㄱ) 모양 및 치수 : 전수 검사를 하고, 규정에 맞으면 합격으로 한다.

(ㄴ) 휨 강도 : 1 000개 또는 그 끝수를 1로트로 하고, 1로트에서 임의로 2개의 시료를 취해서 휨 시험을 한다. 2개가 모두 표 3.45의 휨 강도 하중에 견디면 그 로트는 전부 합격으로 한다.

표 3.45 철근 콘크리트 U형의 지간과 휨 강도 하중 (KS F 4016)

호칭		지간 L (mm)	휨 강도 하중(kN)	
			l = 600 mm	l =1 000 mm
철근 콘크리트 U형	150	110	13	22
	180	140	14	24
	240	190	16	27
	300 A, 300 B	250	17	29
	300	250	20	34
	360 A, 360 B	310	16	27
	450	380	16	27
	600	350	14	24

④ 기타 도로용 콘크리트 제품

(가) 콘크리트 경계 블록(KS F 4006) 콘크리트로 만든 블록이다. 차도, 보도 또는 식수대, 기타의 지역과 노면과의 경계 등에 사용된다.

(나) 도로용 철근 콘크리트 측구(KS F 4417) 보도 및 차도에 평행하게 설치하는 도로용 철근 콘크리트 ㄷ형 측구에 사용된다.

(다) 보차도용 콘크리트 인터로킹 블록(KS F 4419) 주로 조립에 의해 보도, 차도, 광장, 주차장 등의 포장에 사용된다.

(2) 콘크리트관

① 진동 및 전압 철근 콘크리트관(KS F 4402)

진동 및 전압으로 만든 철근 콘크리트관이다. 주로 오수와 우수용, 수로 등에 사용된다.

(가) 종류 및 호칭 종류 및 호칭은 표 3.46과 같다.

표 3.46 진동 및 전압 철근 콘크리트관의 종류 (KS F 4402)

종류		호칭 지름(mm)			비고
		A형	B형	C형	
보통관		250, 300, 400, 450, 500, 600, 700, 800, 900, 1 000, 1 100, 1 200, 1 300, 1 400, 1 500, 1 600, 1 700, 1 800		250, 300, 400, 450, 500, 600, 700, 800, 900, 1 000, 1 100, 1 200	내압이 작용하지 않는 경우
압력관	2K	250, 300, 400, 450, 500, 600, 700, 800, 900, 1 000, 1 200			내압이 작용하는 경우
	4K				
	6K	250, 300, 400, 450, 500, 600, 700, 800			

(나) 재료

(ㄱ) 시멘트 : 포틀랜드 시멘트, 고로 슬래그 시멘트, 플라이 애시 시멘트, 포졸란 시멘트를 사용한다.

(ㄴ) 혼화 재료 : 화학 혼화제, 플라이 애시, 팽창재 등을 사용한다.

(ㄷ) 골재 : 깨끗하고, 강하고, 내구적이며 적당한 입도를 가져야 한다.

(ㄹ) 철근 : 철근 콘크리트용 봉강, 경강선, 연강선을 사용한다.

(다) 제조

(ㄱ) 물-결합재비 : 40 % 이하로 한다.

(ㄴ) 염화물량 : 콘크리트에 포함되는 염화물 이온(Cl^-) 양은 0.30 kg/m^3 이하로 한다.

(ㄷ) 성형 : 조립한 철근을 금속제 거푸집에 넣고, 믹서로 비빈 콘크리트를 넣으면서 진동 코어 또는 롤 전압으로 안쪽을 다져 성형한 다음 즉시 탈형한다.

(ㄹ) 양생 : 소요의 품질을 얻을 수 있는 방법으로 양생하여야 한다. 다만, 1차 양생은 적산 온도 500°C·h를 표준으로 한다.

(라) 시험 외압 강도는 그림 3.95와 같이 몸체 부분에 하중을 가해서 시험한다.

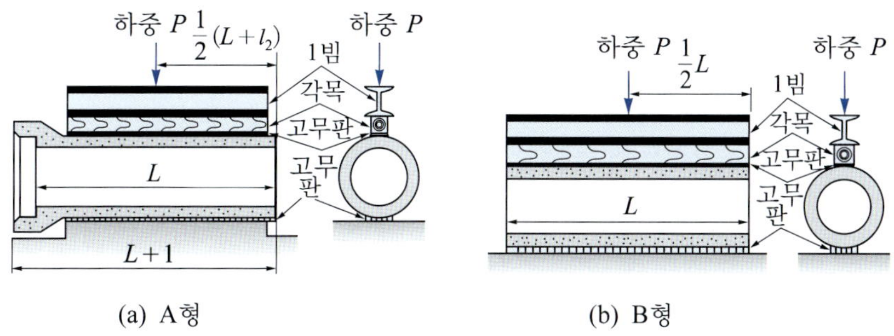

그림 3.95 진동 및 전압 철근 콘크리트관의 외압 시험

(마) 검사

(ㄱ) 모양 및 치수 : 제품의 전수에 대해 검사를 실시하고, 규정(KS F 4402)에 적합하면 합격으로 한다.

(ㄴ) 외압 강도 : 200개 또는 그 끝수를 1로트로 하고, 1로트에서 임의로 1개의 시료를 취하여 검사한다. 규정(KS F 4402)에 적합하면, 그 시료가 대표하는 로트는 전부 합격으로 한다.

② 원심력 철근 콘크리트관(KS F 4403)

원심력을 이용하여 만든 철근 콘크리트관이다. 주로 하수관, 관개 배수관, 상하수관, 사이펀(syphon)관 등에 사용된다.

(가) 종류 및 치수 종류 및 치수는 표 3.47과 같다.

표 3.47 원심력 철근 콘크리트관의 종류 및 치수 (KS F 4403)

종류		호칭 지름(mm)		비고
		A형	B형	
보통관(직관)	1종	150～1 800	150～1 350	내압이 작용하지 않는 경우
	2종	150～1 800	150～1 350	
압력관(직관)	2K	150～1 800	150～1 350	내압이 작용하는 경우
	4K	150～1 800	150～1 350	
	6K	150～800	150～800	

(나) 재료

(ㄱ) 시멘트 : 포틀랜드 시멘트, 고로 슬래그 시멘트, 플라이 애시 시멘트, 포졸란 시멘트 등을 사용한다.

(ㄴ) 골재 : 깨끗하고, 단단하며, 불순물이 없어야 한다.

(ㄷ) 혼화 재료 : 콘크리트용 화학 혼화제, 방청제, 팽창재, 플라이 애시 등 제품에 유해하지 않는 것을 사용한다.

(ㄹ) 철근 : 철근 콘크리트용 봉강, 경강선, 철선, PS 경강선, 용접 철망 등이 사용된다.

(다) 제조

(ㄱ) 성형 : 금속제 거푸집 속에 조립 철근을 넣고, 믹서로 혼합된 콘크리트를 쳐서 원심력 또는 축전압에 의해 다진다.

(ㄴ) 양생 : 양생은 소요의 강도를 얻을 수 있도록 한다.

(라) 시험

(ㄱ) 외압 시험 : 그림 3.95와 같이 하중을 가해서 시험했을 때, 균열 하중 및 파괴하중이 규정(KS F 4403)에 적합해야 한다.

(ㄴ) 내압 시험 : 시험관은 콘크리트를 포화수 상태로 한 후 표 3.48의 시험 수압을 가하고, 3분간 압력을 유지하여 누수의 유무를 조사한다.

표 3.48 **관의 내압 강도** (KS F 4403)

종류	시험 수압(MPa)
2K	0.2
4K	0.4
6K	0.6

(마) 검사

(ㄱ) 모양 : 전수 검사를 하여 규정(KS F 4403)에 적합한 것을 합격으로 한다.

(ㄴ) 치수 : 1조의 관에서 1개의 시료를 취하여 검사한다. 규정(KS F 4403)에 적합하면 그 조는 전부 합격으로 한다.

(ㄷ) 외압 강도 : 1조의 관에서 1개의 시료를 취하여 규정에 따라 시험한다. 균열하중 규정(KS F 4403)에 적합하면 그 조는 전부 합격으로 한다.

(ㄹ) 내압 강도 : 1조의 관에서 1개의 시료를 취하여 규정에 따라 내압 시험을 한다. 규정(KS F 4403)에 적합하면 그 조는 전부 합격으로 한다.

③ **기타 콘크리트관**

(가) 코어식 프리스트레스트 콘크리트관(KS F 4405) 프리스트레스를 가하여 만든 코어식 콘크리트관이다. 내외 압력이 비교적 큰 관로에 사용된다.

(나) 프리스트레스트 실린더 콘크리트관(KS F 4406) 철관 실린더와 원심력 및 축전압을 이용하여 만든 콘크리트관에 프리스트레스를 가한 콘크리트관이다. 수압관으로 사용된다.

(다) 원심력 유공 철근 콘크리트관(KS F 4409) 관의 표면에 구멍을 뚫어 만든 철근 콘크리트관이다. 주로 배수용으로 사용된다.

(3) 콘크리트 말뚝 및 전주

① **원심력 철근 콘크리트 말뚝**(KS F 4301)

원심력을 이용하여 만든 철근 콘크리트 말뚝이다. 주로 교량의 교대, 교각, 고가교와 건축물의 기초 등에 사용된다.

(가) 모양 그림 3.96과 같이 속이 빈 원통형을 몸체로 하고, 필요에 따라 적당한 선단부 또는 이음부를 둔다.

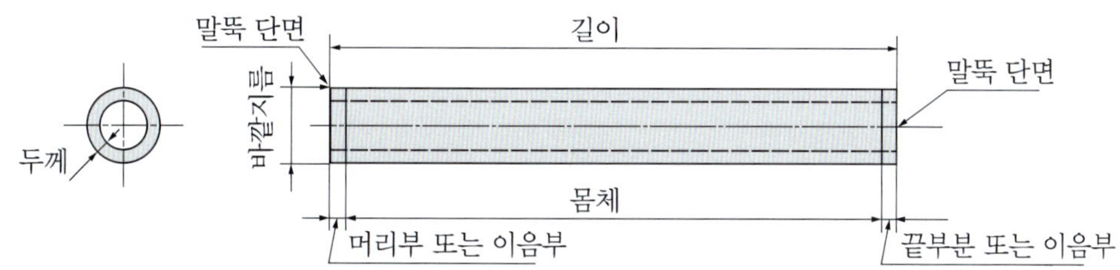

그림 3.96 원심력 철근 콘크리트 말뚝

(나) 재료

(ㄱ) 시멘트 : 포틀랜드 시멘트, 고로 슬래그 시멘트, 플라이 애시 시멘트, 포졸란 시멘트를 사용한다.

(ㄴ) 혼화 재료 : 플라이 애시, 콘크리트용 화학 혼화제, 방청제 및 고로 슬래그 미분말 등을 사용한다.

(ㄷ) 골재 : 굵은 골재의 최대 치수는 25 mm 이하로 한다.

(ㄹ) 철근 : 철근 콘크리트 봉강, 경강선, 철근 콘크리트용 재생 봉강, 철선 등을 사용한다.

(다) 제조

(ㄱ) 콘크리트의 강도 : 재령 28일의 압축 강도가 40 MPa 이상이어야 한다.

(ㄴ) 성형 : 조립된 철근을 거푸집 속에 넣고, 믹서로 비빈 콘크리트를 말뚝 두께가 고르게 되도록 쳐서 원심력에 의하여 치밀하게 다진다.

(ㄷ) 양생 : 증기 양생 또는 소요의 품질을 얻을 수 있는 방법으로 양생한다.

(라) 시험 말뚝을 그림 3.97과 같이 지간의 중앙에 수직 하중 P를 가한다.

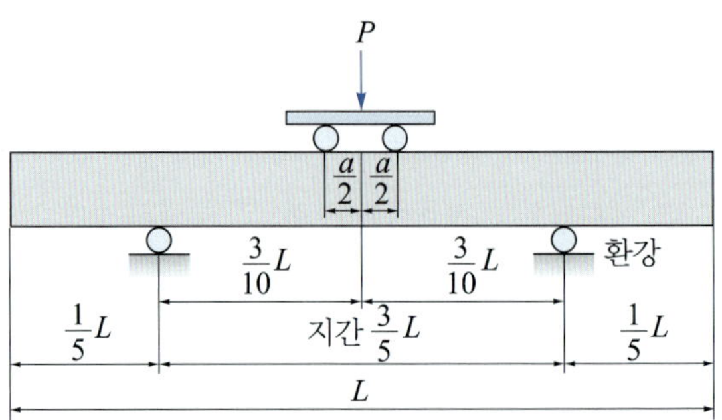

그림 3.97 콘크리트 말뚝의 휨 강도 시험

휨 모멘트는 다음 식으로 계산한다.

$$M = \frac{1}{40} g_n mL + \frac{P}{4}\left(\frac{3}{5}L - a\right) \tag{3.59}$$

여기서, M : 휨 모멘트(kN·m)

P : 하중(kN)

L : 말뚝의 길이(m)

m : 말뚝의 질량(t)

a : 0.6 m(L=3 m 및 4 m의 경우)

1.0 m(L=5 m 이상의 경우)

파괴 휨 모멘트는 말뚝이 파괴될 때 하중 P의 최댓값으로 식 (3.59)에 따라 구한다.

(마) 검사

(ㄱ) 모양 : 제품의 전수 검사를 하고, 규정(KS F 4301)에 적합하면 합격으로 한다.

(ㄴ) 치수 : 1로트의 말뚝에서 2개의 시료를 취하여 검사한다. 2개가 전부 규정(KS F 4301)에 적합하면 합격으로 한다. 2개 중 1개라도 적합하지 않을 때에는 전수 검사를 하여 규정에 적합한 것을 합격으로 한다.

(ㄷ) 균열 : 1로트의 말뚝에서 무작위로 2개의 시료를 취하여 휨 강도 시험을 한 결과, 2개가 전부 기준 휨 모멘트(KS F 4301)를 가했을 때, 너비 0.2 mm 이상의 균열이 생기지 않으면 그 시료가 대표하는 로트는 전부 합격으로 한다.

② **프리텐션 방식 원심력 PSC 전주**(KS F 4304)

원심력을 이용하여 만든 프리텐션 방식 프리스트레스트 콘크리트 전주이다. 송전, 통신 및 조명에 사용된다.

(가) 모양 그림 3.98과 같이 속이 빈 원통형으로 되어 있다. 횡단면은 일정한 두께를 가져야 하며, 밑과 끝의 단면은 원형을 이루어야 한다.

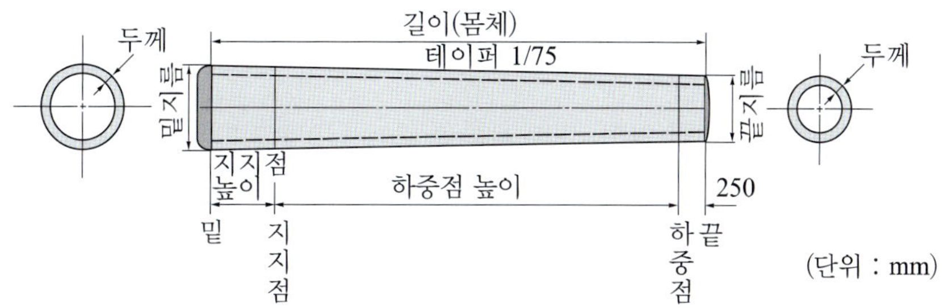

그림 3.98 프리스트레스트 콘크리트 전주

(나) 재료

(ㄱ) 시멘트 : 포틀랜드 시멘트, 고로 슬래그 시멘트, 플라이 애시 시멘트, 포졸란 시멘트를 사용한다.

(ㄴ) 골재 : 굵은 골재의 최대 치수는 25 mm 이하로 한다.

(ㄷ) 철근 : 철근 콘크리트용 봉강, 경강선, 철선 등을 사용한다.

(ㄹ) PS 강재 : PS 강봉, PS 강선 및 PS 강연선, PS 경강선을 사용한다.

(다) 제조

(ㄱ) 콘크리트의 강도 : 재령 28일에서의 압축 강도가 50 MPa 이상이어야 한다.

(ㄴ) 성형 : 조립된 PS 강재 및 철근을 금속제 몰드 속에 배치하고, 플랜트 또는 믹서로 비빈 콘크리트를 거푸집 속에 고르게 넣어서 원심력에 의하여 치밀하게 다진다.

(ㄷ) 양생 : 증기 양생 또는 소정의 품질을 얻는 데 알맞은 방법으로 양생한다.

(라) 시험

(ㄱ) 설계 하중 : 전주를 그림 3.99와 같이 놓고, 하중점에서 전주 축에 직각 방향으로 수평인 설계 하중을 천천히 가한다. 그 다음 반대로 설계 하중을 가하여 균열을 측정한다.

(ㄴ) 파괴 하중 : 설계 하중 시험과 같은 방법으로 전주가 파괴될 때까지 하중을 가하여, 계기에 나타난 최대 하중을 파괴 하중으로 한다.

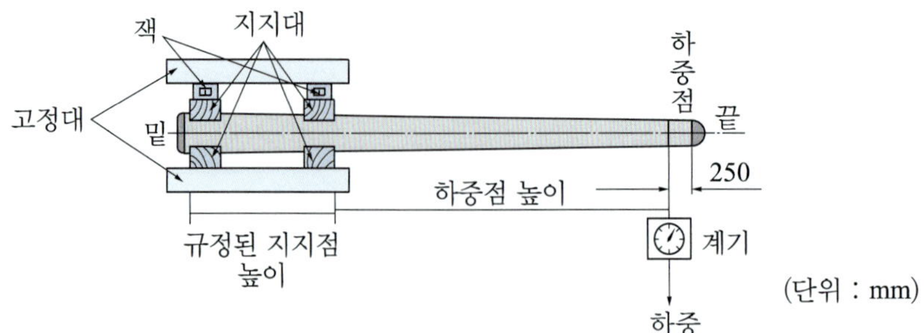

그림 3.99 콘크리트 전주의 하중 시험

(마) 검사 설계 하중 시험과 균열 하중 시험을 하여 규정(KS F 4304)에 적합하면 합격으로 한다.

③ 기타 콘크리트 말뚝

(가) 프리텐션 방식 원심력 PSC 말뚝(KS F 4303) 원심력을 이용하여 만든 프리텐션 방식에 의한 프리스트레스트 콘크리트 말뚝이다.

(나) 프리텐션 방식 원심력 고강도 콘크리트 말뚝(KS F 4306) 원심력을 이용하여 만든 프리텐션 방식에 의한 프리스트레스트 고강도 콘크리트 말뚝으로서, 콘크리트의 압축 강도가 80 MPa 이상이다.

(다) 프리텐션 방식 진동 PSC 말뚝(KS F 4307) 진동력을 이용하여 만든 프리텐션 방식에 의한 프리스트레스트 콘크리트 말뚝이다.

(4) 흙막이용 및 호안용 콘크리트 제품

① 콘크리트 널말뚝(KS F 4208)

콘크리트로 만든 널말뚝이다. 주로 항만과 하천의 안벽, 호안, 흙막이, 비탈면 보호 등에 사용된다.

제품의 제조 방식에 따라 가압 널말뚝과 PSC 널말뚝이 있다.

(가) 모양 및 종류 모양은 그림 3.100과 같고, 그 종류와 치수는 표 3.49와 같다.

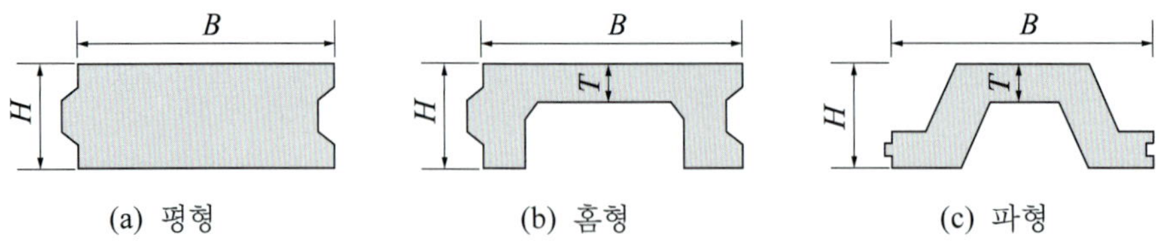

그림 3.100 콘크리트 널말뚝의 단면

표 3.49 콘크리트 널말뚝의 종류 및 치수 (KS F 4208)

종류	호칭명		높이(H) (mm)	두께(T) (mm)	너비(B) (mm)	길이(L) (m)	균열 모멘트 (kN·m)
	가압 널말뚝	PSC 널말뚝					
평형	KF 50H~ KF 220H	SF 50H~ SF 220H	50~220	–	500과 996	2.0~14.0	5.4~130
홈형	KC 90~ KC 350	SC 90~ SC 350	90~350	45~100	996	2.0~14.0	5.9~190
파형	–	SW 120~ SW 600	120~600	60~120	996	3.0~21.0	15~590

(나) 재료

(ㄱ) 시멘트 : 포틀랜드 시멘트, 고로 슬래그 시멘트, 플라이 애시 시멘트, 포졸란 시멘트를 사용한다.

(ㄴ) 혼화 재료 : 플라이 애시, 팽창재, 화학 혼화제, 방청제 등을 사용한다.

(ㄷ) 골재 : 굵은 골재 최대 치수는 25 mm 이하로 한다.

(ㄹ) 철근 : 철근 및 PS 강재는 KS에 규정된 것을 사용한다.

(다) 제조

(ㄱ) 염화물량 : 굳지 않은 콘크리트의 염화물 이온(Cl^-) 양은 0.3 kg/m^3 이하로 한다.

(ㄴ) 피복 두께 : 철근의 피복 두께는 12 mm 이상, PS 강재의 피복 두께는 15 mm 이상으로 한다.

(ㄷ) 콘크리트의 품질 : 가압 널말뚝은 재령 14일 강도가 60 MPa 이상, PSC 말뚝은 재령 28일 강도가 70 MPa 이상이어야 한다.

(ㄹ) 성형: 거푸집에 콘크리트를 치고 가압 성형한다.

(ㅁ) 양생 : 소요의 품질을 얻을 수 있는 방법으로 한다.

(라) 시험 그림 3.101과 같이 널말뚝을 놓고, 지간의 중앙에 하중을 가한다.

(마) 검사

(ㄱ) 겉모양 및 모양 : 제품의 전수에 대하여 검사하고, 규정(KS F 4208)에 적합하면 합격으로 한다.

(ㄴ) 치수 : 1로트의 널말뚝에서 임의로 2개의 시료를 취하여 검사한다. 2개가 전부 규정에 적합하면 그 로트는 전부 합격으로 한다. 2개 중 1개라도 규정(KS F 4208)에 적합하지 않을 때는 그 로트의 나머지 전부에 대하여 측정을 한다.

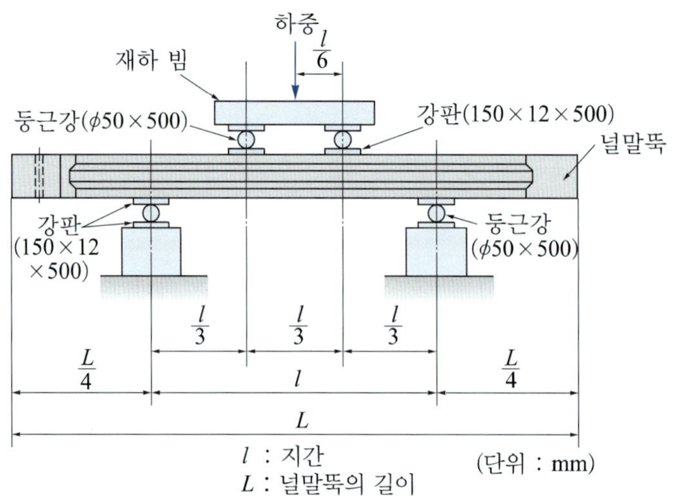

그림 3.101 콘크리트 널 말뚝의 휨 강도 시험

(ㄷ) 균열 강도 : 1로트의 널말뚝에서 임의로 2개의 시료를 취하여 시험한다. 2개가 전부 규정(KS F 4208)에 적합하면 그 로트는 전부 합격으로 한다. 2개가 모두 적합하지 않을 때는 그 로트는 전부 불합격으로 한다.

(ㄹ) 파괴 강도: 균열 강도 시험 후 휨 강도 시험을 한다. 시험에서 2개가 모두 규정(KS F 4208)에 적합하면 그 로트 전부를 합격으로 한다. 2개가 모두 적합하지 않을 때는 그 로트는 전부 불합격으로 한다.

② 철근 콘크리트 조립식 흙막이(KS F 4019)

철근 콘크리트로 만든 흙막이다. 주로 토압이 비교적 작은 장소의 흙막이벽, 용·배수로의 보호 등에 사용된다.

(가) 모양 말뚝, 판, 보로 구성되어 있으며, 단면의 모양은 그림 3.102와 같다.

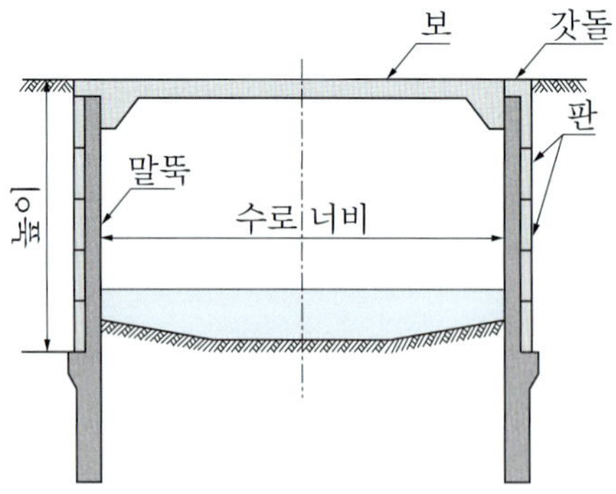

그림 3.102 철근 콘크리트 조립식 흙막이 단면의 모양

(나) 재료

(ㄱ) 시멘트 : 포틀랜드 시멘트, 고로 슬래그 시멘트, 플라이 애시 시멘트, 포졸란 시멘트를 사용한다.

(ㄴ) 골재 : 굵은 골재의 최대 치수는 20 mm 이하로 한다.

(ㄷ) 혼화 재료 : 화학 혼화제, 팽창재, 실리카 퓸 등을 사용한다.

(ㄹ) 철근 : 철근 콘크리트용 봉강, 경강선, 철선 등을 사용한다.

(다) 제조

(ㄱ) 물-결합재비 : 50% 이하이어야 한다.

(ㄴ) 공기량 : 연행 공기 콘크리트는 반죽 혼합한 후의 공기량을 5%로 한다.

(ㄷ) 염화물량 : 콘크리트의 염화물 이온(Cl^-) 양은 0.30 kg/m^3 이하이어야 한다.

(ㄹ) 성형 : 금속제 거푸집 내에 조립한 철근을 넣고, 콘크리트를 쳐서 진동기를 사용하여 다진다.

(ㅁ) 양생 : 적당한 방법으로 양생한다.

(라) 시험 그림 3.103과 같이 부재의 중앙에 하중을 가하여 0.05 mm 균열이 생겼을 때의 하중을 파괴 하중으로 한다.

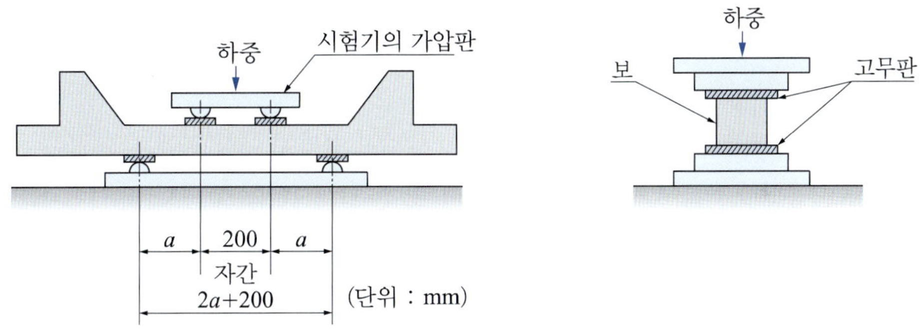

그림 3.103 철근 콘크리트 조립식 흙막이 보의 휨 시험

(마) 검사

(ㄱ) 겉모양 : 제품의 전수에 대하여 검사를 실시하고, 규정(KS F 4019)에 적합하면 합격으로 한다.

(ㄴ) 모양 및 치수 : 부재 및 호칭명을 달리할 때마다 1 000개 또는 그 끝수를 1로트로 하고, 1로트에서 임의로 2개의 시료를 취하여 검사한다. 2개가 모두 규정(KS F 4019)에 적합하면 그 로트는 전부 합격으로 한다.

이 검사에서 1개라도 적합하지 않을 때는 그 로트는 전수에 대하여 검사하고 규정에 적합하면 합격으로 한다.

(ㄷ) 휨 강도 : 부재 및 호칭명을 달리할 때마다 1 000개 또는 그 끝수를 1로트로 한다. 1로트에서 임의로 2개를 취하여 시험한다.
2개 모두 규정에 적합하면 그 로트는 전부 합격으로 하고, 2개 모두 적합하지 않으면 그 로트는 전부 불합격으로 한다.

(5) 하수용 콘크리트 제품

① **철근 콘크리트 플룸**(flume)(KS F 4010)

진동기를 사용하여 콘크리트를 다져서 만든 철근 콘크리트 U형 측구이다. 도수용과 배수용으로 사용된다.

(가) 모양 철근 콘크리트 플룸의 단면 모양은 그림 3.104와 같다.

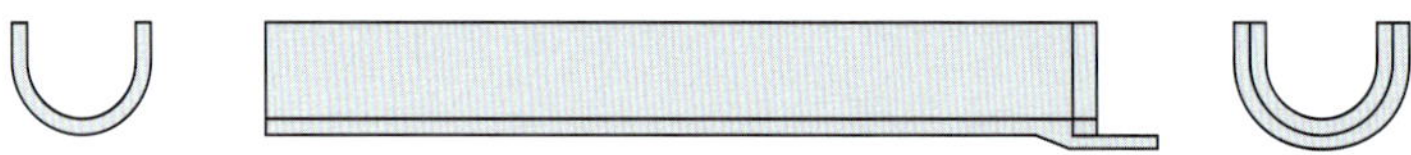

그림 3.104 철근 콘크리트 플룸의 모양

(나) 재료

(ㄱ) 시멘트 : 포틀랜드 시멘트, 고로 슬래그 시멘트, 플라이 애시 시멘트, 포졸란 시멘트를 사용한다.

(ㄴ) 혼화 재료 : 화학 혼화제, 플라이 애시 등을 사용한다.

(ㄷ) 골재 : 깨끗하고 단단하며, 콘크리트용 골재(KS F 2527)의 품질 규정에 알맞은 것을 사용한다.

(ㄹ) 철근 : 철근 콘크리트용 강재를 사용한다.

(나) 제조

(ㄱ) 물-결합재비 : 45% 이하로 한다.

(ㄴ) 성형 : 금속제 거푸집 내에 조립된 철근을 넣고, 믹서로 비빈 콘크리트를 쳐서 진동기로 다진다.

(ㄷ) 양생 : 소요의 품질을 얻을 수 있는 방법으로 양생한다.

(라) 시험 휨 시험은 그림 3.105와 같은 방법으로 한다.

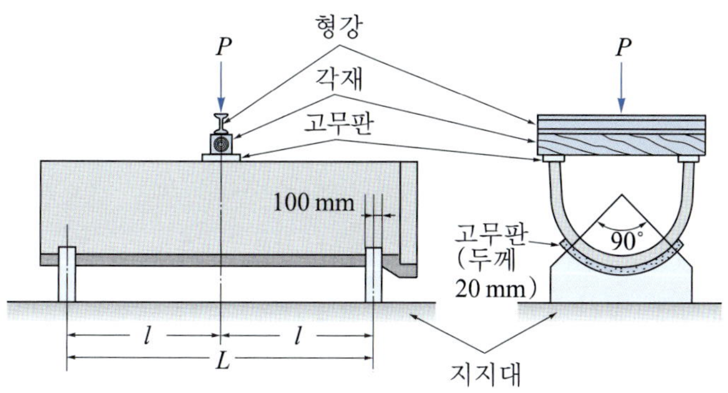

그림 3.105 철근 콘크리트 플륨의 휨 시험

(마) 검사

(ㄱ) 겉모양 : 제품의 전수에 대해서 검사를 실시한다. 이 검사에서 규정(KS F 4010)에 적합하면 합격으로 한다.

(ㄴ) 모양 및 치수 : 500개 또는 그 나머지를 1로트로 하고, 1개의 로트에서 2개의 시료를 취하여 검사한다.

이 검사에서 규정(KS F 4010)에 적합하면 그 로트는 합격으로 한다.

(ㄷ) 휨 강도 : 500개 또는 그 나머지를 1로트로 하고, 1개의 로트에서 2개의 시료를 취하여 시험한다.

이 시험에서 규정(KS F 4010)에 적합하면 그 로트는 합격으로 한다.

(ㄹ) 배근 : 휨 강도 시험에서 검사한 시험체의 일부분을 제거하여 철근을 노출시킨 뒤 검사를 실시한다.

이 검사에서 2개가 모두 규정(KS F 4010)에 적합하면 그 로트는 합격으로 한다.

② **하수도용 맨홀 콘크리트 블록**(KS F 4012)

철근 콘크리트로 만든 맨홀 블록이다. 이것을 조립하여 하수도용 맨홀(man hole)을 만들어 사용한다.

(가) 모양 단면의 모양은 그림 3.106과 같다.

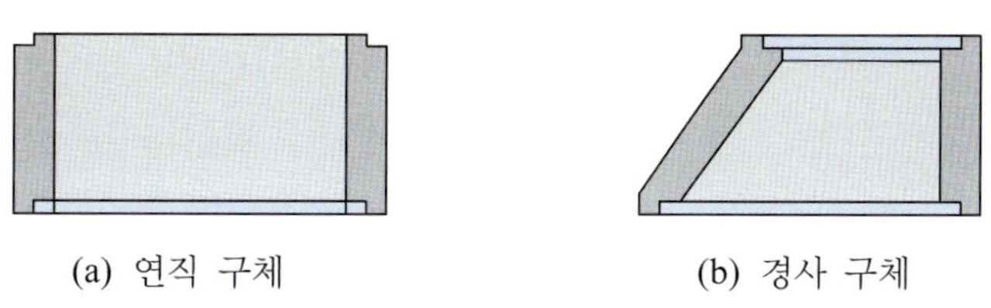

(a) 연직 구체 (b) 경사 구체

그림 3.106 기본 맨홀 콘크리트 블록

(나) 재료

(ㄱ) 시멘트 : 포틀랜드 시멘트, 고로 슬래그 시멘트, 플라이 애시 시멘트, 포졸란 시멘트를 사용한다.

(ㄴ) 혼화 재료 : 품질에 나쁜 영향을 미치지 않는 것을 사용한다.

(ㄷ) 골재 : 깨끗하고, 단단하며, 내구적인 것을 사용한다.

(ㄹ) 철근 : 보통 철선 KS D 3552를 사용한다.

(다) 제조

(ㄱ) 물-결합재비 : 45% 이하로 한다.

(ㄴ) 성형 : 금속제 거푸집 내에 조립한 철근을 넣고 콘크리트를 쳐서 진동기로 다진다.

(ㄷ) 양생 : 품질에 알맞은 양생 방법으로 실시한다.

(라) 시험 콘크리트의 압축 강도 시험은 KS F 2405에 따른다.

(마) 검사

(ㄱ) 겉모양 : 제품의 전수 검사를 실시하고, 규정(KS F 4012)에 적합하면 합격으로 한다.

(ㄴ) 치수 : 200개 또는 그 나머지를 1로트로 하고, 1로트에서 2개의 시료를 취하여 검사한다. 2개가 모두 규정(KS F 4012)에 적합하면 그 시료가 대표하는 로트는 전부 합격으로 한다.

(ㄷ) 압축 강도 : 맨홀 블록 제조에 사용한 콘크리트의 압축 강도 시험 결과에 따라서 하고, 규정(KS F 4012)에 적합하면 합격으로 한다.

③ 기타 하수용 콘크리트 제품

(가) 우수거 두껑(KS F 4014) 우수거(storm sewer)에 사용하는 두껑이다.

(나) 조립식 암거 블록(KS F 4020) 도로의 암거(culvert) 배수에 사용하는 철근 콘크리트 블록이다. 위 블록과 아래 블록으로 되어 있다.

(6) 건축용 제품

① 속빈 콘크리트 블록(KS F 4002)

보강근을 넣는 속빈 블록이다. 주로 블록 벽체로 외력을 부담한다.

(가) 종류

(ㄱ) 모양 및 치수에 따른 분류 : 표 3.50과 같이 기본 블록과 이형 블록이 있다.

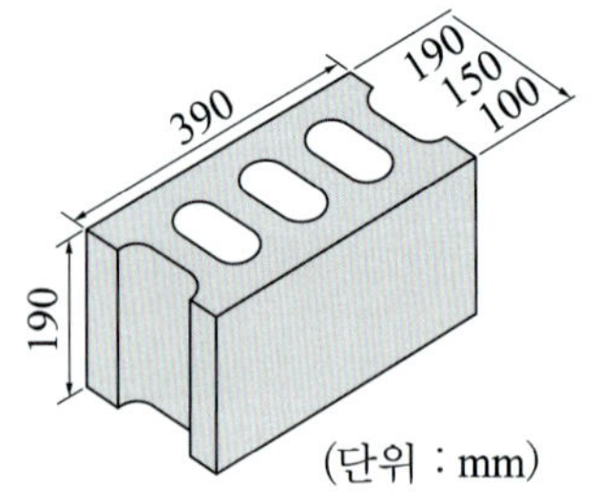

그림 3.107 기본 블록

표 3.50 블록의 모양, 치수 및 허용차 (KS F 4002)

종류	치수(mm)			허용차
	길이	높이	두께	
기본 블록	390	190	190 150 100	±2
이형 블록	가로 근용 블록, 모서리용 블록과 같이 기본 블록과 동일한 크기인 것의 치수 및 허용차는 기본 블록에 준한다.			

(ㄴ) 품질에 따른 분류 : 표 3.51과 같이 A종 블록, B종 블록, C종 블록이 있다.

표 3.51 블록의 품질 (KS F 4002)

종류	기건 밀도 (g/cm^3)	전 단면적에 대한 압축 강도 (MPa)	흡수율 (%)
A종 블록	1.7 미만	4 이상	–
B종 블록	1.9 미만	6 이상	–
C종 블록	–	8 이상	10 이하

(나) 재료 및 배합

(ㄱ) 시멘트 : 보통 포틀랜드 시멘트, 고로 슬래그 시멘트, 플라이 애시 시멘트를 사용한다.

(ㄴ) 골재 : 보통 골재, 경량 골재를 사용한다.

(ㄷ) 혼화 재료 : 화학 혼화제, 팽창재, 플라이 애시 등을 사용한다.

(ㄹ) 물-결합재비 : 30% 이하로 한다.

(다) 검사

(ㄱ) 겉모양 및 치수 : 10 000개를 1로트로 하고, 1로트에서 무작위로 10개의 시료를 취하여 검사한다.

표 3.50의 규정에 적합하면 2로트를 전부 합격으로 한다.

(ㄴ) 품질 : 기건 밀도, 압축 강도, 흡수율, 투수성 검사는 10 000개를 1로트로 하고, 1로트에서 무작위로 3개의 시료를 취하여 시험한다.

표 3.51의 품질 규정에 적합하면 그 로트를 합격으로 한다.

② 콘크리트 벽돌(KS F 4004)

콘크리트로 만든 벽돌이다. 주로 건축물에 사용한다.

(가) 종류

(ㄱ) 모양에 따른 분류 : 표 3.52와 같이 기본 벽돌과 이형 벽돌이 있다.

(ㄴ) 품질에 따른 분류 : 표 3.53과 같이 1종 벽돌, 2종 벽돌이 있다.

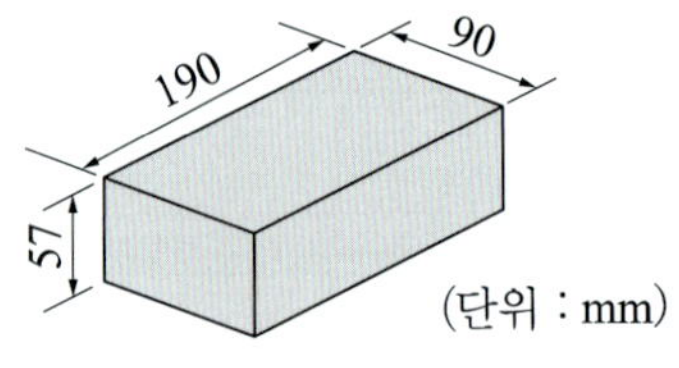

그림 3.108 기본 벽돌

표 3.52 콘크리트 벽돌의 모양, 치수 및 허용차 (KS F 4004)

종류	길이(mm)	높이(mm)	두께(mm)	허용차(mm)
기본 벽돌	190	57(90)	90	±2
이형 벽돌	홈 벽돌, 둥근 모접기 벽돌과 같이 기본 벽돌과 동일한 크기인 것의 치수 및 허용차는 기본 벽돌에 준한다.			

표 3.53 콘크리트 벽돌의 품질 (KS F 4004)

종류		기건 밀도(g/cm^3)	압축 강도(MPa)	흡수율(%)
1종 벽돌		1.7 미만	13 이상	7 이하
2종 벽돌		1.9 미만	8 이상	13 이하
C종 벽돌	1급	–	16 이상	7 이하
	2급	–	8 이상	10 이하

(나) 재료 및 배합

(ㄱ) 시멘트 : 포틀랜드 시멘트, 고로 슬래그 시멘트, 포졸란 시멘트를 사용한다.

(ㄴ) 골재 : 보통 골재, 경량 골재를 사용한다.

(ㄷ) 혼화 재료 : 화학 혼화제, 플라이 애시, 팽창재 등을 사용한다.

(ㄹ) 물-결합재비 : 35% 이하로 한다.

(다) 검사

(ㄱ) 겉모양 및 치수 : 100 000개를 1로트로 하고, 1로트에서 무작위로 10개의 시료를 취하여 시험한다. 표 3.52의 규정에 적합하면 그 로트를 전부 합격으로 한다.

(ㄴ) 품질 : 기건 밀도, 압축 강도, 흡수율, 투수성 검사는 100 000개를 1로트로 하고, 1로트에서 무작위로 3개의 시료를 취하여 시험한다.

이 시험에서 표 3.52의 품질 규정에 적합하면 그 로트를 합격으로 한다.

③ 기타 건축용 제품

(가) 철근 콘크리트 조립담 구성재(KS F 4015) 철근 콘크리트를 사용하여 만든 조립담 구성 부재이다.

(나) 가압 시멘트판 기와(KS F 4029) 시멘트와 경질 잔골재를 주원료로 하여 가압 형성한 시멘트 기와이다.

(다) 속 빈 PSC 패널(KS F 4034) 프리스트레스트 콘크리트 판 모양 제품이다.

(라) 치장 시멘트 블록(KS F 4038) 건축물의 치장에 사용하는 시멘트 블록이다.

(마) 콘크리트 적층 블록(KS F 4416) 옹벽 등에 사용하는 콘크리트 블록이다.

참고 문헌

1) 西村 昭, 藤井 學 : 最新 土木材料, 森北出版(1975)
2) USBR : Concrete manual 8th ed.(1975)
3) 서울산업대 : 토목재료학 강의 자료(1992)
4) ASTM : STP 473 Fineness of cement p. 72(1968)
5) 國分正胤 : 各種AE 剤の使用方法に關する研究, 土木工學論文集第23號(1960)
6) S. Mindes, J. F. Young, D. Darwin : Concrete(2nd ed.), Prentice hall(2003)
7) Mercer, L. B. : Classification of Concrete Cracks, Commonwealthe Engr., Vol. 34, no. 2(1946)
8) 小林一輔 : 最新 コンクリート工學, 森北出版(1976)
9) USBR : Report No. C－310(1946)
10) D. A. Abrams : Effect of Vibration Jigging and Pressure on Fresh Concrete, Proc. ACI.(1919)
11) 浜田稔 : コンクリート應壓强度についって, 建築雜誌(1927)
12) C. C. Wiley : Effect of Temperature on the Strength of Concrete, Engineering News Record, Vol. 102(1929)
13) 杉木六郎 : 高野俊介等の資料整理
14) W. H. Price : Factors influencing concrete strength. J. ACI, 47(Feb. 1951)

15) ASTM : ASTM C−42
16) H. F. Gonnerman : Effect of size and shape of test specimen on compressive strength of concrete, Proc. ASTM, **25**, Part II(1925)
17) Waststein D : Effect of Straining of the Compressive Strength and Elastic Properties of Concrete, J. of ACI(1953)
18) 丸安, 水野 : コンクリート工學, コロナ社, 技報堂(1967)
19) J. C. Saemann and G. W. Washa : ACI, Vol. 54, No. 5(1957)
20) T. C. Hansen and A., H. Mattock : ACI, Vol. 63, No. 2(1966)
21) 岡田清 : コンクリートのクリープ, コンクリートパンフレット 29號
22) 日本コンクリート工學協會 : コンクリート技術の要点(1991)
23) ACI : ACI Manual of Concrete Inspection(1957)
24) 국토교통부 : 구조설계기준(2021)
25) 仕入豊知, 長瀧重義 : コンクリートのひびわれ, 日本コンクリート會議, 鐵筋コンクリート技術の要点(1974)
26) 丸安他 : 土木學會構造用軽量骨材シンポジウム(1964)
27) Eakin, B. E. and W. G. Bair : Belowground Storage of Liquefied Natural Gas in Prestressed Concrete Tanks, American Gas Assoc. Inc.(1963)
28) 永倉正 : コンクリートの配合諸條件が凍結抵抗性に及ぼす影響に關する基礎的研究, 土木學會論文集, 第98號(1962)
29) 국토교통부 : 콘크리트표준시방서(KSC 14 20 01)(2021)
30) 日本材料學會編 : 建設材料實驗, 日本材料學會(1982)
31) 小林一輔, 田澤榮一 : 纖維補强コンクリート/ポリマーコンクリート, 最新コンクリート技術選書9, 山海堂(1980)
32) 西林新藏 : 新版 土木材料, 朝倉書店(1985)
33) 長瀧重義, 関博 : 新体系土木工学 28, コンクリート材料, 技報堂出版(1980)
34) 山田順治 : セメソト・コンクリートの知識, 經濟調査會(1983)
35) 국토교통부 : 댐공사(2018)
36) 국토교통부 : 시멘트 콘크리트 포장공사(2018)
37) 河野 清, 小池欣司 : コンクリート工場製品·プレキャストコンクリートの設計と施工, 山海堂(1980)

연습 문제

1. 콘크리트의 워커빌리티에 영향을 주는 요인과 워커빌리티 측정법을 설명하여라.
2. 콘크리트의 재료 분리와 블리딩 방지법에 대해서 설명하여라.
3. 연행 공기량에 영향을 미치는 요인과 공기량 측정법을 설명하여라.
4. 굳지 않은 콘크리트의 초기 균열의 원인과 대책을 설명하여라.
5. 콘크리트의 압축 강도에 영향을 미치는 요인에 대해서 설명하여라.
6. 콘크리트의 크리프에 영향을 미치는 주요인은 무엇인가?
7. 콘크리트의 건조 수축에 대해서 설명하여라.
8. 경화한 콘크리트의 균열 원인과 대책을 설명하여라.
9. 콘크리트의 수밀성을 크게 하는 방법을 설명하여라.
10. 콘크리트의 탄산화란 무엇이며, 그 요인에 대해서 설명하여라.
11. 콘크리트의 내구성에 영향을 미치는 주요인에 대해서 설명하여라.
12. 콘크리트 배합 선정의 기본 방침과 배합 결정 순서를 설명하여라.
13. 콘크리트의 시방 배합과 현장 배합은 어떻게 다른가?
14. 물-결합재비와 콘크리트 압축 강도 f_{28}과의 관계를 설명하여라.
15. 콘크리트의 배합 설계에서 물-결합재비를 결정하는 방법을 설명하여라.
16. 콘크리트의 배합 강도를 결정하는 방법에 대해서 설명하여라.
17. 다음 조건에 따라 옹벽용 콘크리트의 배합을 설계하여라.

(가) 설계 조건

설계 기준 압축 강도 : $f_{ck} = 18$ MPa

슬럼프 값 : 100 mm

공기량 : 5.5%

압축 강도의 표준 편차 : 3.5 MPa

B/W-f_{28}의 관계식 : $f_{28} = -1.8 + 13.4B/W$

콘크리트를 친 날로부터 재령까지의 예상 평균 기온 : 15°C

구조물의 노출 상태 : 보통

(나) 재료 조건

시멘트 : 보통 포틀랜드 시멘트, 밀도 3.15 Mg/m^3

잔골재 : 하천 모래, 밀도 2.60 g/cm^3, 조립률 2.85

굵은 골재 : 하천 자갈, 밀도 2.65 g/cm^3, 최대 치수 25 mm

혼화제 : AE제, 시멘트 질량의 0.025% 사용

(다) 현장 골재 상태

잔골재 : 표면 수량 3%, 5 mm 체에 남는 잔골재량 4%

굵은 골재 : 표면 수량 1%, 5 mm 체를 통과하는 굵은 골재량 5%

18. 콘크리트 배합 설계 시 필요한 시험에는 어떤 것이 있는가?
19. 콘크리트의 양생이란 무엇이며, 양생 방법에 대해서 설명하여라.
20. 강섬유 보강 콘크리트의 특성을 설명하여라.
21. 레디믹스트 콘크리트의 특성과 품질에 대해서 설명하여라.
22. 펌프 콘크리트의 배합 및 시공상의 유의점은 무엇인가?
23. 한중 콘크리트의 시공 요점을 설명하여라.
24. 서중 콘크리트의 시공법에 대해서 설명하여라.
25. 매스 콘크리트의 문제점과 대책을 설명하여라.
26. 경량 콘크리트의 특징은 무엇인가?
27. 레진 콘크리트의 종류 및 특성을 설명하여라.
28. 폴리머 주입 콘크리트의 제조 방법과 특성을 설명하여라.
29. 숏크리트의 공법의 종류와 시공상 주의할 점은 무엇인가?
30. 프리플레이스트 콘크리트의 시공 요점을 설명하여라.
31. 진공 콘크리트의 특성을 설명하여라.
32. 수중 콘크리트의 결함을 들고, 그 대책을 설명하여라.
33. 댐 콘크리트의 냉각 방법을 설명하여라.
34. 포장 콘크리트가 다른 콘크리트 구조물에 비해서 다른 점은 무엇인가?
35. 진동 롤러 다짐 콘크리트의 시공 특성은 무엇인가?
36. 해양 콘크리트의 시공상 유의할 점은 무엇인가?
37. 유동화 콘크리트의 사용 목적과 그 문제점에 대해서 설명하여라.
38. 고강도 콘크리트란 무엇이며, 배합의 요점은 무엇인가?
39. 팽창 콘크리트의 종류 및 특성을 설명하여라.
40. 콘크리트 제품의 특성을 설명하여라.

4 아스팔트 재료

4.1 개설

1. 아스팔트 재료의 의의

(1) 아스팔트 재료의 정의

아스팔트(asphalt)란, 천연 또는 석유 정제의 잔사에서 얻어지는 탄화수소 화합물을 말한다. 상온에서 고체 또는 반고체이며, 암갈색 또는 흑색을 띠는 물질이다.

아스팔트 재료는 점착성, 방수성 및 내산성, 소성 등의 성질을 가지고 있어서 포장 재료, 방수 재료, 도포 재료, 토질 안정 재료, 주입 재료, 콘크리트 포장의 줄눈 재료 등으로 널리 사용되고 있다.

건설 재료로서는 아스팔트 및 이것을 원료로 한 유제가 사용된다.

(2) 아스팔트 재료의 역사

(가) 기원전 3000년경 메소포타미아, 이집트 시대에 아스팔트를 접착재 또는 도포 재료로 사용하였다.

(나) 1350년 영국의 맨드빌(J. Mandeville)이 아스팔트의 산출 상태나 성상에 관해서 기술하였다.

(다) 1550년 독일의 아그리콜라(Georg Agricola)가 아스팔트의 제법과 그 특성에 관해서 기술했다.

(라) 1599년 리바니우스(Andress Libanius)가 아스팔트의 정의 및 제조법에 관하여 연구 발표하였다.

(마) 1802년 프랑스에서 록 아스팔트를 포장 표면 처리에 사용하였다.

(바) 1835년 프랑스에서 보도 포장에 매스틱 아스팔트(mastic asphalt)를 사용하였다.

(사) 1936년 영국에서 매스틱 아스팔트 공법을 도입하였다.

(아) 1838년 미국에서 매스틱 아스팔트를 도로 포장에 사용하였다.

(자) 1854년 프랑스에서 최초로 전압(rolling)에 의한 아스팔트 포장을 하였다.

(차) 1869년 영국에서 아스팔트에 의한 도로 포장이 처음으로 시작되었다.

(카) 1870년 미국에서 아스팔트 도로 포장을 시작하였다.

(타) 1876년 미국에서 트리니다드 레이크 아스팔트를 사용하여 도로 포장을 하였다.

2. 아스팔트의 분류

아스팔트(asphalt)는 천연 아스팔트와 석유 아스팔트로 나뉜다. 일반적으로 석유 아스팔트가 사용되며, 보통 아스팔트라 하는 것은 석유 아스팔트를 말한다.

아스팔트를 분류하면 다음과 같다.

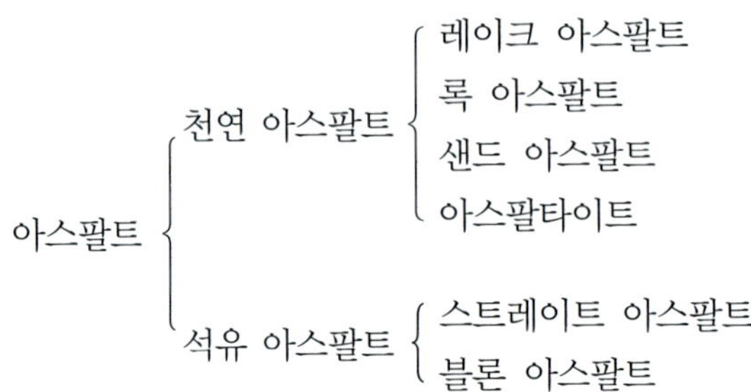

(1) 천연 아스팔트

천연 아스팔트(native asphalt)는 석유가 지표에 유출되거나 암석에 침투되어, 휘발성 물질이 증발 또는 대기의 영향을 받아서 변질되어 생긴 것이다.

천연 아스팔트는 생산량이 적고, 품질이 고르지 못한 것이 결점이다.

① **레이크 아스팔트**(lake asphalt)

유분이 지표의 낮은 곳에 괴어 생긴 것으로 불순물이 섞여 있다. 대표적인 것은 남미의 트리니다드(Trinidad) 아스팔트와 베네주엘라의 버뮤다(Bermuda) 아스팔트 등이 있다.

아스팔트 함유율이 50% 이상이며, 성질은 스트레이트 아스팔트와 비슷하다.

② **록 아스팔트**(rock asphalt)

천연 아스팔트가 석회암, 사암 등의 다공질 암석 사이에 스며 들어가 생긴 것이다. 아스팔트 함유율은 10% 정도이며, 품질이 일정하지 않다. 주로 부순돌 도로 포장에 사용된다.

③ **샌드 아스팔트**(sand asphalt)

천연 아스팔트가 모래 속에 스며 들어가 생긴 것이다. 모래와 아스팔트가 혼합된 상태로 존재한다. 아스팔트라고 하기보다는 아스팔트 혼합물에 속한다.

④ **아스팔타이트**(asphaltite)

석유가 암석의 갈라진 틈에 스며 들어, 지열이나 공기 등의 작용으로 오랜 기간 동안 중합 또는 축합 반응을 일으켜 생긴 것이다. 대표적인 종류는 길소나이트(gilsonite), 그라하마이트(grahamite), 글랜스피치(glance pitch) 등이 있다.

(2) 석유 아스팔트

석유 아스팔트(petroleum asphalt)는 원유를 증류할 때 얻는 것이다. 증류 방법에 따라 스트레이트 아스팔트와 블론 아스팔트의 2종류가 있다.

① **스트레이트 아스팔트**(straight asphalt)

원유 중의 아스팔트 성분이 열에 의하여 변화가 되지 않도록 하여 증기 증류법, 감압 증류법에 의하여 만든 것이다.

그대로 또는 유화 아스팔트, 컷백 아스팔트로 하여 사용한다.

② **블론 아스팔트**(blown asphalt)

스트레이트 아스팔트를 가열하여 고온의 공기를 불어 넣어 아스팔트 성분에 화학 변화를 일으켜 만든 것이다.

3. 아스팔트의 특성 및 이용

(1) 아스팔트의 특성

1) 점성과 감온성을 가지고 있으며, 온도에 따라 점성을 가진 액상에서부터 반고체, 고체로 변하는 성질이 있다.
2) 점착성을 가지고 있어, 광물질 재료 등과 잘 부착하므로, 결합 재료나 접착 재료로 많이 이용된다.
3) 방수성이 풍부하며, 물에 거의 녹지 않고, 투수량이 상당히 적다. 투수 계수는 $2\sim5\times10^{-12}$ (m/s) 정도이다.
4) 사용 목적에 따라 비교적 쉽게 컨시스턴시(consistency)를 변화시킬 수 있어 시공성이 풍부하다.
5) 석유의 부산물로 얻어지므로 비교적 값이 싸다.

(2) 이용 분야

① **도로 포장용**

가열 아스팔트 혼합물용으로 스트레이트 아스팔트가 많이 사용되고 있다. 가공 제품으로는 유화 아스팔트, 컷백 아스팔트 등이 프라임 코트, 택 코트용으로 사용된다.

② **수리용**

제방의 호안이나 댐, 수로의 라이닝, 방파제의 보강이나 흙댐(earth dam)의 심벽 투수층에 이용된다.

③ **기타**

터널의 방수, 철도의 도상, 줄눈재, 건축물의 옥상이나 벽 등의 방수재와 목재의 방부, 방청 도료로서 사용된다.

4.2 아스팔트

1. 아스팔트의 제조

(1) 원유

원유(crude oil)의 구성 물질은 주로 파라핀계와 나프텐계의 탄화수소이며, 이것에 따라 원유를 분류하면 다음과 같이 4종류로 나뉜다.

① **파라핀기 원유**(paraffin base oil)

주로 파라핀계 탄화수소로 되어 있으며 점도가 높다. 고형 파라핀 및 윤활유 제조 등에 사용된다.

② **나프텐기 원유**(naphthene base oil)

아스팔트기 원유라고도 하며, 아스팔트 성분을 많이 함유하고 있다. 주성분은 나프텐계 탄화수소이다.

③ **혼합기 원유**(mixed base oil)

중간기 원유라고도 한다. 파라핀계와 나프텐계 탄화수소를 거의 같은 양으로 함유하고 있으며, 이들의 중간적 성질을 가지고 있다.

④ **특수 원유**(special base oil)

파라핀계 탄화수소, 나프텐계 탄화수소 이외의 탄화수소, 즉 방향족, 기타의 탄화수소를 많이 함유하고 있다.

(2) 제조 공정

석유 아스팔트는 아스팔트 성분이 비교적 많은 나프텐기 원유 또는 혼합기 원유를 증류해서 각 성분으로 분류하여 제조한다.

원유로부터 각종 석유 제품이 되기까지의 제조 공정은 그림 4.1과 같다.

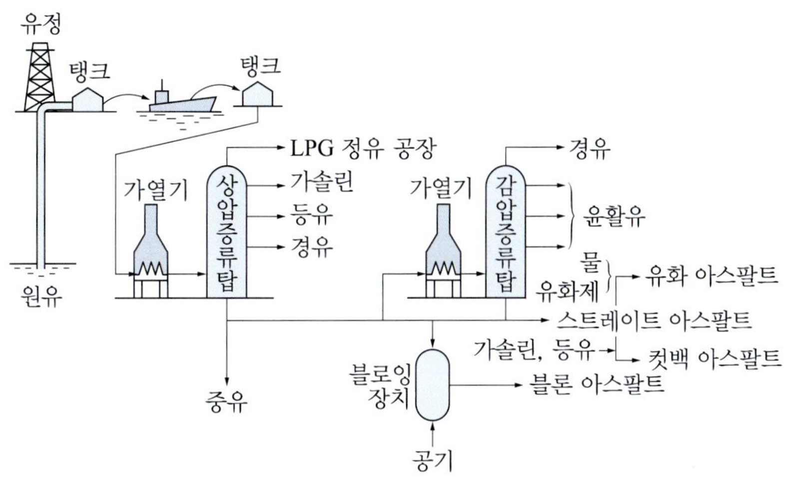

그림 4.1 석유 아스팔트의 제조 공정[2]

(3) 제조 방법

① 스트레이트 아스팔트의 제조

스트레이트 아스팔트의 제조 방법은 사용 목적과 제품의 성질에 따라 다음과 같이 여러 종류가 있다.

(가) 증류법(vacuum distillation process) 증류에는 상압 증류와 감압 증류가 있다. 상압 증류에서 원유 중의 비등점이 낮은 유분을 제거하고, 다시 감압 증류하여 비등점이 높은 아스팔트 성분과 잔류물을 함께 분리하는 방법이다.

(나) 추출 침전법(extraction precipitation process) 추출 용제를 사용하여 고급 윤활유를 제조하는 것이 목적이다. 아스팔트는 그 부산물로서 얻어진다.

(다) 세미 블로잉법(semi-blowing process) 증류법으로 만든 아스팔트가 품질이 좋지 않을 경우, 연한 아스팔트에 공기를 불어 넣어서 그 성질을 개량하는 것이 목적이다.

(라) 혼합법(blending method) 소요의 컨시스턴시의 아스팔트를 얻기 위하여, 침입도가 다른 두 종류의 아스팔트를 혼합하여 만드는 방법이다.

② 블론 아스팔트의 제조

스트레이트 아스팔트를 가열(약 200～230°C)하여 블로잉 장치에 보내어 공기를 불어 넣고, 200～300°C로 탄화수소 및 그 유도체에 탈수소 반응을 일으켜서 만든다.

유동성이 매우 작고, 화학적으로 안정한 고체 상태의 경질아스팔트가 제조된다.

③ 액체 아스팔트(liquid asphalt)의 제조

액체 아스팔트는 가열, 용해하지 않고 상온에서 그대로 사용할 수 있도록 작업성에 적합한 점도로 제조한 것이다.

(가) 유화 아스팔트(emulsified asphalt) 용융된 스트레이트 아스팔트와 가온된 유화액을 유화기 속에 넣고 잘 교반하여, 아스팔트 입자를 유화액 중에 분산시켜서 만든다.

(나) 컷백 아스팔트(cut back asphalt) 가열 용융된 스트레이트 아스팔트에 휘발성 유분을 용제로 넣고, 기계적으로 교반하여 만든다.

2. 석유 아스팔트

(1) 스트레이트 아스팔트

① 특성

1) 신장성, 점착성이 크다.
2) 연화점이 낮고, 감온성이 크다.
3) 내후성이 좋다.

② 용도

주로 도로, 활주로 등의 포장용 혼합물의 결합재로 사용된다.

(2) 블론 아스팔트

① 특성

1) 연화점이 높고, 감온성이 작다.
2) 유동성이 작고, 탄력성이 크다.
3) 투수성이 작고, 내후성이 좋다.

② 용도

주로 방수 재료, 접착제, 방식 도장용으로 사용된다.

표 4.1 스트레이트 아스팔트와 블론 아스팔트의 비교[1)]

구분	스트레이트 아스팔트	블론 아스팔트
상태	반고체	고체
밀도	1.01～1.05 g/cm^3	1.02～1.05 g/cm^3
신도	크다	작다
연화점	35～60°C	70～130°C
인화점	낮다	높다
감온성	크다	작다
접착성	매우 크다	작다
유동성	크다	작다
내후성	좋다	매우 좋다

3. 액체 아스팔트

(1) 유화 아스팔트

① 종류

(가) 대전 방식에 따른 분류

(ㄱ) 양이온(cation)계 유화 아스팔트 : 아스팔트 입자의 표면을 양(+)전하로 대전시킨 것으로서 유화액은 산성이다.
유화제는 지방산 디아민, 제4차 암모늄염 등이 사용된다.

(ㄴ) 음이온(anion)계 유화 아스팔트 : 아스팔트 입자의 표면을 음(−)전하로 대전시킨 것으로서 유화액은 알칼리성이다.
유화제는 황산화유, 비누, 지방산 설폰화물 등이 사용된다.

(ㄷ) 비이온(nonion)계 유화 아스팔트 : 아스팔트 입자의 표면은 양(+), 음(−)의 어느 전하도 갖지 않고 약산성을 나타낸다.
유화제, 안정제는 폴리옥시에틸렌알킬페놀에테르 등의 계면 활성제를 사용한다.

(나) 용도에 따른 분류

(ㄱ) 급경성(RS, rapid setting) : 침투 공법용이다.

(ㄴ) 중경성(MS, medium setting) : 굵은 골재 혼합용이다.

(ㄷ) 완경성(SS, slow setting) : 잔골재 혼합용이다.

표 4.2 유화 아스팔트의 종류와 용도 (KS M 2203)

종류		용도	비고
양이온계 유화 아스팔트	음이온계 유화 아스팔트		
RS (C)−1 RS (C)−2 RS (C)−3 RS (C)−4	RS (A)−1 RS (A)−2 RS (A)−3 RS (A)−4	보통 침투용 및 표면 처리용(겨울철용은 제외) 겨울철 침투용과 겨울철 표면 처리용 프라임 코트용 및 소일 시멘트 안정 처리층 양생용 택 코트용	침투용
MS (C)−1 MS (C)−2 MS (C)−3	MS (A)−1 MS (A)−2 MS (A)−3	조립도 골재 혼합용 밀립도 골재 혼합용 흙덩어리 골재 혼합용	혼합용
비이온계 유화 아스팔트	NS (N)−1	시멘트, 유화 아스팔트 안정 처리 혼합물용	혼합용

② 특성

1) 상온에서 그대로 사용된다.
2) 비교적 습윤 상태에도 시공이 되는 이점이 있다.
3) 노면 위의 골재에 뿌리면 유화제는 분해되어 수분의 일부는 침투하고, 일부는 발산하여 콜로이드 상태가 되어 아스팔트 입자가 골재에 부착한다.
4) 장기간 저장하면 분해되어 품질이 변하기 쉽고, 또 −4°C 정도에서 동결되어 안정성을 잃는 결점이 있다.

③ 용도

(가) 일반 도로 포장용

(ㄱ) 상온 혼합용 : 토질의 안정 처리재의 결합재로 사용된다.

(ㄴ) 택 코트(tack coat) : 아스팔트 콘크리트층이나 시멘트 콘크리트층의 접착제로 가장 널리 사용된다.

(ㄷ) 양생 피막 프라임용 : 소일 시멘트의 양생 피막, 기층의 방수재, 접착제로 쓰인다.

(ㄹ) 기타 : 침투용이나 표면 처리용으로 사용된다.

(나) 접착제용 타일(tile), 벽돌, 방수 재료나 포장 재료 등에 사용된다.

(다) 유화 페인트용 방수, 방부를 목적으로 금속, 목재, 석재 등의 도장에 쓰인다.

(라) 특수 용도 철도 선로 기층의 안정화나 토질의 역학적 특성 개량에 사용된다.

(2) 컷백 아스팔트

① 종류

(가) 급속 경화형(RC, rapid curing) 일반적으로 침입도 80～120의 아스팔트를 비등점 100～150°C의 석유 유분(가솔린)으로 컷백시킨 것이다.

(나) 중속 경화형(MC, medium curing) 침입도 120～130의 아스팔트를 비등점 140～300°C의 석유 유분(등유)으로 컷백시킨 것이다.

(다) 완속 경화형(SC, slow curing) 아스팔트를 중유 유분으로 컷백시킨 것이다.

② 특성

1) 아스팔트에 적당한 용제를 가하여 점도를 낮추어 유동성을 좋게 한 것이다.
2) 수분을 거의 포함하지 않는다.
3) 상온에서 그대로 사용할 수 있다.

③ 용도

(가) 급속 경화형(RC) 양생(건조) 속도가 상당히 빠르며, 노상 혼합용, 동기 침투용 및 표면 처리용 등에 사용된다.

(나) 중속 경화형(MC) 일반적으로 가장 많이 사용되는 종류이다. 침투성이나 혼합성이 좋으므로 프라임 코트(prime coat)나 상온 혼합용으로서의 용도가 많다.

(다) 완속 경화형(SC) 양생(건조) 속도가 가장 느리며, 침투성이나 혼합성은 가장 좋지만 작업성이 떨어진다. 방진용이나 표면 처리용에 일부 사용한다.

4. 개질 아스팔트

(1) 고무화 아스팔트

① 제조

고무화 아스팔트(rubberized asphalt)는 스트레이트 아스팔트에 천연 고무, 합성 고무, 재생 고무 등을 혼합하여 아스팔트의 성질을 개선한 것이다. 이들 고무 중에서 스틸렌-부타디엔 고무(SBR)가 가장 많이 사용된다.

아스팔트는 일반적으로 침입도가 너무 작지 않고 연화점 60°C 점도를 높게 한 스트레이트 아스팔트가 쓰인다.

② 성질

고무화 아스팔트는 스트레이트에 비하여 다음과 같은 이점이 있다.

1) 감온성이 작다.
2) 응집력과 부착력이 크다.
3) 탄성이 크다.
4) 마찰 계수가 크다.
5) 저온 시에 내충격성이 커진다.
6) 내후성이 크다.

③ 용도

혹독한 환경하의 포장에 사용된다.

(2) 플라스틱 아스팔트

① 제조

플라스틱 아스팔트(plastic asphalt)는 스트레이트 아스팔트에 폴리에틸렌, 에폭시 수지, 네오프렌 고무 등의 고분자 재료를 혼합하여 아스팔트의 성질을 개선한 것이다.

② 성질

1) 침입도와 신도가 작아진다.
2) 점도와 연화점이 높아진다.
3) 감온성이 작아진다.
4) 가열 안정성이 좋게 된다.
5) 고온 안정성이 고무계 개질재보다 우수하다.
6) 저온에서는 접착성, 유동성, 기계적 성질 등이 떨어진다.

③ 용도

공항의 포장에 이용된다.

(3) 세미 블론 아스팔트

① 제조

세미 블론 아스팔트(semi-blown asphalt)는 스트레이트 아스팔트를 조작하여 감온성을 개선하고, 60°C 점도를 높인 포장용 아스팔트이다.

② **성질**

1) 60°C 점도는 일반적으로 사용되는 포장용 석유 아스팔트에 비해 3～15배 높다.
2) 피로 파괴 저항성이 크다.

③ **용도**

중교통 도로에 사용된다.

개질 아스팔트의 시험 방법은 KS F 2448에 규정되어 있다.

5. 아스팔트의 성질 및 시험 방법

(1) 아스팔트의 밀도

① **밀도**

스트레이트 아스팔트의 밀도는 같은 원유에서 같은 공정으로 만들어진 것이라도 침입도가 작은 것일수록 크며, 1.01～1.05 g/cm^3 정도이다.

블론 아스팔트의 밀도는 같은 침입도의 스트레이트 아스팔트에 비해 약간 크며, 1.02～1.05 g/cm^3 정도이다.

아스팔트의 밀도는 아스팔트의 분류, 성질, 제법 등을 아는 데 필요하며, 아스팔트 배합 설계에서 아스팔트의 체적 측정에 이용된다.

② **밀도 시험**

아스팔트의 밀도는 하바드(Habbard) 비중병을 사용하여 구하며, 다음 식으로 산출한다.

$$d_a = \frac{m_n - m_o}{M_w - m_t + m_n} \times d_w \tag{4.1}$$

여기서, d_a : 아스팔트의 밀도(kg/m^3)
m_n : 시료를 넣은 비중병 및 마개의 겉보기 질량(kg)
m_o : 빈 비중병 및 마개의 겉보기 질량(kg)
M_w : 교정 온도에서 비중병의 물 당량(kg)
m_t : 시료와 물이 들어 있는 비중병 및 마개의 겉보기 질량(kg)
d_w : 시험 온도에서 물의 밀도(kg/m^3)

아스팔트의 밀도 시험 방법은 KS M 2201에 규정되어 있다.

(2) 아스팔트의 침입도

① **침입도**(penetration)

침입도는 아스팔트의 경도를 나타내는 것이다. 반고체 및 고체 상태의 아스팔트를 침입도에 따라 분류한다.

같은 조건에서는 묽은 아스팔트일수록 침입도가 크고, 된 아스팔트일수록 침입도가 작다. 침입도는 온도가 높아지면 커지며, 스트레이트 아스팔트는 그 변화가 크나 블론 아스팔트는 비교적 작다.

② **침입도 시험**

그림 4.2와 같이 표준침의 관입 저항을 측정하는 것이다.

침입도는 규정된 온도, 재하 및 시간의 조건에서 표준침이 시료 중에 수직으로 침입한 길이로 나타내며, 그 값은 침입도 0.1 mm를 1로 한다.

표준 시험 조건은 온도 25°C, 질량 100 g, 시간은 5초로 한다.

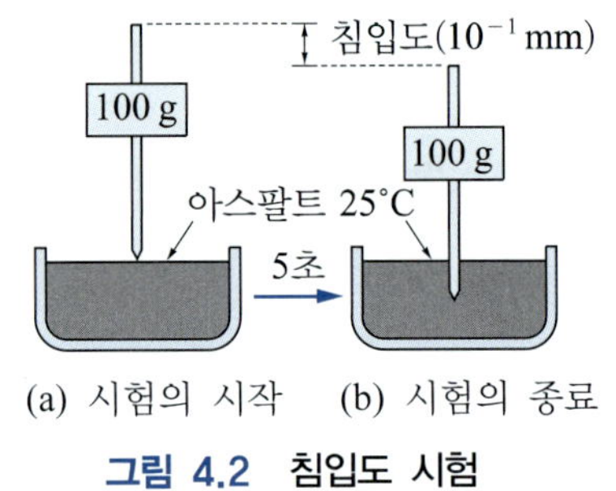

그림 4.2 침입도 시험

아스팔트의 침입도 시험 방법은 KS M 2252에 규정되어 있다.

(3) 아스팔트의 신도

① **신도**(ductility)

신도는 아스팔트의 늘어나는 능력을 나타내는 것이며, 연성의 기준이 된다. 신도가 크면 감온성이 커진다.

신도는 접착성, 가요성, 내마모성에 관계되며, 스트레이트 아스팔트는 신도가 크나 블론 아스팔트는 신도가 상당히 작다.

② **신도 시험**

신도는 시료의 두 끝을 규정 온도 및 속도로 잡아당겼을 때 시료가 끊어질 때까지 늘어난 길이를 말한다. 단위는 cm로 나타낸다.

표준 시험 조건은 규정 온도 ±0.5°C, 시험 속도 5±0.25 cm/min으로 한다.

아스팔트의 신도 시험 방법은 KS M 2254에 규정되어 있다.

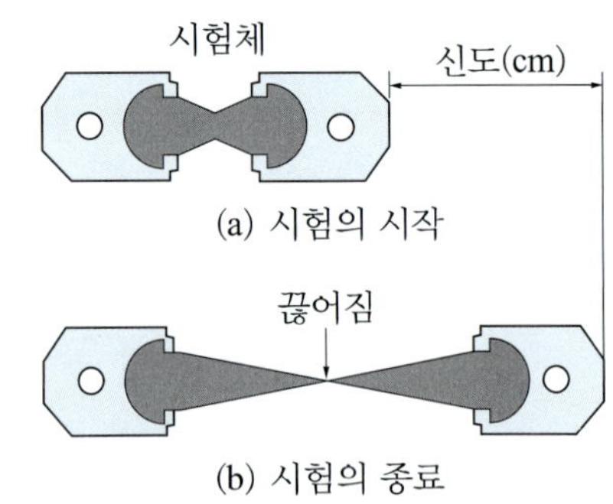

그림 4.3 신도 시험

(4) 아스팔트의 인화점 및 연소점

① 인화점(flash point)

아스팔트를 가열하여 어느 일정 온도에 도달할 때, 화기에 가깝게 대면 가연성의 증기로 불이 붙게 된다. 이 인화되었을 때의 최저 온도를 인화점이라 한다.

또 계속해서 가열하면 한 번 인화되어 생긴 불꽃은 바로 꺼지지 않고 탄다. 이때의 최저 온도를 연소점(burning point)이라 한다.

인화점은 원유의 종류, 제조 방법, 침입도 등에 따라 다르나 보통 250~320°C 정도이다. 연소점은 인화점보다 항상 높으며, 그 차는 25~60°C 정도이다.

② 인화점 시험

인화점은 규정된 방법으로 아스팔트 시료를 가열하여 시료의 휘발 성분에 인화되는 최저 온도로 한다.

연소점은 인화점을 측정한 후 계속 가열하여 시료가 적어도 5초간 연소를 계속한 최저 온도로 한다.

아스팔트의 인화점 시험 방법은 KS M 2010에 규정되어 있다.

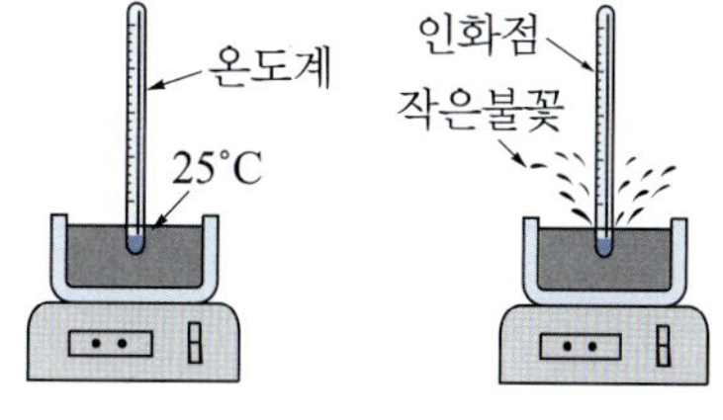

(a) 시험의 시작 (b) 시험의 종료

그림 4.4 인화점 시험

(5) 아스팔트의 연화점

① 연화점(softening point)

아스팔트는 온도가 올라감에 따라 연화하여 나중에는 액체 상태가 된다. 이것을 연화점이라 한다. 스트레이트 아스팔트의 연화점은 35~75°C 정도이다.

블론 아스팔트는 스트레이트 아스팔트보다 대체로 연화점이 70~130°C 정도 높다.

② 연화점 시험

연화점은 아스팔트의 점도가 일정한 값에 도달하였을 때의 온도를 말한다.

연화점은 아스팔트 시료를 증류수 또는 글리세린 속에 넣고 가열하였을 때, 시료가 늘어나기 시작하여 강구와 함께 규정 거리(25.4 mm)에 처졌을 때의 온도로 한다.

아스팔트의 연화점 시험 방법은 KS M 2250에 규정되어 있다.

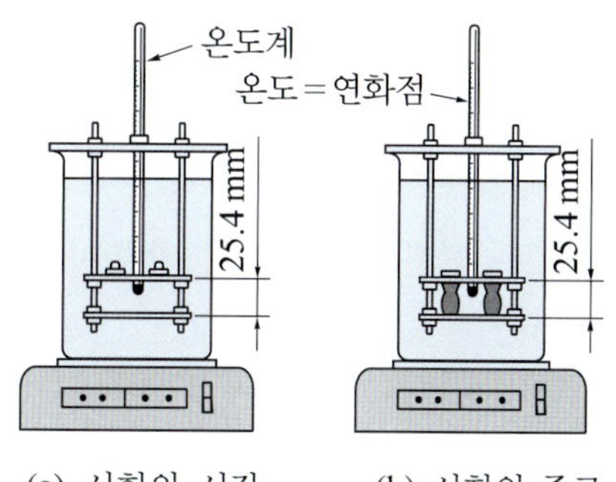

(a) 시험의 시작 (b) 시험의 종료

그림 4.5 연화점 시험

(6) 아스팔트의 증발량

① **증발량**(loss of heating)

아스팔트는 가열하면 휘발 성분이 발산하여 증발한다. 이것을 증발량이라 한다.

아스팔트가 가열 전후의 질량이 크게 달라지는 것은 품질의 변화 등을 예상할 수 있는 것이므로, 미리 그 정도를 파악해 둘 필요가 있다.

② **증발량 시험**

시료를 규정된 시험 조건(시료의 질량 50 g, 온도 163±1°C, 시간 5시간, 회전수 5~6 rpm)에서 증발시킨다.

아스팔트의 증발 변화율은 다음 식으로 산출한다. 질량 감소의 경우는 (−) 부호를 붙인다.

$$V = \frac{m_r - m_a}{m_a} \times 100 \qquad (4.2)$$

여기서, V : 증발 시료의 질량 변화율(%)

m_r : 증발 후 시료의 질량(g)

m_a : 시료의 질량(g)

아스팔트의 증발량 시험 방법은 KS M 2201에 규정되어 있다.

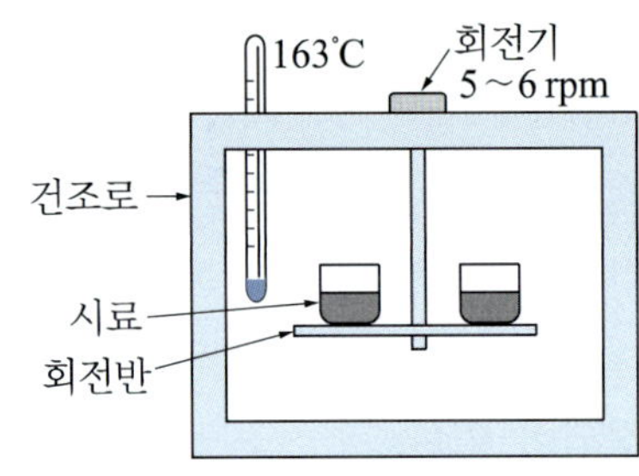

그림 4.6 증발량 시험

(7) 아스팔트의 감온성

① **감온성**(temperature susceptility)

아스팔트가 온도에 따라 경도, 점도 등이 변하는 성질을 감온성이라 한다. 감온성이 크면 저온 시에는 취약하고, 고온 시에는 너무 연하게 된다.

아스팔트 포장은 가요성을 가지고, 온도 변화에 의한 팽창 수축이 작아야 한다. 즉, 감온성이 작아야 한다.

② **플로트 시험**(float test)

아스팔트의 감온성은 플로트 시험으로 측정한다. 플로트 시험은 그림 4.7과 같이 알루미늄 용기의 바닥 구멍에 5°C의 아스팔트를 채워서 60±0.5°C의 온수에 띄웠을 때, 아스팔트가 녹아서 접시 구멍으로부터 온수가 들어올 때의 시간(초)을 플로트 시험값으로 한다.

아스팔트의 플로트 시험 방법은 KS F 2383에 규정되어 있다.

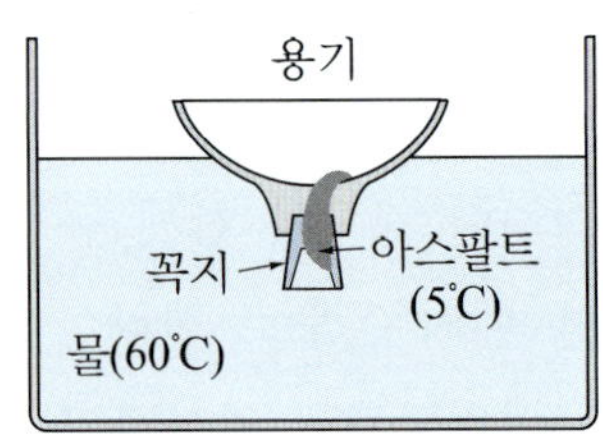

그림 4.7 플로트 시험

(8) 아스팔트의 점도

① **점도**(viscosity)

점도는 아스팔트의 점성 정도를 나타내는 것이다. 아스팔트는 온도에 따라 점도가 달라지며, 점도는 온도가 상승함에 따라 감소하게 된다. 어느 정도의 온도까지는 형상을 유지하다 120°C 이상이 되면 용해된다.

아스팔트가 포장용 결합재로서 충분한 효과를 내기 위해서는 시공 시에 적정한 점도를 가져야 한다. 그러기 위해서는 아스팔트의 온도와 점도의 관계를 점도 시험에 의하여 구해야 한다.

② **점도 시험**

아스팔트 점도 시험 방법에는 엥글러 점도 시험 방법, 세이볼트 점도 시험 방법, 동점도 시험 방법이 있다.

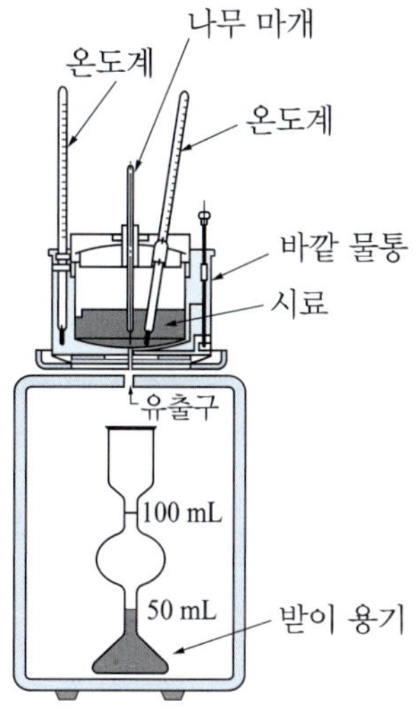

그림 4.8 엥글러 점도계

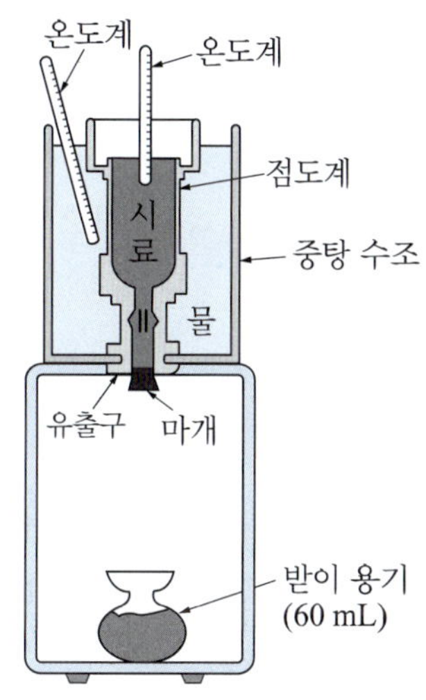

그림 4.9 세이볼트 점도계

(가) 엥글러 점도 시험(Engler viscosity test) 유화 아스팔트 점도 측정에 이용된다. 엥글러 점도는 일정량의 시료가 일정 온도에서 유출구로부터 유출하는 시간을 측정하고, 이것과 25°C의 증류수가 같은 방법으로 일정량을 유출한 시간의 비로 나타낸다.

보통 25°C에서 50 mL의 유출 시간을 비교하여 구한 비점도(specific viscosity)를 엥글러도로 한다.

아스팔트의 엥글러도(비점도)는 다음 식으로 산출한다.

$$E = \frac{T_s}{T_w} \qquad (4.3)$$

여기서, E : 아스팔트의 엥글러도

T_s : 시료의 유출 시간(초)

T_w : 증류수의 유출 시간(초)

아스팔트의 엥글러 점도 시험 방법은 KS M 2203에 규정되어 있다.

(나) 세이볼트 점도 시험(Saybolt viscosity test) 컷백 아스팔트의 점도 측정에 사용된다. 세이볼트 점도는 규정된 온도 조건에서 60 mL의 시료가 점도계에서 유출하는 데 걸리는 시간(초)으로 나타내며, 이것을 세이볼트 퓨롤 초(Saybolt furol second, SFS)라 한다.

아스팔트의 세이볼트 점도 시험 방법은 KS M 2013에 규정되어 있다.

(다) 동점도 시험(kinematic viscosity test) 액상 아스팔트의 증발 잔여물, 아스팔트 시멘트의 점도 측정에 사용된다.

동점도는 모세관 점도계(capillary viscometer)를 사용하여, 시험 온도(60°C 또는 135°C)에서 시료가 두 측시선 사이로 유출되는 시간을 측정해서 구한다.

아스팔트의 동점도는 다음 식으로 산출한다.

$$\nu = ct \qquad (4.4)$$

여기서, ν : 동점도(cSt = mm²/s)

c : 점도계의 보정 계수(mm²/s)/s

t : 시료의 유출 시간(s)

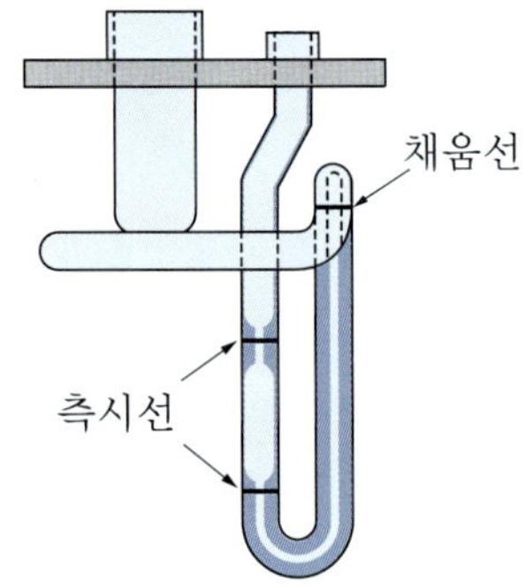

그림 4.10 모세관 점도계

아스팔트의 동점도 시험 방법은 KS M 2248에 규정되어 있다.

(9) 아스팔트의 가용성

① **가용성**(solubility)

아스팔트는 제조 시의 과도한 산화와 열처리, 그리고 불순물의 혼입 등에 의하여 좋은 품질의 것을 만들 수 없으므로, 아스팔트의 순도를 측정해야 한다.

아스팔트는 각종 유기 용제에 녹는다. 석유 나프타에 녹는 성분을 페트로렌(petrolene), 녹지 않는 부분을 아스팔텐(asphaltene)이라 한다.

페트로렌은 아스팔트에 점착성을 주는 성분이며, 아스팔텐이 많으면 연화점이 높고, 온도에 대한 영향이 작으나 신도가 감소한다.

② 가용성 시험

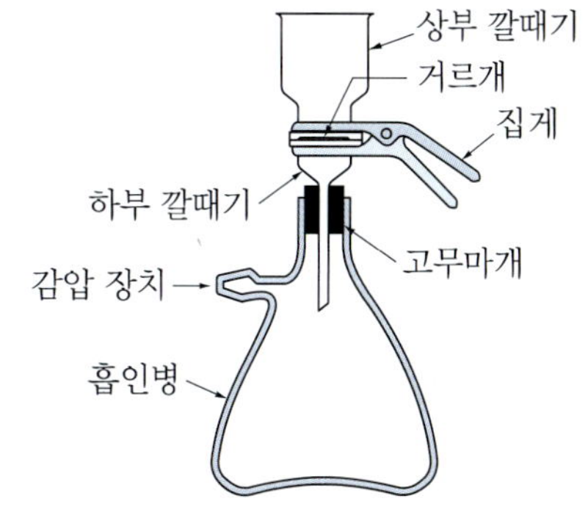

그림 4.11 여과 장치

아스팔트의 가용분(soluble matter)은 시료를 톨루엔으로 용해시켜 이것을 여과해서 남는 불용분을 건조하여 구한다.

아스팔트의 가용분은 다음 식으로 산출한다.

$$S_t = 100 - \left(\frac{m_r}{m_a} \times 100\right) \qquad (4.5)$$

여기서, S_t : 아스팔트의 톨루엔 가용분(%)

m_a : 시료의 질량(g)

m_r : 불용분의 질량(g)

아스팔트의 톨루엔에 대한 용해도 시험 방법은 KS M 2201에 규정되어 있다.

6. 아스팔트의 품질

(1) 스트레이트 아스팔트의 품질

스트레이트 아스팔트의 품질은 KS M 2201에 규정되어 있으며, 표 4.3과 같다.

표 4.3 스트레이트 아스팔트의 품질 (KS M 2201)

항목 \ 종류		40~60	60~80	80~100	100~120	120~150
침입도(25°C)	(1/10 mm)	40~60	60~80	80~100	100~120	120~150
연화점	(°C)	47~55	44~52	42~50	40~50	38~48
신도(15°C)	(cm)	10 이상	100 이상	100 이상	100 이상	100 이상
톨루엔 가용분	(질량 %)	99.0 이상	99.0 이상	99.0 이상	99.0 이상	99.0 이상
인화점	(°C)	260 이상	260 이상	260 이상	260 이상	240 이상
박막 가열 후						
질량 변화율	(질량 %)	0.6 이하	0.6 이하	0.6 이하	0.6 이하	–
침입도 잔류율	(%)	58 이상	55 이상	50 이상	50 이상	–
증발 후						
질량 변화율	(질량 %)	–	–	–	–	0.5 이하
침입도비	(%)	110 이하	110 이하	110 이하	110 이하	–
밀도(15°C)	(kg/m³)	1 000 이상	1 000 이상	1 000 이상	1 000 이상	1 000 이상

(2) 블론 아스팔트의 품질

블론 아스팔트의 품질은 KS F 2204에 규정되어 있으며, 표 4.4와 같다.

표 4.4 블론 아스팔트의 품질 (KS M 2204)

항목 \ 종류		0~5	5~10	10~20	20~30	30~40
침입도	(25°C)	0~5	5~10	10~20	20~30	30~40
연화점	(°C)	130 이상	110 이상	90 이상	80 이상	65 이상
신도(25°C)	(cm)	0 이상	0 이상	1 이상	2 이상	3 이상
증발 질량 변화율	(질량 %)	0.5 이하	0.5 이하	0.5 이하	0.5 이하	0.5 이하
침입도 지수		2.5 이상	3.0 이상	2.0 이상	2.0 이상	0.5 이상
톨루엔 가용분	(%)	98.5 이상	98.5 이상	98.5 이상	98.5 이상	98.5 이상
인화점(COC)	(°C)	210 이상	210 이상	210 이상	210 이상	210 이상

(3) 유화 아스팔트의 품질

유화 아스팔트의 품질은 KS M 2203에 규정되어 있으며, 표 4.5와 같다.

표 4.5 유화 아스팔트의 품질 (KS M 2203)

항목 \ 종류		RS(C), RS(A)				MS(C), MS(A)			MS(N)
		1	2	3	4	1	2	3	1
점도(엥글러도) (25°C)		3~15		1~6		3~40			2~30
체 잔류분(1.2 mm) (질량 %)		0.3 이하							0.3 이하
부착도		2/3 이상(RS(C)만)				–			–
골재 피막 시험(40°C, 5 mm)		–				2/3 이상(RS(A)만)			–
조립도 골재 혼합성		–				균등	–		–
밀립도 골재 혼합성		–					균등	–	–
흙덩어리 골재 혼합성 (질량 %)		–						(C) 5 이하 (A) 2 이하	–
시멘트 혼합성 (질량 %)		–							1.0 이하
입자의 전하		(C) 양(+), (A) 음(−)							–
증발 잔류분 (질량 %)		60 이상		50 이상		57 이상			57 이상
증발 잔류물	침입도(25°C) (1/10 mm)	100~200	150~300	100~300	60~200	60~200	60~200	60~300	60~300
	신도(25°C) (cm)	40 이상							40 이상
	톨루엔 가용분 (질량 %)	98 이상				97 이상			97 이상
저장 안정도(24h) (질량 %)		1 이하							1 이하

(4) 컷백 아스팔트의 품질

컷백 아스팔트의 품질은 KS M 2202에 규정되어 있으며, 표 4.6과 같다.

표 4.6 컷백 아스팔트의 품질 (KS M 2202)

항목 \ 종류	RC(급속 경화형)						MC(중속 경화형)					
	0	1	2	3	4	5	0	1	2	3	4	5
인화점(TOC) (°C)			27 이상	27 이상	27 이상	27 이상	38 이상	38 이상	66 이상	66 이상	66 이상	66 이상
점도(SFS) 25°C	75~150						75~150					
50°C		75~150						75~150				
60°C			100~200	250~500					100~200	250~500		
82.2°C					125~250	300~600					125~250	300~600
증류 찌끼 시험 침입도(25°C, 100 g, 5초)	80~120	80~120	80~120	80~120	80~120	80~120	120~300	120~300	120~300	120~300	120~300	120~300
신도(25°C) (cm)	100 이상	100 이상	100 이상	100 이상	100 이상	100 이상	100 이상	100 이상	100 이상	100 이상	100 이상	100 이상
톨루엔 가용분 (%)	99 이상	99 이상	99 이상	99 이상	99 이상	99 이상	99 이상	99 이상	99 이상	99 이상	99 이상	99 이상

7. 아스팔트의 사용상 주의

(1) 스트레이트 아스팔트

1) 아스팔트는 공기나 열에 접촉하면 산화·축합 반응을 일으켜 점착성이 없는 부스러지기 쉬운 성질을 가지는 물질이므로, 될 수 있는 대로 공기나 과열을 피하도록 한다.
2) 특히 가열 혼합물의 혼합재로서 아스팔트를 사용하는 경우에는, 아스팔트뿐만 아니라 골재에도 과도한 가열을 하지 않도록 한다.
3) 아스팔트를 살포하기까지의 혼합 시간도 가능한 한 단축하여 성질의 변화를 막는다.

(2) 블론 아스팔트

1) 블론 아스팔트의 성질은 원유의 종류에도 관계되지만, 반응 조건(온도, 공기 취입 속도, 시간 등)에 따라 달라지므로, 각 용도에 따라 알맞게 제조되어야 한다.

2) 용도에 따라 사용하는 블론 아스팔트의 종류(일반적으로 스트레이트 아스팔트와 같이 침입도에 따라 분류)가 다르므로, 적합한 제품인가를 사용하기 전에 충분히 확인해야 한다.

(3) 유화 아스팔트

1) 유화제는 비교적 고온에서 조정, 안정화되며, 추운 곳에서는 동결되어 수분상의 분리 및 유화제의 분산 기능을 저하시켜 안정성이 떨어진다. 따라서 유화 아스팔트는 선선한 곳에 저장해야 한다.
2) 가열된 저장조의 뚜껑을 열어서 수분을 증발하게 하는 것도 안정성을 잃게 하므로, 과한 가열(보통 60°C 이하 정도는 해가 없다고 한다)을 피해야 한다.
3) 기계적인 혼합, 특히 공기가 들어가 있는 경우에는 발포 현상을 일으키고, 입자가 응집되어 유제가 불안정하게 되므로 취급에 주의하여야 한다.

(4) 컷백 아스팔트

1) 컷백 아스팔트는 용도에 따라 적합한 것을 선택하여 사용해야 한다.
2) 컷백 아스팔트는 휘발성 용제로 컷백시킨 것이므로 화기에 주의하여야 한다.

4.3 아스팔트 혼합물

1. 아스팔트 혼합물의 재료

(1) 아스팔트

① 스트레이트 아스팔트

도로 포장용 아스팔트 혼합물에는 스트레이트 아스팔트가 많이 사용된다. 아스팔트는 침입도 등급이나 공용성 등급에 적합한 것이어야 한다.

(가) 침입도 등급 표 4.3과 같이 구분되며, 아스팔트 혼합물용은 주로 침입도 60~80과 80~100의 아스팔트가 사용된다.

(나) 공용성 등급(performance grade, PG) 아스팔트가 사용될 현장의 기후와 교통 조건을 고려하여 그 지역의 특성에 적정한 아스팔트를 선정하기 위한 기준이다.

공용성 등급은 PG 46, PG 52, PG 58, PG 64, PG 70, PG 76, PG 82의 7종류로 분류된다. 표 4.7에서 PG 64-22와 같이 표시되며, 이때 64는 최고 설계 포장 온도, 22는 최저 설계 포장 설계 온도를 나타낸다.

일반적으로 PG 64-22 아스팔트가 사용되며, 교통이 많은 교차로는 PG 76-22 이상의 아스팔트를 사용해야 한다.

아스팔트의 공용성 등급 기준은 KS F 2389에 규정되어 있다.

표 4.7 **아스팔트의 공용성 등급 기준** (KS F 2389)

공용성 등급	PG 64 (PG 70)						PG 76 (PG 82)				
	−10	−16	−22	−28	−34	−40	−10	−16	−22	−28	−34
평균 7일 최고 포장 설계 온도 (°C)	< 64(70)						< 76(82)				
최저 포장 설계 온도 (°C)	> −10	> −16	> −22	> −28	> −34	> −40	> −10	> −16	> −22	> −28	> −34
원 아스팔트											
인화점, KS M ISO 2592 : (COC) (°C)	230 이상										
점도 KS M 2392 : 3Pa·초 이하, 시험 온도 (°C)	135										
동적 전단 KS F 2392 : G/sin δ 1.0 kPa 이상, 시험 온도 @ 10 rad/초 (°C)	64(70)						76(82)				
롤링 박막 오븐(KS M 2259) 또는 오븐 노화 후 잔사(KS M 2258)											
질량 손실 (%)	1.0 이하										
동적 전단 KS F 2393 : G/sin δ, 2.2 kPa 이상, 시험 온도 @ 10 rad/초 (°C)	64(70)						76(82)				
압력 노화 용기(PAV) 노화 후 잔사(KS M 2391)											
압력 노화 온도 (°C)	100(110)						100(110)				
물리 경화	보고										
동적 전단 KS F 2393 : G/sin δ, 5 MPa 이하, 시험 온도 @ 10 rad/초 (°C)	31 (34)	28 (32)	25 (28)	22 (25)	19 (22)	16 (19)	37 (40)	34 (37)	31 (34)	28 (31)	25 (28)
휨 크리프 강성 KS F 2390 : S, 300 MPa 이하, m값 0.3 이상, 온도 @ 60초 (°C)	0	−6	−12	−18	−24	−30	0	−6	−12	−18	−24

② 액체 아스팔트

도로 포장용 액체 아스팔트로는 유화 아스팔트와 컷백 아스팔트가 사용된다.

(가) 유화 아스팔트 품질은 표 4.5의 규정에 적합한 것이어야 한다.

(나) 컷백 아스팔트 품질은 표 4.6의 규정에 적합한 것이어야 한다.

(2) 골재

아스팔트 혼합물용 골재는 2.5 mm 체에 남는 것을 굵은 골재, 2.5 mm 체를 통과하고 0.08 mm 체에 남는 것을 잔골재라 하며, 0.08 mm 체를 통과하는 미분말을 채움재라 한다.

아스팔트 혼합물에서 골재가 전체 체적의 75~80%, 전체 질량의 90~95%를 차지한다.

① 굵은 골재

역청 혼합물 중의 굵은 골재는 서로 맞물림과 마찰 저항에 의하여 혼합물의 외력에 대한 안정성을 준다.

(가) 부순 굵은 골재 암석을 부순 것이다. 크러셔로 부순 채로 둔 것을 막부순 골재(crusher run)라 한다.

(나) 부순 자갈 호박돌 또는 자갈을 부순 것이며, 5 mm 체에 남는 것 중 질량으로 40% 이상이 적어도 한 파쇄면을 가지는 것을 말한다. 크러셔로 깬 채로의 것을 막부순 자갈(crusher run)이라 한다.

머캐덤 공법용, 침투식 공법용은 5 mm 체에 남는 것 중 질량으로 75% 이상이 적어도 2개의 파쇄면을 가져야 한다.

(다) 자갈 채취 장소에 따라 하천 자갈, 산자갈, 바다 자갈 등으로 분류된다. 자갈과 모래를 나누지 않고 채취한 것을 막자갈이라 한다.

바닷자갈은 염분이 함유되어 있으므로 염화물 함유량 시험을 하여 유해 여부를 확인한다.

아스팔트 혼합물용 굵은 골재의 표준은 KS F 2357에 규정되어 있으며, 품질은 표 4.8과 같고, 입도는 표 4.9와 같다.

표 4.8 **아스팔트 혼합물용 굵은 골재의 품질** (KS F 2357)

구분	표층	기층	시험 방법
밀도(절건)(g/cm^3)	2.5 이상	2.5 이상	KS F 2503
흡수율(%)	3.0 이하	3.0 이하	KS F 2503
안정성(%)	12 이하	12 이하	KS F 2507
마모율(%)	35 이하	40 이하	KS F 2508

표 4.9 **아스팔트 혼합물용 굵은 골재의 입도 표준** (KS F 2357)

골재 번호	체의 치수(mm) / 입도 범위(mm)	체를 통과하는 것의 질량 백분율(%)									
		65	50	40	25	20	13	10	5	2.5	1.2
3	50～25	100	90～100	35～70	0～15		0～5				
357	50～5	100	95～100		35～70		10～30		0～5		
4	4～20		100	90～100	20～55	0～15		0～5			
467	40～5		100	95～100		35～70		10～30	0～5		
5	25～13			100	95～100	20～55	0～10	0～5			
57	25～5			100	95～100		25～60		1～10	0～5	
6	20～10				100	90～100	20～55	0～15	0～5		
67	20～5				100	90～100		20～55	0～10	0～5	
68	20～2.5				100	90～100		30～65	5～25	0～10	0～5
7	13～5					100	90～100	40～70	0～15	0～5	
78	13～2.5					100	90～100	40～75	5～25	0～10	0～5
8	10～2.5						100	85～100	10～30	0～10	0～5

(라) 슬래그 고로에서 생성되는 용융 슬래그를 냉각시켜 부순 것이다. 철강 슬래그는 도로의 기층과 보조 기층, 가열 아스팔트 혼합물에 사용된다.

도로용 철강 슬래그의 표준은 KS F 2535에 규정되어 있다.

② 잔골재

잔골재는 입자끼리 서로 맞물려 혼합물을 안정시킴과 동시에 굵은 골재의 공극을 메운다. 특히, 포장용 아스팔트 혼합물에 쓰이는 1.2 mm 체부터 0.6 mm 체 사이 입경의 잔골재는 포장 표면을 샌드 페이퍼상으로 마무리하여 미끄럼 방지 노면을 만든다.

(가) 모래 채취 장소에 따라 하천 모래, 산모래, 바닷모래 등으로 분류된다.

(나) 부순 잔골재 부순 굵은 골재, 부순 자갈을 만들 때에 생기는 입자 지름 2.5 mm 이하의 잔 부분은 스크리닝스(screenings) 또는 부순돌 더스트(dust)라 한다.

아스팔트 혼합물용 잔골재의 표준은 KS F 2357에 규정되어 있으며, 품질은 표 4.10과 같고, 입도는 표 4.11과 같다.

표 4.10 **아스팔트 혼합물용 잔골재의 품질** (KS F 2357)

구분	규정	시험 방법
밀도(절건)(g/cm^3)	2.5 이상	KS F 2504
흡수율(%)	3.0 이상	KS F 2504
안정성(%)	15 이하	KS F 2507
공극률(%)	45 이하	KS F 2504

표 4.11 아스팔트 혼합물용 잔골재의 입도 (KS F 2357)

체의 호칭 치수 (mm)	체를 통과하는 것의 질량 백분율(%)				
	입도 No.1	입도 No.2	입도 No.3	입도 No.4	입도 No.5
10	100			100	
5	95~100	100	100	80~100	100
2.5	70~100	75~100	95~100	65~100	85~100
1.2	40~80	50~74	85~100	40~80	
0.6	20~65	28~52	65~90	20~65	25~55
0.3	7~40	8~30	30~60	7~40	15~40
0.15	2~20	0~12	5~25	2~20	7~28
0.08	0~5	0~5	0~5	0~10	0~20

③ **채움재**(filler)

채움재는 석회석분, 포틀랜드 시멘트, 소석회, 플라이 애시, 각종 더스트, 각종 소각회, 기타 광물성 물질의 분말을 말한다.

입도 조성에 중요하며, 그 종류와 혼입량을 적절히 선정함에 따라 혼합물의 안정성을 크게 하고 시공성, 내구성을 좋게 한다.

0.6 mm 체부터 0.08 mm 체 사이 입경의 가는 부분은 골재의 표면적을 증가시키는 데 유효하며, 아스팔트 함량을 많이 할 때 내구성이 있는 혼합물을 만든다.

아스팔트 포장용 채움재의 표준은 KS F 3501에 규정되어 있다.

표 4.12 아스팔트 포장용 채움재의 입도 및 품질 (KS F 3501)

구분	체의 호칭 치수(mm)	체 통과 질량 백분율(%)
입도	0.60	100
	0.30	95 이상
	0.15	90 이상
	0.08	70 이상
품질(수분)	1% 이하	

2. 아스팔트 혼합물 재료의 저장

(1) 아스팔트 재료

1) 드럼통에 들어 있는 아스팔트는 입하순으로 식별할 수 있고, 또한 검사에 편리하도록

나누어 저장하여야 한다. 드럼통은 먼지나 진흙이 부착하든가 내용물이 흘러나오지 않도록 하고, 거꾸로 놓지 말아야 한다.

2) 유화 아스팔트의 저장은 2개월 이내로 하고, 유화제가 분리되지 않도록 해야 한다. 겨울철에는 창고에 넣든가 천막, 기타 등으로 싸서 동결을 방지해야 한다.
3) 컷백 아스팔트는 도로 포장용 아스팔트에 비해 인화점이 낮으므로, 저장에 특히 주의하여야 한다.
4) 탱크 차로 반입되는 역청 재료를 일시 저장할 경우에는, 필요에 따라 가온해서 적당한 온도로 유지해야 한다.

(2) 골재

1) 골재는 각각 종류별로 저장해서 서로 섞이거나 먼지 또는 진흙 등이 섞이지 않도록 한다.
2) 굵은 골재는 굵은 입자와 잔입자가 분리하지 않도록 취급에 주의하여야 한다.
3) 잔골재는 천막포로 덮어 비를 맞지 않도록 한다.
4) 석분은 젖으면 사용하기 곤란해지고, 아스팔트 혼합물의 내구성에 나쁜 영향을 미치므로 비에 젖지 않도록 해야 한다.

3. 아스팔트 혼합물의 종류

아스팔트 혼합물(asphalt mixtures)은 굵은 골재, 잔골재, 채움재 및 아스팔트의 배합 비율에 따라 여러 종류의 것이 만들어진다.

(1) 침투식 아스팔트 혼합물

골재를 깔아 놓은 후에 스트레이트 아스팔트, 유화 아스팔트, 컷백 아스팔트 등을 살포 침투시켜 골재의 맞물림과 아스팔트의 결합력에 의하여 안정성이 있는 층을 만드는 것을 침투식(penetration macadam) 아스팔트 혼합물이라 한다.

골재는 주골재, 쐐기 골재 모두 단립도의 것을 사용한다. 쐐기 골재는 주골재의 간극을 채우고, 아스팔트의 유출을 방지할 수 있는 양만큼 필요하다.

아스팔트 살포 방식에는 가열 살포하는 방식과 상온 살포하는 방식이 있다.

침투식 아스팔트 혼합물의 재료 사용량의 예는 표 4.13과 같다.

표 4.13 침투식 아스팔트 혼합물의 재료 사용량 예[3] (100 m^2당)

항목 \ 아스팔트의 종류		스트레이트 아스팔트		유화 아스팔트		컷백 아스팔트	
포장 두께(cm)		5	7	5	7	5	7
각 재료의 양	골재 60~40 mm (m^3)	5.0	5.0	5.0	5.0	5.0	5.0
	아스팔트 (L)	230	230	250	250	250	250
	골재 40~30 mm (m^3)						
	아스팔트 (L)						
	골재 30~20 mm (m^3)	1.5	3.0		3.0	1.5	3.0
	아스팔트 재료 (L)	130	200		200	140	220
	골재 20~13 mm (m^3)		1.5	1.5	1.5		1.5
	아스팔트 (L)		120	200	200		120
	골재 13~5 m (m^3)	1.0	1.0	1.5	1.0	1.0	1.0
	아스팔트 (L)	100	100	150	150	110	110
	골재 5~2.5 mm (m^3)	0.5	0.5	0.5	0.5	0.5	0.5
골재의 사용량 (m^3)		8.0	11.0	8.0	11.0	8.0	11.0
아스팔트의 사용량 (L)		460	650	600	800	500	700

(2) 상온 혼합식 아스팔트 혼합물

굵은 골재, 잔골재, 채움재로 된 골재에 유화 아스팔트, 컷백 아스팔트를 적당량 혼합하여, 상온 또는 어느 정도 가열(일반적으로 100°C 이하)하여 혼합한 것을 상온 혼합식(cold mixing) 아스팔트 혼합물이라 한다. 교통 차량이 적은 간이 아스팔트 포장 유지보수에 사용된다.

상온 혼합식 아스팔트 혼합물의 표준 배합은 표 4.14와 같다.

표 4.14 상온 혼합식 아스팔트 혼합물의 표준 배합[4]

체의 호칭 치수(mm) \ 혼합물의 종류		유화 아스팔트 혼합물		컷백 아스팔트 혼합물
		조립형	밀립형	
체 통과 질량 백분율 (%)	25	100	100	100
	20	95~100	95~100	95~100
	13	75~100	80~100	90~100
	5	35~55	50~70	65~80
	2.5	20~35	35~50	45~60
	0.60	8~20	14~26	22~37
	0.30	5~15	8~18	11~26
	0.15	2~10	3~11	5~15
	0.08	0~4	0~5	2~8
아스팔트의 사용량(%)	유화 아스팔트	7.0~8.5	8.0~9.5	
	컷백 아스팔트			5.5~7.5

(3) 가열 혼합식 아스팔트 혼합물

굵은 골재, 잔골재, 채움재 등의 골재에 스트레이트 아스팔트를 섞어서 가열 혼합한 것을 가열 혼합식(hot mixing) 아스팔트 혼합물이라 한다.

① 일반 도로 포장용 아스팔트 혼합물

도로 포장용 아스팔트 혼합물의 종류에는 표층용, 중간용, 기층용이 있다. 아스팔트 포장의 구성은 그림 4.12와 같다.

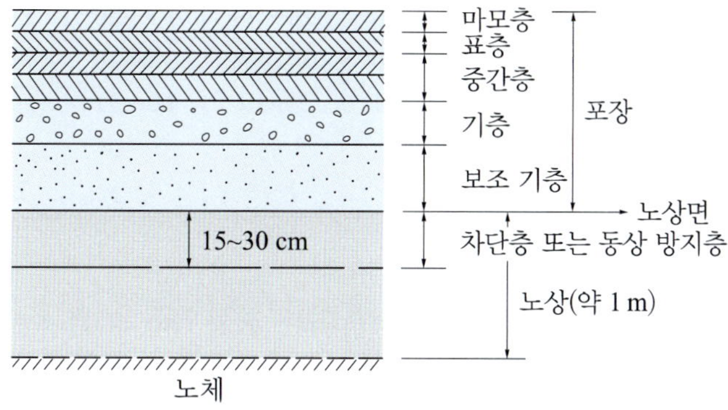

그림 4.12 아스팔트 포장의 구성

(가) 표층용 가열 아스팔트 혼합물 종류 및 특징은 표 4.15와 같다.

입도 분포는 표 4.16과 같고, 품질 기준은 표 4.17과 같다.

표 4.15 표층용 가열 아스팔트 혼합물의 종류 및 특징[5)]

혼합물의 종류	특징	용도
표층용 아스팔트 콘크리트(13, 20)* [WC-1, WC-3]**	내유성, 내동해성이 크다. 특히 최대 입경 20 mm의 아스팔트 혼합물은 내유동성이 좋다.	도로의 표층에 일반적으로 사용
표층용 아스팔트 콘크리트(13F, 20F)*** [WC-2, WC-4]	내마모성이 우수하며, 세립분이 많아서 내유동성이 비교적 낮다.	중교통량 이하 내마모용 표층에 사용
내유동 표층용 아스팔트 콘크리트(13R, 20R)**** [WC-5, WC-6]	내구성과 내유동성이 우수하며, 소성 변형 발생 가능성이 높은 지역에 사용된다.	대형차 교통량이 많은 도로의 표층에 사용

주 : * ( ) 안의 숫자는 아스팔트 혼합물의 최대 골재 크기(mm)이다.
** [ ] 안의 명칭은 아스팔트 혼합물의 종류이며, WC(wearing course)는 표층 아스팔트 혼합물이다.
**** F는 광물성 채움재(석분)가 많이 함유된 혼합물이다.
**** R은 소성 변형 저항성이 높은 혼합물이다.

표 4.16 표층용 가열 아스팔트 혼합물의 입도 분포 (SPS-KAI0002-F2349-5687)

체의 호칭 치수(mm) \ 혼합물의 종류		WC-1	WC-2	WC-3	WC-4	WC-5	WC-6
		13	13F	20	20F	20R	13R
체 통과 질량 백분율(%)	25			100	100	100	
	20	100	100	90~100	95~100	90~100	100
	13	90~100	95~100	72~90	75~90	69~84	90~100
	10	76~90	84~92	56~80	67~84	56~74	73~90
	5	44~74	55~70	35~65	45~65	35~55	40~60
	2.5	28~58	35~50	23~49	35~50	23~38	25~40
	0.60	11~32	18~30	10~28	18~30	10~23	11~22
	0.30	5~21	10~21	5~19	10~21	5~16	7~16
	0.15	3~15	6~16	3~13	6~16	3~12	4~12
	0.08	2~10	4~8	2~8	4~8	2~10	3~9

표 4.17 표층용 가열 아스팔트 혼합물의 품질 기준 (SPS-KAI0002-F2349-5687)

항목	기준값		비고
	WC-1~4	WC-5, 6	
안정도(N)	5 000(7 500)*	6 000 이상	다짐 횟수 WC-1~4 양면 각 50회 ( ) 안은 75회 WC-5, 6 양면 각 75회
흐름값(1/100 cm)	20~40	15~40	
공극률(%)	3~6	3~5	
포화도(%)	65~80	70~85	
간극률(%)	표 4.18의 값	표 4.18의 값	
인장 강도비**	0.75 이상	0.75 이상	
동적 안정도(회/mm)***	750 이상	1 000 이상	

주 : * ( ) 안은 대형차 교통량이 1일 1방향 1 000대 이상일 경우의 소성 변형이 우려되는 포장에 적용한다.
** 인장 강도비는 공극률 7±0.5% 이상만 적용한다.
*** 동적 안정도는 가열 재활용, 중온 재활용, 중온 아스팔트 혼합물에만 적용한다.

표 4.18 최소 간극률(%) 기준 (SPS-KAI0002-F2349-5687)

골재의 최대 치수(mm) \ 공극률(%)	3.0	4.0	5.0	6.0
13	13.0 이상	14.0 이상	15.0 이상	16.0 이상
20	12.0 이상	13.0 이상	14.0 이상	15.0 이상
25	11.0 이상	12.0 이상	13.0 이상	14.0 이상

주 : 설계 공극률이 3.0~4.0인 경우에는 각 기준값을 보간하여 사용한다.

(나) 중간층용 가열 아스팔트 혼합물 종류 및 특징은 표 4.19와 같다. 입도 분포는 표 4.20과 같고, 품질 기준은 표 4.21과 같다.

표 4.19 **중간층용 가열 아스팔트 혼합물의 종류 및 특징**[5)]

혼합물의 종류	특징	용도
중간층용 아스팔트 콘크리트(20)* [MC-1]**	중간층용 아스팔트 포장에 주로 사용된다. 기층의 요철을 보정하고, 표층의 하중을 기층에 균일하게 전달한다.	중간층에 사용
내유동 중간층용 아스팔트 콘크리트(20R) [WC-5]	MC-1과 입도 및 성질이 비슷하며, 중간층에 사용할 수 있다.	중간층에 사용

주: * ( ) 안의 숫자는 아스팔트 혼합물의 최대 골재 크기(mm)이다.
 ** [ ] 안의 명칭은 아스팔트 혼합물의 종류이며, MC(intermediate course)는 중간층 혼합물이다.

표 4.20 **중간층용 가열 아스팔트 혼합물의 입도 분포** (SPS-KAI0002-F2349-5687)

체의 호칭 치수(mm) \ 혼합물의 종류		MC-1
체 통과 질량 백분율 (%)	25	100
	20	90～100
	13	70～90
	10	60～80
	5	35～55
	2.5	20～35
	0.6	11～23
	0.3	5～16
	0.15	4～12
	0.08	2～7

표 4.21 **중간층용 가열 아스팔트 혼합물의 품질 기준** (SPS-KAI0002-F2349-5687)

항목	기준값	비고
안정도(N)	5 000(7 500)*	다짐 횟수 양면 각 50회 ( ) 안은 75회
흐름값(1/100 cm)	20～40	
공극률(%)	3～7	
포화도(%)	65～85	

주 : * ( ) 안은 교통량이 1일 1방향 1 000대 이상일 경우 소성 변형이 우려되는 포장에 적용한다.

(다) 기층용 가열 아스팔트 혼합물 종류 및 특징은 표 4.22와 같다. 입도 분포는 표 4.23과 같고, 품질 기준은 표 4.24와 같다.

표 4.22 기층용 가열 아스팔트 혼합물의 종류 및 특징[5)]

혼합물의 종류	특징	용도
기층용 아스팔트 콘크리트(40, 30)* [BB-1, BB-2]**	소성 변형 저항성이 높지만, 생산 및 시공 시 재료 분리가 일어나기 쉽다.	기층에 사용
기층용 아스팔트 콘크리트(25) [BB-3]	기층용 아스팔트 포장에 주로 사용된다.	기층에 일반적으로 사용
내유동 기층용 아스팔트 콘크리트(25R)*** [BB-4]	소성 변형 저항성이 높다.	중교통량의 기층에 사용

주 : * ( ) 안의 숫자는 아스팔트 혼합물의 최대 골재 크기(mm)이다.
** [ ] 안의 명칭은 아스팔트 혼합물의 종류이고, BB(black base)는 기층 아스팔트 혼합물이다.
*** R은 소성 변형에 저항성이 높은 혼합물이다.

표 4.23 기층용 가열 아스팔트 혼합물의 입도 분포 (SPS-KAI0002-F2349-5687)

체의 호칭 치수(mm) \ 혼합물의 종류		BB-1	BB-2	BB-3	BB-4
		40	30	25	25R
체 통과 질량 백분율 (%)	50	100			
	40	95~100	100		
	30	80~100	95~100	100	100
	25	70~100	80~100	90~100	95~100
	20	55~90	55~90	71~90	80~90
	13	40~80	46~80	56~80	60~78
	10	30~70	40~70	45~72	45~68
	5	17~55	28~55	29~59	25~45
	2.5	10~42	19~42	19~45	15~33
	0.6	5~28	7~26	7~25	6~18
	0.3	3~22	4~19	5~17	4~14
	0.15	2~16	2~13	3~12	3~10
	0.08	1~10	1~7	1~7	2~8

표 4.24 **기층용 가열 아스팔트 혼합물의 품질 기준** (SPS-KAI0002-F2349-5687)

항목	기준값	비고
안정도(N)	3 500(5 000)*	다짐 횟수 양면 각 50회 ( ) 안은 75회
흐름값(1/100 cm)	10～40	
공극률(%)	3～8	
포화도(%)	60～75	

주 : * ( ) 안은 대형차 교통량이 1일 1방향 1 000대 이상인 경우에 유동에 의한 소성 변형이 우려되는 포장에 적용한다.

② **내유동성 아스팔트 혼합물**(rut resistant asphalt concrete)

소성 변형에 대한 저항성을 향상시킬 수 있도록 골재를 합성하고, 여기에 도로 포장용 아스팔트를 바인더(binder)로 사용하여 만든 가열 아스팔트 혼합물이다.

아스팔트 혼합물 종류에는 표층용과 기층용이 있다.

(가) 표층용 내유동성 아스팔트 혼합물 기존 밀입도 아스팔트 혼합물을 개선하여 아스팔트 콘크리트 포장의 소성 변형 저항을 증진시킨 것이다.

내구성과 내유동성이 우수하며, 소성 변형 발생 가능성이 높은 대형차의 교통량이 많은 표층에 사용한다.

입도 분포는 표 4.25와 같고, 품질 기준은 표 4.26과 같다.

표 4.25 **표층용 내유동성 아스팔트 혼합물의 입도 분포** (SPS-KAI0001-0697)

체의 호칭 치수(mm) \ 혼합물의 종류		내유동성 아스팔트 혼합물	내유동성 아스팔트 혼합물
		20	13
체 통과 질량 백분율 (%)	25	100	
	20	90～100	100
	13	75～90	90～100
	10		75～87
	5	35～49	40～55
	2.5	23～35	23～35
	1.2	14～22	14～22
	0.6	9～16	9～16
	0.3	5～12	5～12
	0.15	4～10	4～10
	0.08	2～8	2～8

표 4.26 표층용 내유동성 아스팔트 혼합물의 품질 기준 (SPS-KAI0001-0697)

항목	기준값	비고
안정도(N)	5 000 이상(7 500 이상)*	
흐름값(1/100 cm)	20～40	다짐 횟수
공극률(%)	3～6	양면 각 50회
포화도(%)	70～0(65～80)	( ) 안은 75회
잔유 안정도(%)**	75	

주 : * ( ) 안은 대형차 교통량이 1일 1방향 1 000대 이상인 경우에 유동에 의한 소변형이 우려되는 포장에 적용한다.

** $\text{잔유 안정도(\%)} = \dfrac{\text{60°C, 48시간 침수 후의 안정도(N)}}{\text{안정도(N)}} \times 100$

(나) 기층용 내유동성 아스팔트 혼합물 내구성이 좋고, 중교통량의 기층에 사용된다. 입도 분포는 표 4.27과 같고, 품질 기준은 표 4.28과 같다.

표 4.27 기층용 내유동성 아스팔트 혼합물의 입도 분포 (SPS-KAI0002-F2349-0697)

체의 호칭 치수(mm) \ 혼합물의 종류		내유동성 아스팔트 혼합물 40	내유동성 아스팔트 혼합물 25
체 통과 질량 백분율 (%)	50	100	
	40	90～100	90～100
	25		
	20	56～80	56～80
	13		
	5	20～53	29～59
	2.5	15～41	19～45
	0.3	4～16	5～17
	0.08	0～6	1～7

표 4.28 기층용 내유동성 아스팔트 혼합물의 품질 기준 (SPS-KAI0002-F2349-0697)

항목	기준값	비고
안정도(N)	4 000 이상	다짐 횟수
흐름값(1/100 cm)	10～40	양면 각 50회
공극률(%)	3～8	

③ 특수 도로 포장용 아스팔트 혼합물

(가) 쇄석 매스틱 아스팔트(stone mastic asphalt, SMA) **혼합물** 0.4 mm(No. 40 체) 이상의 골재를 많이 사용하고, 결합재(binder)는 스트레이트 아스팔트(침입도 등급 60～70), 개질 아스팔트(PG 70-22)를 사용한다.

쇄석 매스틱 아스팔트 혼합물의 성질은 다음과 같다.

1) 아스팔트 양이 일반 아스팔트 혼합물에 비해 10~20% 많아 균열을 방지한다.
2) 아스팔트 양이 많아 내유동성이 좋고 수명을 길게 한다.
3) 굵은 골재량이 많아 골재 간의 맞물림이 커서 혼합물의 변형을 억제한다.

그러나 공극이 많고 아스팔트 양이 많기 때문에 아스팔트가 흘러내리기 쉽기 때문에 천연 섬유인 셀룰로스를 첨가한다.

공칭 치수 13 mm 이상의 혼합물은 일반 토공부에 사용되고, 10 mm 이하의 것은 교면 포장용으로 사용된다.

쇄석 매스틱 아스팔트 혼합물의 골재 표준 배합은 표 4.29와 같다.

표 4.29 쇄석 매스틱 아스팔트 혼합물의 표준 배합[6)]

체의 호칭 치수(mm) \ 혼합물의 종류		SMA 20 mm	SMA 13 mm	SMA 10 mm	SMA 8 mm	SMA 5 mm
체 통과 질량 백분율 (%)	25	100				
	20	93～100	100			
	13	30～50	93～100	100		
	10	20～35	40～55	90～100	100	100
	5	15～25	16～30	25～45	30～60	95～100
	2.5	12～22	12～23	15～30	15～30	25～45
	0.6	10～18	10～18	11～20	12～20	13～21
	0.3	8～15	8～15	10～16	10～16	11～17
	0.15	7～13	7～14	9～15	9～15	10～16
	0.08	6～12	7～12	8～13	8～13	9～14
아스팔트의 양(%)		5.8 이상	6.2 이상	6.6 이상	7.0 이상	7.6 이상

(나) 투수성 아스팔트(permeable asphalt) **혼합물** 포장체를 통하여 빗물이 노상으로 통할 수 있도록 만든 아스팔트 혼합물이다. 일반적으로 포장의 표층에 사용된다.

투수성 아스팔트 혼합물의 성질은 다음과 같다.

1) 공극률은 12% 정도이고, 투수 계수는 1.0×10^{-2}(cm/s) 이상이다.

2) 공극이 많으므로 내구성의 확보를 위해 가능한 많은 아스팔트의 양이 필요하다.

3) 노면의 배수를 신속히 처리하므로 미끄럼과 수막 현상 등을 방지할 수 있다.

주로 보도, 주차장 및 구내 포장 등에 사용한다.

투수성 아스팔트 혼합물의 표준 배합은 표 4.30과 같다.

표 4.30 **투수성 아스팔트 혼합물의 배합 표준** (KS F 2385)

체의 호칭 치수(mm) \ 혼합물의 종류		표층용	기층용
체 통과 질량 백분율 (%)	40		100
	25		95～100
	20	100	
	13	95～100	90～100
	10		25～85
	5	20～36	10～45
	2.5	12~25	10～25
	0.3	5～13	4～16
	0.08	3～6	2～7
아스팔트의 양(%)		3.5～5.5	2.5～4.5

4. 아스팔트 혼합물의 성질 및 시험 방법

(1) 아스팔트 혼합물의 요건

도로 포장용 아스팔트 혼합물이 갖추어야 할 요건은 다음과 같다.

① **안정성**(stability)

아스팔트 혼합물은 주로 교통 차량의 하중과 고온에 의하여 유동되며 파상 변형을 일으킨다. 이와 같은 변형에 대한 저항성을 안정성이라 한다.

아스팔트 혼합물이 변형에 저항하는 요소로서는 혼합물의 골재에 의한 마찰력, 점착력, 결합재의 점도라고 생각되지만, 이 중에서 내부 마찰력이 가장 지배적인 요소가 된다.

내부 마찰력은 아스팔트 혼합물에 함유되어 있는 골재의 성질, 특히 표면 성상에 따라 좌우되며, 아스팔트의 함유량이 너무 많으면 내부 마찰력이 감소되고, 안정성이 저하된다.

그러나 아스팔트 혼합물을 충분히 다지기 위해서는 적당한 아스팔트의 함유량이 필요하므로, 아스팔트의 최적량 결정이 대단히 중요하다.

② 가요성(flexibility)

아스팔트 혼합물이 노상이나 기층의 침하에 따라 균열이 생기지 않도록 저항하는 성질을 가요성이라 한다.

아스팔트 혼합물은 기초의 침하에 따라 변형되어 아스팔트 혼합물로 된 층에 균열 등이 생겨서는 안 되며, 유연성을 가져야 한다. 아스팔트 혼합물은 아스팔트의 함유량이 많을수록 가요성이 커지지만, 사용 재료의 성상이나 골재의 입도에 영향을 많이 받는다.

③ 미끄럼 저항성(skid resistance)

차량이 브레이크를 걸었을 때, 적절한 거리 내에서 정지하는 데 필요한 마찰력을 주는 아스팔트 혼합물의 표면 능력을 미끄럼 저항성이라 한다.

미끄럼 막의 노면 조건으로는 포장 표면이 적당한 조도를 가져야 한다. 아스팔트의 함유량이 적을수록 미끄럼 저항성이 좋다. 특히 아스팔트의 함유량이 너무 많으면 표면이 평활하여 습윤 시에 노면의 미끄럼 저항성이 감소된다.

④ 내구성(durability)

아스팔트 혼합물의 노화나 물을 함유하는 기상에 대한 저항성(내노화성, 내수성) 및 교통 차량의 미끄럼 작용에 대한 저항성(내마모성)을 내구성이라 한다.

기상 작용에 대한 영향을 작게 하기 위해서는 아스팔트의 함유량을 많게 하고, 골재의 입도를 조밀하게 잘 다져서 불투성 혼합물로 만든다.

혼합물의 온도 변화에 의한 체적 변화, 특히 수축에 따른 균열의 발생은 구조물로서의 기능을 저하시킨다. 석분의 함유량을 많게 하면 균열 방지 역할을 한다.

⑤ 시공성(constructability)

아스팔트 혼합물의 혼합, 깔기, 다지기, 표면 마무리 작업을 쉽게 하고, 혼합물에 분리가 일어나지 않고 균일하게 되며, 소요의 평탄성을 얻기 위한 성질을 시공성이라 한다.

아스팔트 혼합물의 시공성을 좋게 하기 위해서는 골재의 최대 치수를 작게 하는 것이 좋지만, 될 수 있는 대로 거칠지 않은 입도를 가진 혼합물을 만드는 것이 좋다.

⑥ 기타의 성질

이 밖의 아스팔트 혼합물에 필요한 성질은 피로 저항성(fatigue resistance)과 파단 강도(rupture strength)가 커야 하고, 불투수성이어야 한다.

(2) 아스팔트 혼합물의 시험 방법

아스팔트 혼합물의 시험은 주로 배합 설계 시험과 현장 품질 관리 시험으로 나뉜다. 배합 설계 시험에는 밀도 측정, 안정도 시험 등이 있고, 현장 품질 관리 시험에는 밀도 측정, 아스팔트 추출 시험, 안정도 시험 등이 있다.

① 밀도 시험

(가) 부피 밀도(bulk density)

(ㄱ) 표면 건조 포화 상태 시험체의 경우 : 시험체의 단위 체적당 함수율이 2%를 초과하지 않으면, 다져진 아스팔트 혼합물의 밀도는 다음 식으로 구한다.

$$d_B = \frac{m_d}{m_s - m_w} \times d_w \tag{4.6}$$

여기서, d_B : 아스팔트 혼합물의 밀도(g/cm^3)

m_d : 건조 시험체의 질량(g)

m_s : 표면 건조 포화 시험체의 질량(g)

m_w : 수중에서 시험체의 질량(g)

d_w : 물의 밀도(25°C)(g/cm^3)(0.997 g/cm^3)

다져진 아스팔트 혼합물의 밀도 시험 방법(표면 건조 포화 상태 시험체의 경우)은 KS F 2446에 규정되어 있다.

(ㄴ) 파라핀으로 피복한 시험체의 경우 : 시험체의 단위 체적당 함수율이 2%를 초과하면, 다져진 아스팔트 혼합물의 밀도는 다음 식으로 구한다.

$$d_B = \frac{m_d}{m_p - m_w - \dfrac{m_p - m_d}{g_p}} \times d_w \tag{4.7}$$

여기서, d_B : 아스팔트 혼합물의 밀도(g/cm^3)

m_d : 건조 시험체의 질량(g)

m_p : 피복한 건조 시험체의 질량(g)

m_w : 피복한 건조 시험체의 수중 질량(g)

g_p : 파라핀의 비중(25°C)

d_w : 물의 밀도(25°C)(g/cm^3) (0.997 g/cm^3)

다져진 아스팔트 혼합물의 밀도 시험 방법(파라핀으로 피복한 시험체의 경우)은 KS F 2353에 규정되어 있다.

(나) 겉보기 밀도(apparent density) 시험체의 표면이 치밀하여 흡수하지 않는 경우, 아스팔트 혼합물의 겉보기 밀도는 다음 식으로 구한다.

$$d_A = \frac{m_d}{m_d - m_w} \times d_w \tag{4.8}$$

여기서, d_A : 아스팔트 혼합물의 겉보기 밀도(g/cm^3)

m_d : 건조 시험체의 질량(g)

m_w : 수중에서 시험체의 질량(g)

d_w : 물의 밀도(25°C)(g/cm^3) (0.997 g/cm^3)

(다) 이론 최대 밀도 시험 다져지지 않은 아스팔트 혼합물의 이론적 최대 밀도를 결정하는 시험이다. 시험 용기 A형(주발), B형(플라스크), C형(비중병) 및 D형(비중병)을 사용하여 측정한다.

1) C형 용기에 의한 아스팔트 혼합물의 이론 최대 밀도는 다음 식으로 산출한다.

$$D_m = \frac{m_d}{m_d - m_w} \times d_w \tag{4.9}$$

여기서, D_m : 아스팔트 혼합물의 이론 최대 밀도(g/cm^3)

m_d : 건조 시료의 질량(g)

m_w : 수중에서 시료의 질량(g)

d_w : 시험 온도에서 물의 밀도(g/cm^3)

2) B형, C형, D형 용기에 의한 아스팔트 혼합물의 이론 최대 밀도는 다음 식으로 산출한다.

$$D_m = \frac{m_d}{m_d + m_e - m_t} \times d_w \tag{4.10}$$

여기서, D_m : 아스팔트 혼합물의 이론 최대 밀도(g/cm^3)

m_d : 건조 시료의 질량(g)

m_e : 25°C에서 물을 채운 용기의 질량(g)

m_t : 25°C에서 물과 시료를 채운 용기의 질량(g)

d_w : 시험 온도에서 물의 밀도(g/cm^3)

아스팔트 혼합물의 이론 최대 밀도 시험 방법은 KS F 2366에 규정되어 있다.

② 공극률 시험

다져진 아스팔트 혼합물의 용적 중에서 골재 입자 사이의 공극률을 측정하는 시험이다. 다져진 아스팔트 혼합물의 공극률은 다음 식으로 산출한다.

$$VTM = \left(1 - \frac{d_B}{D_m}\right) \times 100 \tag{4.11}$$

여기서, VTM : 다져진 아스팔트 혼합물의 공극률(%)

d_B : 'KS F 2353 다져진 아스팔트 혼합물의 부피 밀도 시험 방법'에 따라 구한 아스팔트 혼합물의 부피 밀도(g/cm^3)

D_m : 'KS F 2366 아스팔트 혼합물의 이론 최대 밀도 시험 방법'에 따라 구한 아스팔트 혼합물의 이론 최대 밀도(g/cm^3)

다져진 아스팔트 혼합물의 공극률 시험 방법은 KS F 2364에 규정되어 있다.

③ 안정도 및 흐름 시험

마샬(Marshall) 시험기를 사용하여 아스팔트 혼합물 시험체(지름 101.6 mm, 높이 63.5 mm)를 가로로 하여 상하에서 하중을 가해서, 소성 흐름에 대한 저항성을 측정하는 시험이다.

(가) 안정도 아스팔트 혼합물의 안정도는 다음 식으로 산출한다.

$$S_a = R \times a \tag{4.12}$$

여기서, S_a : 아스팔트 혼합물의 안정도(N)

R : 로드 셀의 지시계 읽음값(N)

a : 안정도 보정 계수(표 4.31 참조)

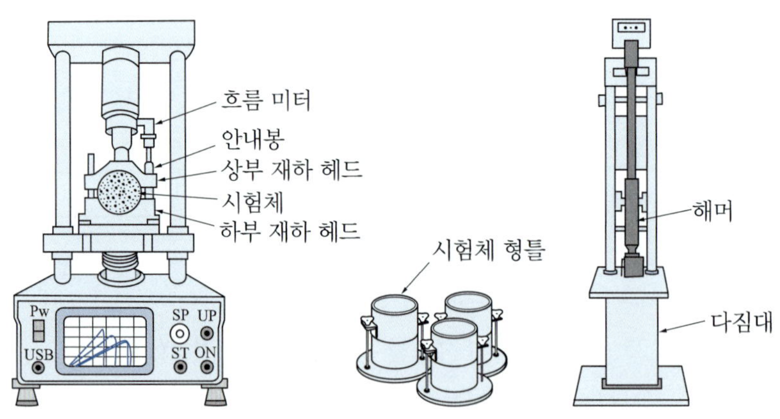

그림 4.13 마샬 안정도 시험기 및 기구

(나) 흐름값 흐름 미터(flow meter)의 지시계 읽음값을 1/100 cm 단위로 환산한다.

아스팔트 혼합물의 마샬 안정도 및 흐름값 시험 방법은 KS F 2337에 규정되어 있다.

표 4.31 **안정도 보정 계수** (KS M 2337)

시험체의 두께 (mm)	보정 계수	시험체의 두께 (mm)	보정 계수	시험체의 두께 (mm)	보정 계수
25.4	5.56	42.8	2.08	60.3	1.09
26.9	5.00	44.4	1.92	61.9	1.04
28.5	4.55	46.0	1.79	63.5	1.00
30.1	4.17	47.6	1.67	64.0	0.96
31.7	3.85	49.2	1.56	65.1	0.93
33.3	3.57	50.8	1.47	66.7	0.89
34.9	3.33	52.3	1.39	68.3	0.86
36.5	3.03	53.9	1.32	71.4	0.83
38.1	2.78	55.5	1.25	73.0	0.81
39.6	2.50	57.1	1.19	74.6	0.78
41.2	2.27	58.7	1.14	76.2	0.76

④ 인장 강도비 시험

아스팔트 혼합물 시험체의 건조 상태에서의 간접 인장 강도와 수분 포화 동결 융해 후 상태에서의 간접 인장 강도비를 구하여, 수분 저항성을 평가하는 시험이다.

아스팔트 혼합물의 인장 강도비는 다음 식으로 구한다.

$$\text{인장 강도비}(TSR) = \frac{s_2}{s_1} \tag{4.13}$$

여기서, TSR : 아스팔트 혼합물의 인장 강도비

s_1 : 건조 시험체의 평균 인장 강도(MPa)

s_2 : 수분 처리 시험체의 평균 인장 강도(MPa)

아스팔트 혼합물의 인장 강도비 시험은 KS F 2398(아스팔트 혼합물의 수분 저항성 시험 방법)에 따른다.

⑤ 동적 안정도 시험

휠 트래킹(wheel tracking) 시험기를 사용하여, 아스팔트 혼합물 시험체에 시험 차륜 하중을 반복적으로 가하여 동적 안정도 및 소성 변형 저항성을 측정하는 시험이다.

동적 안정도는 시험체의 표면으로부터 1 mm 변형하는 데 소요되는 시험 차륜의 통과 횟수로 나타낸다.

아스팔트 혼합물의 동적 안정도는 다음 식으로 산출한다.

$$DS = 42 \times \frac{t_2 - t_1}{d_2 - d_1} \times c \tag{4.14}$$

여기서, DS : 동적 안정도(회/mm)

42 : 시험 차륜의 통과 횟수(회/분)

d_1 : t_1(일반적으로 45분)에서의 변형량(mm)

d_2 : t_2(일반적으로 60분)에서의 변형량(mm)

c : 보정 계수(크랭크 변속 구동형 시험기 $c = 1$)

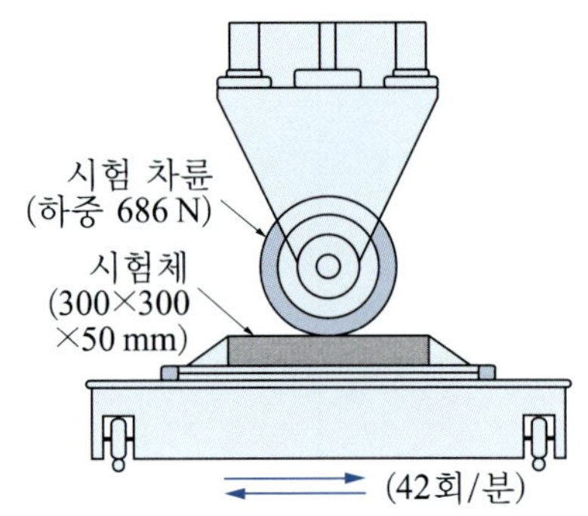

그림 4.14 휠 트래킹 시험

아스팔트 혼합물의 휠 트래킹 시험 방법은 KS F 2374에 규정되어 있다.

⑥ 아스팔트 함유량 시험

혼합된 포장용 아스팔트 혼합물과 포장 시료에 함유되어 있는 아스팔트를 원심 분리기에 의하여 용매로 용해시켜 추출한다.

아스팔트 혼합물의 아스팔트 함유량은 다음 식으로 산출한다.

$$\text{건조 시료 중의 아스팔트 함유량 } A_c(\%) = \frac{(m_a - m_m) - (m_i + m_g + m_h)}{m_a - m_m} \times 100 \tag{4.15}$$

여기서, A_c : 혼합물의 아스팔트 함유량(%)

m_a : 시료 질량(g)

m_m : 시료 중의 수분 질량(g)

m_i : 추출된 골재의 질량(g)

m_g : 추출액 중의 세립 골재분 질량(g)

m_h : 거르개 환(ring)의 증가한 질량(g)

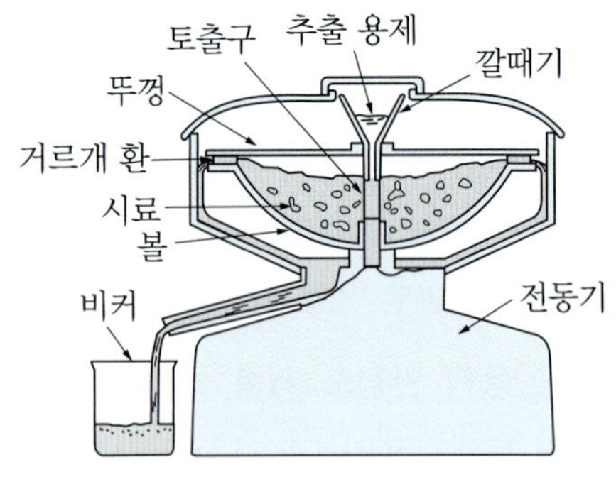

그림 4.15 추출 장치

포장용 아스팔트 혼합물의 아스팔트 함유량 시험 방법은 KS F 2354에 규정되어 있다.

⑦ **기타 혼합물의 시험**

(ㄱ) KS F 2351 아스팔트 혼합물의 압축 강도 시험 방법

(ㄴ) KS F 2359 아스팔트 혼합물의 휨 시험 방법

(ㄷ) KS F 2382 아스팔트 혼합물의 간접 인장 시험 방법

5. 아스팔트 혼합물의 배합 설계

(1) 가열 아스팔트 혼합물의 배합 설계

① **배합 설계의 의의**

소요의 품질의 재료를 사용하여 안정성, 내구성 및 시공성이 좋은 혼합물의 배합 비율을 정하는 것을 아스팔트 혼합물의 배합 설계(mix design of asphalt mixtures)라 한다.

가열 아스팔트 혼합물의 배합 설계 방법에는 마샬(Mashall) 시험(KS F 2337)에 의한 배합 설계 방법과 수퍼 페이버(super paver) 배합 설계 방법(AASHTO) 등이 있다.

이 중에서, 마샬 배합 설계 방법이 경험적인 방법으로 현장에 적용하기 쉽기 때문에 많이 사용되고 있다.

② **용어의 정의**

(가) 이론 최대 밀도(theoretical maximum density, D_m) 다져진 아스팔트 혼합물에 공극이 전혀 없다고 가정할 때의 밀도이다.

(나) 아스팔트 용적률(volume of asphalt, V_a) 아스팔트 혼합물의 전체 체적에 대해 아스팔트의 체적이 차지하는 비율을 백분율(%)로 나타낸 것이다.

(다) 공극률(void in total mix, VTM) 다져진 아스팔트 혼합물의 용적 중 공극이 차지하는 용적을 백분율(%)로 나타낸 것이다.

(라) 포화도(voids filled with asphalt cement, VFA) 다져진 아스팔트 혼합물의 골재 간극 중 아스팔트가 차지하는 용적을 백분율(%)로 나타낸 것이다.

(마) 간극률(voids in mineral aggregate, VMA) 다져진 아스팔트 혼합물에서 공극과 아스팔트가 차지하고 있는 체적을 혼합물 전체 체적에 대한 백분율(%)로 나타낸 것이다.

(바) 안정도(stability, S_a) 마샬 시험에서 아스팔트 혼합물의 시험체에 하중을 가하여 시험체가 파괴될 때의 하중을 말한다.

(사) 흐름값(flow value, F) 안정도 시험 시 최대 하중(안정도)까지의 소성 변형값이다.

③ **배합 설계 순서**

마샬 시험에 의한 가열 아스팔트 혼합물의 배합 설계 순서는 그림 4.16과 같다.

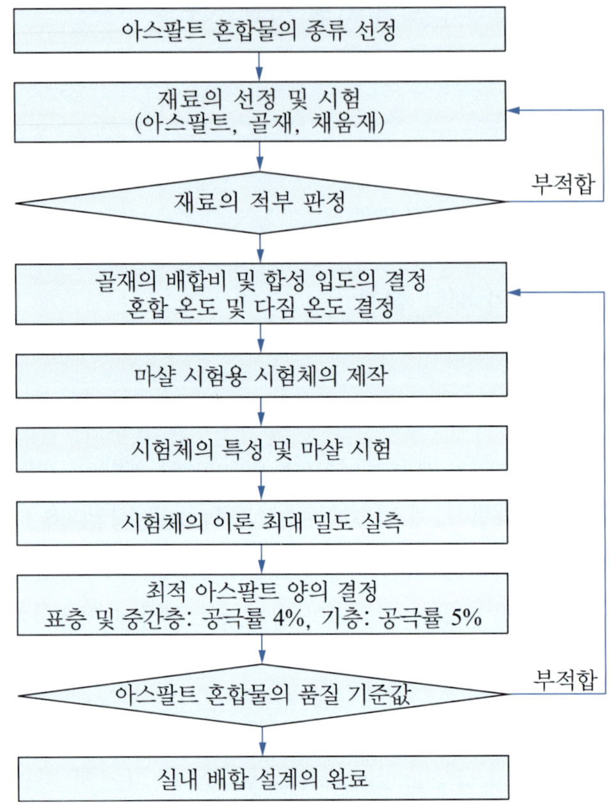

그림 4.16 가열 아스팔트 혼합물의 배합 설계 순서[7)]

(2) 가열 아스팔트 혼합물의 배합 설계 방법(마샬 시험에 의한)

① **아스팔트 혼합물의 종류 및 재료의 선정**

(가) 혼합물의 종류 아스팔트 혼합물의 종류(표 4.15, 표 4.19, 표 4.22 참조)를 정한다.

(나) 재료의 선정 사용 재료를 선정하고, 재료 시험을 한다.

② **골재의 배합비 및 합성 입도의 결정**

(가) 골재의 예정 입도 아스팔트 혼합물의 종류에 따라 골재의 입도(표 4.16, 표 4.20, 표 4.23 참조)를 선정하여 예정 입도를 정하고, 그 입도 범위의 중심 입도를 선정한다.

(나) 골재의 입도 사용 골재의 입도를 구한다.

(다) 골재의 배합비 시산법 또는 도표법에 의해서 사용 골재의 배합비를 결정한다.

(ㄱ) 시산법(trial and error method) : 최적화 기법을 이용하며, 전산 프로그램(스프레드 시트) 등을 사용하여 예정 입도에 가까운 사용 골재의 배합비를 구한다.

(ㄴ) 도표법 : 그림 4.17과 같은 방법을 이용하여, 다음과 같이 예정 입도에 가까운 사용 골재의 배합비를 구한다.

㉠ 골재의 입도 곡선 – 사용 골재의 입도 곡선을 다음과 같이 그린다.

1) 방안지에 그림 4.17과 같이 외곽선을 그리고 대각선을 긋는다. 이 대각선이 예정 입도 곡선을 나타낸다.

2) 대각선을 이용하여 가로축에 체눈 크기의 위치를 정하고, 세로축은 통과 질량 백분율의 눈금으로 한다.

예를 들면, 예정 입도의 체눈의 크기가 13 mm일 때, 통과율이 90%라 하면, 이것의 수평선이 대각선과 만나는 점에서 수직선을 그어 가로축과 만나는 점을 13 mm 체의 위치로 한다.

3) 이와 같이 구한 그림에 사용 골재의 각 입도 곡선(A, B, C, D)을 그린다.

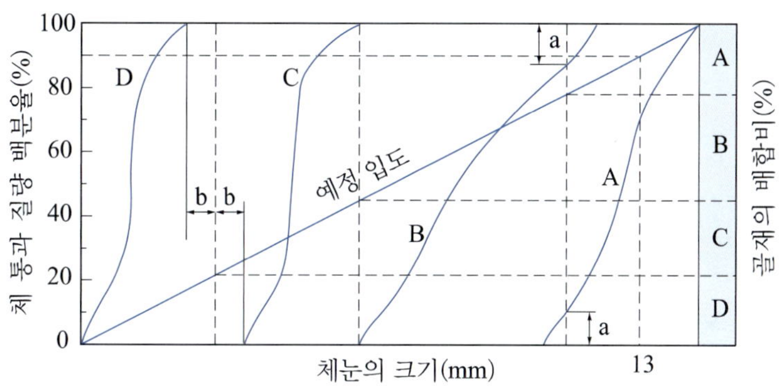

그림 4.17 골재의 배합비의 결정 [7)]

㉡ 골재의 배합비 – 사용 골재의 배합비를 정한다.

각 골재의 서로 인접하는 입도 곡선과의 관계는 그림 4.17에 나타낸 것과 같이 다음 3종류가 있다. 이들의 관계로부터 다음과 같이 수직선을 긋는다.

1) 입도 곡선이 서로 겹쳐져 있을 경우(A의 아랫점과 B의 윗점)에는, 2개의 입도 곡선과 위 또는 아래의 가로축과의 거리(a의 길이)가 같게 되는 위치에 수직선을 그린다.

2) 입도 곡선이 서로 마주하여 있을 경우(B의 아랫점과 C의 윗점)에는, 2개의 입도 곡선이 가로축과 만나는 점을 지나는 수직선을 긋는다.

3) 입도 곡선이 서로 떨어져 있을 경우(C의 아랫점과 D의 윗점)에는, 2개의 입도 곡선이 가로축과 만나는 점에서 수평으로 같은 거리의 점(b=b)을 지나는 수직선을 긋는다.

이와 같이 그은 수직선과 대각선(예정 입도 곡선)의 만나는 점을 수평으로 연장하면 골재의 배합비가 된다.

(라) 골재의 합성 입도 골재의 합성 입도는 다음 식으로 구한다.

$$P_i = A_i a + B_i b + C_i c + \cdots \tag{4.16}$$

여기서, P_i : 체의 크기 i를 통과하는 합성 골재의 질량 백분율(%)

A_i, B_i, C_i, … : 체의 크기 i를 통과하는 골재 A, B, C의 질량 백분율(%)

a, b, c, … : 골재 A, B, C의 배합비(%)

(마) 골재의 합성 입도 곡선 입도 곡선을 그려서 합성 입도를 검토하여 설계에 사용하는 입도로 한다. 이때, 필요하면 합성 입도를 보정한다.

(바) 골재 배합비의 밀도 보정 각 골재 사이의 밀도 차가 0.2 이상이 되면, 밀도에 의해 골재의 배합비를 보정한다.

$$P_d = \frac{P_g \times d}{\Sigma(P_g \times d)} \tag{4.17}$$

여기서, P_d : 밀도에 의해 보정한 골재의 배합비(%)

P_g : 골재의 배합비(%)

d : 골재의 밀도(g/cm^3)

(사) 결정 골재의 배합비 및 합성 입도 골재의 배합비와 합성 입도를 결정한다.

③ 설계 아스팔트 양의 결정

(가) 추정 아스팔트 양 골재의 합성 입도를 이용하여 다음 식으로 구한다.

$$P_b = 0.035\,a + 0.045\,b + X_c + F \tag{4.18}$$

여기서, P_b : 전체 아스팔트 혼합물 질량에 대한 추정 아스팔트의 질량 백분율(%)

a : 2.5 mm 체에 남은 골재의 질량 백분율(%)

b : 2.5 mm 체를 통과하고 0.08 mm 체에 남은 골재의 질량 백분율(%)

c : 0.08 mm 체를 통과한 골재(채움재)의 질량 백분율(%)

X_c : c값이 11~15%이면 0.15, 6~10%이면 0.18, 5% 이하이면 0.20 사용

F : 골재의 흡수율로 일반적으로 0~2%로서 자료가 없으면 0.7~1% 사용, 이는 밀도가 2.6~2.7(g/cm^3)인 보통 골재인 경우에 근거한 값이다.

(나) 시험체의 제작

(ㄱ) 시험체의 종류 : 추정 아스팔트 양을 기준으로 하여, 아스팔트의 혼합률을 0%, ±0.5%, ±1%의 5종류로 변화시켜 시험체를 각각 1조당 3개씩 만든다.

(ㄴ) 아스팔트 양 : 시험체의 질량 또는 골재의 질량이 일정할 때, 다음 식으로 구한다.

$$m_a = m_s \times P_a \quad \text{또는} \quad m_a = \frac{m_g \times P_a}{100 - P_a} \tag{4.19}$$

여기서, m_a : 아스팔트의 질량(g)

m_s : 시험체의 질량(g)

P_a : 아스팔트의 혼합률(%)

m_g : 골재의 질량(g)

(ㄷ) 시험체의 제작 방법 : 'KS F 2337 아스팔트 혼합물의 마샬 안정도 및 흐름값 시험 방법'에 따라 시험체를 제작한다.

혼합 온도는 동점도 170±20cSt(세이볼트 퓨롤도 80±10초), 다짐 온도는 동점도 280±30cSt(세이볼트 퓨롤도 135±15초)로 될 때의 온도로 한다(그림 4.18 참조).

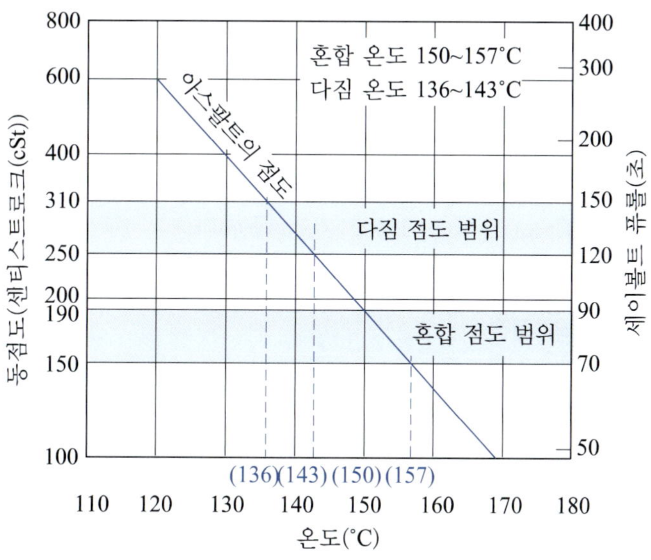

그림 4.18 아스팔트 혼합물의 혼합 온도 및 다짐 온도

(다) 혼합물의 이론 최대 밀도 시험 추정 아스팔트 양으로 만든 아스팔트 혼합물의 이론 최대 밀도(D_m)는 식 (4.9), 식 (4.10)에 의해 구한다.

(라) 시험체의 특성치 산출

(ㄱ) 실측 밀도(d) : 시험체의 함수율에 따라 식 (4.6) 또는 식 (4.8)에 의해 구한다.

(ㄴ) 이론 최대 밀도 : $$d_m = \frac{100}{\dfrac{100-P_a}{d_e} + \dfrac{P_a}{d_a}} \tag{4.20}$$

여기서, d_m : 아스팔트 혼합물의 이론 최대 밀도(g/cm³)

P_a : 아스팔트 혼합률(%)

d_a : 아스팔트의 밀도(g/cm³)

d_e : 골재의 유효 밀도(g/cm³) $\left(= \dfrac{100-P_b}{100/D_m - P_b/d_a}\right)$

P_b : 추정 아스팔트의 질량 백분율(%)(식 (4.18) 참조)

D_m : (다)에서 구한 추정 아스팔트 양의 혼합물 이론 최대 밀도(g/cm³)

(ㄷ) 아스팔트 용적률(V_a) : $$V_a(\%) = \left(\frac{d}{d_a}\right) \times P_a \tag{4.21}$$

(ㄹ) 공극률(VTM) : $$VTM(\%) = \left(1 - \frac{d}{d_m}\right) \times 100 \tag{4.22}$$

(ㅁ) 간극률(VMA) : $$VMA(\%) = V_a + VTM \tag{4.23}$$

(ㅂ) 포화도(VFA) : $$VFA(\%) = \frac{V_a}{V_a + VTM} \times 100 \tag{4.24}$$

(ㅅ) 안정도(S_a) : 식 (4.12)에 따라 구한다.

(ㅇ) 흐름값(F) : 안정도 시험에서 흐름 미터의 읽음값을 $\frac{1}{100}$ cm 단위로 나타낸다.

(ㅈ) 인장 강도비(TSR) : 식 (4.13)에 따라 구한다.

(ㅊ) 동적 안정도(DS) : 식 (4.14)에 따라 구한다.

(마) 최적 아스팔트 양의 결정

(ㄱ) 아스팔트 양과 특성치 : 아스팔트 혼합물의 아스팔트 양과 특성치의 관계를 구한다.

(ㄴ) 아스팔트 양의 선정 : 아스팔트 양과 특성치의 관계에서 아스팔트 혼합물의 공극률이 표층용 및 중간층용은 4%, 기층용은 5%일 때의 아스팔트 양을 선정한다.

(ㄷ) 품질 확인 : 아스팔트 혼합물의 시험 결과가 품질 기준값(표 4.17, 표 4.21, 표 4.24 참조)에 적합하면, 이것을 최적 아스팔트의 양으로 결정한다.

(바) 재시험 아스팔트 혼합물의 시험 결과가 품질 기준에 적합하지 않을 때는, 재료의 배합을 변경하여 재시험을 해야 한다.

일반적으로 아스팔트 양을 낮추면 공극률이 높아지고 포화도는 낮아지며, 아스팔트 양을 높이면 공극률과 안정도는 낮아지고 흐름값은 높아진다. 이에 따라 아스팔트 함량을 조정한 후 품질 기준값에 따라 품질을 확인한다.

아스팔트 혼합물의 특성에 영향을 미치는 요인은 표 4.32와 같다.

표 4.32 **아스팔트 혼합물의 특성에 영향을 미치는 요인**[8)]

특성 \ 요인	최대 골재 입자의 지름	모가 많이 난 골재량	잔모래 양	석분량	아스팔트의 침입도	골재 간극률
안정도	+	+		+	−	−
흐름값	−	−		+	+	+
공극률		+	+	−		+
포화도		−	−	+		−
골재 간극률		+	+	−		
시공성	−	−		−	+	+

주 : 요인을 크게 하는 것에 따라 특성이 커지거나 작아지는 것을 +, −로 나타내고 있다.

④ **혼합물 실시 배합의 결정**

아스팔트 혼합물의 성질이 마샬 시험에 대한 기준값 범위 안에 드는 설계 아스팔트 양의 배합을 실시 배합으로 한다.

6. 아스팔트 혼합물의 배합 설계 예

일반 지역의 아스팔트 도로 포장 표층에 사용하는 가열 아스팔트 혼합물(최대 입경 13 mm, F)의 배합 설계를 한다.

(1) 사용 재료 및 시험 결과

① **사용 재료**

아스팔트 : 스트레이트 아스팔트(80～100) (표 4.3 참조)

굵은 골재 : 아스팔트 혼합물용 굵은 골재(7번) (표 4.9 참조)

잔골재 : 하천 모래, 아스팔트 혼합물용 잔골재(No. 3) (표 4.11 참조)

채움재 : 아스팔트 포장용 채움재(석분) (표 4.12 참조)

② **시험 결과**

아스팔트 : 표 4.33과 같다.

골재 : 표 4.34와 같다.

표 4.33 아스팔트의 시험 결과

항목	밀도 [15°C] (kg/m³)	침입 [25°C, 100 g, 5초] (l/100 mm)	인화점 (°C)	신도 [15°C, 5 cm/mm] (cm)	증발 후 침입도비 (%)	박막 가열 후 질량 변화율 (%)	톨루엔 가용분 (%)
시험값	1 030	90	300	140	92	0.5	99.3
규정값	1 000 이상	80~100	260 이상	100 이상	110 이하	0.6 이하	99 이상

표 4.34 골재의 시험 결과

체의 호칭 치수(mm) \ 골재의 종류		굵은 골재	잔골재		채움재
		7번	하천 모래	No.3	석분
체 통과 질량 백분율 (%)	20	100			
	13	95			
	10	73			
	5	18	100	100	
	2.5	0	37	98	
	0.6		14	76	
	0.3		5	45	100
	0.15		3	15	97
	0.08		0	3	85
겉보기 밀도(g/cm³)		2.741	2.723	2.732	2.710
흡수율(%)		1.2	0.9	1.2	0.1

(2) 골재의 배합비 및 합성 입도의 결정

① 골재의 예정 입도

표 4.16의 WC-2(입도 13F) 항을 택하여 그 입도 범위의 중심 입도를 골재의 예정 입도로 한다(표 3.35 참조).

② 골재의 입도

사용 골재의 체가름 시험을 하여 구한 입도 시험 결과는 표 4.34와 같다.

③ 골재의 입도 곡선

사용 골재의 입도를 사용하여 입도 곡선을 그리면 그림 4.19와 같다.

④ 골재의 배합비

골재의 입도 곡선을 사용하여 도표법으로 각 골재의 배합비를 구하면 그림 4.19와 같다.

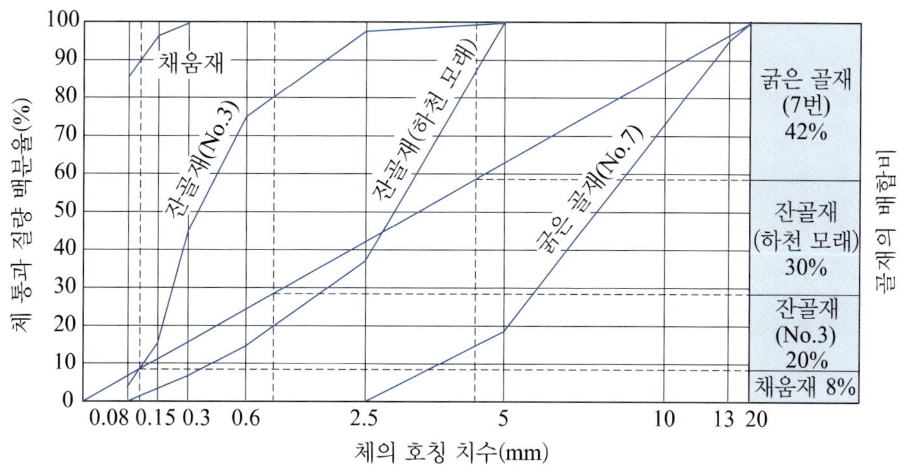

그림 4.19 사용 골재의 입도 곡선 및 배합비

⑤ 골재의 합성 입도

그림 4.19에서 구한 골재의 배합비를 사용하여 식 (4.16)에 의해 사용 골재의 합성 입도를 구하면 표 4.35와 같다.

표 4.35 사용 골재의 합성 입도

골재의 종류		굵은 골재	잔골재		채움재	골재의 배합비				합성 입도	예정 입도 (WC-2)
			모래	No.3	석분	굵은 골재	잔골재		채움재		
체의 치수(mm) \ 배합비(%)		42	30	20	8		모래	No.3	석분		
체 통과 질량 백분율 (%)	20	100				42(40)	30(32)	20(22)	8(6)	100(100)	100
	13	95				39.9(38)	30(32)	20(22)	8(6)	97.9(98)	95~100
	10	73				30.7(30)	30(32)	20(22)	8(6)	88.7(90)	88
	5	18	100	100		7.6(2.8)	30(32)	20(22)	8(6)	6.6(62.8)	62.5
	2.5	0	37	98			11.1(13)	19.6(22)	8(6)	38.7(41)	42.5
	0.6		14	76			4.2(4.5)	15.2(15.5)	8(6)	27.4(26)	24
	0.3		5	45	100		1.5(1.6)	9(9.9)	8(6)	18.5(17.5)	15.5
	0.15		3	15	97		0.9(1)	3(3.3)	7.8(5.8)	11.7(10.1)	11
	0.08		0	3	85			0.6(0.7)	6.8(5.1)	7.4(5.8)	6

주 : ( ) 속의 숫자는 보정값이다.

⑥ 골재의 합성 입도 곡선

표 4.35의 합성 입도를 사용하여 골재의 합성 입도 곡선을 그리면 그림 4.20과 같다.

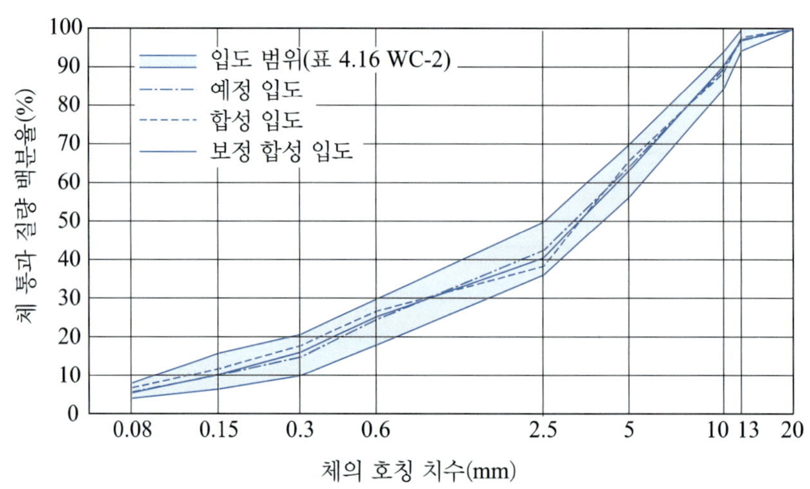

그림 4.20 골재의 합성 입도 곡선

그림 4.20의 골재의 합성 입도 곡선에서 2.5 mm 체와 0.3 mm 체의 통과량이 예정 입도와 크게 다르다. 따라서 예정 입도에 가깝게 하기 위하여 잔골재의 양을 늘리고 굵은 골재의 양을 줄여서 입도를 보정한다.

보정 입도는 표 4.35의 합성 입도란 ( ) 속의 수치와 같다.

⑦ 골재 배합비의 밀도 보정

사용 골재의 밀도 차가 0.2 이상 다른 것이 2개 이상이 되지 않으므로 밀도에 의한 골재의 배합비를 보정할 필요가 없다. 참고로 식 (4.17)에 의해 보정하면 표 4.36과 같다.

표 4.36 밀도에 의한 골재 배합비의 보정

골재의 종류 / 항목	굵은 골재	잔골재		채움재	합계
	7번	하천 모래	No.3	석분	
골재의 배합비 P_g (%) 골재의 밀도 d (g/cm^3)	40 2.741	32 2.723	22 2.732	6 2.710	100
$P_g \times d$	109.64	87.136	60.104	16.26	273.14
밀도 보정 골재의 배합비 $P_d = \dfrac{P_g \times d}{\Sigma(P_g \times d)} \times 100$ (%)	40.14	31.90	22	5.96	100

⑧ 결정 골재의 배합비 및 합성 입도

표 4.35의 결정 골재의 배합비 및 합성 입도를 정리하면 표 4.37과 같다.

표 4.37 결정 골재의 배합비 및 합성 입도

골재의 종류				골재의 배합비(%)				
굵은 골재(7번)				40				
잔골재(하천 모래, No.3)				32, 22				
채움재(석분)				6				
체의 호칭 치수(mm)	20	13	10	5	2.5	0.6	0.3	0.15	0.08
합성 입도(%)	100	98	90	62.8	41	26	17.5	10.1	5.8

(3) 설계 아스팔트 양의 결정

① 추정 아스팔트 양의 결정

추정 아스팔트 양은 식 (4.18)에 의해 구하면 표 4.38과 같다.

표 4.38 추정 아스팔트 양 (P_a)

상수	a	b	c	(X)	F	P_b
값(%)	59	35.2	5.8	(0.18)	0.85	5.5

② 시험체의 제작

(가) 시험체의 종류 추정 아스팔트의 질량비가 5.5(%)이므로 4.5%, 5.0%, 5.5%, 6.0%, 6.5%의 아스팔트의 혼합률을 사용하여 각각 시험체 1조당 3개씩 만든다.

(나) 시험체의 재료량 다짐 후 규정 두께(63.5 ± 1 mm)가 될 수 있는 시험체 1개당 아스팔트 혼합물의 질량은 약 1 200 g이 되며, 아스팔트의 질량은 식 (4.19)에 의해 구한다.

아스팔트의 혼합률에 따른 각 재료의 질량은 표 4.39와 같다.

표 4.39 시험체 1개에 필요한 재료량

재료		아스팔트의 혼합률에 따른 각 재료의 질량(g)				
종류	배합비(%)	4.5%	5.0%	5.5%	6.0%	6.5%
굵은 골재(7번)	40	458	456	454	451	449
잔골재(하천 모래)	32	367	365	363	361	359
(No.3)	22	252	251	249	248	247
채움재(석분)	6	69	68	68	68	67
골재의 질량(g)		1 146	1 140	1 134	1 128	1 122
아스팔트의 질량(g)		54	60	66	72	78
혼합물의 질량(g)		1 200	1 200	1 200	1 200	1 200

(다) 시험체의 제작 방법

(ㄱ) 시험체의 제작 : 'KS F 2337 마샬 시험기를 사용한 아스팔트 혼합물의 마샬 안정도 및 흐름값 시험 방법'에 따라 시험체를 제작한다.

(ㄴ) 혼합물의 혼합 온도 및 다짐 온도 : 그림 4.18과 같이 각각 150~157°C 및 136~143°C로 한다.

③ 혼합물의 이론 최대 밀도 시험

추정 아스팔트의 질량비가 5.5%일 때, 아스팔트 혼합물의 시험 결과로 식 (4.10)에 의해 이론 최대 밀도를 구하면 표 4.40과 같다.

표 4.40 아스팔트 혼합물의 이론 최대 밀도 시험 결과

항목	아스팔트 함유율 P_b(%)	번호	기건 시료의 질량 m_a(g)	(물+용기)의 질량 m_e(g)	(시료+물+용기)의 질량 m_t(g)	물의 온도 (°C)	물의 밀도 d_w (g/cm³)	이론 최대 밀도 D_m (25°C, g/cm³)	평균값 (25°C, g/cm³)
WC-2 (13F)	5.5	1	1 527.3	20 364.2	21 283.6	25	0.997	2.505	2.504
		2	1 525.5	20 364.2	21 282.4	25	0.997	2.500	
		3	1 529.2	20 364.2	21 284.1	25	0.997	2.507	

④ 시험체의 특성치 산출

(가) 실측 밀도(d) 아스팔트 혼합률 $P_a = 4.5\%$일 때, 시험체의 함수율에 따라 식 (4.6)에 의해 밀도(d_B)를 구하면 다음과 같다.

$$d_B = \frac{m_d}{m_s - m_w} \times d_w = \frac{1\,193.4}{1\,193.8 - 690.7} \times 0.997 = 2.365 \text{ g/cm}^3$$

이와 같은 방법으로 각 시험체의 밀도를 구하여 배치별 평균값을 취한다.

(나) 이론 최대 밀도(d_m) 아스팔트 혼합률 $P_a = 4.5\%$일 때, 식 (4.20)에 의해 이론 최대 밀도를 구하면 다음과 같다.

$$d_m = \frac{100}{\dfrac{100 - P_a}{d_e} + \dfrac{P_a}{d_a}} = \frac{100}{\dfrac{100 - 4.5}{2.731} + \dfrac{4.5}{1.03}} = 2.542 \text{ g/cm}^3$$

여기서, $d_e = \dfrac{100 - P_b}{100/D_m - P_b/d_a} = \dfrac{100 - 5.5}{100/2.504 - 5.5/1.03} = 2.731 \text{ g/cm}^3$

이와 같은 방법으로 각 배치에 대한 시험체의 이론 최대 밀도를 구한다.

(다) 아스팔트 용적률(V_a) 아스팔트 혼합률 $P_a = 4.5\%$ 일 때, 식 (4.21)에 의해 아스팔트의 용적률을 구하면 다음과 같다.

$$V_a = \frac{d_B}{d_a} \times P_a = \frac{4.5}{1.03} \times 4.5 = 10.3\%$$

이와 같은 방법으로 각 배치에 대한 시험체의 아스팔트 용적률을 구한다.

(라) 공극률(VTM) 아스팔트 혼합률 $P_a = 4.5\%$ 일 때, 식 (4.22)에 의해 공극률을 구하면 다음과 같다.

$$VTM = \left(1 - \frac{d_B}{d_m}\right) \times 100 = \left(1 - \frac{2.365}{2.542}\right) \times 100 = 7.0\%$$

이와 같은 방법으로 각 배치에 대한 시험체의 공극률을 구한다.

(마) 간극률(VMA) 아스팔트 혼합률 $P_a = 4.5\%$ 일 때, 식 (4.23)에 의해 간극률을 구하면 다음과 같다.

$$VMA = V_a + VMF = 10.3 + 7.0 = 17.3\%$$

이와 같은 방법으로 각 배치에 대한 시험체의 간극률을 구한다.

(바) 포화도(VFA) 아스팔트 혼합률 $P_a = 4.5\%$ 일 때, 식 (4.24)에 의해 포화도를 구하면 다음과 같다.

$$VFA = \frac{V_a}{V_a + VTM} \times 100 = \frac{10.3}{10.3 + 7.0} \times 100 = 59.5\%$$

이와 같은 방법으로 각 배치에 대한 시험체의 포화도를 구한다.

(사) 안정도(S_a) 아스팔트 혼합률 $P_a = 4.5\%$ 일 때, 식 (4.12)에 의해 안정도를 구하면 다음과 같다.

$$S_a = R \times a = 8\,071 \times 0.99 = 7\,990 \text{ N}$$

이와 같은 방법으로 각 시험체의 안정도를 구하여 배치별 평균값을 취한다.

(아) 흐름값(F) 아스팔트의 혼합률 $P_a = 4.5\%$ 일 때, 흐름값을 구하면 다음과 같다.

$F = 26$(흐름 미터 읽음값의 1/100 cm)

이와 같은 방법으로 각 시험체의 흐름값을 구하여 배치별 평균값을 취한다.

이상과 같이 구한 아스팔트 혼합물 시험체의 특성치는 표 4.41과 같다.

표 4.41 아스팔트 혼합물 시험체의 특성치

시험체 번호	아스팔트 혼합률 (%)	두께* (mm)	질량			밀도		아스팔트 용적률 (%)	공극률 (%)	간극률 (%)	포화도 (%)	안정도			흐름값 (1/100 cm)
			건조 (g)	표건 (g)	수중 (g)	실측** (g/cm³)	이론 최대 (g/cm³)					지시계 값(kN)	보정 계수	안정도 (kN)	
No.	P_a	t	m_d	m_s	m_u	d_B	d_m	V_a	VTM	VMA	VFA	R	a	S_a	F
						$\frac{m_d}{m_s - m_u} d_w$	식 (4.19)	$\frac{d_B}{d_a} P_a$	$\left(1 - \frac{d_B}{d_m}\right) 100$	$V_a + VTM$	$\frac{V_a}{V_a + VTM} 100$		표 4.31	$R \times a$	
1	4.5	63.7	1 193.4	1 193.8	690.7	2.365						8.07	0.99	7.99	26
2	4.5	62.4	1 191.5	1 191.9	690.0	2.367						7.78	1.03	8.01	27
3	4.5	62.0	1 192.0	1 192.5	689.5	2.363						7.69	1.04	8.00	26
(평균)						(2.365)	(2.542)	(10.3)	(7.0)	(17.3)	(59.5)			(8.00)	(26)
1	5.0	63.1	1 185.1	1 185.2	689.1	2.384						9.62	1.02	9.81	29
2	5.0	62.8	1 179.1	1 179.2	695.9	2.383						10.05	1.02	10.25	25
3	5.0	63.3	1 189.2	1 189.3	692.2	2.385						9.74	1.01	9.84	27
(평균)						(2.384)	(2.523)	(11.6)	(5.5)	(17.1)	(67.8)			(9.97)	(27)
1	5.5	63.4	1 194.1	1 194.3	691.6	2.392						10.84	1.01	10.95	30
2	5.5	62.9	1 187.0	1 187.2	693.1	2.395						10.90	1.02	11.12	28
3	5.5	63.2	1 191.5	1 191.7	695.1	2.392						11.03	1.01	11.14	29
(평균)						(2.393)	(2.504)	(12.8)	(4.4)	(17.2)	(74.4)			(11.07)	(29)
1	6.0	63.5	1 199.0	1 199.2	700.5	2.397						11.45	1.00	11.45	33
2	6.0	63.7	1 202.3	1 202.4	702.1	2.396						11.52	0.99	11.40	33
3	6.0	63.4	1 196.1	1 196.3	698.4	2.395						11.39	1.01	11.51	30
(평균)						(2.396)	(2.485)	(14.0)	(3.6)	(17.6)	(79.5)			(11.45)	(32)
1	6.5	63.6	1 201.2	1 201.3	701.9	2.398						11.09	0.99	10.98	37
2	6.5	63.2	1 194.0	1 194.2	697.8	2.398						11.03	1.01	11.14	38
3	6.5	63.3	1 195.2	1 195.4	698.5	2.398						11. 04	1.01	11.15	37
(평균)						(2.398)	(2.466)	(15.1)	(2.8)	(17.9)	(84.4)			(11.09)	(37)

주 : * 4방향에서 측정한 평균값이다.

** 시험체가 흡수하지 않는 경우, 실측 밀도는 식 (4.8)에 의해 겉보기 밀도를 사용한다.

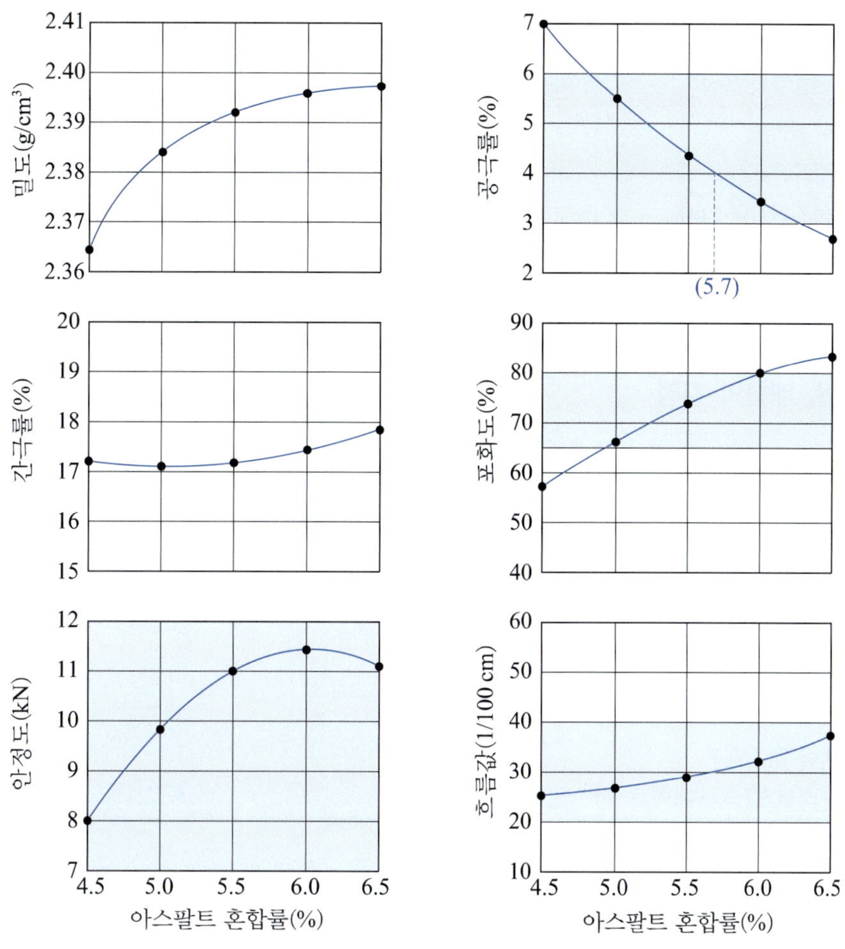

그림 4.21 아스팔트 양과 혼합물의 특성치

⑤ **최적 아스팔트 양의 결정**

(가) 아스팔트 혼합물의 특성치 아스팔트 양과 혼합물 특성치의 관계를 나타내면 그림 4.21과 같다.

(나) 아스팔트 양의 선정 그림 4.21에서 아스팔트 혼합물의 공극률이 4%에 해당하는 아스팔트 혼합률 5.7%를 아스팔트 양으로 한다.

(다) 품질 확인 최적 아스팔트의 혼합률이 5.7%일 때, 그림 4.21의 시험 결과에서 아스팔트 혼합물의 성질은 표 4.42와 같다.

이 값은 표층용 가열 아스팔트 혼합물의 품질 기준(표 4.17)에 적합하므로, 이것을 아스팔트 혼합물의 최적 아스팔트 양으로 결정한다.

표 4.42 최적 아스팔트 양에 대한 혼합물의 성질

혼합물의 특성	아스팔트 혼합률 5.7%의 해당값	기준 범위
공극률(%)	4	3~6
안정도(N)	11 351	5 000 이상
흐름값(1/100 cm)	30	20~40
포화도(%)	78	65~80
간극률(%)	17.3	14 이상

(4) 혼합물 배합의 결정

아스팔트 혼합물의 실시 배합은 표 4.43과 같다.

표 4.43 실시 배합

재료	배합비(%)
굵은 골재(7번)	37.7
잔골재(하천 모래)	30.2
(No.3)	20.7
채움재(석분)	5.7
아스팔트(스트레이트 아스팔트)	5.7

7. 아스팔트 혼합물의 제조

(1) 아스팔트 플랜트

① 플랜트의 종류

(가) 배치식 플랜트(batch plant) 혼합 믹서의 용량에 따라 가열한 골재, 채움재, 아스팔트를 단속적으로 질량으로 계량하여 1배치씩 혼합물을 제조하는 것이다. 크고 작은 여러 가지 공사 규모에 이용이 가능하다.

(나) 연속식 플랜트(continuous mixing plant) 가열한 골재, 채움재, 아스팔트를 피더(feeder)에 의하여 연속적으로 체적으로 계량하여 혼합물을 제조하는 것이다.

강제식과 중력식이 있으며, 계량계의 수가 한 개여서 각 재료를 순차적으로 계량하므로 배치식만큼 정확하지 않다. 대규모의 대량 아스팔트 혼합물이 필요한 공사에는 적합하다.

② 플랜트의 혼합물 제조 과정

각각의 입도의 골재를 정해진 배합비로 조절하는 콜드 피더(cold feeder)로부터 드라이어(dryer)에 보내어 가열한 후, 체를 통과하여 플랜트 상부에 있는 핫빈(hot bin)에 보낸다. 또한 동시에 사이로에 저장된 석분을 상온 그대로 보낸다.

이와 같은 과정은 배치식 플랜트에서나 연속식 플랜트에서도 동일하다.

(2) 혼합물의 제조

① 상온 혼합식 혼합물의 제조

(가) 유화 아스팔트를 사용할 때

1) 혼합기는 배치 믹서 또는 연속 믹서를 사용한다.
2) 혼합 시 골재의 함수비는 1~4% 이하가 적당하다.
3) 혼합 시 재료 투입 순서는 골재를 혼합하고, 다음에 유화 아스팔트를 넣어 혼합한다.
4) 혼합 시간은 20초 정도로 한다. 혼합 시간을 30초 이상으로 하면 유제가 분해 경화되므로 주의해야 한다.
5) 혼합 시와 살포 시의 온도는 상온~60°C 정도로 한다.

(나) 컷백 아스팔트를 사용할 때

1) 혼합기는 아스팔트 플랜트를 사용한다.
2) 혼합 시 골재의 함수비는 2% 이하가 적당하다.
3) 혼합 시 재료 투입 순서는 골재를 혼합하고, 다음에 컷백 아스팔트를 넣어 혼합한다.
4) 혼합 시간은 45초 정도로 한다.
5) 혼합 시의 가열 온도는 표 4.44와 같다.

표 4.44 컷백 아스팔트의 가열 온도[8)]

종류 \ 온도	혼합할 때 (°C)	살포할 때 (°C)	종류 \ 온도	혼합할 때 (°C)	살포할 때 (°C)	종류 \ 온도	혼합할 때 (°C)	살포할 때 (°C)
RC－0	상온~50	상온~50	MC－0	상온~50	상온~50	SC－0	상온~50	상온~50
RC－1	25~50	25~65	MC－1	25~65	25~65	SC－1	30~95	30~95
RC－2	25~65	40~80	MC－2	40~95	40~95	SC－2	65~95	65~95
RC－3	50~80	65~95	MC－3	65~95	80~120	SC－3	80~120	80~120
RC－4	65~95	80~120	MC－4	80~110	95~135	SC－4	80~120	80~120
RC－5	80~100	95~135	MC－5	95~120	110~135	SC－5	95~135	95~135

② 가열 혼합식 혼합물의 제조

(가) 아스팔트 콘크리트의 경우

(ㄱ) 혼합 방법

1) 저장되어 있는 굵은 골재, 잔골재는 콜드 빈에 투입되어, 일정 배합비로 송출량을 조절한 피더로부터 벨트 컨베이어에 운반되어서, 거기에서 가열 건조되고 체가름이 되어 핫빈에 저장된다.
2) 입경별로 저장된 골재는 소정의 배합비로 계량되고, 동시에 석분이 상온 상태에서 소정량이 투입된다.
3) 골재와 석분을 미리 혼합하여 소정량의 아스팔트를 혼합한다.

(ㄴ) 혼합 온도

1) 혼합 온도는 대부분 골재의 건조에 필요한 온도로부터 결정한다.
2) 가열한 골재와 저장 아스팔트의 온도차가 40°C 이상이면 좋지 않다.
3) 일반적인 도로 포장용 아스팔트의 혼합 온도의 범위는 표 4.45와 같다.

표 4.45 도로 포장용 아스팔트의 가열 온도[8)]

연화점(°C) \ 온도(°C)	혼합할 때	살포할 때
38.0~40.5	125~145	135~170
40.5~43.0	130~150	140~175
43.0~45.5	135~155	145~180
45.5~48.0	140~160	150~180
48.0~50.5	145~165	155~180
50.5~53.0	150~170	160~180

(ㄷ) 혼합 시간

1) 아스팔트가 골재 표면의 전면에 박막을 형성할 때까지의 시간이 최적 혼합 시간이 된다.
2) 일반적으로 아스팔트를 넣기 전에 골재와 석분을 15초 정도 미리 혼합한 후, 아스팔트를 넣고 30~45초 정도 혼합하는 것이 좋다.

(나) 매스틱 아스팔트의 경우

1) 매스틱 아스팔트는 상당히 유동성이 요구되는 혼합물이다.
2) 아스팔트 쿠커(cooker)를 사용하여 장시간에 걸쳐 혼합하는 방법과 가열하면서 현장까지 운반하여 현장 도착 온도가 200°C 부근이 되도록 하는 방법이 있다.

4.4 아스팔트 제품

1. 방수용 제품

(1) 아스팔트 펠트

① 제조, 종류 및 용도

(가) 제조 유기성 섬유를 원료로 하여 펠트(felt) 모양으로 만들어 건조시켜 아스팔트 펠트(asphalt felt)용 원지를 만든다.

이 원지를 침투용 연질의 스트레이트 아스팔트 속으로 통과시켜 충분히 침투시킨 후, 롤러로 원지에서 필요 없는 아스팔트를 제거하여 냉각시킨다. 이것을 규정의 길이로 절단하여 1두루마리로 한다.

(나) 종류 아스팔트 펠트에는 440품·540품·650품의 3종류가 있다.

(다) 성질 방수성·내산성이 있고, 흡음·단열성이 있다.

(라) 용도 방수·방습 공사 및 지붕 덮기 바탕 등에 사용된다.

② 품질 및 시험 방법

아스팔트 펠트의 품질 규격 및 시험 방법은 KS F 4901에 규정되어 있다.

(2) 아스팔트 루핑

① 제조, 종류 및 용도

(가) 제조 유기성 섬유를 원료로 하여 펠트 모양으로 만들어 건조시켜서 아스팔트 루핑(asphalt roofing)용 원지를 만든다.

이 원지를 침투용 연질 스트레이트 아스팔트 속으로 통과시켜 침투시킨 후, 원지에서 필요 없는 아스팔트를 제거한다. 그 앞뒤에 피복용 아스팔트를 도포하여 광물성 분말을 살포하여, 냉각 후 규정의 길이로 절단하여 1두루마리로 한다.

(나) 종류 1280품·1500품의 2종류가 있다.

(다) 성질 흡수성·투수성이 작고, 내산성·내염성이 있다.

(라) 용도 방수·방습 공사 및 지붕 덮기 바탕 등에 사용된다.

② 품질 및 시험 방법

아스팔트 루핑의 품질 규격 및 시험 방법은 KS F 4902에 규정되어 있다.

(3) 기타 방수용 제품

① 모래 붙인 루핑(sanded roofing)

(가) 제조 유기성 섬유를 펠트상으로 짜서 건조시킨 원지에 아스팔트를 침투시켜 피복한 후, 양쪽 표면에 광물질 입자를 밀착시키고, 뒷면에 광물질 분말을 부착시켜 만든다.

(나) 용도 방습용으로 사용된다.

(다) 품질 규격 KS F 4906에 규정되어 있다.

② 아스팔트 싱글(asphalt shingles)

(가) 제조 유리 섬유를 펠트 모양으로 보강 심재의 앞뒷면에 아스팔트를 도포한 후, 표면에 광물질 분말을 살포하여 냉각시켜서 규정의 길이를 절단하여 만든다.

(나) 용도 지붕 재료로 사용된다.

(다) 품질 규격 KS F 4750에 규정되어 있다.

2. 아스팔트 줄눈재

줄눈재는 콘크리트 포장에 사용하는 줄눈 재료로 포장 줄눈의 완충재, 또는 방수재로 사용된다. 그 종류에는 줄눈판과 주입 줄눈재가 있다.

(1) 줄눈판

① 아스팔트 줄눈판

(가) 제조 아스팔트 콤파운드(compound)에 섬유, 석면, 코르크, 고무 분말 등을 첨가하여 판모양으로 성형한 것이다.

(나) 성질

1) 콘크리트와 부착이 잘 되므로 줄눈판으로 효과적이다.
2) 저장, 운반, 취급에 주의하지 않으면 변형이나 접착 및 파손이 되기 쉽다.

② 아스팔트 펠트 줄눈판

(가) 제조 아스팔트 줄눈판의 양면에 아스팔트 펠트를 붙여서 만든다.

(나) 성질

1) 저장, 취급, 운반하기가 편리하다.
2) 시공할 때 펠트가 콘크리트와의 부착을 나쁘게 하는 결점이 있다.

(2) 주입 줄눈재

① 아스팔트 주입 줄눈재

(가) 제조 및 종류

1) 스트레이트 아스팔트(침입도 30~80)나 블론 아스팔트(침입도 20~40)에 석분, 석면, 모래를 배합한 것
2) 유화 아스팔트에 석분이나 모래를 배합한 것
3) 블론 아스팔트를 그대로 사용한 것

(나) 성질

1) 주입하기 쉽다.
2) 고온일 때에는 흘러내리기 쉽고, 한랭 시에는 갈라지기 쉽다.

② 고무화 아스팔트 주입 줄눈재

(가) 제조 양질의 아스팔트 콤파운드에 천연 또는 합성 고무를 용해시켜 균일하게 고무화한 것이다.

(나) 성질

1) 고온일 때 흘러내리지 않고, 겨울철에도 갈라지지 않는다.
2) 접착력이 크고, 탄력성을 잃지 않는다.
3) 팽창 수축에 잘 적응하는 성질이 있다.

참고 문헌

1) 西村 昭, 藤井 學 : 最新 土木材料, 森北出版(1975)
2) 堀尾 : アスファルト(1968)
3) 建設部 : 道路鋪裝設計·施工指針(1991)
4) 日本道路協會 : 簡易鋪裝要綱(1979)
5) 국토교통부 : 아스팔트 혼합물 생산 및 시공지침, 국토교통부(2015)
6) 한국도로공사 : 고속도로공사전문시방서(2012)
7) 건설교통부 : 가열 아스팔트 혼합물 설계 지침(2005)
8) 日本道路協會 : アスファルト鋪裝要綱(1979)

연습 문제

1. 역청 재료란 무엇인가?
2. 역청 재료의 특성에 대하여 설명하여라.
3. 아스팔트의 종류에는 어떤 것이 있는가?
4. 석유 아스팔트 제조에 대해서 알아보자.
5. 스트레이트 아스팔트와 블론 아스팔트의 성질을 비교·설명하여라.
6. 아스팔트의 종류는 어떻게 분류하는가?
7. KS M에 규정되어 있는 아스팔트 시험 방법에는 어떤 것들이 있는지 알아보자.
8. 유화 아스팔트란 무엇이며, 그 종류와 성질을 설명하여라.
9. 컷백 아스팔트의 종류와 용도를 설명하여라.
10. 고무화 아스팔트의 성질에 대해서 설명하여라.
11. 플라스틱 아스팔트의 성질을 설명하여라.
12. 아스팔트 사용상 주의 사항은 무엇인가?
13. 포장 타르의 성질에 대해서 설명하여라.
14. 역청 혼합물의 종류에는 어떤 것들이 있는가?
15. 쇄석 매스틱 아스팔트 혼합물과 배수성 아스팔트 혼합물의 특징은 무엇인가?
16. 역청 혼합물이 갖추어야 할 성질을 설명하여라.
17. 역청 혼합물의 배합 설계 순서를 설명하여라.
18. 역청 혼합물의 배합 설계에서 골재 배합비를 결정하는 방법을 설명하여라.
19. 역청 혼합물의 배합 설계에서 설계 역청 재료량의 결정 방법을 설명하여라.
20. 아스팔트 제품에는 어떤 것이 있는가?

5 금속 재료

5.1 개설

1. 금속 재료의 의의

(1) 금속 재료의 특징

금속 재료(metallic material)란, 공업용 재료로 사용되는 금속을 통틀어 말한다. 금속 재료는 강도가 크고 재질이 고르며, 용접 기술의 발달로 이음도 간결하므로 규모가 큰 구조물을 안전하게 만들 수 있다.

금속 재료는 철 금속 재료(ferrous metal)와 비철 금속 재료(nonferrous metal)로 크게 나뉜다. 금속 재료 중에서 건설 공사용 재료로서 가장 중요한 것은 철강재이다.

철강재는 강도 등의 성질이 우수하여 교량, 건축물, 철근, 강 널말뚝 등에 널리 사용된다.

비철 금속 재료는 구리, 납, 아연, 알루미늄 및 이들의 합금이 사용되지만, 이들의 용도는 특수한 것에 한정되어 사용량이 그다지 많지 않다.

(2) 금속 재료의 일반적 성질

금속 재료의 일반적 성질은 다음과 같다.

1) 상온에서 고체이고 결정체이다.
2) 전기 및 열전도율이 크다.
3) 강도, 경도, 인성 및 연성, 전성이 크다.
4) 내식성, 내열성, 내산성이 있다.

2. 금속 재료의 물리적 성질

(1) 금속 재료의 밀도

건설 재료로서 사용되는 금속 재료의 밀도는 알루미늄의 2.7 g/cm^{3}로부터 납의 11.4 g/cm^{3}까지 범위가 아주 넓다. 합금의 밀도는 그 성분의 밀도와 합금의 비율로부터 구할 수 있다.

일반적으로 강의 밀도는 탄소 함유량의 증가에 따라 감소하며, 탄소 함유량 1.7까지의 탄소강의 밀도는 7.789~7.876 g/cm^3 정도이다.

(2) 금속 재료의 선팽창 계수

금속 재료의 선팽창 계수는 융해점이 높은 금속일수록 적으며, 온도에 따라 차이가 있으므로 보통 온도 범위의 평균값으로 한다.

합금의 선팽창 계수는 조성 비율과 성분의 성질에 따라 달라진다. 탄소강의 선팽창 계수는 온도 20~100°C의 범위에서 $10.4 \sim 15.0 \times 10^{-6}$/°C 정도이다.

(3) 금속 재료의 열전도율과 전기 전도율

금속 재료는 열 및 전기의 양도체이다. 상온에서 전기전도율과 열전도율과의 비는 일정하며, 그 값은 대략 140×10^{-8} 정도이다. 열전도율은 온도에 관계없이 일정하고, 전기전도율은 절대 온도에 반비례하여 감소한다.

탄소강의 열전도율은 36~54 W/m·°C 정도이다.

5.2 철 금속 재료

1. 철강의 분류 및 제조

(1) 철강의 분류

철강(iron and steel)은 철과 탄소의 합금이지만, 탄소(C) 이외에 규소(Si), 망간(Mn), 황(S), 인(P) 등을 함유하며, 이들 성분의 다소에 따라 성질이 여러 가지로 달라진다.

① 탄소 함유량에 따른 분류

철강
- 철 — C < 0.035%
- 강(탄소강) — C = 0.035~1.7%
- 선철(주철) — C = 1.7~6.67%

② 단련의 가부에 따른 분류

철강
- 가단철
  - 강(담금질 가능)
  - 연철(담금질 불가능)
- 불가단철 − 주철, 선철(담금질, 단련 불가능)

③ **제조법에 따른 분류**

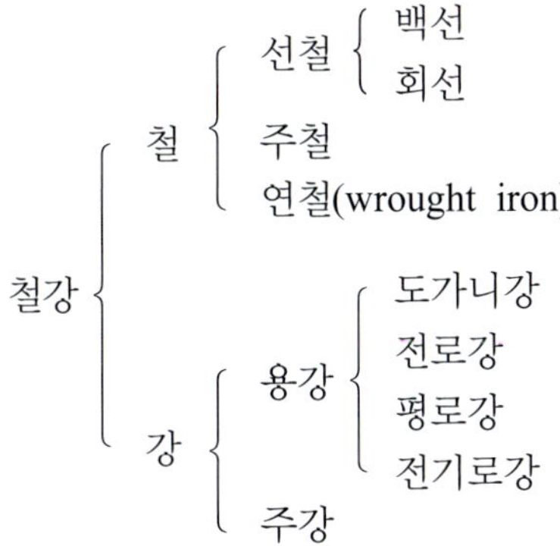

(2) 철강의 제조 공정

철의 제련은 다음 3공정으로 이루어진다.

(가) 제선(iron manufacture) 철광석을 용해시켜 탄소량 많은 선철을 만드는 공정이다.

(나) 제강(steel manufacture) 선철과 고철을 주원료로 하여 강을 만드는 공정이다.

(다) 압연(rolling) 강괴로 여러 가지 형태의 강재를 만드는 공정이다.

철강 제조의 개략 공정을 나타내면 그림 5.1과 같다.

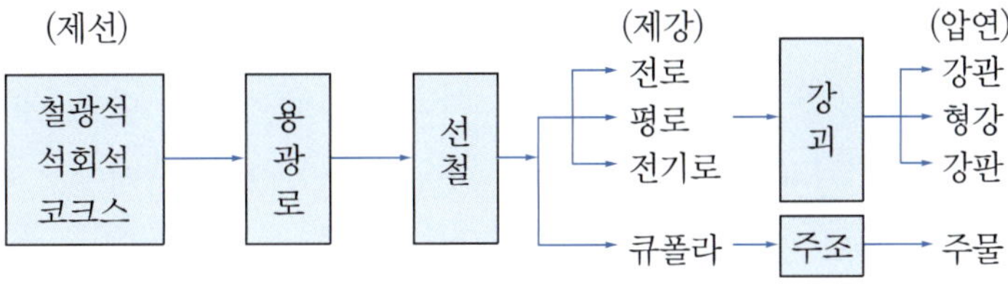

그림 5.1 철강의 제조 공정

2. 선철

선철(pig iron)은 철광석을 용광로에서 용융·환원하여 제조한다. 이 공정을 제선 공정이라 한다. 선철의 대부분은 제강용으로 사용되며, 일부는 주물로 만들어진다.

(1) 선철의 제조

철광석으로 자철광(Fe_2O_4), 적철광(Fe_2O_3), 갈철광($2Fe_2 \cdot 3H_2O$) 등이 사용된다. 철광석

을 용제(flux)로 석회석, 연료 또는 환원제로 코크스와 함께 용광로(blast furnace)에 넣고, 하부에서 700∼900°C의 열풍을 노속으로 보내어 코크스를 연소시켜 광석을 용해하여 환원 분리한다.

$$\left.\begin{aligned} &\text{즉, 간접 환원 } Fe_2O_3+3CO \rightarrow 2Fe+3CO_2 \\ &\quad\text{직접 환원 } Fe_2O_3+3C \rightarrow 2Fe+3CO \end{aligned}\right\} \tag{5.1}$$

한편, 철광석 속의 규산이나 불순물은 대부분 석회석의 연소에 의한 석회와 결합하여 찌끼가 되어 용철의 윗부분에 뜬다. 이것을 슬래그(slag)라 한다.

일정한 시간마다 슬래그를 출구로부터 배출하고, 차례로 용융된 선철을 출구에서 유출시켜, 사형 또는 금형에 부어 넣든가 또는 용융 상태 그대로 제철소로 운반한다.

선철의 일부는 주철에 쓰이며, 대부분은 제강용의 원료로 사용된다.

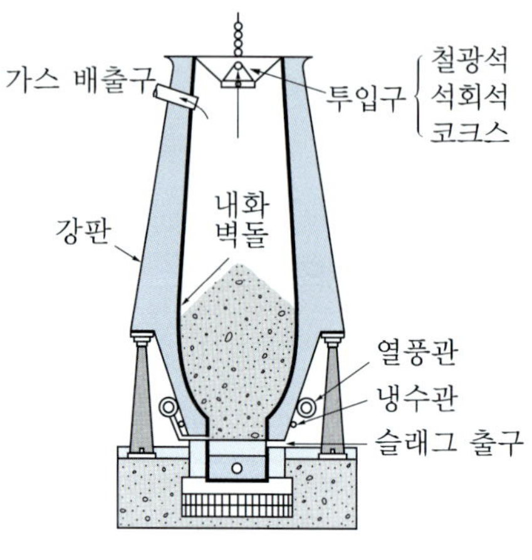

그림 5.2 용광로의 단면

(2) 선철의 종류

선철은 원료의 성질 및 용융 온도 등에 따라 여러 가지로 성질이 다른 것이 된다. 선철은 여러 가지 원소(C, Si, P, Mn, S, Cr, Ni 등)를 함유하지만, 이 가운데에서 탄소(C)가 가장 많으며, 3%를 넘는 것도 있다.

선철은 함유 탄소의 결합 상태에 따라 다음 2종류로 나뉜다.

① **백선**(white pig iron)

용광로에서 만들어진 선철을 저열 급랭할 경우 규소(Si)가 적은 백선이 된다. 백선은 탄소와 철이 화학적으로 결합하여 시멘타이트(cementite, Fe_3C)로 존재하며, 파단면은 은백색을 띤다.

강도가 비교적 크지만, 경질이므로 주조 및 주조 후 마무리가 어렵다.

② **회선**(gray pig iron)

용융 선철을 고열 서냉할 경우 Si가 1∼5% 정도되며, 함유 탄소의 대부분이 흑연 형태로 유리되어 존재하고 파면은 암회색을 띠는 회선이 된다.

강도가 작아 절삭이 쉽고, 융점이 낮아 유동성이 크며, 수축이 작아 주조용으로 알맞다.

3. 강

(1) 강의 분류

강은 일반적으로 다음과 같이 분류된다.

(가) 제조 방법에 따라 평로강, 전로강, 전기로강, 도가니강

(나) 성형 방법에 따라 압연강, 단강, 주강

(다) 용도에 따라 구조용강, 공구강, 특수 용도강

(라) 화학 성분에 따라 탄소강, 합금강

(2) 강의 제조

① 제강법

선철을 제철소에서 정련하여 탄소 함유량을 줄이고, 불순물을 제거하여 단조, 압연이 가능한 강(steel)을 제조한다. 이 공정을 제강 공정이라 한다.

제강로에는 평로, 전로, 전기로 등이 있다. 보통강의 제조에는 평로 또는 전로가 사용되지만, 현재는 평로가 거의 사용되지 않고 주로 전로와 전기로가 사용되고 있다. 이 중에서 약 70% 정도가 전로에 의해서 생산되고 있다.

(가) 평로법(open hearth furnace process) 평로는 연료 가스나 공기를 예열하는 축열실을 하부에 좌우 대칭으로 가진 일종의 반사로(reverberatory furnace)이다.

상부에 있는 용해실에 선철, 철 부스러기, 철광석, 석회석을 넣고, 연료와 예열한 고온의 공기를 분출하여 가열 용해해서 제련한다.

평로의 내측에 사용하는 내화 재료의 종류에 따라 산성 평로와 염기성 평로가 있다. 평로의 대부분은 정련이 잘 되는 염기성 평로가 차지하고 있다.

평로의 특징은 정련의 조절이 쉬워 품질이 좋은 강을 얻을 수 있으나, 작업 시간이 길고 연료가 많이 필요하다.

(나) 전로법(converter process) 베세머법(Bessemer process)이라고도 한다. 수평축으로 회전하는 전로에 용융 선철을 넣고 열풍을 보내어 선철 속의 탄소, 규소, 기타의 불순물을 산화 제거하며 정련하는 순산소로(basic oxygen furnace)법이다. 산화 반응열을 이용하므로 연료가 필요없다.

평로의 경우와 같이 산성 전로와 염기성 전로가 있다. 노의 용량은 10~20 t 정도이고, 제강 시간은 20분 정도로 짧다.

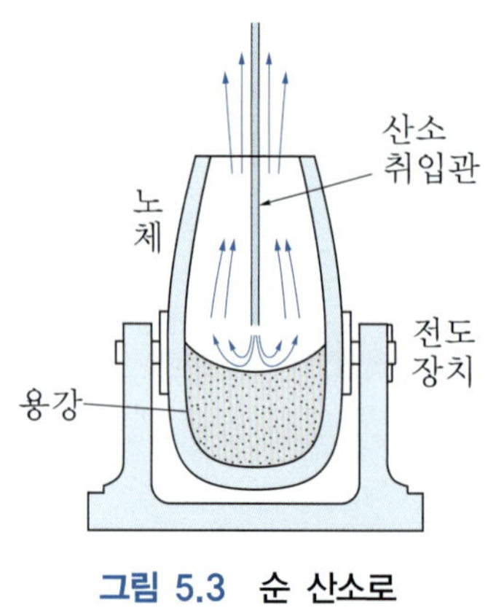

그림 5.3 순 산소로

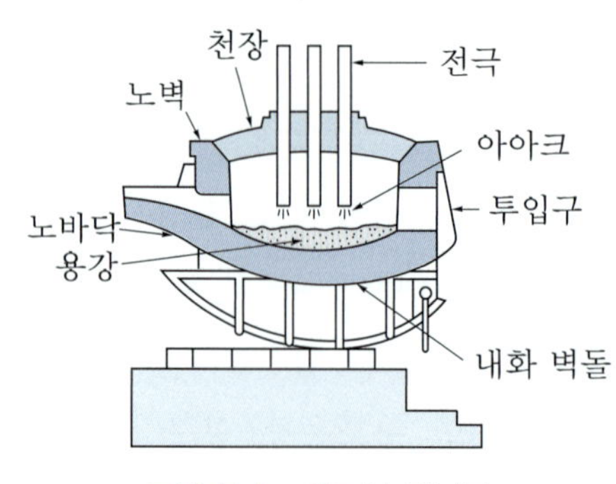

그림 5.4 아크식 전기로

(다) 전기로법(electric furnace process) 전열을 이용하여 원료를 용융하여 강을 제조하는 방법이다. 전기로에는 아크식 전기로와 유도식 전기로가 있다.

아크로(arc furnace)는 노의 용량이 50∼150 t 정도이며, 제강 시간은 1.5∼2시간 정도이다. 환원 정련 방식의 강 제조법이 특징이다.

유도로(induction furnace)는 노의 용량이 1 t 정도이며, 내열강이나 고속도강 등 비교적 고급 특수강 등의 제조에 사용된다.

전기로법은 온도 조절이 쉬우며, 순도가 높은 양질의 강이나 특수강의 제조에 적합하다.

표 5.1 각종 제강법의 비교 [2)]

구분	평로	전로	전기로
열원	코크스, 가스, 중유	순 산소에 의해 용선 중의 탄소, 규소 등을 산화	전기
원료	선철, 철 부스러기	주로 선철, 소량의 철 부스러기	주로 철 부스러기, 소량의 선철
산화재	철광석 등, 산소 가스	순 산소 가스	철광석 등, 산소 가스
용재	석회석, 형석, 규사 등	석회석 등	석회석, 형석, 규사 등
특징	각종 연료가 쓰인다. 선철, 철 부스러기의 배합을 임의로 바꿀 수 있다.	제강 시간이 빠르다. 철 부스러기의 배합비가 작다.	열효율이 좋고, 강 속에 불순물이 적다. 온도, 성분의 조절이 쉽다.

② **강괴**(ingot)

정련 또는 용해한 용강은 탈산제를 가하여 탈산시킨 후, 주형에 부어 주조하여 강괴를 만든다. 이것을 압연, 단조 등에 의하여 강판, 형강, 봉강 등으로 만든다.

강괴는 탈산법에 따라 림드강, 킬드강, 세미킬드강 등으로 나뉜다.

(가) 림드강(rimmed steel) 강괴 주형에 주입된 용강(molten steel)은 리밍 반응을 일으키면서 응고한다.

리밍 반응(rimming reaction)이란, 용강 속의 C와 O가 응고됨에 따라 CO 가스가 발생하여 응고벽을 따라 상승할 때, 용강이 용탕(molten metal)이 끓는 것과 같은 대류 현상을 일으키는 것이다.

이 대류 작용에 의하여 응고벽을 따라 발생하는 불순물이 많은 용탕 부분은 씻겨 내려가고, 강괴 표면에는 비교적 순도가 높은 림층이 생긴다. 그러나 내부는 균질이 아니다.

림드강은 압연한 그대로 사용하는 건축용 강재, 표면이 평활해야 하는 박판 도금 강판 등에 사용되며, 표면을 절삭해서 사용하는 기계 재료 등에는 적합하지 않다.

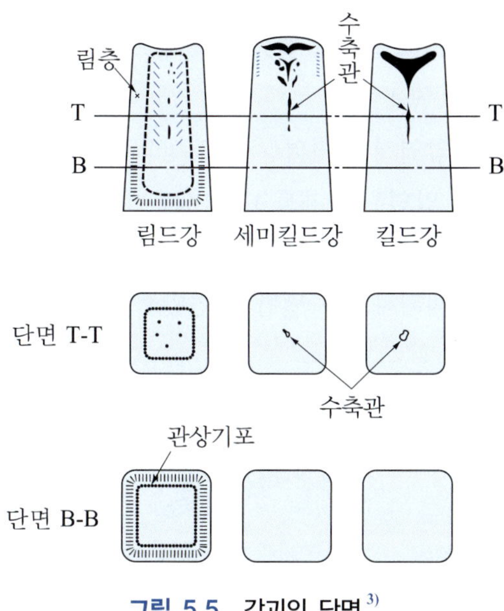

그림 5.5 강괴의 단면[3)]

(나) 킬드강(killed steel) 용강을 Fe-Si 또는 Al 등으로 충분히 탈산하여 주형에 주입한 것으로서, 탈산이 잘되어 주형 중에서 조용히 응고한다. 강괴에는 기포가 없으나 윗부분에 수축관이 생긴다.

이 부분을 없애기 위해서는 잘라내야 하므로 비경제적이다. 그러나 화학 성분 및 여러 가지 성질이 비교적 균질성을 가지고 있다.

킬드강은 용접 구조용 강재, 선박용 후판, 보일러용 강판, 기계 구조용 강재, 와이어로프용 선재 등에 사용된다.

(다) 세미킬드강(semikilled steel) 림드강과 킬드강의 중간적인 것이다. 일반 구조용 강재 외에 선박용 후판, 강 널말뚝 등에 사용된다.

(3) 강의 성형 가공

철광석으로부터 만들어진 선철의 대부분은 각종 제강로에서 강으로 되며, 극히 일부가 주물 및 공업용 순철의 제조에 사용된다.

용강의 대부분은 주형에 부어 넣어 강괴를 만들어, 고온에서 소성을 이용한 압연, 인발, 압출, 단조 등의 가공 방법으로 각종 강재를 만든다.

① **압연 가공**(rolling)

강의 연성, 전성 및 열간 가공성을 이용하여, 각각 반대 방향으로 회전하는 압연기의 롤러(roller) 사이에 강편을 넣고 연속적으로 힘을 가하여, 그 단면을 축소하고 길이를 늘려서 소요의 단면으로 성형하는 가공법이다.

강괴를 가열하여 롤러로 압연시켜 여러 가지 모양의 강재로 만드는 공정을 열간 압연(hot rolling)이라 한다. 열간 압연된 강재를 다시 상온에서 롤러로 압연하는 공정을 냉간 압연(cold rolling)이라 한다.

표면 처리를 한 강관을 제외하고는 열간 압연만으로 제품이 된다.

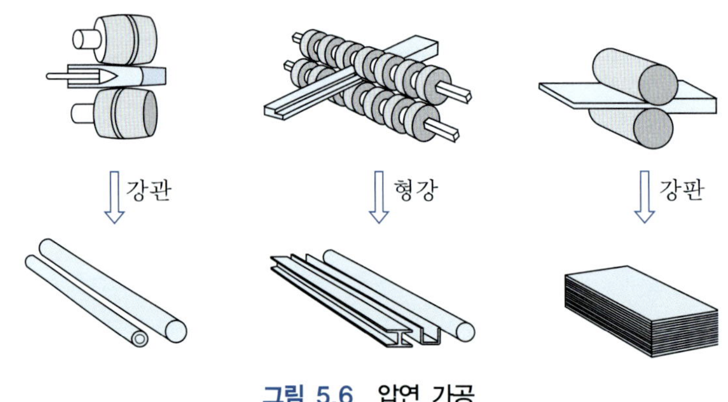

그림 5.6 압연 가공

② **인발 가공**(drawing)

약간 굵은 원재료를 특수강으로 만든 다이스(dies)의 구멍으로 뽑아내어 소정의 모양으로 성형하는 가공법이다. 주로 정확한 치수의 가는 선재나 관재 또는 봉재 등을 만들 때 이용된다.

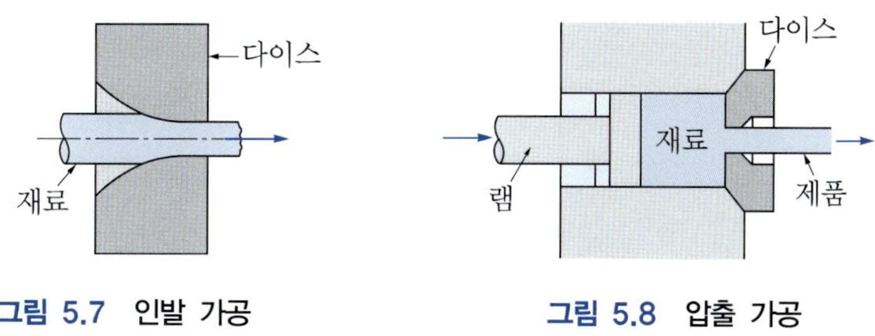

그림 5.7 인발 가공

그림 5.8 압출 가공

③ **압출 가공**(extruding)

재료를 고온으로 가열해서 다이스 구멍으로 밀어내어 성형하는 가공법이다. 비교적 작은 것 이외에는 가공할 수 없으나, 정밀하고 단면이 복잡한 제품을 만들 수 있다.

구리, 알루미늄, 주석, 납 및 이들의 합금인 봉재나 형재 또는 관을 만들 때 이용된다.

④ **단조 가공**(forging)

금속의 전연성을 이용한 가공법으로, 금속을 가열하여 해머 등으로 쳐서 필요한 모양으로 만드는 가공법이다.

단조는 모루(anvil) 위에서 공구를 사용하는 자유 단조와 틀을 사용하는 틀 단조가 있다.

단조품은 강도면에서 주강보다 우수하다.

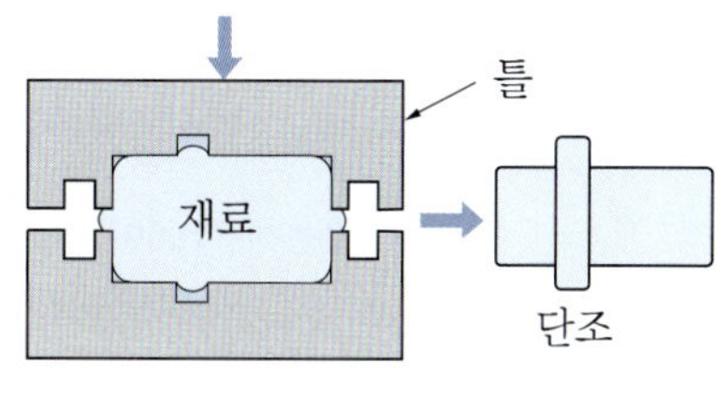

그림 5.9 단조 공정

(4) 강의 야금적 성질

① **순철의 변태**

순철(pure iron)을 가열하면 그림 5.8과 같이 910°C(A_3 변태점)와 1400°C(A_4 변태점)에서 갑자기 수축과 팽창을 한다. 이러한 현상은 고온에서 점차로 냉각해 갈 때에도 나타난다. 이 변화는 910°C를 경계로 하여 철의 결정 조직이 현저하게 변하기 때문인데, 이 변화를 변태(transformation)라 하고, 이 온도를 변태점이라 한다.

(가) α철 A_3 변태점 이하의 철을 α철이라 하며, 그 결정 조직은 체심 입방 격자이다.

(나) γ철 A_3 변태점을 지나 A_4 변태점까지의 철을 γ철이라 한다. 그 결정 조직은 면심 입방 격자이다.

(다) δ철 A_4 변태점을 지난 철을 δ철이라 한다. 그 결정 조직은 다시 체심 입방 격자로 변한다.

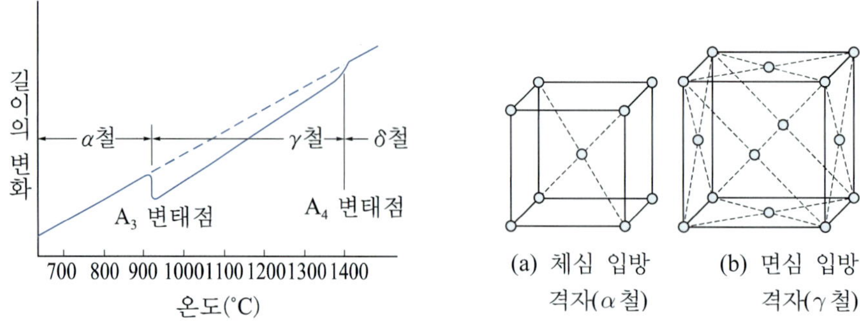

그림 5.10 순철의 변태에 의한 길이 변화[2)]

그림 5.11 순철의 결정 격자

② 탄소강의 조직

탄소강은 탄소 함유량에 따라 변태 온도가 변화한다. 철과 탄소의 합금에 대하여 탄소 함유량을 가로축으로, 온도를 세로축으로 하여 그 변태점을 측정해서 각 점을 연결하면 그림 5.12와 같이 된다. 이것을 강의 상태도(constitutional diagram)라 한다.

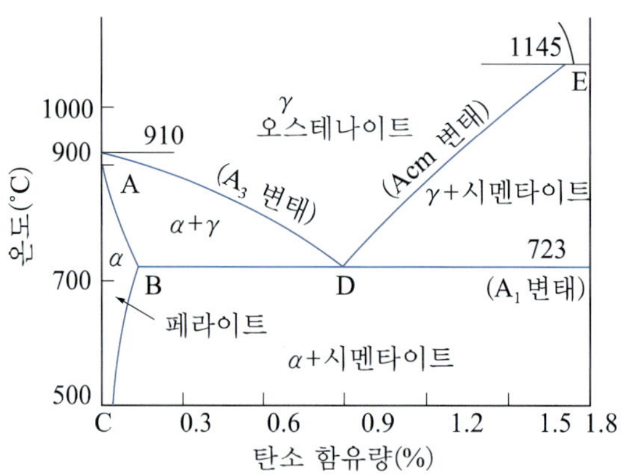

그림 5.12 강(Fe-C)의 상태도[2)]

(가) 페라이트(ferrite) 그림 5.12에서 A-B-C보다 왼쪽 부분은 α철에 탄소가 고용된 α 고용체(solid solution)로서 페라이트라 한다.

α고용체는 실온에서는 거의 탄소를 고용하지 않으나, 723°C에서 최대 0.035% 정도의 탄소를 고용한다. 페라이트는 연하고, 연성이 풍부하다.

(나) 오스테나이트(austenite) 그림 5.12에서 A-D-E보다 위쪽 부분은 γ철에 탄소가 고용된 γ고용체로서 오스테나이트라 한다.

γ고용체는 α고용체보다 비교적 탄소(1.7%)를 많이 고용한다.

(다) 시멘타이트(cementite) α고용체나 γ고용체에 고용될 수 있는 탄소의 양은 온도에 따라서 한도가 있다. 그림 5.12의 α+시멘타이트의 부분은 고용되지 않은 탄소가 Fe_3C로 석출되는 부분으로 시멘타이트라 한다. 시멘타이트는 단단하고 깨지기 쉽다.

(라) 펄라이트(pearlite) 그림 5.12에서 D점은 탄소 함유량이 0.9 %에 해당하며, 이 점에서는 페라이트와 시멘타이트가 동시에 석출된다. 이 혼합물을 펄라이트라 한다.

펄라이트는 페라이트의 결정과 시멘타이트의 결정이 가늘게 층을 이룬 모양의 조직을 나타낸다.

순철에서는 α철에서 γ철로의 변태 또는 그 역의 변태는 가열이나 냉각 속도에 관계없이 일정 온도(910°C)에서 일어난다. 그러나 탄소를 함유하는 경우에는, 같은 탄소 함유량이라도 냉각이나 가열 속도에 따라 조직과 성질이 달라진다. 이 성질을 이용한 것이 강의 열처리이다.

③ 강의 열처리(heat treatment)

강은 적당한 온도로 가열하여 냉각하면 그 조직이 변하여 가공성, 강도, 점성 등의 성질을 개선할 수 있으며, 압연 또는 주조 시의 잔류 응력을 제거할 수 있다. 이러한 조작을 강의 열처리라 한다.

강의 열처리에는 그 목적에 따라 다음과 같이 여러 가지가 있다.

(가) 풀림(annealing) 단조·압연·주조·소성 가공 등에 의한 경화 현상 및 내부 응력을 제거할 목적으로 한다. 강을 A_3 또는 A_1 변태점 이상의 일정한 온도로 가열한 다음, 노 속에서나 재 속에서 천천히 냉각시키는 열처리이다.

이것은 목적에 따라 완전 풀림, 구상화 풀림, 연화 풀림, 확산 풀림, 항온 풀림, 저온 풀림 등으로 나뉜다.

(나) 담금질(quenching) 강을 A_3 변태점 이상 30～50°C로 가열한 후, 물이나 기름 속에서 급랭시켜 강의 경도와 강도를 크게 하기 위한 열처리이다.

이 담금질 조작에 의하여 강은 오스테나이트 상태에서 단단한 조직의 마르텐사이트(martensite)로 된다.

강의 경화는 탄소 함유량, 가열 온도, 냉각 온도 등에 관계된다. 특히 담금질 온도의 범위는 탄소 함유량에 따라 달라지며, 탄소 함유량이 증가함에 따라 담금질의 온도는 낮아진다.

(다) 뜨임(tempering) 담금질한 강은 경도는 커지지만 취성이 커지고, 열에 의한 변형이 생기기 쉽다. 이것을 조절하기 위하여 담금질한 강을 다시 A_1 변태점 이하의 온도로 가열하여 적당한 속도로 냉각시키는 조작이다.

(라) 불림(normalizing) 주조·단조·압연 등에 의하여 조립화된 결정을 미세화하고, 균일하게 하여 표준 조직으로 하기 위한 것이다. 강을 A3 변태점 이상의 온도로 가열하여 공기 중에서 냉각하는 조작이다.

④ 불순물의 영향

강에는 제조 공정 중에 선철, 철 부스러기 등의 원료나 연료, 기타 보조 재료에서 여러 가지 불순물이 섞인다. 이 중에서 P, S, Sn 등과 같이 재질에 나쁜 영향을 주는 것이 있다.

이외에 수소, 산소 등도 여러 가지 형태로 강 속에 들어가며, 재질에 큰 영향을 미친다.

(가) 인(P) 제철 원료로부터 선철 중에 섞이게 되며, 함유량이 많게 되면 강은 취성이 커지나 내식성은 증가한다.

(나) 황(S) 제철 원료 및 코크스로부터 불순물로 섞이게 된다. 보통 MnS로서 존재하지만, S의 함유량이 많게 되거나 또는 Mn이 부족할 경우에는 FeS로 된다. 이것은 적열 상태에서 취성을 크게 한다.

(다) 구리(Cu) 광석으로부터 섞이는 것은 정련에 의하여 제거되지 않는다. Cu는 내식성을 크게 하고, 인장 강도와 경도를 높이지만 연성을 작게 한다.

(라) 주석(Sn) 철 부스러기로부터 섞이게 된다. 일반적으로 강의 인장 강도, 항복점을 크게 하고 연신율, 단면 축소율, 충격치를 감소시키지만 미량은 그다지 영향이 없다.

(마) 수소(H) 강 속에 미량이 존재해도 강의 기계적 성질에 미치는 영향이 크다. 연신율, 단면 축소율 등이 현저히 저하한다.

(바) 질소(N) 각종 질화물로서 고용하며, 청열 취성, 저온 취성의 원인이 된다.

⑤ 첨가 원소의 영향

철강에 첨가되는 주요 합금 원소에는 C, Mn, Si, Ni, Cr, Mo, W 등이 있다. 이외에 Al, V, B 등이 있다.

(가) 탄소(C) 탄소 함유량이 많을수록 인장 강도, 항복점, 경도가 증가하며 충격치, 연신율, 단면 축소율이 작아진다(그림 5.13 참조).

(나) 망간(Mn) 강도, 경도가 커지고, 연신율, 단면 축소율이 감소하는 경향은 C와 같다. 강의 탈산제, 탈황제로 사용된다.

(다) 규소(Si) 함유량 약 2%까지는 연성을 나쁘게 하지 않고 강도를 높이며, 강에 내열성을 준다.

(라) 알루미늄(Al) 탈산 및 조직 미세화에 효과가 있으며, 강도, 기타에 좋은 영향을 준다.

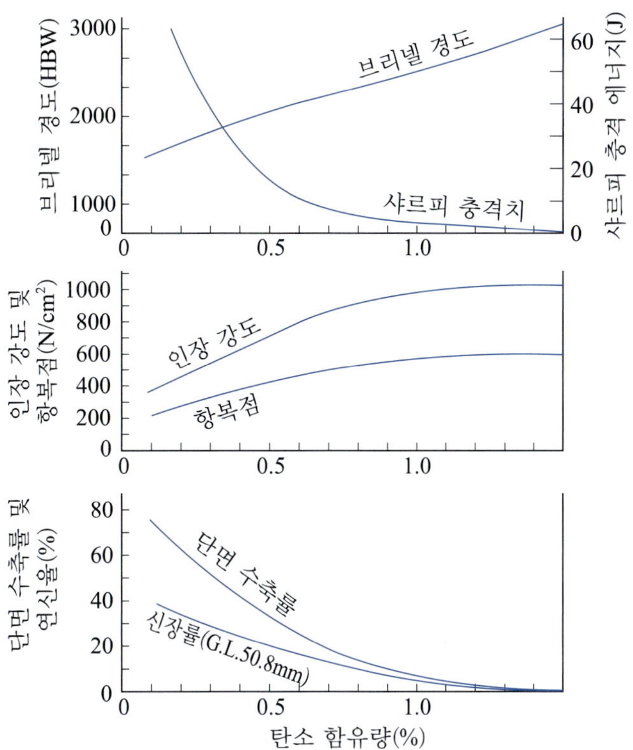

그림 5.13 강의 탄소 함유량과 기계적 성질과의 관계[4)]

(마) 니켈(Ni) 강에 점성과 강도를 주며, 특히 저온에서 인성을 증가시킨다.

(바) 크롬(Cr) Ni과 비슷한 작용을 한다.

(사) 몰리브덴(Mo) 고온 강도, 크리프 강도를 크게 하며, 뜨임 취성을 방지한다.

(아) 텅스텐(W) 공구강의 합금 원소로서 가장 중요한 것이다. 고온 강도의 증가 등 Mo과 비슷한 작용을 한다.

(자) 바나듐(V) Mo과 비슷한 작용을 한다.

(차) 티타늄(Ti) Al과 비슷한 작용을 하고, 스테인리스강의 내식성을 좋게 한다.

⑥ 강의 취성

(가) 청열 취성(blue shortness) 탄소강은 200~300°C에서 인장 강도, 경도가 최대가 되며, 연신율은 최소가 된다. 이 상태에서 탄소강은 산화에 의하여 청색을 띠게 된다. 이 성질을 청열 취성이라 한다.

(나) 적열 취성(red shortness) 탄소강이 300°C 이상이 되면 크리프 한도가 급격히 감소하고, 400~500°C에서 충격치가 최소로 된다. 이때를 적열 범위라고 한다.

특히 S를 많이 함유하고 있는 탄소강은 적열 범위에서 부스러지기 쉬우며, 가공하면 균열이 생기기 쉽다. 이 성질을 적열 취성 또는 고열 취성(hot shortness)이라 한다.

(다) 저온 취성(cold shortness) 탄소강은 상온보다 낮은 저온에서 온도가 저하함에 따라 인장 강도, 항복점, 경도, 피로 한도가 증가하지만 연신율 및 충격치는 감소한다. 이러한 성질을 저온 취성이라 한다.

(5) 탄소강과 합금강

① **탄소강**(carbon steel)

철과 탄소의 합금이나 탄소 이외에 Si, Mn 등을 함유하고 있다.

(가) 성질 탄소 함유량에 따라 기계적 성질이 달라진다. 일반적으로 탄소의 함유량이 많을수록 경도가 커진다. 또 탄소강은 열처리에 의하여 성질이 변화한다.

(나) 분류 및 용도 탄소 함유량에 따라 저탄소강($c=0.3$ % 이하), 중탄소강($c=0.3$～0.6%), 고탄소강($c=0.6$～1.7%)으로 나뉜다.

구조용 탄소강으로는 저탄소강이 사용된다. 이것을 압연 또는 단조한 그대로 교량, 건축, 선박, 차량 등에 사용한다.

탄소 함유량에 따른 탄소강의 분류와 용도를 나타내면 표 5.2와 같다.

표 5.2 탄소강의 분류와 용도[5)]

종류	탄소 함유량 (%)	인장 강도 (N/mm^2)	연신율 (%)	용도
극연강	0.12 이하	370 이하	20～25	리벳재, 강선재
연강	0.13～0.20	370～430	18～22	리벳재, 교량용
반연강	0.21～0.35	430～490	16～20	교량용, 건축재, 레일용
반경강	0.36～0.50	490～585	12～15	건축재, 차축
경강	0.51～0.80	585～685	9～12	차축, 공구용, 와이어 로프
최경강	0.81～1.70	685 이상	6～8	공구용재, 차축, 스프링용

② **합금강**(alloy steel)

탄소강에 특수한 성질을 주기 위하여 다른 금속을 적당히 첨가한 것을 합금강 또는 특수강(special steel)이라 한다.

합금강은 탄소강에 비해 인장 강도와 경도가 크고, 내마모성이 크다. 질량을 줄일 수 있어 재료가 절약된다.

합금강에는 고강도를 가진 구조용 합금강과 내식성, 내후성, 그 밖의 특수한 목적을 가진 특수용 합금강이 있다.

(가) 구조용 합금강 강인강이라고도 한다. 탄소강에 Ni, Cr, Mo, Mn 등의 원소를 적당히 첨가하여 용도에 맞는 특수한 성질을 갖게 한 것이다.

(ㄱ) 니켈(Ni)강 : 탄소 함유량 0.1～0.3 %인 탄소강에 5 % 이하의 Ni을 첨가하여 만든 합금강이다. 탄소강에 비해 인장 강도, 탄성 한도 및 경도가 커지며, 연신율을 감소시키지 않는다. Ni만 합금시킨 합금강은 구조재로서 사용하기 곤란하나, 고급 측정기구의 구성 재료로서는 제일 적합하다.

주로 자동차, 비행기, 특수 교량, 차축, 볼트 등에 사용된다.

(ㄴ) 니켈-크롬(Ni-Cr)강 : 탄소 함유량 0.1～0.4%인 탄소강에 Ni 1.0～3.0% Cr 0.5～1.0%를 첨가하여 만든 합금강이다. 강인성과 경도가 크고, 담금질 효과가 좋다. 고온에서 강도가 크며, 저온에서는 취화하지 않으므로 내열, 내한 구조물용으로서 적합하다.

(ㄷ) 니켈-크롬-몰리브덴(Ni-Cr-Mo)강 : 구조용강 중에서 가장 우수하다. 내열성 및 담금질 경화성이 대단히 좋으며, 인성이 크다.

주로 자동차의 크랭크축, 고장력 볼트 등에 사용한다.

(ㄹ) 크롬-몰리브덴(Cr-Mo)강 : 담금질이 쉽고 뜨임 메짐성이 작으며, 용접성과 고온 강도가 크다. 기계적 성질은 Ni-Cr강과 비슷하다.

(나) 특수 용도강 용도에 따라 여러 가지가 있으나, 중요한 것으로는 공구강, 스테인리스강, 스프링강 등이 있다.

(ㄱ) 공구강(tool steel) : 경도와 내마모성을 필요로 하므로, 0.6～1.5% C 정도의 고탄소강에 여러 가지 원소를 첨가한 합금강인 탄소 공구강, 합금 공구강, 고속도강 등이 사용된다.

(ㄴ) 스테인리스강(stainless steel) : 강에 Cr, Ni 등을 첨가하여 만든 합금강이다. 특히 내식성, 내산성은 크나 절삭성이 나쁘다. 인장 강도는 420～800 N/mm^2 이상으로 연성도 풍부하다.

보통 13Cr이나 18～8 스테인리스라고 하는 것은 각각 Cr 13%, Cr 18%～Ni 8%를 포함한 스테인리스강을 말한다.

(ㄷ) 스프링강(spring steel) : 특히 탄성 한도나 항복점이 높아야 하므로, 고탄소강이나 Mn, Cr 등을 첨가한 합금강이 사용된다.

4. 주철과 주강

(1) 주철

① 제법

주철(cast iron)은 회선철을 주원료로 하여 이것에 철 부스러기를 넣어 용선로(cupola)에서 용해하여 제조한다.

강철에 비하여 비교적 Si를 많이 함유하고 있으며, 탄소 함유량 1.7~6.67%의 주물을 사용한다.

② 성질

(가) 물리적 성질 주철의 성질은 화학 성분, 이것들의 결합 상태 또는 냉각 속도의 영향을 받으며, 상당히 변동 범위가 넓다.

주철의 대표적인 물리적 성질은 표 5.3과 같다.

표 5.3 주철의 물리적 성질[6)]

밀도(g/cm^3)	비열(J/kg·°C)	선팽창 계수(×10^{-6}/°C)	열전도율(W/m·°C)
6.95~7.35	500(20~100°C)	10(20~100°C)	46~57

(나) 기계적 성질 주철 속에 들어 있는 흑연은 주철의 기계적 성질에 특수한 성질을 준다.

내마모성이 크고, 경도, 압축 강도가 크나 인장 강도, 휨 강도, 충격치가 작다.

③ 종류 및 용도

주철을 냉각 속도에 따라 나누면 백주철(white cast iron)과 회주철(gray cast iron)이 있다. 주철을 기계적 성질에 따라 나누면 다음과 같다.

(가) 보통 주철 선철에 고철 등을 섞어서 용해하여 주조한 것으로서, C와 Si에 따라 파단면의 조직과 성질이 달라진다.

인장 강도가 98~196 N/mm^2 정도이며, 강도나 경도를 중요시하지 않는 수도용 주철관, 맨홀 등에 사용된다.

(나) 고급 주철 주철에 포함된 흑연을 미세화시키고, C와 Si의 양을 조정하여 인장 강도를 245 N/mm^2 이상으로 한 것이다.

강도 이외에 내마모성도 크므로 기계의 중요 부분에 많이 사용된다.

(다) 특수 주철 주철에 Ni, Cr, Mg 등을 첨가시켜, 내마모성, 내열성, 내식성 등을 개선시킨 것이다.

(ㄱ) 합금 주철(alloy cast iron) : 주철에 Ni, Cr, Mo 등의 원소를 첨가하여 인장 강도나 내식성, 내열성을 향상시킨 것이다.

(ㄴ) 가단 주철(malleable cast iron) : 보통 주철은 취성이 크므로 이것을 개선하기 위하여 백선철을 열처리하여 점성을 갖게 한 것이다. 그 종류는 백심 가단 주철과 흑심 가단 주철이 있다.

(ㄷ) 칠드 주철(chilled cast iron) : 용융된 선철에 Mn을 가하여 금형 속에 주입하여 급랭시켜, 표면은 단단한 백주철로 하고 기타 부분은 비교적 연한 회주철로 한 것이다.

(ㄹ) 구상 흑연 주철(nodular graphite cast iron) : 주철의 부스러지기 쉬운 성질을 개량하기 위하여, 주철에 Mg을 첨가하여 흑연을 구상화시킨 것이다. 강에 상당하는 끈기가 센 주물을 얻을 수 있다.

(2) 주강

① 제법

주강(steel casting)은 전기로, 평로 등에 의해서 제조한 강철을 모래 주형에 넣어 만든다. 탄소 함유량은 0.2% 정도이다.

② 성질

1) 조직이 치밀하여 압축력 및 마찰 저항력이 크다.
2) 주철에 비하여 용융 온도(1 600 °C)가 대단히 높고 유동성이 떨어진다.
3) 수축률은 2배나 되고 균열과 기포가 생기기 쉽다.

표 5.4 주강의 성질[8)]

주입 온도(°C)	탄소(C) 함유량(%)	수축률(%)
1500～1550	0.1～0.5	2

③ 용도

단조하기가 어렵고, 주로 강도를 필요로 하는 기계 부품에 적합하다. 토목용으로서는 교량 지점의 받침, 강주의 접합부, 교량의 아치 지점 접합부 등에 사용된다.

5. 철강 제품

(1) 구조용 강재

일반적으로 구조용으로 사용되는 강재는 연강(저탄소강)에 Si, Mn을 첨가한 Si-Mn계의 것과 저합금강 등이 있다.

① **일반 구조용 압연 강재**(rolled steels for general structures)

열간 압연하여 만든 일반 구조용 강재이다. 건축, 교량, 선박, 철도, 차량, 기타 구조물에 사용된다.

일반 구조용 강재의 기계적 성질은 표 5.5와 같다. 이 중에서, SS 275는 용접 이음이 가능하지만, SS 315, SS 410은 용접성이 약하다.

일반 구조용 압연 강재의 표준은 KS D 3503에 규정되어 있다.

표 5.5 **일반 구조용 압연 강재의 기계적 성질** (KS D 3503)

종류의 기호	항복점 또는 항복 강도(N/mm²)				인장 강도 (N/mm²)	연신율 (%)	굽힘 각도 (°)
	강재의 두께(mm)						
	16 이하	16~40	40~100	100 초과			
SS 235	235 이상	225 이상	205 이상	195 이상	330~450	21~28 이상	180
SS 275	275 이상	265 이상	235 이상	235 이상	410~550	18~23 이상	
SS 315	315 이상	305 이상	295 이상	275 이상	490~630	16~21 이상	
SS 410	410 이상	400 이상	–	–	540 이상	14~17 이상	
SS 450	450 이상	440 이상	–	–	590 이상	10~15 이상	
SS 550	550 이상	540 이상	–	–	690 이상	11~14 이상	

② **용접 구조용 압연 강재**(rolled steels for welding structures)

건축, 교량, 선박, 철도, 차량, 석유 저장, 기타 구조물에 사용되는, 특히 용접성이 우수한 열간 압연 강재이다.

용접 구조용 압연 강재의 종류 및 기계적 성질은 표 5.6과 같다. 그 종류는 강도에 따라 분류하지 않고, 인성치를 A, B, C의 등급으로 나눈다.

이 중에서 SM 355는 항복점이 SS 315, SM 275에 비하여 높고 인장 강도는 SM 275와 같지만, 항복점의 규격값은 SM 520과 같다.

용접 구조용 압연 강재의 표준은 KS D 3515에 규정되어 있다.

표 5.6 용접 구조용 압연 강재의 기계적 성질 (KS D 3515)

종류의 기호	항복점 또는 항복 강도(N/mm²) 강재의 두께(mm)					인장 강도 (N/mm²)	연신율	
	16 이하	16~40	40~75	75~100	100~200		강재의 두께 (mm)	연신율 (%)
SM275A SM275B SM275C SM275D	275 이상	265 이상	255 이상	245 이상	235 이상	410~550	5 이하 5~16 16~40 40 초과	23 이상 18 이상 22 이상 24 이상
SM355A SM355B SM355C SM355D	355 이상	345 이상	335 이상	325 이상	305 이상	490~630	5 이하 5~16 16~40 40 초과	22 이상 17 이상 19 이상 23 이상
SM420A SM420B SM420C SM420D	420 이상	410 이상	400 이상	390 이상	380 이상	520~700	5 이하 5~16 16~40 40 초과	19 이상 15 이상 19 이상 21 이상
SM460B SM460C	460 이상	450 이상	430 이상	420 이상	–	570~720	16 이하 16~40 40 초과	19 이상 17 이상 20 이상

③ **내후성 압연 강재**(rolled steels for weathering)

고장력강(high tension steel)은 강재의 단면이 얇으므로 오랫동안 풍우나 오염된 대기 등에 노출되고, 또 해안 지방의 염해를 받을 경우 부식하여 단면이 감소된다. 이것을 방지하기 위하여 Cu, Cr, Ni, Mo, Al, V, Ti 등의 합금 원소를 첨가하여 내식성을 높인 고장력강이 내후성 강재이다.

고내후성 압연 강재의 표준은 KS D 3542에 규정되어 있다.

(2) 강판과 형강

① **강판**(steel plates)**과 강대**(steel sheets and strip)

강괴를 롤러로 압연하여 판으로 만든 것이다. 두께 1.2~50 mm, 너비 600~3 048 mm 이며, 강판은 표준 길이 1 829~12 192 mm이다.

두께 3 mm 이상의 두꺼운 판은 교량, 철골 구조, 기계 등에 사용되며, 3 mm 이하의 얇은 판은 아연 도금 철판, 강재 거푸집, 경량 형강 등에 많이 사용된다.

강판을 주름 잡아서 반원형, 원형으로 만들어 아연 도금한 주름 강관(corrugate steel pipe)

은 암거용, 송수용, 배수용으로 사용된다.

열간 압연 강판 및 강대의 표준은 KS D 3500에 규정되어 있다.

② **형강**(shape steel sections)

강괴를 압연 롤러를 사용하여 여러 가지 모양의 단면으로 압연한 강재이다. 교량, 철골 구조 등에 사용된다.

형강 단면의 모양은 그림 5.14와 같이 ㄱ형강, ㄷ형강, I형강, H형강, T형강 등 여러 가지가 있으며, 그 주요 치수는 표 5.7과 같다. 이 외에도 터널 동바리용 V형강, 경량 형강 등이 있다.

열간 압연 형강의 모양, 치수, 질량 및 허용차의 표준은 KS D 3502에 규정되어 있다.

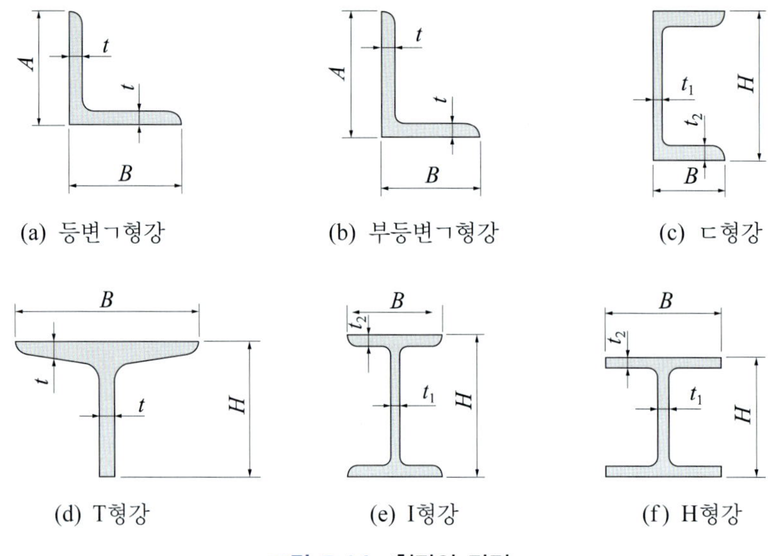

그림 5.14 형강의 단면

표 5.7 **형강의 단면과 치수** (KS D 3502)

종류	$A(H) \times B(H)$	t	t_1	t_2(mm)
등변ㄱ형강	25×25～250×250	3～35	–	–
부등변ㄱ형강	90×75～150×100	9～15	–	–
ㄷ형강	75×40～380×100	–	5～13	7～20
T형강	39×150	–	12	9～25
I형강	100×75～600×190	–	5～16	8～35
H형강	100×50～900×300	–	5～19	7～37

(3) 봉강

① **철근 콘크리트용 봉강**(steel bars for concrete Reinforcement)

콘크리트의 보강에 사용하는 철근이다. 이형 봉강(defomed steel bar)은 콘크리트와의 부착 강도를 크게 하기 위하여 표면에 마디와 리브(rib)를 만든 것이다.

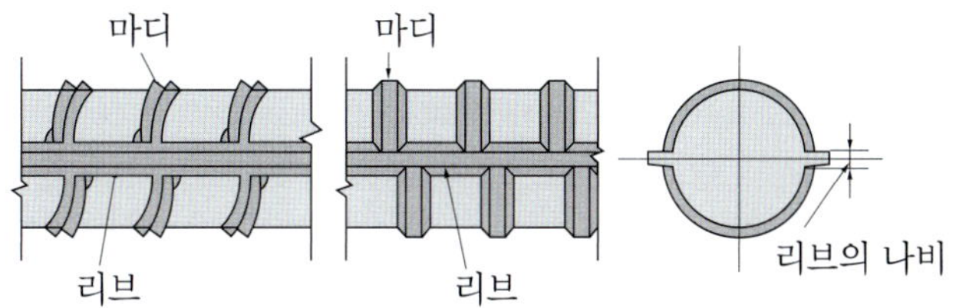

그림 5.15 이형 철근

철근 콘크리트용 봉강의 기계적 성질은 표 5.8과 같다.

철근 콘크리트용 봉강의 표준은 KS D 3504에 규정되어 있다.

표 5.8 **철근 콘크리트용 이형 봉강의 기계적 성질** (KS D 3504)

종류의 기호		항복점 또는 항복 강도(N/mm^2)	인장 강도 (N/mm^2)	인장 시험편	연신율 (%)	굽힘 각도 (°)
일반용	SD 300	300~420	항복 강도의 1.15배 이상	2호에 준한 것	16 이상	180
	SD 400	400~550		3호에 준한 것	18 이상	
	SD 500	500~650	항복 강도의 1.08배 이상	2호에 준한 것 3호에 준한 것	12 이상 14 이상	90
	SD 600	600~780	항복 강도의 1.08배 이상	2호에 준한 것	10 이상	90
	SD 700	700~910		3호에 준한 것	10 이상	
용접용	SD 400 W	400~520	항복 강도의 1.15배 이상	2호에 준한 것 3호에 준한 것	16 이상 18 이상	180
	SD 500 W	500~650	항복 강도의 1.15배 이상	2호에 준한 것 3호에 준한 것	12 이상 14 이상	180
특수 내진용	SD 400 S	400~520	항복 강도의 1.25배 이상	2호에 준한 것 3호에 준한 것	16 이상 18 이상	180
	SD 500 S	500~652	항복 강도의 1.25배 이상	2호에 준한 것 3호에 준한 것	12 이상 14 이상	180
	SD 600 S	600~720	항복 강도의 1.25배 이상	2호에 준한 것	10 이상	90
	SD 700 S	700~820		3호에 준한 것	10 이상	

② **PS 강봉**(steel bars for prestressed concrete)

프리스트레스트 콘크리트의 긴장재(tendon)로 사용하는 봉강이다. 고탄소강을 열간 압연한 고장력강으로 만든다.

PS 강봉의 종류에는 원형 강봉과 이형 강봉이 있으며, 그 기계적 성질은 표 5.9와 같다.

PS 강봉의 표준은 KS D 3505에 규정되어 있다.

표 5.9 PS 강봉의 기계적 성질 (KS D 3505)

종류			기호	0.2% 항복 강도 (N/mm²)	인장 강도 (N/mm²)	연신율 (%)	릴랙세이션 값 (%)
원형 봉강	A종	2호	SBPR 785/1 030	785 이상	1 030 이상	5 이상	4.0 이하
	B종	1호	SBPR 930/1 080	930 이상	1 080 이상	5 이상	4.0 이하
		2호	SBPR 930/1 180	930 이상	1 180 이상	5 이상	4.0 이하
	C종	1호	SBPR 1 080/1 230	1 080 이상	1 230 이상	5 이상	4.0 이하
이형 봉강	B종	1호	SBPR 930/1 080	930 이상	1 080 이상	5 이상	1.5 이하
	C종	1호	SBPR 1 080/1 230	1 080 이상	1 230 이상	5 이상	1.5 이하
	D종	1호	SBPR 1 275/1 420	1 275 이상	1 420 이상	5 이상	1.5 이하

③ **리벳용 원형강**(steel bars for rivet)

리벳의 제조에 사용하는 열간 압연 원형강이다. 리벳용 강재는 연성이 큰 연강으로 리벳 해머의 타격력에 깨지지 않아야 한다.

리벳은 강구조물 부재의 이음에 사용되며, 강교에는 보통 지름 19 mm, 22 mm, 25 mm의 리벳이 사용된다.

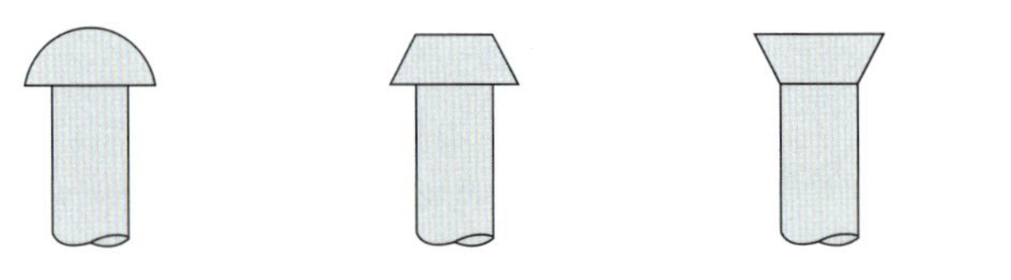

(a) 둥근 머리 리벳 (b) 납작 머리 리벳 (c) 접시 머리 리벳

그림 5.16 리벳의 종류

리벳용 원형강의 기계적 성질은 표 5.10과 같다.

리벳용 원형강의 표준은 KS D 3557에 규정되어 있다.

표 5.10 리벳용 강재의 기계적 성질 (KS D 3557)

종류의 기호	인장 강도(N/mm²)	인장 시험편	연신율(%)
SV 330	330～400	2호 14-A호	27 이상 32 이상
SV 400	400～490	2호 14-A호	25 이상 28 이상

④ **볼트용 강재**(steels for bolt)

볼트는 강교, 철골 구조의 부재 이음 또는 가조립 등에 사용된다. 일반적으로 육각 볼트가 많이 사용된다.

고장력 볼트는 인장 강도 800～1 200 N/mm^2 이상의 고장력강으로 만들며, 강교 등의 결합재의 마찰 이음으로 사용된다.

(4) 선재

① **철선**(steel wires)

보통 철선, 못용 철선, 어닐링(annealing) 철선, 용접 철망용 철선 등이 있다.

철선의 표준은 KS D 3552에 규정되어 있다.

② **경강선**(hard drawn steel wire)

경강 선재로 만든 강선이다. 나사 또는 삭도(wire rope)용 소재로 사용되며, 여러 가닥을 묶어 사용하기도 한다.

경강선의 표준은 KS D 3510에 규정되어 있다.

③ **PS 강선 및 PS 강연선**(steel wires strands for prestressed concrete)

프리스트레스트 콘크리트의 긴장재로 사용된다. 철근 콘크리트용 철근에 비해 4～6배의 강도를 가진 고인장강이다.

PS 강선은 고탄소 강재를 냉간 압연한 지름 2.9～9 mm 정도의 고인장 강선이며, 단선 또는 여러 개를 평행하게 한 다발로 묶어서 사용한다.

PS 강연선은 강선을 여러 개 꼬아서 만든 것이다. 지름 2.9 mm의 강선을 2개 꼬아서 만든 2연선과 1개의 강선 둘레에 6개의 강선을 S자로 꼬아서 만든 7연선이 있다.

PS 강선 및 PS 강연선의 기계적 성질은 표 5.11과 같다.

PS 강선 및 PS 강연선의 표준은 KS D 7002에 규정되어 있다.

표 5.11 PS 강선과 PS 강연선의 기계적 성질 (KS D 7002)

종류	기호	단면	호칭 (mm)	0.2% 영구 연신율에 대한 하중(kN)	인장 하중 (kN)	연신율 (%)	릴랙세이션 값(%) N	릴랙세이션 값(%) L
PS 강선 원형선	SWPC1		5	27.9 이상	31.9 이상	4.0 이상	8.0 이하	2.5 이하
			7	51.0 이상	58.3 이상	4.5 이상		
PS 강선 이형선	SWPD1		8	64.2 이상	74.0 이상			
			9	78.0 이상	90.2 이상			
PS 강연선 2연선	SWPC2		2연선2.9	22.6 이상	25.5 이상	3.5 이상	8.0 이하	2.5 이하
이형 3연선	SWPD3		3연선2.9	33.8 이상	38.2 이상			
7연선 A종	SWPC7A		7연선9.3	75.5 이상	88.8 이상			
			7연선10.8	102 이상	120 이상			
			7연선12.4	136 이상	160 이상			
			7연선15.2	204 이상	240 이상			
7연선 B종	SWPC7B		7연선9.5	86.8 이상	102 이상			
			7연선11.1	118 이상	138 이상			
			7연선12.7	156 이상	183 이상			
			7연선15.2	222 이상	261 이상			
19연선	SWPC19		19연선17.8	330 이상	387 이상			
			19연선19.3	387 이상	451 이상			
			19연선20.3	422 이상	495 이상			
			19연선21.8	495 이상	573 이상			
			19연선28.6	807 이상	949 이상			

④ **PS 경강선**(hard drawn steel wires for prestressed concrete)

프리스트레스트 콘크리트 탱크 및 관 등에 사용된다. 선의 종류에는 원형선(SWCR)과 이형선(SWCD)이 있으며, 그 기계적 성질은 표 5.12와 같다.

표 5.12 PS 경강선의 기계적 성질 (KS D 7009)

기호	호칭명 (mm)	0.2% 영구 연신율에 대한 하중(kN)	인장 하중 (kN)	연신율 (%)	릴랙세이션 값 (%)
SWCR	3	9.71 이상	12.3 이상	2.5 이상	4.5 이하
SWCD	3.5	12.7 이상	16.2 이상	2.5 이상	
	4	16.7 이상	21.1 이상	2.5 이상	
	4.5	20.1 이상	25.0 이상	3.0 이상	
	5	24.0 이상	29.9 이상	3.0 이상	
	6	33.3 이상	41.7 이상	3.0 이상	
	7	43.6 이상	54.9 이상	3.5 이상	
	8	54.4 이상	69.1 이상	3.5 이상	
	9	68.6 이상	87.3 이상	3.5 이상	

PS 경강선의 표준은 KS D 7009에 규정되어 있다.

⑤ **와이어 로프**(wire ropes)

가는 철선(0.26~4.5 mm)을 몇 가닥 꼬아서 만든 기본 로프를 다시 여러 개 꼬아서 만든 것이다. 로프의 꼬기 방법에는 왼쪽으로 꼬는 Z꼬기와 오른쪽으로 꼬는 S꼬기가 있다. 로프 한 가닥의 길이는 200 m, 500 m, 1 000 m로 한다.

주로 공사용 삭도(rope way), 현수용 로프로 사용된다.

와이어 로프의 표준은 KS D 3514에 규정되어 있다.

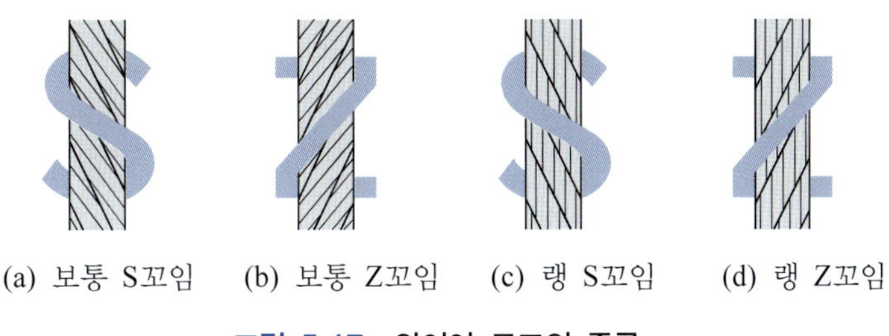

그림 5.17 와이어 로프의 종류

(5) 강 말뚝 및 강 널말뚝

① **강관 말뚝**(steel pipe piles)

소관으로 된 단관 또는 단관을 용접 이음한 것이다. 소관은 강대 또는 강판을 전기 저항 용접 또는 아크 용접을 하여 제조한 관이며, 단관은 소관 그대로 또는 소관을 공장에서 용접한 이음관이다.

단관의 길이는 원칙적으로 6 m 이상으로 하고, 1 m씩 길어지는 것으로 한다. 주로 토목, 건축물 등의 기초 등에 사용한다.

기초용 강관 말뚝의 표준은 KS F 4602에 규정되어 있다.

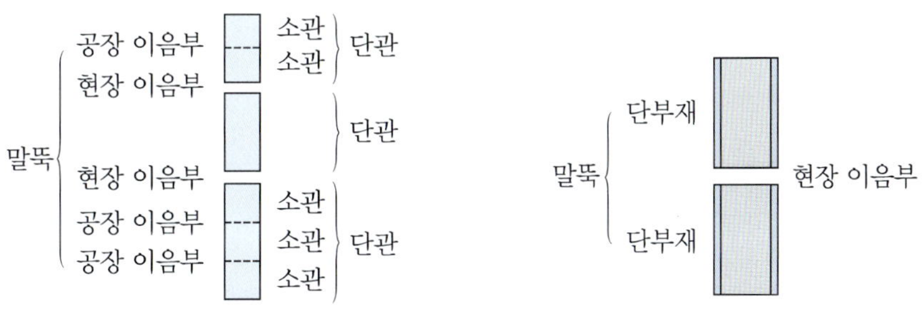

그림 5.18 강관 말뚝의 구성　　**그림 5.19** H형강 말뚝의 구성

② **H형강 말뚝**(steel H piles)

단부재 또는 단부재를 조합한 것이다. 단부재는 열간 압연 H형강 또는 강판을 공장에서 연속적으로 용접해서 조립한 H형강을 말한다.

동일 현장의 이음부에 속하는 단부재는 위의 것을 윗 말뚝이라 하고, 아래의 것을 아래 말뚝이라 한다.

주로 토목, 건축 등의 구조물의 기초 말뚝으로 사용한다.

H형강 말뚝의 규격은 KS F 4603에 규정되어 있다.

③ **강 널말뚝**(steel sheet piles)

단면의 이음부가 서로 맞물리게 연결해서 사용하도록 강판을 압연 가공하여 만든 것이다. 길이는 10~25 mm 정도이다. 대표적인 단면의 종류는 그림 5.20과 같고, 그 치수는 표 5.13과 같다.

주로 기초 공사의 흙막이, 수중 공사의 물막이 등의 가설 공사, 기타 수문의 옹벽, 항만의 안벽 등의 영구 공사에 사용한다.

열간 압연강 널말뚝의 표준은 KS F 4604, 강관 시트 파일의 표준은 KS F 4605에 규정되어 있다.

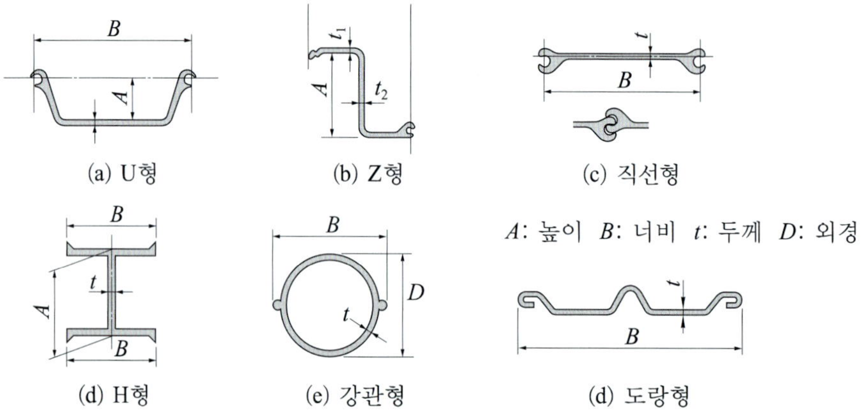

그림 5.20 강 널말뚝의 단면

표 5.13 강 널말뚝의 치수[7)]

종류	A(mm)	B(mm)	t(mm)	t_1(mm)	t_2(mm)
U형	75~175	400~420	8~22	–	–
Z형	235~364	400	–	9.4~21.5	8.2~12.5
직선형	–	400	9.5	–	–

(6) 철관

① **강관**(steel pipes)

(가) 구조용 강관 제조 방법에 따라 강괴로 이음매 없이 제조되는 열간 마무리 무이음 강관과 강대 또는 강판을 구부려서 단접 또는 용접을 해서 만든 이음매 강관이 있다.

일반 구조용 탄소 강관의 표준은 KS D 3566, 강재 파이프 지지재의 표준은 KS F 8001, 강관 비계용 부재의 표준은 KS F 8002, 강관 틀 비계용 부재 및 부속 철물의 표준은 KS F 8003, 강관 틀 동바리 부재의 표준은 KS F 8022에 규정되어 있다.

주로 건축, 교량, 항만, 철탑, 비계 또는 기초 말뚝, 기둥 등에 사용된다.

(나) 수도용 강관 내식성을 높이기 위하여 아연 도금 등을 해서 사용한다. 강관은 주철관에 비해 부식하기 쉬우나 진동, 충격 등에 강하므로 지름이 큰 관에 사용한다.

수도용 도복장 강관의 표준은 KS D 3565에 규정되어 있다.

② **주철관**(cast iron pipes)

강관에 비해 강도가 작고, 구부리기와 이음이 어려우나 내식성이 크다. 주로 배수관, 수도관에 사용한다.

배수용 주철관의 표준은 KS D 4307에 규정되어 있다.

5.3 비철 금속 재료

1. 동 및 그 합금

(1) 동

① **제법**

동(copper, Cu)은 황동광($CuFeS_2$), 적동광(Cu_2O) 등의 원광석을 용광로에서 가열하여 조동(blister copper)을 얻어서, 이것을 전기 분해해서 정련하여 제조한다.

② **성질**

연성과 전성이 풍부하며 열, 전기의 양도체이다. 밀도가 8.7~9.0 g/cm3, 용융점은 1 080°C,

비열은 400 J/kg·°C(0～100°C), 열전도율은 330 W/m·°C로 보통 금속 중 가장 높다.

인장 강도는 196～284 N/mm^2, 브리넬 경도는 290～390이다. 습기나 이산화탄소 및 해수 등의 작용을 받으면 부식하여 청록색이 된다.

③ 용도

주로 건설 용재로 동판, 전선, 관, 봉 등의 제품으로 사용된다.

(2) 동 합금

동은 연하기 때문에 구조용으로 적합하지 않으므로 주석, 아연 등을 넣어 동합금으로 만들어 사용한다.

① 황동(brass)

구리와 아연의 합금이다. 놋쇠라고도 한다.

(가) 7 : 3 황동 아연의 함유량이 30% 정도의 것을 7 : 3 황동이라 한다. 이것은 연성, 전성이 풍부하여 박판이나 선재를 만드는 데 사용한다.

(나) 6 : 4 황동 아연 40%의 것을 6 : 4 황동이라 한다. 강도와 경도가 크며, 판, 봉, 볼트, 너트 등과 주물용으로 사용된다.

(다) 특수 황동 납황동, 주석황동, 철황동 등이 있다.

② 청동(bronze)

구리와 주석의 합금이다. 보통 공업용으로 사용되는 것은 주석의 양이 15% 이하이다. 주조성, 내식성이 크고, 기계적 성질도 우수하다. 특히 내마모성이 높다. 특수 청동으로는 망간청동, 인청동, 알루미늄청동 등이 있다.

주로 일반 기계 용품, 베어링, 밸브 등에 많이 사용된다.

2. 알루미늄 및 그 합금

(1) 알루미늄

① 제법

알루미늄(aluminum, Al)은 원광석인 보크사이트(bauxite)에서 알루미나(Al_2O_3)를 분리하여, 이것을 전기 분해하여 제조한다.

② 성질

밀도가 2.7 g/cm^{3}로서 공업용 금속 재료 중에서 가장 가볍다. 밀도에 비해 강도도 크므로 구조용 재료로서 유리하다. 연성과 전성이 커서 가공하기 쉽고, 전기 및 열전도율이 좋다.

공기 중에서 거의 부식하지 않고, 물속에서도 침식하지 않으나, 해수 중에서는 부식하기 쉽고, 산과 알칼리에도 대단히 약하다.

이와 같은 부식성을 방지하기 위하여 알루미늄 표면에 인공적으로 내식성 산화 피막을 입힌다. 이것을 알루마이트(alumite)라 한다.

(2) 알루미늄 합금

알루미늄은 가벼운 것이 장점이나 철강 재료에 비해 강도가 약하므로, 강도를 필요로 하는 곳에는 알루미늄 합금을 사용한다.

알루미늄 합금 중 대표적인 것이 두랄루민(duralumin)이다. 두랄루민은 Al에 Cu 4%, Mg 0.5%, Mn 0.5%, Si 0.5%를 넣어 만든 것이다. 밀도 2.8 g/cm^3, 인장 강도 390 N/mm^2 정도이다. 구리를 함유하므로 내식성이 낮은 것이 결점이다.

주로 항공기, 자동차, 기타의 기계 부품에 사용된다.

표 5.14 두랄루민의 기계적 성질[8)]

종류	인장 강도 (N/mm^2)	항복점 강도 (N/mm^2)	연신율 (%)	브리넬 경도
풀림한 것	195～240	95～125	14～20	470～700
열처리한 것	340～430	165～260	15～20	830～1 075
열처리 후 상온 가공한 것	450～600	195～525	20～28	1 075～1 700

3. 니켈 및 티탄

(1) 니켈

① 제법

니켈(nickel, Ni)은 니켈광, 니켈황철광(NiS) 등을 용융하여 불순물을 제거한 다음, 전기로에서 산화니켈(NiO)로 만들고, 이것을 다시 도가니로에서 환원시켜 전기 분해에 의해 정련해서 제조한다.

② 성질

은백색을 지닌 금속으로서 강자성체이다. 고온에서도 잘 산화하지 않고, 알칼리에도 잘 침식되지 않는다. 그러나 산에 약하다.

밀도는 8.9 g/cm^3 정도이다. 인장 강도는 주물에서 340∼410 N/mm^2, 상온 압연 박판에서 615∼750 N/mm^2, 선재에서 450∼960 N/mm^2 정도이다.

③ 니켈 합금

모넬 메탈(monel metal), 니크롬(nichrom), 백동(cupro-nickel) 등이 있다.

(2) 티탄

① 제법

티탄(titanium, Ti)은 티탄 광석(TiO_2)으로 공업적 제법에 의해 만든다.

② 성질

밀도가 4.5 g/cm^3 정도로 가볍다. 인장 강도는 270∼410 N/mm^2, 종탄성 계수는 106 GPa, 연신율은 27 % 정도이다.

③ 티탄 합금

티탄-팔라듐(Ti-Pd), 티탄-탄탈늄(Ti-Ta), 티탄-몰리브덴-지르코늄(Ti-Mo-Zr) 등의 합금이 있다. 가볍고 강하며, 부식되지 않으므로 항공기 재료 등에 사용된다.

4. 납, 아연 및 주석

(1) 납

① 제법

납(lead, Pb)은 방연광(PbS), 백연광($PbCO_3$), 황산연광($PbSO_4$), 홍연광($PbCrO_4$) 등 천연적으로 산출되는 광석에서 조연(blister lead)을 얻어 정제하여 제조한다.

② 성질

밀도가 11.4 g/cm^{3}이며, 보통 금속으로는 가장 무겁다. 탄성 계수는 14.1∼17 GPa, 인장 강도는 12 N/mm^2, 연신율은 50%, 브리넬 경도는 35∼75 정도이다.

재질이 무르고 부드러워서 전성과 연성이 크다. 순수한 납은 내식성이 크나 불순물, 특히 산화물이 작용할 때에는 부식하기 쉽다. 또 건조한 공기 중에서는 거의 변하지 않으나, 습기나 이산화탄소가 있으면 검은색의 피막이 생긴다.

③ **용도**

주로 수도관, 가스관, 케이블 피복 등에 사용된다. 동 및 아연 합금, 도장 재료 등으로도 사용된다.

(2) 아연

① **제법**

아연(zinc, Zn)은 아연광(ZnS, $ZnCO_3$)의 광석으로 증류법이나 전해법에 의해 정제해서 제조한다.

② **성질**

밀도는 7.04～7.16 g/cm^3 정도이다. 주물의 인장 강도는 23～135 N/mm^2, 연신율은 0, 브리넬 경도는 410～470, 탄성 계수는 76 GPa 정도이다.

상온에서는 약하나 100～150°C에서 연성, 전성이 커진다. 건조한 공기 중에서는 산화하지 않으나, 습기와 이산화탄소가 있으면 표면에 염기성 탄산염의 얇은 막이 생겨서 산화 방지의 효과가 있다.

③ **용도**

철사, 철판 등의 피복, 아연 도금 철판 제조 등에 사용된다.

(3) 주석

① **제법**

보통 주석(tin, Sn)은 백색 주석이라 한다. 천연 산출되는 산화 주석(SnO_2)으로부터 환원 정제하여 제조한다.

② **성질**

밀도는 7.3 g/cm^3, 인장 강도는 23～39 N/mm^2, 연신율은 35～40%, 탄성 계수는 39～54 GPa이다.

연성, 전성이 커서 가공하기 쉽고 내식성이 크다. 공기 중에서 쉽게 녹이 생기지 않으나 약산, 알칼리에는 천천히 침식된다.

③ **용도**

단독으로 사용되는 일은 적다. 철판의 도금용, 구리의 합금인 주석 청동과 주석 황동 합금용, 습기를 막는 피복 재료로 사용된다.

5.4 금속 재료의 성질 및 시험 방법

1. 금속 재료의 역학적 성질

(1) 금속 재료의 인장 강도

강재로부터 시험편을 잘라내어 인장 하중을 가하면 그림 1.1과 같은 응력-변형률 곡선을 얻게 된다. 탄소강에서 인장 강도는 탄소 함유량이 0.9%일 때 최댓값이 된다.

금속 재료의 인장 강도는 시험편의 모양에 따라 영향을 받는 경우가 있다. 특히 홈이 있는 경우에는 응력이 집중하여 단면이 일정한 시험편의 경우와 인장 강도가 달라진다.

시험편에 일정한 간격으로 표점을 찍어 시험편을 절단한 후의 표점 간의 길이 변화와 표점 거리의 비를 연신율(%)이라 한다. 연신율은 금속 재료의 역학적 성질을 나타내는 중요한 특성치가 된다.

(2) 금속 재료의 압축 강도

연성이 있는 금속 재료의 단주를 압축하면, 항복점까지는 인장 시험의 경우와 같은 응력-변형률의 관계가 얻어지나 그 이상 압축하게 되면 단면이 늘어나며, 최대 하중은 인장 시험의 경우보다도 크게 된다.

압축 시험의 경우 항복점이나 탄성 계수 등의 값은 보통 인장 시험의 경우와 같은 값으로 보아도 된다. 시험편이 길면 최대 압축 하중은 항복점보다 낮게 되며, 이 경우에는 좌굴(bucking)에 의하여 내하력(load carrying)을 정한다.

(3) 금속 재료의 전단 강도

강재의 전단 강도는 인장 시험 결과로부터 추정하는 것이 보통이다. 강재의 전단 강도와 인장 강도와의 관계는 파괴 조건에 대한 여러 학설에 따라 약간 다르지만, 전단 변형 에너지설에 의하면 다음과 같이 표시된다.

$$V_s = 0.58f \quad (\mu = 0.3) \tag{5.2}$$

여기서, V_s : 전단 강도

f : 인장 강도

μ : 푸아송비

(4) 금속 재료의 경도

경도는 재료의 단단함 정도를 나타내는 성질이다. 인장 강도와 함께 금속 재료의 중요한 성질을 나타내는 것이며, 보통 표준 시험편과 비교하여 나타낸다. 경도 측정에는 보통 브리넬식 방법을 많이 사용한다.

탄소강의 경도는 탄소 함유량과 함께 증가하며, 탄소 함유량 0.9% 이상은 거의 일정하다.

(5) 금속 재료의 충격 강도

금속 재료의 인성을 알기 위하여 충격 시험을 한다. 충격 시험은 시험편을 파괴하는 데 필요한 에너지, 즉 파괴 시 시험편이 흡수한 에너지 또는 충격치로 충격 강도를 알 수 있다.

충격치는 시험 온도에 따라 변화하며 어느 온도 이하가 되면 급격히 취성으로 된다. 이러한 현상을 저온 취성이라 한다.

또 연성 파괴(ductility fracture)에서 취성 파괴(brittle fracture)로 이동하는 온도를 천이 온도(transition temperature)라 한다.

(6) 금속 재료의 지연 파괴

인장 응력이 정적으로 작용할 때 어느 시간이 경과한 후 갑자기 파괴된다. 이러한 현상을 지연 파괴(delay failure) 또는 정적 피로 파괴(static fatigue failure)라고 한다.

이 현상은 특히 인장 강도가 1200 N/mm^2 이상인 고장력강 또는 PS 강봉, 고장력 리벳, 고장력 볼트 등에서 일어나기 쉽다.

지연 파괴의 원인은 수소 취성과 응력 부식 균열 등을 들 수 있다. 이 외에도 크리프, 릴랙세이션 등이 있다.

2. 금속 재료의 시험 방법

(1) 금속 재료의 인장 시험

① 인장 시험편

인장 시험편은 그 모양 및 치수에 따라 1～14호의 시험편으로 구분하고, 그 표준 치수는 표 5.15와 같다.

금속 재료의 인장 시험편 표준은 KS B 0801에 규정되어 있다.

표 5.15 **금속 재료의 인장 시험편** (KS B 0801)

시험편의 종류	모양	치수(mm)	용도
1호 시험편	T, W, L_O, P, R, R	W(너비)= { 40(1A) / 25(1B) } L_O(표점 거리)=200 P(평행부 길이)=약 200 R(어깨의 반지름)=25 이상 T(두께)=원래의 두께대로	판 두께 6 mm 초과 20 mm 이하의 판재 또는 판 두께 20 mm 초과 40 mm 이하의 판재
2호 시험편	D, L_O, P	D(지름 또는 맞변거리) =원래대로 $L_O=8D$ P(물림 간격)=약 (L_O+2D)	호칭 지름(또는 맞변거리)이 25 mm 이하인 봉재
3호 시험편	D, L_O, P	D=원래대로 $L_O=4D$ P=약 (L_O+2D)	호칭 지름(또는 맞변거리)이 25 mm를 초과하는 봉재
기타 시험편	4호~14호 시험편이 있다.		

② 인장 시험

금속 재료의 인장 시험은 인장 시험기(KS B 5521에 규정된 것)를 사용하여 인장 시험편을 인장해서 한다.

항복점, 인장 강도, 연신율, 단면 수축률은 다음 식으로 산출한다.

$$\left.\begin{aligned} &\text{상항복점}\ \ \sigma_{\mathrm{YU}}(\mathrm{N/mm^2}) = \frac{P_{\mathrm{YU}}}{A_0} \\ &\text{하항복점}\ \ \sigma_{\mathrm{YL}}(\mathrm{N/mm^2}) = \frac{P_{\mathrm{YL}}}{A_0} \\ &\text{인장 강도}\ \ \sigma_{\mathrm{B}}(\mathrm{N/mm^2}) = \frac{P_{\max}}{A_0} \\ &\text{파단 연신율}\ \ \delta(\%) = \frac{L - L_0}{L_0} \times 100 \\ &\text{단면 수축률}\ \ \phi(\%) = \frac{A - A_0}{A_0} \times 100 \end{aligned}\right\} \tag{5.3}$$

여기서, P_{YU} : 시험편 평행부가 항복하기 이전의 최대 하중(N)

P_{YL} : 시험편 평행부가 항복을 시작한 다음, 거의 일정한 하중 상태에 있어서의 최소 하중(N)

P_{max} : 최대 인장 하중(N)

L : 시험편의 양 파단면을 맞붙여 측정한 표점 사이의 거리(mm)

L_0 : 표점 거리(mm)

A : 시험편의 파단면을 맞붙여 측정한 최소 단면적(mm^2)

A_0 : 원단면적(mm^2)

금속 재료의 인장 시험 방법은 KS B 0802에 규정되어 있다.

(2) 금속 재료의 굽힘 시험

① 굽힘 시험편

굽힘 시험편의 치수는 시험할 제품의 너비와 지름 또는 두께에 따라 정한다. 그 치수는 표 5.16과 같다.

금속 재료의 굽힘 시험편 표준은 KS B 0804에 규정되어 있다.

표 5.16 **금속 재료의 굽힘 시험편** (KS B 0804)

항목		치수
시험편의 너비	제품의 너비 20 mm 이하	제품의 단면과 동일
	제품의 너비 20 mm 초과	제품의 두께 3 mm 미만의 경우 : 20±5 mm 제품의 두께 3 mm 이상의 경우 : 20～50 mm
시험편의 두께	판, 띠 단면	제품의 단면과 동일
	원, 다각형 단면	지름, 또는 내접원 지름 50 mm 이하의 경우 : 제품의 지름과 동일 지름, 또는 내접원 지름 50 mm 이상의 경우 : 25 mm 이상
시험편의 길이	시험편의 두께와 사용 시험 장비에 따라 결정	

② 굽힘 시험

굽힘 시험편을 규정된 안쪽 반지름으로 굽힘 각도 180°가 될 때까지 구부려서, 굽혀진 부분의 바깥쪽에 터짐 및 기타의 결점이 있는지 없는지를 조사하는 것이다. 즉 가공성을 알기 위한 시험이다.

시험편 굽힘 방법에는 받침과 심봉 굽힘 장치에 의한 방법, 체결구 굽힘 장치에 의한 방법, V 블록 굽힘 장치에 의한 방법이 있다.

금속 재료의 굽힘 시험 방법은 KS B 0804에 규정되어 있다.

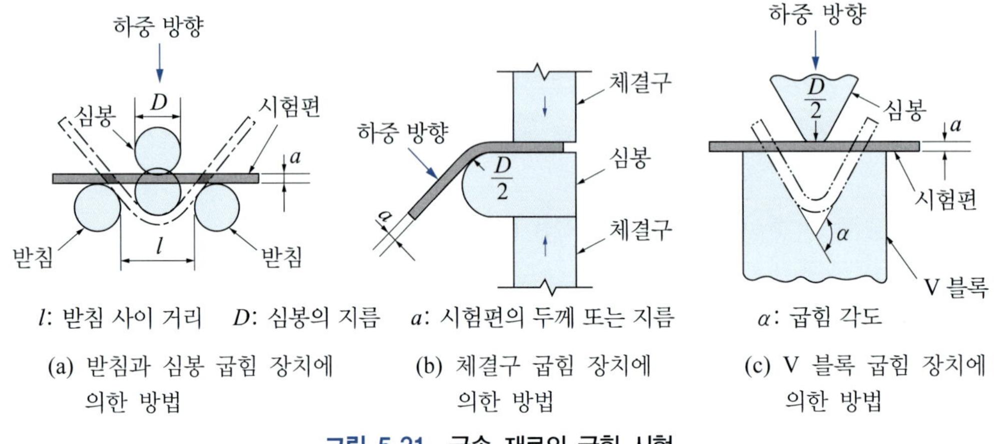

그림 5.21 금속 재료의 굽힘 시험

(3) 금속 재료의 충격 시험

① 충격 시험편

충격 시험편은 V 노치(notch) 시험편과 U 노치 시험편이 있다. 그 치수는 표 5.17과 같다.

금속 재료의 충격 시험편 표준은 KS B 0809에 규정되어 있다.

표 5.17 **금속 재료의 충격 시험편** (KS B 0809)

시험편의 종류	모양 및 치수
V 노치 시험편	10±0.05, 10±0.05, 충격방향, 8±0.05, R0.25±0.025, 2, 46±2°, 27.5±0.4, 27.5±0.4, 55±0.6, R0.25±0.025, 2, 홈 45±2°, 노치부 (단위 : mm)
U 노치 시험편	10±0.05, 10±0.05, 충격방향, 8±0.05, R1±0.07, 2, 2±0.14, 2.75±0.4, 2.75±0.4, 55±0.6, 홈, R1±0.07, 2, 2±0.14, 노치부 (단위 : mm)

② **충격 시험**

샤르피(charpy) 충격 시험기(KS B 5522)를 사용하여 시험편에 충격을 가해 시험편의 파단 에너지를 구한다.

금속 재료의 시험편 파단에 필요한 에너지는 다음 식으로 산출한다.

$$E = W \cdot r(\cos\beta - \cos\alpha) - L \tag{5.4}$$

여기서, E : 금속 재료의 시험편 파단에 필요한 에너지(J)

W : 해머의 질량에 대한 부하(N)

r : 해머의 회전축 중심선으로부터 중심까지의 거리(m)

α : 해머를 들어 올린 각도(°C)

β : 시험편 절단 후 해머의 올라간 각도(°C)

L : 해머의 운동 중 소실된 에너지(J)

금속 재료의 충격 시험 방법은 KS B 0810에 규정되어 있다.

(4) 금속 재료의 경도 시험

① **브리넬(Brinell) 경도 시험**

브리넬 경도 시험기(KS B 5524)를 사용하여 시험한다. 브리넬 경도는 강구 누르개로 시험편의 표면을 눌러 구형 오목부를 만들었을 때, 시험 하중을 오목부의 지름으로부터 구한 표면적으로 나눈 값으로 한다.

금속 재료의 브리넬 경도는 다음 식으로 산출한다.

$$HBW = 0.102 \times \frac{2P}{\pi D(D - \sqrt{D^2 - d^2})} \tag{5.5}$$

여기서, HBS : 금속 재료의 브리넬 경도

P : 하중(N)

D : 강구의 지름(mm)

d : 오목부의 지름(mm)

금속 재료의 브리넬 경도 시험 방법은 KS B 0805에 규정되어 있다.

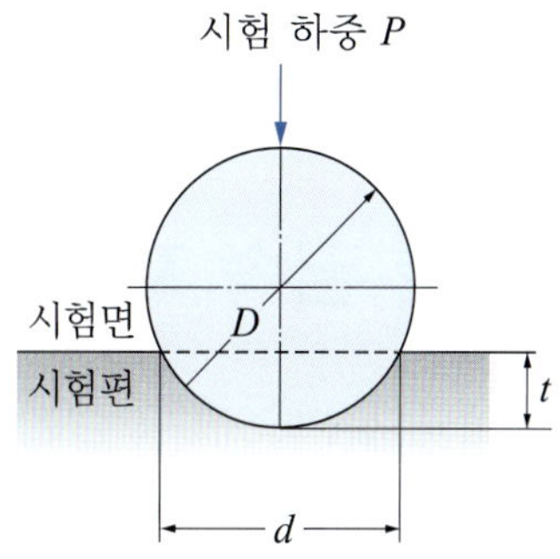

그림 5.22 브리넬 경도 시험

② **로크웰(Rockwell) 경도 시험**

로크웰 경도 시험기(KS B 5526)를 사용한다. 로크웰 경도는 다이아몬드 누르개로 시험편의 표면을 기준 하중과 시험 하중으로 각각 눌러, 오목부 깊이의 차로 구해지는 수치로 한다.

로크웰 경도는 다음 식으로 산출한다.

$$HR = N - \frac{h}{s} \tag{5.6}$$

여기서, HR : 금속 재료의 로크웰 경도

N : 계수(100 또는 130)

h : 영구 누르개 자국 깊이(mm)

s : 경도 잣대 단위(mm)

금속 재료의 로크웰 경도 시험 방법은 KS B 0806에 규정되어 있다.

③ 기타의 경도 시험

(가) 쇼어(Shore) 경도 시험 쇼어 경도 시험기(KS B 5527)를 사용하여 시험한다. 쇼어 경도(HS)는 다이아몬드를 붙인 해머를 일정한 높이에서 시험편의 표면 위에 떨어뜨려 그 반발 높이를 측정하여 나타낸다.

금속 재료의 쇼어 경도 시험 방법은 KS B 0807에 규정되어 있다.

(나) 비커스(Vickes) 경도 시험 비커스 경도 시험기(KS B 5525)를 사용하여 시험한다. 비커스 경도(HV)는 대면각이 136°인 다이아몬드 4각추 누르개로 시험편의 표면을 눌러 파라미드형의 오목부를 만들었을 때, 시험 하중을 오목부의 대각선 길이로써 구한 표면적으로 나눈 값으로 한다.

금속 재료의 비커스 경도 시험 방법은 KS B 0811에 규정되어 있다.

5.5 금속 재료의 방식법

금속 재료의 부식(corrosion)에는 금속 표면의 전면이 고르게 부식되는 것과 부분적으로 깊게 부식되는 것의 2가지 형태가 있다. 또 금속 재료에는 부식되기 쉬운 것과 부식되지 않는 것이 있으며, 철은 잘 부식된다.

금속 재료의 방식법(corrosion prevent method)에는 내식성 금속의 선택, 내식성 재료 또는 비금속에 의한 피복, 전기 화학적 방식 처리, 부식 환경 개선 등의 방법이 있다.

1. 금속 재료의 선택

금속 재료의 내식성(corrosion resistance)은 환경에 지배되는 것이며, 재료의 특성만으로 막아지는 것은 아니다. 그러므로 환경에 따라서 적정한 재료를 선택하여야 한다.

(1) 철강의 내식성

철강은 재료에 따라 다르나 연철과 강은 공기 중에서 강이 잘 녹슬지 않다. 담수 중에서는 같지만 해수 중에서는 연철이 잘 녹슬지 않는다.

주철은 녹이 잘 생기지 않고 담수 중에서는 저항성이 크나, 해수 중에서는 공기 구멍 등으로 속까지 부식하게 된다.

(2) 합금강의 내식성

강이 동을 함유하면 공기 중에서 내식성은 상당히 커진다. 크롬강과 니켈강은 공기 중과 담수 중에서는 내식성이 크나, 해수 중에서는 국부적으로 부식하게 된다.

이와 같이 부식의 정도는 재료의 종류에 따라, 또 그 재료가 접하는 환경 상태에 따라 차이가 있다.

2. 금속 재료의 방식 처리

금속은 흙이나 수중에서는 산소가 있으면 금속과 물이 닿는 경계면에 부분적인 전기가 생겨서 전기 화학적 반응을 일으켜 부식하게 된다. 이 부식 현상은 수중의 산소, 염분, 이산화황, 기타 화학 약품의 가스 반응에 의해서도 생긴다.

(1) 비금속 도포법

① 방청 도료 도포

금속의 녹 방지에는 표면에 방청 도료를 바르는 것이 가장 경제적인 방법이다. 방청 도료는 습기에 대하여 불침투성이며, 될 수 있는 대로 공기가 통하지 않고 도료에 균열이 생기지 않아야 한다.

방청 도료로는 페인트의 종류가 가장 많이 쓰이며, 최근에는 합성 수지 도료가 널리 사용된다.

강재 표면의 밑칠에는 연단, 아연화, 연백 등의 안료를 섞은 것을 사용하는 것이 좋다. 겉칠 등 표면에는 내구력이 큰 피막을 만드는 산화철류나 알루미나 가루를 포함한 페인트와 탄소 안료 등을 사용한다.

② 아스팔트 도포

겉모양이 문제가 되지 않을 때 금속 표면에 아스팔트를 바른다. 해수 중에 사용하는 금속이나 풍화하지 않는 곳에 사용하면 효과가 있다.

③ 모르타르 도포

금속 표면에 시멘트 모르타르를 20~30 mm 정도 바르는 것이다. 이 방법은 금속을 보호하고 녹 방지에 효과가 있다.

(2) 금속 피막법

① 도금법(plating)

(가) 침지법(immersion plating) 도금할 금속을 도금용 용액 속에 담가서 도금하는 방법이다. 아연 강판, 주석 강판 등의 도금에 사용한다.

(나) 건식법(drying plating) 도금할 금속을 내식성이 큰 도금용 금속 분말과 함께 노속에서 가열하여 금속 표면에 붙이는 방법이다.

(다) 전기법(electroplating) 도금할 금속을 음극으로 하고, 도금용 금속을 양극으로 하여 전류를 통하여 도금하는 방법이다.

철강재의 아연, 주석 및 니켈 등의 도금은 전기 도금법으로 하고 있다.

② 확산 침투법(diffusion plating)

강재를 내식성 분말과 산화물의 혼합물 속에 묻고 밀폐한 다음, 300~400°C로 가열하여 합금 피막을 만드는 방법이다. 볼트, 너트 등의 방식에 많이 사용한다.

③ 가공법(processed plating)

금속 표면을 가공하여 내식성이 강한 산화 피막을 만드는 방법이다. 알루마이트(alumite) 피막이나 철강 흑피(산화 피막) 등이 이것이다.

(3) 전기 방식법

전기 방식법은 방식할 금속체의 표면에 물속 또는 흙 속을 통하여 전류를 흘려서 부식을 막는 방법이다.

수중이나 지중의 강 말뚝, 강 널말뚝, 매설 철관 등의 부식을 막는 데 적합하다.

① **외부 전원법**(external voltage method)

방식할 금속체를 외부 직류 전원의 음극에 연결하고, 바다 속 또는 땅 속에 설치한 전극과 직류 전원의 양극(흑연 사용)을 연결하여, 방식할 금속체의 표면에 강제적으로 방식 전류(음극 전류)를 흐르게 하는 방법이다.

유전 양극법에 비하여 초기 투자가 적고, 항구적으로 사용할 수 있으나 전력 비용이 많이 든다.

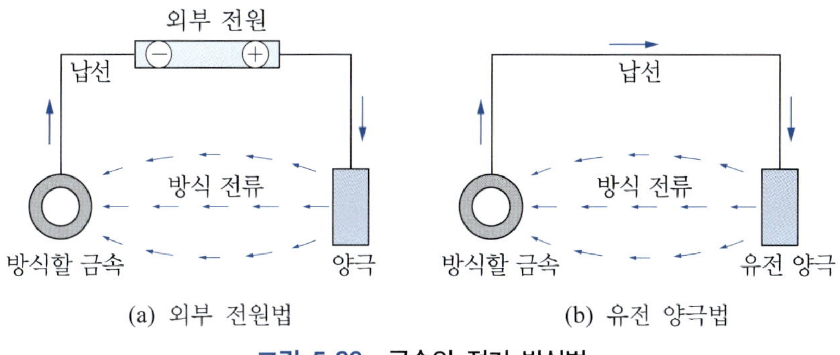

그림 5.23 금속의 전기 방식법

② **유전 양극법**(alvanic cathode method)

성질이 다른 금속 사이의 전위차를 이용하여 방식할 금속체에 방식 전류를 흐르게 한다.

방식할 금속체를 음극으로 하고, 바다 속 또는 땅 속에 이보다 낮은 전위의 양극 금속(마그네슘, 아연, 알루미늄 및 이들의 합금)을 연결하여, 방식할 금속체 표면에 방식 전류를 흐르게 한다. 비교적 소전류일 때 사용한다.

양극의 수명은 10~20년이며, 수명을 다하면 다시 다른 것으로 바꾸어야 한다.

3. 환경의 처리

(1) 환경의 개선

금속 재료의 부식 원인 또는 부식 촉진의 원인을 제거한다. 즉 온도의 저하, 이온 농도의 감소, 부식성 가스 제거, 액체로부터 산소의 제거 등으로 재료의 부식을 방지한다.

(2) 부식 억제제의 사용

금속 재료의 부식 방지에 유용한 부식 억제제를 첨가하여 재료의 부식을 방지한다.

참고문헌

1) 全國高專土木工學會 : 土木材料學, ユロナ社(1976)
2) 西林新蔵 : 新版, 土木材料, 朝倉書店(1985)
3) 西村 昭, 藤井 學 : 最新 土木材料, 森北出版(1975)
4) 鐵鋼協會 : 鋼材の性質と試驗
5) 土木學會 : 土木工學 ハソドブック, 技報堂(1974)
6) 鐵鋼協會 : 鐵鋼便覽
7) 櫻井盛男 : 土木材料, 現代社(1973)
8) 兼杉 博 : 農林土木材料, 地球出版(1965)

연습문제

1. 철강을 탄소 함유량에 따라 분류하여라.
2. 각종 제강법을 비교 설명하여라.
3. 강의 열처리에 대하여 설명하여라.
4. 강의 취성에 대하여 설명하여라.
5. 탄소강을 탄소 함유량에 따라 분류하고, 용도를 설명하여라.
6. 구조용 합금강의 종류 및 특성을 설명하여라.
7. 주철의 성질과 종류 및 용도를 설명하여라.
8. 주강의 종류와 용도를 설명하여라.
9. 금속 재료의 인장 강도 시험에서 다음 용어를 설명하여라.
   (1) 항복점
   (2) 인장 강도
   (3) 파단 연신율
   (4) 단면 수축률
10. 금속 방식법에 대해서 설명하여라.

6 고분자 재료

6.1 개설

1. 고분자 재료의 의의

(1) 고분자 화합물

물질은 분자(molecule)의 집합체로서, 분자는 그 물질의 최소 단위이며 원자(atom)로 구성된다.

상당히 많은 원자(분자량 10,000 이상)로 된 것을 고분자라 하며, 이 고분자로 구성된 물질을 고분자 화합물(high molecular compound) 또는 수지(resin)라 한다.

(2) 고분자 물질의 분류

고분자 물질은 천연 고분자 물질과 합성 고분자 물질로 크게 나눌 수 있으며, 다음과 같이 분류된다.

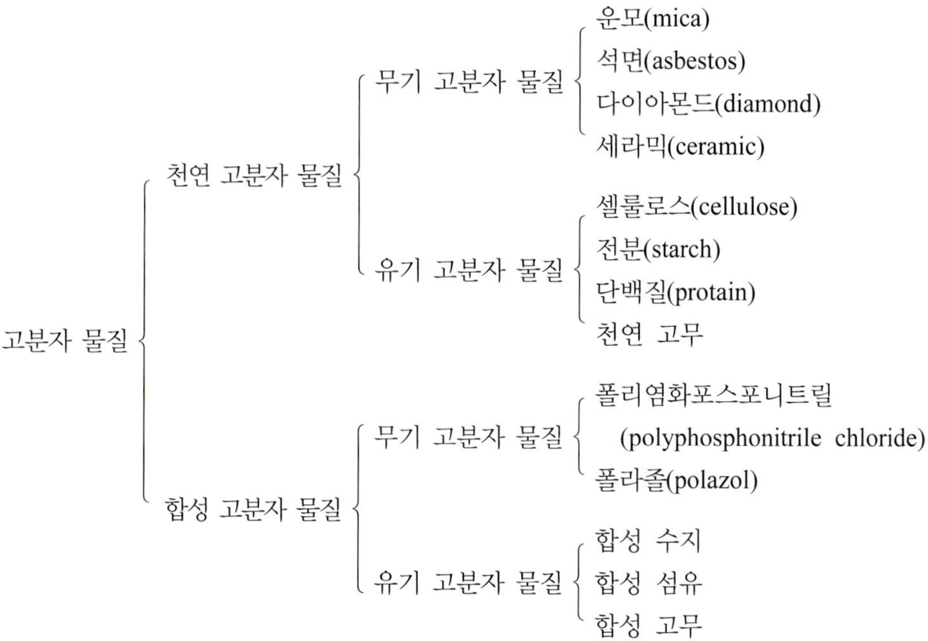

이 중에서 건설 재료로서 주로 사용되는 고분자 재료는 유기 고분자 화합물인 합성 수지, 합성 섬유, 합성 고무이다.

2. 합성 고분자 재료의 이용 형태

합성 고분자 재료는 액상 재료부터 강성 재료까지 여러 가지 형태로 이용되며, 그 이용 형태에 따라 물성도 달라진다.

합성 고분자 재료의 이용 형태는 다음과 같다.

(가) **강성 재료** 파이프류 등

(나) **탄성 재료** 합성 고무 시트, 합성 고무 라텍스 등

(다) **발포 재료** 단열재, 줄눈재 등

(라) **박막 재료** 터널 지수용 시트, 콘크리트 양생용 막 등

(마) **섬유 재료** 토목 섬유, 시트류 등

(바) **액상 재료** 콘크리트 접착제, 토질 안정제, 응집제, 고무화 아스팔트 등

(사) **복합 재료** 강화 플라스틱(FRP), 합성 수지 콘크리트 등

이상의 이용 형태로 합성 고분자 재료가 건설 재료로서 이용되고 있다.

6.2 합성 수지

1. 합성 수지의 종류

합성 수지(synthetic resin)는 고분자 물질을 주성분으로 하여 여기에 충전제, 가소제, 안정제, 착색제 등을 넣어서 성형한 것이다. 플라스틱(plastics)이라고도 한다.

합성 수지는 일반적으로 가공상의 특성과 분자 구조에 따라 열가소성 수지와 열경화성 수지로 나뉜다.

(1) 열가소성 수지

열가소성 수지(thermo-plastic resin)는 가열하면 가소성(plasticity)이 되고, 상온으로 되면 원상태로 돌아가는 수지이다. 따라서 성형한 것도 다시 가열하면 다른 형태로 만들 수 있는 합성 수지이다.

주로 중합(polymerization)에 의해서 만들어진 고분자 화합물이다.

① **염화비닐 수지**(polyvinyl chloride resin, PVC)

아세틸렌(C_2H_2)과 염산(HCl)으로 만든 염화비닐 모노머(monomer)를 중합시켜 만든 수지이다. 무색이며 내수성, 내약품성, 전기 절연성이 우수하고 난연성이다.

사용 온도는 약 −10~60°C 정도이다.

② **폴리에틸렌 수지**(polyethylene resin, PE)

에틸렌을 중합시켜 만든 것으로서, 대표적인 열가소성 수지이다. 내수성, 방습성, 내한성이 좋다.

유기 용매에 녹지 않고, 전기 절연성이 좋다.

③ **폴리프로필렌 수지**(polypropylene resin, PP)

프로필렌의 중합체이다. 가볍고 연화점(160~170°C)이 높으며, 내수성, 내약품성이 좋고 착색이 자유롭다.

④ **폴리스틸렌 수지**(polystylene resin, PS)

스틸렌의 중합체이다. 색깔이 없는 투명한 수지이며, 80~85°C에서 녹기 시작한다. 부서지기 쉬운 결점이 있으나 전기 절연성이 좋으며, 중합 과정에서 거품을 생기게 하여 만든 제품은 상품의 포장이나 건축 자재에 많이 사용된다.

⑤ **아크릴 수지**(polymethyl methacrylate resin, PMMA)

메타크릴레이트를 중합해서 만든다. 아크릴로니트릴(acrylonitrile)을 주성분으로 하는 수지이다.

투명도가 높으며, 내유성 및 내약품성이 좋다. 열팽창 계수는 철, 콘크리트 등의 7~8배나 된다.

⑥ **폴리아미드 수지**(polyamide resin, PA)

나일론 수지라고도 한다. 그 구조 단위 중에 아미드 결합(−CO−NH−)을 가지고 있는 합성 고분자의 총칭이다.

밀도가 작고, 착색이 쉬우나 마모성이 크다.

⑦ **플루오르 수지**(PTFE)

플루오르(fluorine)를 함유한 올레핀(C_nH_{2n})의 중합으로 얻는 합성 수지의 총칭이다. 대표적인 것으로서는 테플론(teflon)을 들 수 있다.

내열성, 내산성, 내약품성이 좋다. 250°C의 고온에서도 연속 사용이 가능하고, −100°C에서도 성질의 변화가 없다.

(2) 열경화성 수지

열경화성 수지(thermo-setting resin)는 가열하면 가소성을 나타내지만, 가열을 계속하면 경화되며, 한번 경화한 것은 다시 가열해도 연화되지 않는 수지이다.

주로 축합(condensation)에 의해서 만들어진 고분자 화합물이 대부분 열경화성 수지에 속한다.

① **페놀 수지**(phenol formaldehyde resin, PF)

페놀(C_6H_5OH)과 포름알데히드(HCHO)를 산이나 알칼리로 축합시켜 만든다. 일반적으로 단단하고 부서지기 쉬우므로 목면, 마사, 석면 등을 혼합하여 제품을 만든다. 전기 절연성, 내후성은 크나 내열성(0～60°C)이 작다.

② **요소 수지**(urea formaldehyde resin, UF)

요소(NH_2CONH_2)를 포름알데히드와 축합시켜서 얻는 수지로서, 무색 투명하기 때문에 착색이 쉬우나 물에 약하다.

주로 공업용보다 일반 용품, 내수 합판의 접착제로 사용된다.

③ **폴리에스테르 수지**

(가) 불포화 폴리에스테르 수지(unsaturated polyester resin, UP) 불포화 다염기산과 불포화 다가 알코올의 축합에 의해 생성되는 에스테르(ester)의 총칭이다.

밀도는 강재의 1/3 정도로 가벼우나, 탄성 계수는 강재의 1/10 정도로 외력에 약하다. 또 내약품성은 강하나 알칼리, 산 등에 침식된다.

(나) 포화 폴리에스테르 수지(saturated polyester resin) 다염기산과 다가 알코올과의 축합물을 주로 하여 이것을 유지, 지방산 등으로 변성시킨 것이다. 알키드 수지(alkyd resin)라 하며, 프탈산글리세롤 수지(phthalic glycerol resin)가 대표적이다.

주로 도료용으로 사용된다.

④ **멜라민 수지**(melamine formaldehyde resin, MF)

멜라민($C_3H_6N_6$)을 포름알데히드와 축합시켜서 얻는 수지이다. 무색 투명하고 착색이 자유로운 것이 특징이다.

내수성, 내용제성이 좋고, 내열성, 내염성도 크다.

⑤ **우레탄 수지**(poly urethane resin, PUR)

디이소시안산염(diisocyanate)에 글리콜(glycol)을 반응시켜서 얻는 수지이다. 내후성, 내모성이 좋으나 알칼리에 약하다.

⑥ **에폭시 수지**(epoxide resin, EP)

페놀과 아세톤(CH_3COCH_3)으로 만든 비스페놀(bisphenol)과 에피클로로히드린(epichlorohydrine)을 반응시켜 만든다.

접착성이 크고, 내약품성, 내용제성이 좋으며 산, 알칼리, 염류에도 안정하다. 결점은 가소성이 없고, 열변형 온도가 낮으며, 자외선에 약한 것 등이다.

⑦ **실리콘 수지**(silicone resin, SI)

규소(Si)와 염화알칼리로 클로로실란(chlorosilane)을 만들고, 이것을 가수 분해하여 축합시켜 만든다.

내약품성, 내열성, 내후성이 좋고, 발수성이 우수하여 방수 효과가 좋다.

⑧ **푸란 수지**(furan resin)

푸르푸릴 알코올(furfuryl alcohol)에 푸르푸릴 수소 첨가에 의해 얻어진다. 내열성, 내약품성, 내알칼리성이 좋고, 접착성이 우수하다.

사용 온도는 130～170°C이며, 금속 도료, 금속 접착제 등에 사용된다.

주요 합성 수지의 화학 조성 및 용도는 표 6.1과 같다.

표 6.1 주요 합성 수지의 화학 조성 및 용도

구분	합성 수지명	ISO 약호	화학 조성	용도(건설용)
열가소성 수지	염화비닐 수지	PVC	염소	관, 판, 박막, 지수판 등
	폴리에틸렌 수지	PE	탄소, 수소	관, 판, 박막, 줄눈재, 발포체 등
	폴리프로필렌 수지	PP	탄소, 수소	막, 판, 발포체 등
	폴리스틸렌 수지	PS	탄소, 수소	관, 판, 박막, 발포체 등
	아크릴 수지	PMMA	탄소, 수소, 산소	관, 판, 방수제, 토질 안정제 등
	폴리아미드 수지	PA	질소	관, 박막, 발포체 등
	플루오르 수지	PTFE	불소	관, 박막, 도료 등
열경화성 수지	페놀 수지	PF	탄소, 수소, 산소	접착제, 도료, 발포체 등
	요소 수지	UF	질소	접착제, 도료, 토질 안정제 등
	불포화 폴리에스테르	UP	탄소, 수소, 산소	관, 판, 박막, 도료, 접착제 등
	멜라민 수지	MF	질소	접착제, 도료 등
	우레탄 수지	PUR	질소	줄눈재, 토질 안정제 등
	에폭시 수지	EP	탄소, 수소, 산소	접착제, 도료, 줄눈재, 그라우트재 등
	실리콘 수지	–	규소	줄눈재, 발수제 등
	푸란 수지	–	탄소, 수소, 산소	함침 재료, 도료 등

2. 합성 수지의 성질

(1) 합성 수지의 특성

건설 재료로서 합성 수지의 특성은 다음과 같다.

① 장점

1) 밀도가 작다.
2) 일반적으로 강도가 크다.
3) 화학적으로 안정하다.
4) 내수성, 내식성이 크다.
5) 내마모성이 크다.
6) 성형 및 가공이 쉽다.
7) 내충격성이 좋다.

② 단점

1) 탄성 계수가 작다.
2) 열팽창 계수가 크다.
3) 역학적으로 모든 성질이 온도에 영향을 받는다.
4) 내화성이 작다.

(2) 합성 수지의 일반적 성질

① 물리적 성질

(가) 밀도 경량인 것이 특징이며, 밀도는 보통 1.0~1.5 g/cm^3 정도이다.

(나) 열팽창 계수 열에 의하여 체적 변화를 일으키며, 선팽창 계수는 보통 1°C에 1/10 000이다. 이 값은 강재의 10배 정도가 되며, 이러한 결점을 보완하기 위하여 유리 섬유 또는 철망 등으로 보강한다.

열팽창 계수는 고온이 될수록 커진다.

(다) 내열성 유기질 재료이므로 열에 약하고, 온도 상승에 의한 변형이 커지므로 역학적 성질이 떨어진다.

페놀 수지, 멜라민 수지 등의 최고 사용 온도는 150~160°C 정도로 콘크리트보다 낮다.

(라) 흡수성 대부분 흡수율 1% 이하로 일반적으로 작다. 그러나 장시간 흡수나 흡습이 되면 팽창하거나 변형이 되기도 한다.

② 역학적 성질

(가) 강도 압축 강도가 인장 강도보다 크다. 수지 자체의 압축 강도는 70~200 N/mm^2, 휨 강도는 50~90 N/mm^2, 인장 강도는 30~80 N/mm^{2}이다.

목재나 콘크리트보다 강도가 큰 것이 있으나 탄성이 작은 것이 많다.

(나) 경도 일반적으로 열경화성 수지는 단단하고, 열가소성 수지는 연하다. 주로 표면이 손상되기 쉬우며, 경도가 강한 수지도 유리 경도의 1/2~1/3 정도이다.

(다) 내충격성 일반적으로 열가소성 수지는 내충격성이 강하고, 열경화성 수지는 약하다.

(라) 내마모성 마모성이 커서 비교적 흠이 생기기 쉽다.

(마) 크리프 현상 일반적으로 금속 재료에 비하여 크리프 현상이 현저하게 일어난다. 특히 성형 가공 후 열의 영향 이외에도 시간이 경과함에 따라 약간씩 줄거나, 장기 하중으로 구부러지는 경향이 있다.

열경화성 플라스틱의 일반 시험 방법은 KS M 3015에 규정되어 있다.

표 6.2 주요 합성 수지의 물리적 성질[1)]

구분	합성 수지	밀도 (g/cm^3)	강도(N/mm^2)			탄성 계수 (GPa)	내열 온도 (°C)
			인장	휨	압축		
열가소성 수지	폴리에틸렌 수지	0.94~0.97	19.6~39.2	6.9	22.1	0.2~0.4	80~120
	폴리프로필렌 수지	0.90~0.91	29.4~39.2	41.2~54.9	39.2~68.6	3.0~3.3	110~160
	폴리스틸렌 수지	1.04~1.10	34.4~82.3	58.8~98.0	78.4~107.8	2.7~4.1	60~80
	아세탈 수지	1.41~1.42	58.8~68.6	83.3~98.0	117.6~127.4	2.7	91
	아크릴 수지	1.17~1.2	49.0~78.4	83.3~107.8	74.4~132.3	2.5~3.4	66~110
	폴리카보네이트 수지	1.2	54.9~65.7	78.4~93.1	74.4~88.2	2.2	122~133
	폴리아미드 수지	1.13~1.15	49.0~78.4	58.8~98.0	49.0~88.2	1.8~2.7	130~150
	염화비닐 수지	1.34~1.45	34.3~61.7	68.6~107.8	54.9~89.2	2.5~4.1	66~105
	플루오르 수지	2.14~2.20	13.7~34.3	–	11.8	0.4	205~288
열경화성 수지	페놀 수지	1.25~1.30	41.2~61.7	75.5~117.6	82.3~102.9	2.7~3.4	70
	에폭시 수지	1.11~1.40	35.3~83	98.0~132.3	107.8~127.4	3.1	150
	불포화 폴리에스테르	1.10~1.46	41.2~6.9	58.8~127.4	88.2~254.8	2.1~4.4	120
	푸란 수지	1.75	19.6~29.4	39.2~63.7	68.6~88.2	11.0	130~165
	요소 수지	1.47~1.52	39.2~88.2	68.6~107.8	176.4~245.0	7~9.8	77
	멜라민 수지	1.47~1.52	49~88.2	68.6~107.8	176.4~298.0	8.8~9.8	99

③ 화학적 성질

(가) 연소성 열가소성 수지의 연화점은 50~100°C이고, 열경화성 수지는 100~150°C

정도이다. 열가소성 수지는 연소되기 쉬우나 열경화성 수지는 연소되지 않는 것이 많다.

(나) 내후성 대부분의 합성 수지 제품은 빛, 기온, 바람, 비, 눈 등 대기의 영향을 받으면 황색이나 갈색으로 변한다.

(다) 내약품성 일반적으로 산, 알칼리, 염류 등 각종 유기 용제에 강하고 화학적으로 안정하다. 그러나 강한 약품에 약한 수지도 있다.

플라스틱의 내약품성 시험 방법은 KS M 3045에 규정되어 있다.

3. 합성 수지의 용도

합성 수지는 건설 재료로서 여러 가지 우수한 성질을 가지고 있으므로 구조 재료, 상·하수도관, 방수 재료, 도료, 접착제 등 여러 방면에 사용된다.

건설 재료로서 합성 수지의 중요한 제품과 용도는 다음과 같다.

(1) 관류

① 염화비닐관

가볍고 부식되지 않으며, 시공하기 쉬워서 강관 대신 수도용 관으로 사용된다. 인장 강도는 48 N/mm^2 이상이며, 밀도는 1.4 g/cm^3 정도이다. 또 다루기 쉽고 이음도 쉽게 만들 수 있다.

관의 크기는 공칭 지름 10~500 mm까지 있으며, 수도관의 크기는 공칭 지름 10~50 mm까지 있다.

KS에 규정되어 있는 염화비닐관의 관련 표준은 다음과 같다.

(ㄱ) KS M 3401 수도용 경질 염화비닐관
(ㄴ) KS M 3402 수도용 경질 염화비닐 이음관
(ㄷ) KS M 3404 일반용 경질 염화비닐관
(ㄹ) KS M 3410 배수용 경질 염화비닐 이음관

② 폴리에틸렌관

성질이 염화비닐관과 비슷하지만 밀도가 0.93 g/cm^3로 가볍다. 인장 강도는 연질관이 10 N/mm^2, 경질관은 20 N/mm^2 이상이 된다.

폴리에틸렌관은 염화비닐관에 비해 내한성이 있어서 한랭지의 급수관으로 많이 사용된다.

KS에 규정되어 있는 폴리에틸렌관의 관련 표준은 다음과 같다.

(ㄱ) KS M 3407 일반용 폴리에틸렌관

(ㄴ) KS M 3408 수도용 폴리에틸렌관

(ㄷ) KS M 3408-3 수도용 폴리에틸렌 이음관

(2) 방수재

① **지수막**(止水膜, cut-off membrane)

토사나 암석 등의 공극에 물이 침투하면 침하, 활동, 세굴 등의 현상이 일어나므로, 이것을 막기 위하여 매립지 주위, 용수로의 밑면, 저수댐, 흙댐의 사면 등에 플라스틱 막을 깔아 지수막을 만든다.

지수막은 폴리에틸렌, 폴리프로필렌, 염화비닐, 폴리아미드 등이 사용되며, 두께 0.5～1.0 mm 정도이다.

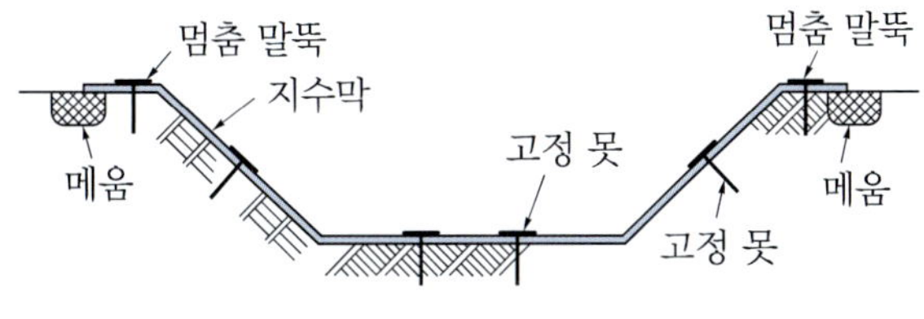

그림 6.1 용수로의 지수막[2)]

② **지수벽**(cut-off wall)**과 지수 널말뚝**(cut-off sheet pile)

하천의 제방이나 간척 제방 등에서 지수 심벽(core)을 형성하여 침윤선을 저하시키고, 투수 계수를 낮추기 위하여 플라스틱 시트(sheet)를 사용하여 지수벽을 만들거나, 플라스틱판으로 된 지수 널말뚝을 사용한다.

지수벽은 두께 1.0～3.0 mm의 연질 염화비닐 시트, 지수 널말뚝은 두께 1.0 mm 정도의 반경질 염화비닐판을 사용한다.

제방 속에 점토 심벽을 넣는 것보다 시공이 간편하고, 내구성 이 우수하며 값이 싸다.

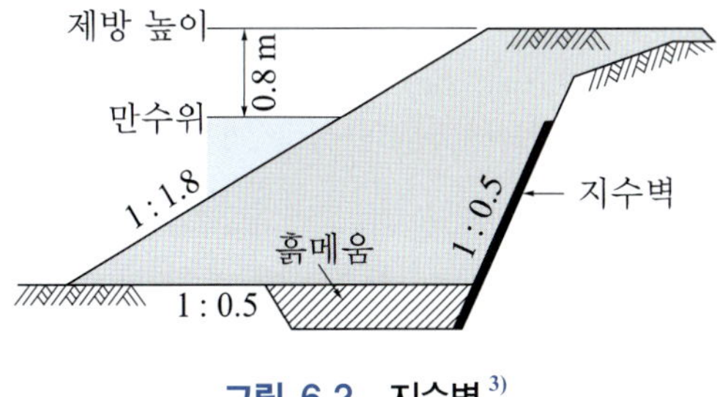

그림 6.2 지수벽[3)]

③ **방수 시트**(waterproof sheet)

터널 공사의 용수 처리 및 지하 구조물의 콘크리트 방수 등에 사용된다. 주로 연질 염화비닐이나 폴리에틸렌 시트류가 사용되며, 두께는 0.3～0.5 mm 정도이다.

터널 공사에서는 콘크리트를 치기 전에 방수 시트에 의하여 용수 처리를 하며, 그 일례를 나타내면 그림 6.3과 같다.

합성 고분자계 방수 시트의 표준은 KS F 4911에 규정되어 있다.

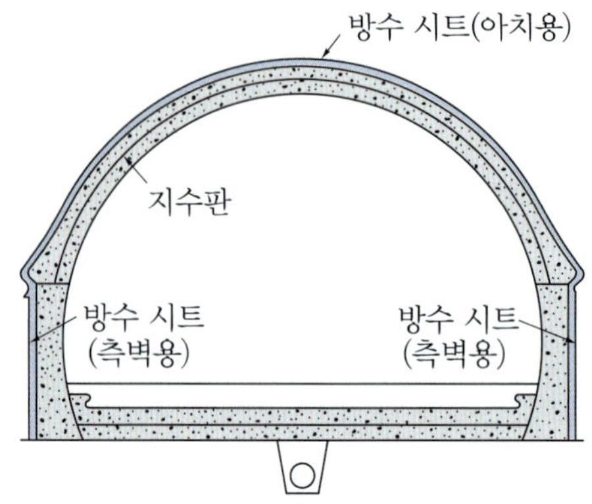

그림 6.3 터널의 방수 시트와 지수판 [3)]

(3) 방식재

① **코팅**(coating)

피복층이 얇으며, 그 두께가 0.3～0.5 mm 정도 되는 것을 말한다. 즉 건설 공사에서 페인트 도장은 거의 코팅과 같은 동의어로 사용되며 강교, 강관 말뚝 등의 녹방지, 방식 처리 등에 이용된다.

코팅 재료는 에폭시 수지, 알키드 수지, 폴리우레탄 수지, 폴리에스테르 수지, 페놀 수지 등이 사용된다.

② **라이닝**(linning)

피복층이 두꺼우며, 그 두께가 0.5～3.0 mm 정도의 것이다. 주로 상수도, 하수도, 해안 및 해수 중의 콘크리트 구조물, 콘크리트 2차 제품의 내식 처리 등에 이용된다.

라이닝 재료는 에폭시 수지, 플루오르 수지, 폴리에스테르 수지, 페놀 수지, 푸란 수지 등이 사용된다.

(4) 충전재

① **지수판**(cut-off plate)

댐, 지하 구조물, 옹벽 등 콘크리트 구조물의 신축 이음에 끼워넣어 이음부에서 물이 새는 것을 막는 역할을 한다.

주로 연질 염화비닐판이 사용되며, 금속 지수판에 비해 부식되지 않고 훨씬 효과적이다.

폴리염화비닐 지수판의 표준은 KS M 3805에 규정되어 있다.

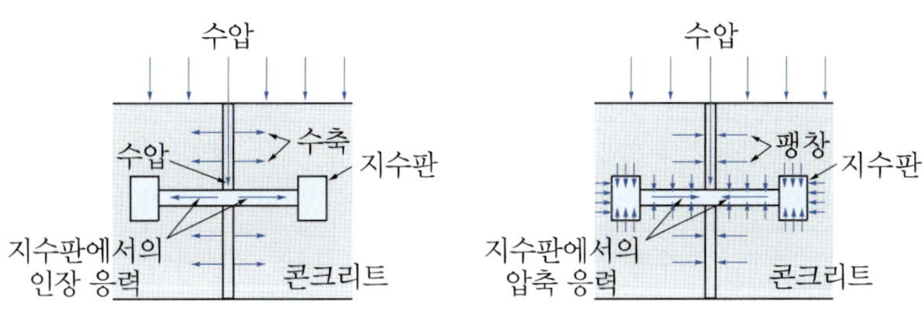

그림 6.4 지수판[4)]

② **줄눈 재료**

(가) 줄눈판(joint plate) 콘크리트 구조물 이음부의 채움재이다. 지금까지는 아스팔트 제품을 많이 사용해 왔지만, 최근에는 폴리에틸렌 발포체, 에폭시 수지, 합성 고무 등이 사용되고 있다.

합성 수지 줄눈판은 탄력성이 있고, 또 온도에 따라 변하지 않는 등의 이점이 있다.

(나) 주입 줄눈재(joint-sealing compound) 현장 치기 콘크리트 슬래브 또는 프리캐스트 콘크리트 슬래브(PC slab)의 줄눈에 주입하는 재료이다.

주입 줄눈재로 아스팔트를 많이 사용해 왔지만, 지금은 아스팔트보다 성능 면에서 여러 가지로 우수한 합성 수지 제품이 사용된다.

주로 실리콘 수지, 폴리우레탄 수지, 에폭시 수지 등이 많이 사용된다.

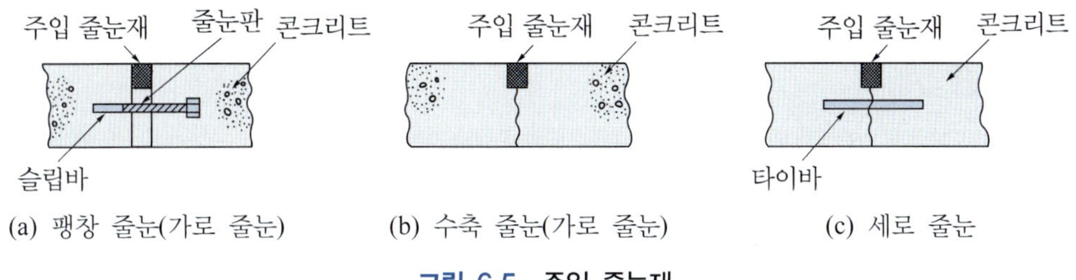

그림 6.5 주입 줄눈재

(5) 접합재

① **접착제**(adhesive)

적당한 유동성, 접착성을 가져야 하며 내수성, 내열성, 내후성, 내화학성이 커야 한다. 또 크리프나 진동 등의 반복 작용에도 접착 강도가 저하되지 않아야 한다.

접착제를 분류하면 표 6.3과 같다.

표 6.3 접착제의 분류 [5)]

종류	형태	성분
용해 증발형 접착제	유기 용제 용해형	아세트산비닐 수지, 부티랄 수지, 나이트로셀룰로스, 염화비닐 아세트산비닐 공중합물, 아크릴레이트 수지, 천연 고무, 합성 수지
	수용해형	천연물 : 전분, 카세인, 아교, 아라비아 고무 합성물 : 폴리비닐알코올, 메틸셀룰로오스
	에멀션형	아세트산비닐 수지, 아크릴레이트 수지, 천연 고무, 합성 고무
감압 접착제	감압형	천연 고무, 폴리이소프렌, 아세트산비닐 수지 가소화물, 폴리비닐에테르, 아크릴레이트 수지
감열 접착제	감열형	아세트산비닐 수지, 염화비닐 수지, 염화 고무, 폴리에틸렌, 천연 수지
화학 반응형 수지 접착제	용제 증발형	요소 수지, 멜라민 수지, 페놀 수지, 알키드 수지, 푸란 수지
	무용해형	에폭시 수지, 볼포화에스테르 수지, 비닐모노머

② **그라우트재**(grout material)

콘크리트 구조물의 균열 부분에 주입시켜 균열 부분의 강도와 수밀성을 크게 하기 위하여 액상 폴리머(polymer) 재료를 사용한다.

현재 많이 사용되고 있는 그라우트재는 액상 수지이며 거의가 저점도의 고강도 에폭시 수지이다.

그라우트재는 접착 강도가 크고, 내수성, 내알칼리성, 내후성 등이 커야 한다.

(6) 토질 안정제

연약 지반(soft ground)을 안정시키거나 용수 및 누수를 차단시키기 위하여, 지반에 액상 폴리머 재료를 주입시켜 토질을 안정시킨다.

폴리머계 토질 안정제(soil stabilizer)로서는 아크릴 아미드계, 요소 수지, 아크릴산염, 우레탄계 등이 사 용된다.

주로 댐의 누수 방지, 터널의 용수 방지, 기초 지반의 지지력 증강 등에 사용된다.

(7) 기타의 용도

① **섬유 강화 플라스틱**(fiber reinforced plastic, FRP)

구조재로서 플라스틱을 탄소 섬유, 유리 섬유, 합성 섬유 등으로 보강한 것이다. 섬유 강화 플라스틱용 수지로는 폴리에틸렌 수지가 가장 많이 사용된다.

이 외에 페놀 수지, 요소 수지, 멜라민 수지, 에폭시 수지, 염화비닐 수지, 메타크릴산 수지 등이 사용된다.

② **합성 수지 콘크리트**

콘크리트의 성질을 개선하기 위하여 결합재로 합성 수지를 사용한 콘크리트이다. 액상 수지를 골재와 혼합하여 만든 레진 콘크리트, 성형된 콘크리트에 액상 모노머(monomer)를 주입시켜 만든 폴리머 주입 콘크리트, 결합재로 시멘트와 물, 폴리머를 사용하여 골재를 결합시켜 만든 폴리머 시멘트 콘크리트 등이 있다.

③ **콘크리트의 양생제 양생막**

콘크리트의 건조를 막기 위한 피막제이다. 아크릴계 에밀션 수지, 염화 비닐계 에밀션 수지 등을 사용해서 수분의 증발을 방지한다. 양생용 플라스틱 필름을 사용하는 것도 있다.

④ **플라스틱 거푸집**(plastic form)

목재 거푸집에 비해 강하고 수밀성이 크며, 강재 거푸집보다 가벼워서 운반하기 쉽다. 씻어내기 쉬우므로 여러 번 반복하여 사용할 수 있다.

플라스틱 거푸집에는 폴리에틸렌 수지, 염화비닐 수지, 섬유 강화 플라스틱 등이 사용된다.

콘크리트 거푸집용 합성 수지판의 표준은 KS F 5650에 규정되어 있다.

⑤ **분리막**(separation membrane)

시멘트 콘크리트 포장에서 보조 기층과 콘크리트 슬래브 사이에 분리막을 두어, 시멘트 풀의 흡수나 마찰을 줄이도록 한다.

분리막에는 폴리에틸렌 필름을 사용한다.

⑥ **방사막**(sand protecting membrane)

해안, 하천, 간척지 등의 호안 뒷면이나 제방 속에 플라스틱 막을 사용하여, 흙이 무너지는 것을 막기 위하여 방사막을 만든다.

방사막에는 폴리에틸렌, 폴리프로필렌, 염화비닐, 폴리아미드 등의 합성 수지가 사용된다.

방사막에 사용되는 합성 수지는 인장 강도 및 압축 강도가 크고, 변형에 견딜 수 있는 휨 변형성, 내구성, 불투수성 등 여러 환경 조건에서 부식되지 않아야 한다.

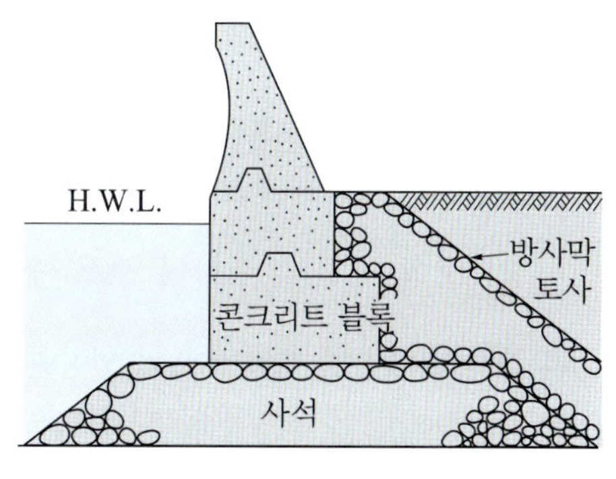

그림 6.6 방사막[3)]

6.3 합성 섬유

1. 합성 섬유의 종류 및 특성

합성 섬유(synthetic fiber)의 종류는 많지만 실제로 물리적, 화학적 및 역학적 특성과 경제성을 고려하여, 토목 섬유로 많이 사용되는 것은 다음과 같은 종류이다.

(1) 합성 섬유의 종류

① **폴리아크릴로니트릴 섬유**(polyarcrylonitrile fiber, PAN)

아크릴로니트릴을 85 % 이상 함유하는 섬유로서 아크릴 섬유라고도 한다. 밀도는 1.15 g/cm^3 정도이며, 내유성, 내약품성이 좋고, 자외선에 강하다. 그러나 강알칼리에는 약하다.

② **폴리아미드 섬유**(polyamide fiber, PA)

아미드 결합을 가진 합성 섬유로서 나일론(nylon)이라고 한다. 현재 가장 많이 사용하는 것은 나일론염을 원료로 하는 나일론 66과 카프로락탐(caprolactam)을 원료로 하는 나일론 6이다. 밀도는 1.14 g/cm^3 정도로 천연 섬유에 비해 인장 강도가 크다. 특히 신장 탄성률이 높은 것이 장점이다.

③ **폴리에스테르 섬유**(polyester fiber)

테레프탈산(terephthalic acid)과 에틸렌글리콜(ethylene glycol)을 축중합시켜 만든다. 밀도는 1.39 g/cm^3 정도이며, 내열성과 역학적 성질이 좋고, 자외선에도 비교적 강하다.

④ **폴리에틸렌 섬유**(polyethylene fiber, PE)

에틸렌의 중합체로서 밀도는 1.0 g/cm^3 이하이며, 흡습성과 흡수성이 없다. 또 강도가 크며, 내품성이 우수하다.

⑤ **폴리프로필렌 섬유**(polypropylene fiber, PP)

프로필렌의 중합체로서 밀도는 1.0 g/cm^3 이하이며, 역학적 성질이 좋다. 또 내약품성과 내미생물성이 매우 우수하여 토목 섬유로서 좋은 재질이다.

⑥ **폴리염화비닐 섬유**(polyvinyle chloride fiber, PVC)

폴리염화비닐의 후염소화물, 염화비닐-아세트산 비닐 공중합체이다. 밀도는 1.4 g/cm^3 정도, 가공 온도는 150～170°C이다.

(2) 토목 섬유의 기본 특성

토목 섬유(geosynthetics)는 사용 환경 조건하에서 다음과 같은 특성을 가져야 한다.

1) 용도에 알맞은 강신도 및 투습성과 크리프성이 좋아야 한다.
2) 내구성이 강하고, 미생물에 의한 물성의 변화가 없어야 한다.
3) 지반 강화용 약품에 대한 내화학성이 커야 한다.

(3) 토목 섬유의 기능

토목 섬유의 기능 중에서 중요한 것은 표 6.4와 같다.

표 6.4 토목 섬유의 주요 기능

주요 기능	내용
배수	투수성이 낮은 재료와 밀착 설치되어 물을 모아 출구로 배출
여과	흙이나 부유 세립토에 밀착되어 세립자 이동을 최소로 하면서 물을 통과
분리	모래, 자갈, 잡석 등의 조립토와 세립토의 혼합을 방지
보강	토목 섬유의 인장 강도로 흙구조물의 역학적 안정성을 증진
봉쇄	모래, 암석, 콘크리트 등의 재료를 둘러싸서 보호
포장	지표면 위에 포설되어 흙입자들이 지면으로부터 이탈되는 것을 방지
기타	차수, 침식 제어, 인장막, 충격 흡수, 봉쇄 포장, 울타리 등

2. 토목 섬유의 종류 및 이용

(1) 토목 섬유의 종류 및 기능

① **지오텍스타일**(geotextile)

(가) 형태 직포형과 부직포형의 2가지가 있다. 직포형은 섬유를 날줄과 씨줄을 직각으로 교차하며 엮어서 만든 것이고, 부직포는 섬유를 일정한 방향으로 배열시켜 놓고 평면적으로 니들 펀칭, 열융합, 화학적 결합 방식으로 결합시킨 것이다.

(나) 주요 소재 주로 폴리에스테르와 폴리프로필렌 섬유가 사용되고 있다.

(다) 주기능 분리 기능, 보강 기능, 여과 기능이 있다.

지오텍스타일의 절단 강도 및 신도 시험 방법은 KS K 0743에 규정되어 있다.

② **지오멤브레인**(geomembranes)

(가) 형태 용융된 폴리머를 밀어내어 성형 또는 폴리머 합성물로 직물을 코팅시키거나, 폴리머 합성물을 압착시켜 형성된 판상 형태이다.

(나) 주요 소재 폴리에틸렌, 폴리염화비닐, 우레탄 수지나 고무 등이 사용된다.

(다) 주기능 및 용도 차수 기능이 있으며, 분리 기능이 있는 경우도 있다. 주로 터널의 방수 및 쓰레기 매립장의 침출 차단에 많이 사용한다.

지오멤브레인 및 관련 제품의 꿰뚫림 저항 시험 방법은 KS K 0744에 규정되어 있다.

③ **지오그리드**(geogrids)

(가) 형태 폴리머를 판상으로 압축시키면서 격자 모양의 그리드 형태로 구멍을 내어 특수하게 만든 후, 여러 가지 모양으로 늘린 것이다.

(나) 주요 소재 폴리에틸렌, 폴리프로필렌, 폴리에스테르, 폴리염화비닐 등이 사용된다.

(다) 주기능 및 용도 보강, 분리 기능이 있다. 주로 연약 지반 처리 또는 지반 보강용으로 사용된다.

지오그리드의 접점 강도 시험 방법은 KS K 0742에 규정되어 있다.

④ **지오네트**(geonets)

(가) 형태 일정한 각도(보통 60~90°)로 교차하는 2세트의 팽창한 거친 가닥들로 구성되며, 교차점의 가닥들을 용해 접착한 형태이다.

(나) 주요 소재 폴리에틸렌이 사용된다.

(다) 기능 및 용도 배수·보강 기능이 있다. 주로 연약 지반 처리 또는 지반 보강 및 돌망태용으로 사용된다.

⑤ **지오매트**(geomats)

(가) 형태 다소 거칠고 단단한 긴 섬유들이 각 교차점에서 접착된 형태이다.

(나) 주요 소재 폴리프로필렌이 사용된다.

(다) 주기능 및 용도 배수·필터 기능을 가지고 있다. 주로 배수 및 필터용으로 사용된다.

⑥ **웨빙**(webbings)

(가) 형태 폭이 넓은(보통 3~6 m) 매우 거친 직포의 형태이다.

(나) 주요 소재 폴리에틸렌이 사용된다.

(다) 주기능 및 용도 침식 방지 기능, 보강 기능이 있다. 주로 침식 방지 및 보강용으로 사용한다.

⑦ **지오콤포지트**(geocomposite)

(가) 형태 두 개 이상 토목 섬유를 결합시켜 기능을 복합적으로 향상시킨 것이다. 부직포와 매트, 네트 등을 조합한 형태이다.

(다) 주기능 및 용도 복합 기능이 있다. 주로 매트 기초용으로 사용된다.

지오콤포지트의 부착 및 점착 강도의 시험 방법은 KS K 0741에 규정되어 있다.

(2) 토목 섬유의 이용 분야

① **육상 운송 분야**

제방, 옹벽, 터널 라이닝과 포장 도로의 재포장, 사면 안정 및 사면 보호 등에 이용된다.

② **수자원 분야**

흙댐, 하안, 호안 건설과 저수지 라이닝 설치 및 수중 지표면의 침식 방지 등에 이용된다.

③ **해안 분야**

해안선의 침식 방지, 수중 섬유 포대, 수중 거푸집 등에 이용된다.

④ **환경 분야**

쓰레기 매립지, 테일링(tailing) 댐 건설, 수중의 부유 입자 이동 방지 등에 이용된다.

⑤ **기타 분야**

콘크리트 속에 짧은 섬유를 불연속으로 분산시킨 섬유 보강 콘크리트의 제조에 사용된다.

6.4 고무 재료

1. 고무의 종류

(1) 천연 고무

① **생고무**(raw rubber)

고무 나무에서 채취한 라텍스(latex)에 아세트산(acetic acid) 등의 응고제를 넣어서 만든다. 직사광, 자외선 등을 받으면 산화되어 분해되므로, 그대로 사용되는 일은 거의 없다.

② **가황 고무**(vulcanized rubber)

생고무에 가황제와 안정제, 충전제 등을 혼합하여 물리적 및 화학적 성질을 개선하여 만든 것이다.

고무에서 황이 6% 정도의 것을 연질 고무라 하고, 황이 30% 정도의 것을 경질 고무, 즉 에보나이트(ebonite)라 한다.

내열성이 크고, 100°C에서는 점성이 생기지 않으며, −30°C에서도 사용할 수 있다. 또 용제나 화학 약품에 대한 저항성이 크지만, 내유성이 작다.

건설 재료로 사용되는 천연 고무는 대부분이 가황 고무이다.

가황 고무의 물리 시험 방법은 KS M 6518에 규정되어 있다.

③ **고무 유도체**

(가) 염화 고무(chlorinated rubber) 생고무에 염소(Cl2)를 작용시키면 염화 고무가 된다. 내산, 내알칼리성이 있다.

(나) 염산 고무(hydrochloric rubber) 생고무에 염산(HCl)을 작용시켜 만든다. 내산, 내알칼리 등에 안정하고, 내수성, 내유성, 유연성이 풍부하다.

천연 고무 시험 방법은 KS M 6606에 규정되어 있다.

(2) 합성 고무

① **스티렌-부타디엔 고무**(styrene-butadiene rubber, SBR)

스티렌과 부타디엔을 공중합(共重合, copolymerization)시켜서 만든 것이다. 내열성, 내노화성, 내마모성, 내유성이 크다.

② **니트릴-부타디엔 고무**(nitrile-butadiene rubber, NBR)

아크릴로니트릴(acrylonitrile)과 부타디엔을 공중합시켜서 만든 것이다. 내유성, 내열성이 크며, 내마모성도 천연 고무에 비해 2배나 크다.

③ **클로로프렌 고무**(chloroprene rubber, CR)

클로로프렌의 공중합체이다. 내열성, 내노화성, 내유성 및 내약품성이 좋고, 반발 탄성도 우수하다.

④ **부틸 고무**(isobutylene-isoprene rubber, IIR)

이소부틸렌과 이소프렌의 공중합체이다. 내열성, 내후성이 좋고, 흡수성이 작다. 천연 고무보다 내노화성과 전기 절연성이 좋다.

⑤ 기타 합성 고무

이 외에 합성 고무로서는 이소프렌 고무(isoprene rubber, IR), 부타디엔 고무(butadiene rubber, BR), 우레탄 고무(urethane rubber, UR) 등이 있다.

2. 고무의 성질

(1) 고무의 특성

고무 재료의 공통적 특징은 다음과 같다.

1) 고무상의 탄성이 있다.
2) 점탄성이 있다.
3) 방진, 완충 작용이 있다.
4) 전기 절연성이 있다.
5) 노화 현상이 있다.

(2) 고무의 일반적 성질

① 물리적 성질

(가) 밀도 배합제에 따라 다르나, 순고무일 경우 천연 고무는 0.92 g/cm^3, 합성 고무는 0.92∼1.82 g/cm^{3}의 범위이다.

(나) 내열성 고온하에서 단시간 현상으로는 고무의 열분해가 일어나고, 장기간 현상으로는 고무의 산화 반응에 의해 변질된다.

열분해 되면 감량이 되며, 산화 반응에 의해 균열이 발생하고 파괴된다.

(다) 내한성 저온에서는 취성이 커져서 탄성을 잃게 되며, 이것을 개선하기 위해서 가소제를 사용한다.

② 역학적 성질

(가) 강도 항복점이 잘 나타나지 않으므로, 인장 응력은 보통 파괴점의 응력으로 나타낸다. 일반적으로 합성 고무는 천연 고무에 비해 인장 강도가 떨어진다.

압축 강도는 일반적으로 인장 강도보다 크게 나타난다.

(나) 내마모성 마모성은 재질의 종류, 경도, 표면 상태, 매개 물질, 하중, 온도, 습도 등의 영향을 받는다.

(다) 피로 성상 일반적으로 인장을 받으면 균열이 생기고, 압축을 받으면 점착화 현상을 나타낸다.

(라) 크리프 점탄성적 성질 때문에 크리프가 발생한다. 크리프 변형은 응력의 크기에 따라 달라지며, 응력이 적정하면 크리프 영구 변형에 의해 파괴를 일으키지 않는다.

표 6.5 합성 고무의 일반적 성질[1)]

종류	밀도 (g/cm^3)	인장 강도(MPa)		내열성	내알칼리성 내산성	내유성	내후성
		순고무 배합	카본 플러그 배합				
이소프렌 고무(IR)	0.93	17.0～24.0	24.0～30.9	보통	양호	불량	보통
스티렌 고무(SBR)	0.94	13.7～2.1	17.0～24.0	양호	양호	불량	보통
부타디엔 고무(BR)	0.91			양호	양호	불량	불량
부틸 고무(IIR)	0.92	17.0～21.0	17.0～21.0	우수	우수	불량	양호
클로로프렌 고무(CR)	1.23	21.0～27.4	21.0～24.0	양호	보통	양호	양호

③ **화학적 성질**

(가) 내유성 석유류, 천연유 등에 침식되며, 유류에 대한 고무 재료의 성상 변화는 거의 팽창하나 용해되는 경우도 있다.

(나) 내약품성 일반적으로 약산, 알칼리, 염류 등에는 저항성이 있으나, 유기 용제 등에는 용해되는 경향이 있다.

(다) 내후성 일광 중 자외선이나 태양열, 강우나 습분, 산소 및 오존, 이산화황 등의 활성 가스, 주야의 온도 사이클과 결로 등이 문제가 된다.

이들 여러 요인은 여러 가지 복합 열화 과정으로서 광노화, 오존과 열에 대한 노화 현상 등이 생긴다.

3. 건설 재료용 고무

(1) 건설 재료용 고무의 조건

건설 재료로서 고무가 갖추어야 할 조건은 다음과 같다.

1) 내유성, 내화학성이 있어야 한다.

2) 내열성, 내한성이 있어야 한다.

3) 하중에 대한 내피로성, 내마모성이 커야 한다.

4) 대기 중 오존 작용에 견뎌야 한다.

(2) 건설 재료용 고무의 용도

① **줄눈재**(joint filler)

교량의 슬래브나 도로 포장 등의 콘크리트 구조물 이음부에 사용된다. 주로 클로로프렌 고무(CR)가 사용된다.

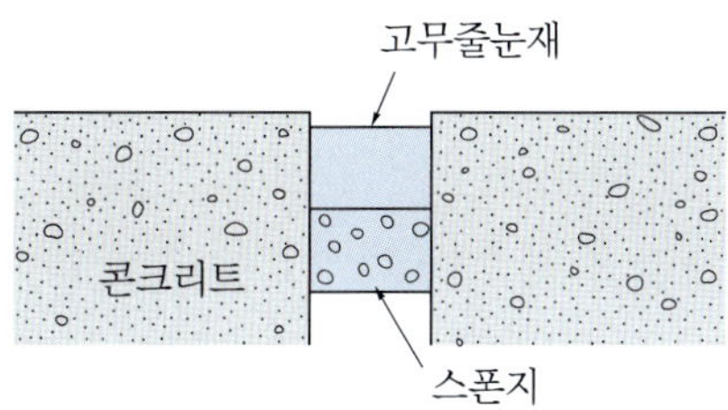

그림 6.7 고무 줄눈재

② **방수재**(waterproof material)

구조물의 표면에 액상 고무를 발라서 방수막을 만들어 사용한다. 옹벽, 댐, 지하 구조물 등의 신축 이음에 끼워넣어 지수판으로도 사용한다. 또 침매함(sinking caisson), 실드 터널(shield tennel)용 지수 패킹(cut-off packing) 등으로 사용한다.

주로 부틸 고무(IIR)가 사용된다.

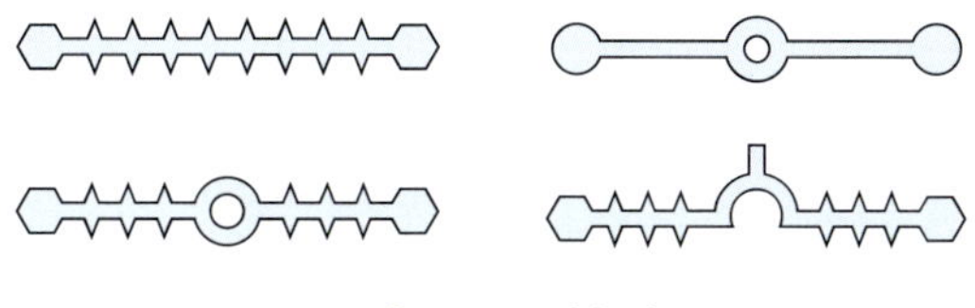

그림 6.8 지수판

③ **완충재**(fender)

충격을 흡수하기 위하여 교량의 받침, 철도 레일 밑의 고무판, 보도용 포장재, 고무 안전 방호체 등으로 사용한다.

완충재는 주로 클로로프렌 고무(CR)가 사용된다.

④ **기타의 용도**

그 밖에 고무화 아스팔트 재료, 컨베이어의 벨트, 고무관, 접착제 등에 사용된다.

참고문헌

1) 土木學會 : 土木工學ハンドブック, 技報堂(1974)
2) 西村 昭, 藤井 學 : 最新 土木材料, 森北出版(1975)
3) 全國高專土木工學會編 : 土木材料學, ユロナ社(1976)
4) 川井正男 : 土木材料ハンドブック, 山海堂(1977)
5) 西林新蔵 : 新版 土木材料, 朝倉書店(1985)

연습문제

1. 합성 고분자 재료의 특성은 무엇인가?
2. 합성 수지는 열적 성질에 따라 어떤 종류가 있는가?
3. 건설 재료로서 합성 수지의 장단점은 무엇인가?
4. 건설 재료로서 액상으로 이용되는 합성 수지의 용도를 설명하여라.
5. FRP의 특성을 설명하여라.
6. 토목 섬유로서 갖추어야 할 섬유의 기본 특성은 무엇인가?
7. 토목 섬유에는 어떤 기능들이 있는가?
8. 토목 섬유의 이용 분야에 대해 알아보자.
9. 건설 재료로서 합성 고무가 천연 고무보다 좋은 점은 무엇인가?
10. 건설 재료로서 고무의 용도를 알아보자.

7 목재, 석재 및 점토 제품

7.1 목재

1. 개설

(1) 목재의 특징

목재(timber)는 예로부터 건설 재료로 많이 사용되어 왔다. 그러나 근년에 와서는 목재보다 더 내구적, 내화적, 내진적이고 강도도 큰 콘크리트나 강재가 발달되어 용도가 점점 줄어들고 있다. 지금은 가설용 재료로 사용되는 정도이다.

토목 재료로서 목재의 장단점은 다음과 같다.

① 장점

1) 가벼워서 취급하기 쉽고, 가공하기 쉽다.
2) 질량에 비해서 강도와 탄성이 크다.
3) 열, 소리의 전도율이 작다.
4) 산이나 알칼리에 대한 저항성이 크다.
5) 외관이 아름다우며, 부드러운 감을 준다.

② 단점

1) 함수량에 따라 수축 팽창이 크다.
2) 재질이 균일하지 못하다.
3) 썩기 쉽다.
4) 불붙기 쉽다.
5) 크기에 제한이 있다.

(2) 목재의 종류 및 용도

① 목재의 분류

(가) 성장에 따른 분류

(ㄱ) 외장수(exogen tree) : 수심으로부터 1년마다 한 개의 나이테를 형성하여 수간의 바깥쪽으로 발달하여 자라는 나무이다. 일반적으로 침엽수와 활엽수로 나뉜다. 침엽수에는 소나무, 삼나무, 전나무, 솔송나무, 화백나무, 노송나무 등이 있다. 활엽수에는 느티나무, 밤나무, 참나무, 너도밤나무 등이 있다.

(ㄴ) 내장수(endogens tree) : 속을 채우면서 자라는 나무로서, 수간에는 나이테가 나타나지 않는다. 이에는 대나무, 야자나무, 종려나무 등이 있다.

(나) 재질에 따른 분류

(ㄱ) 연재(soft wood) : 대부분 침엽수가 이에 속한다.

(ㄴ) 경재(hard wood) : 대부분 활엽수가 이에 속한다.

(다) 용도에 따른 분류 구조용 재료와 장식용 재료로 나뉜다.

② 목재의 용도

건설 공사에 사용하는 목재의 종류에 따른 용도는 표 7.1과 같다.

표 7.1 건설 공사용 목재의 종류와 용도[1)]

재질	재종	용도
연재	소나무	동바리, 거푸집, 교각, 교량 거더, 기초 말뚝
	해송나무	교각, 기초 말뚝, 침묵, 동바리, 흙막이공
	노송나무	교각, 교량 거더, 교판, 침목, 동바리
	삼나무	비계, 전주, 교판
	낙엽송	기초 말뚝, 교각, 동바리, 전주
경재	밤나무	침목, 지지재, 가구, 기구, 토공용재
	느티나무	선박, 차량, 가구, 기계 기구, 교량 거더
	졸참나무	침목, 가구, 나무통
	너도밤나무	침목, 곡목 세공, 선박
	떡갈나무	공구, 차량, 기구

(3) 목재의 구조 및 성분

① 목재의 구조

수목은 뿌리, 줄기, 가지의 3부분으로 크게 나뉘며, 목재로 이용되는 부분은 줄기 부분이다. 목재의 단면은 그림 7.1과 같이 가장 바깥쪽에 수피가 있고, 그 내부는 목질 부분이며, 중심부에 작은 점으로 된 수심이 있다.

(가) 나이테(annual ring) 봄부터 여름까지 자라난 나무 부분을 춘재(spring wood)라 하고, 가을부터 겨울까지 자라난 나무 부분을 추재(autumn wood)라 한다.

춘재는 재질이 연하고 옅은 색깔이고, 추재는 조직이 치밀하여 단단하며 색깔이 진하다. 춘재와 추재는 세포의 크기와 두께, 색깔 등이 다르므로 동심원 모양의 조직으로 되어 1년 동안의 성장을 나타내게 된다. 이것을 나이테라 한다.

(나) 변재와 심재

(ㄱ) 변재(sap wood) : 나무 줄기의 바깥 부분으로 수피에 접해 있다. 수액의 이동, 전달과 양분을 저장하여 두는 부분이다.

연질이고 흡수성이 커서 수축 변형이 크고, 강도나 내구성은 심재보다 작다.

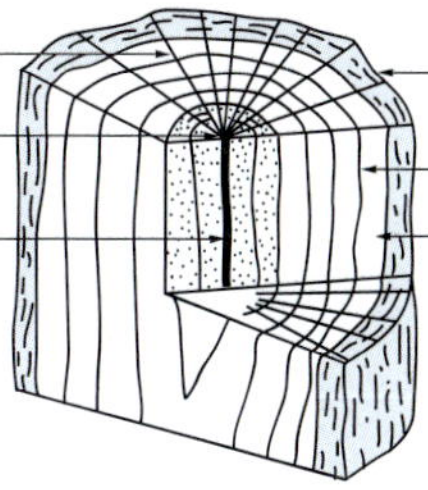

그림 7.1 목재의 단면

(ㄴ) 심재(heart wood) : 수심과 변재 사이에 있는 진한 색깔을 한 부분이다. 수분이 적고 단단하며, 강도와 내구성이 크다. 수목이 성장하면 변재가 심재로 변하여 간다.

변재와 심재의 구분은 분명하지 않으나, 노목이 될수록 변재 부분이 작다.

(다) 수심(pith) 수목의 가로 단면의 중심부이며, 처음에는 수액을 전달한다. 이것을 중심으로 나이테에 직각으로 방사선 모양의 수선이 무수히 뻗어 있다. 이것은 양분을 저장하고 횡방향으로 수액을 전달한다.

② 목재의 성분

목질은 주로 셀룰로스(cellulose)와 리그닌(lignin)으로 되어 있으며, 셀룰로스는 목재 건조 질량의 약 50～60%를 차지하고 있다. 이 외에 수지, 색소, 당분 등의 유기물과 규산칼슘, 탄산칼슘 등의 광물질이 포함되어 있다.

목질의 수분은 수액이며, 이것은 물 이외에 뿌리에서 빨아올린 광물질과 목재 중에서만 들어진 유기 물질을 포함하고 있다.

2. 목재의 성질 및 시험 방법

(1) 목재의 일반적 성질

① 목재의 밀도

목재의 밀도는 나무의 종류에 따른 변화가 적으며, 일반적으로 1.48～1.56 g/cm^3 정도이다. 실용상으로는 나무의 종류에 관계없이 1.5 g/cm^{3}로 한다.

목재의 밀도는 세포 속의 공극, 함수량, 광물질 및 유기 물질의 양에 따라 달라진다. 특히 함수량의 영향이 크다.

(가) 밀도의 종류 목재의 밀도는 함수 상태에 따라 다음과 같이 4종류로 나뉜다.

(ㄱ) 생재 밀도 : 목재의 생재 질량 대 생재 상태 체적의 비이다.

(ㄴ) 기건 밀도 : 목재의 기건 상태 질량 대 기건 상태(함수율 12% 정도) 체적의 비이다.

(ㄷ) 절건 밀도 : 목재의 절건 상태 질량 대 절건 상태 체적의 비이다.

(ㄹ) 기본 밀도 : 목재의 절건 상태 질량 대 생재 상태 체적의 비이다.

일반적으로 목재의 밀도는 기건 상태의 밀도를 말하며, 0.3～0.9 g/cm^3 정도이다.

표 7.2 목재의 기건 밀도 [2)]

수종		기건 밀도(g/cm^3)	수종		기건 밀도(g/cm^3)
침엽수	소나무	0.55	활엽수	버드나무	0.43
	종비나무	0.38		느티나무	0.75
	분비나무	0.40		상수리나무	0.85
	전나무	0.39		졸참나무	0.85
	잎갈나무	0.63		밤나무	0.52
	잣나무	0.52		느릅나무	0.61

(나) 밀도 시험 목재의 밀도는 다음 식으로 산출한다.

$$d = \frac{m}{V} \tag{7.1}$$

여기서, d : 목재의 밀도(g/cm^3)

m : 시험편의 질량(g)

V : 시험편의 체적(cm^3)

목재의 밀도 측정 방법은 KS F 2198에 규정되어 있다.

② 목재의 함수율

(가) 섬유 포화점(fiber saturation point) 목재 속에 포함되어 있는 수분은 세포의 공극에 있는 유리수(free water)와 세포막 내에 있는 세포수(cell water)로 나눌 수 있다.

생목을 건조시키면 먼저 유리수가 증발하고 다음에 세포수가 증발한다. 이때, 유리수와 세포수의 한계에서의 함수 상태를 섬유 포화점이라 한다.

섬유 포화점에서의 함수율은 대개 절대 건조 질량의 25～30%이며, 이상의 함수율의 것을 생재라 한다. 목재의 수분은 질량, 강도, 내구성, 가공성 등에 영향을 미친다.

목재의 기건 상태에서의 함수율은 보통 12～14% 정도이다.

표 7.3 목재의 기건 함수율[2)]

수종		함수율(%)	수종		함수율(%)
침엽수	소나무	16	활엽수	버드나무	15
	종비나무	16		느티나무	15
	분비나무	12		상수리나무	18
	전나무	14		졸참나무	14
	잎갈나무	15		밤나무	15
	잣나무	15		느릅나무	13

(나) 함수율 측정 함수율은 시험편 속에 들어 있는 수분 질량의 시험편 건조 질량에 대한 백분율로 나타낸다.

목재의 함수율은 다음 식으로 산출한다.

$$Z = \frac{m_z - m_d}{m_d} \times 100 \tag{7.2}$$

여기서, Z : 목재의 함수율(%)

m_z : 시험편의 건조 전 질량(g)

m_d : 시험편의 건조 후 질량(g)

목재의 함수율 측정 방법은 KS F 2199에 규정되어 있다.

③ 목재의 체적 변화

(가) 수축과 팽창 목재는 함수율의 증감에 따라 수축·팽창 등의 체적 변화가 생긴다. 함수율이 섬유 포화점 이상에서는 체적 변화가 일어나지 않지만, 섬유 포화점 이하가 되면 거의 함수율에 비례하여 신축한다.

(나) 수축 변화 목재의 수축률은 재종, 생육 상태, 수령 등에 따라 다르며, 같은 목재라도 부분에 따라 달라진다.

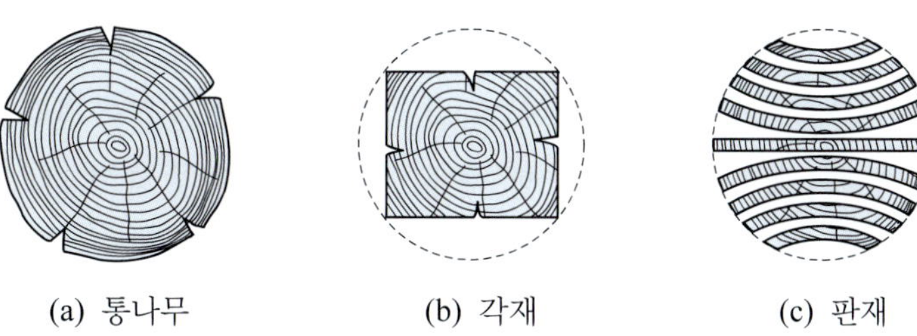

그림 7.2 목재의 수축 변형

목재의 수축 변화는 일반적으로 다음과 같다.

1) 변재는 심재보다 수축이 크다.
2) 수축은 무늬결(접선 방향)에서 제일 크다. 그 다음에 곧은결(반지름 방향)이고, 수심(섬유 방향)이 제일 작다.
3) 밀도가 큰 단단한 나무일수록 수축이 크며, 대체로 밀도에 비례한다.

이와 같이 목재의 수축률은 각 부분의 건조 정도, 방향, 목질 밀도의 차이에 따라 균일하지 않으므로, 목재의 단면에 불규칙한 변형과 균열이 생기게 된다.

목재의 수축률 시험 방법은 KS F 2203에 규정되어 있다.

표 7.4 목재의 수축률 [3)]

수종		기건 밀도 (g/cm^3)	수축률(%)		
			접선 방향	반지름 방향	섬유 방향
침엽수	잣나무	0.45	7.41	2.82	0.38
	소나무	0.47	9.11	4.88	0.31
	곰솔	0.54	8.33	4.39	0.38
활엽수	미류나무	0.35	7.61	2.57	0.33
	양버들	0.37	7.15	2.51	0.33
	사시나무	0.47	7.50	3.46	0.49

(2) 목재의 역학적 성질

① 목재의 압축 강도

(가) 압축 강도에 영향을 미치는 요인

(ㄱ) 밀도 : 목재는 밀도에 비하여 비교적 강도가 크다. 일반적으로 밀도가 클수록 압축 강도가 커진다.

(ㄴ) 함수율 : 건조된 목재일수록 강도는 크고, 함수율이 클수록 강도는 작아진다. 섬유 포화점(함수율 약 30%)을 넘으면 강도는 거의 일정하고, 섬유 포화점 이하에서는 함수율이 1% 커짐에 따라 세로 압축 강도는 약 4% 작아진다.
따라서 목재의 압축 강도를 비교할 때에는 같은 함수율일 때의 값으로 하여야 한다. 일반적으로 그 함수율의 값은 15%를 기준으로 한다.

(ㄷ) 가력 방향 : 일반적으로 섬유 방향에 나란하게 힘을 가할 때 가장 강도가 세고, 이와 직각인 힘에 대하여 가장 약하다.

(나) 압축 시험 나무결에 따라 세로 압축 시험, 가로 압축 시험, 부분 압축 시험이 있다. 압축 시험편은 그림 7.3과 같이 가로 단면 정사각형의 직육면체로 한다. 가로 압축 강도는 세로 압축 강도의 약 10~20% 정도이다.

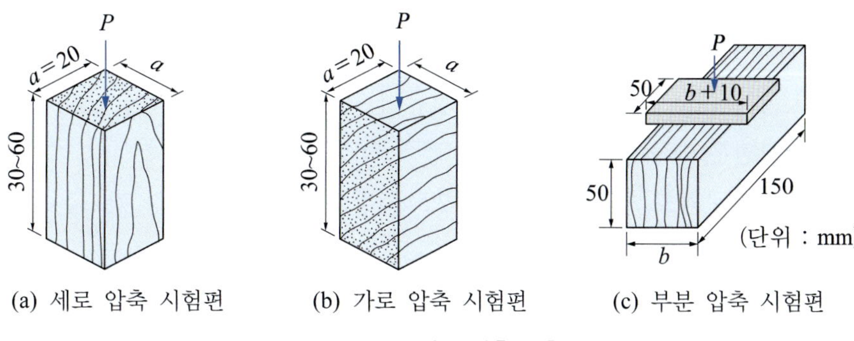

(a) 세로 압축 시험편 (b) 가로 압축 시험편 (c) 부분 압축 시험편

그림 7.3 목재의 압축 시험편

목재의 압축 강도는 다음 식으로 산출한다.

$$\sigma_c = \frac{P}{A} \tag{7.3}$$

여기서, σ_c : 목재의 압축 강도(N/mm^2)

P : 최대 하중(N)

A : 단면적(mm^2)

목재의 압축 시험 방법은 KS F 2206에 규정되어 있다.

표 7.5 목재의 강도 [2)]

수종		세로 압축 강도(N/mm^2)	인장 강도(N/mm^2)	휨 강도(N/mm^2)
침엽수	소나무	35.8	95.4	81.6
	전나무	38.0	66.3	60.0
	잣나무	46.0	93.2	88.1
활엽수	버드나무	21.7	51.6	36.3
	졸참나무	45.1	153.8	110.3
	밤나무	31.0	85.5	73.4

② 목재의 인장 강도

(가) 인장 강도에 영향을 미치는 요인

(ㄱ) 밀도 : 밀도에 비하여 인장 강도가 비교적 크며, 밀도가 클수록 커진다.

(ㄴ) 함수율 : 일반적으로 섬유 포화점 이하에서 함수율이 1% 커짐에 따라 세로 인장 강도는 1%, 가로 인장 강도는 1.5% 작아진다.

(ㄷ) 가력 방향 : 섬유 방향과 나란하게 인장할 때 인장 강도가 가장 크며, 섬유 방향에 직각으로 인장하면 나란하게 인장시켰을 때의 약 3～10% 정도가 된다. 섬유 방향의 인장 강도는 압축 강도에 비하여 크다.

(나) 인장 시험 섬유 방향 인장 시험과 섬유 직각 방향 인장 시험이 있다. 섬유 직각 방향 인장 시험편은 그림 7.4와 같다.

세로 인장 강도는 세로 압축 강도의 약 2.5배 정도이며, 가로 인장 강도는 세로 인장 강도의 약 7～20% 정도이다.

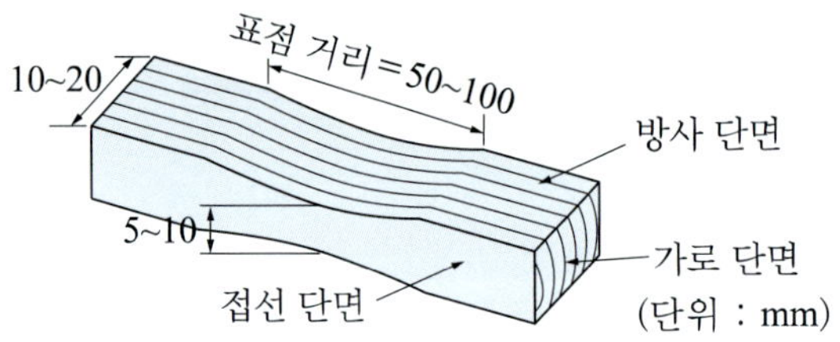

그림 7.4 목재의 섬유 직각 방향 인장 시험편

목재의 인장 강도는 다음 식으로 산출한다.

$$\sigma_t = \frac{P}{A} \tag{7.4}$$

여기서, σ_t : 목재의 휨 강도(N/mm^2)

P : 최대 하중(N)

A : 단면적(mm^2)

목재의 인장 시험 방법은 KS F 2207에 규정되어 있다.

③ 목재의 휨 강도

목재는 보로 사용되는 경우가 많으므로 휨 강도는 목재의 여러 가지 성질 중에서 가장 중요한 성질 중의 하나이다.

휨 강도는 세로 압축 강도의 1.5배 정도이며, 대략 55～120 N/mm^2 정도이다.

(가) 휨 강도에 영향을 미치는 요인

(ㄱ) 밀도 : 압축 강도나 인장 강도에서와 마찬가지로 휨 강도는 밀도에 비례한다.

(ㄴ) 함수율 : 대체로 함수율이 1% 커짐에 따라 휨 강도는 약 4% 정도 작아진다.

(ㄷ) 가력 방향 : 휨 강도도 압축 강도나 인장 강도에서와 같이 시험체의 길이 방향과 섬유 방향이 이루는 각도에 따라 달라진다.

(나) 휨 시험 시험편은 가로 단면 정사각형의 직육면체로 한다. 그 치수는 변의 길이 $a=20\sim30$ mm, 길이 $l=300\sim380$ mm로 하고, 그 중앙에 하중을 가하여 휨 시험을 한다.

목재의 휨 강도(파괴 계수)는 다음 식으로 산출한다.

$$\sigma_b = \frac{3Pl}{2bh^2} \tag{7.5}$$

여기서, σ_t : 목재의 휨 강도(N/mm^2)

P : 최대 하중(N)

l : 지간(mm)

b : 시험편의 너비(mm)

h : 시험편의 두께(mm)

목재의 휨 시험 방법은 KS F 2208에 규정되어 있다.

④ 목재의 전단 강도

전단 시험에서 순수 전단 강도를 구하기는 어려우며, 휨과 국부 압축 등의 영향을 받는다. 목재의 전단 강도는 5~10 N/mm^2 정도이다.

(가) 전단 강도에 영향을 미치는 요인

(ㄱ) 밀도 : 밀도와 전단력은 비례한다.

(ㄴ) 함수율 : 섬유 포화점 이하에서는 함수율이 1% 커짐에 따라 전단 강도는 약 3% 작아진다.

(ㄷ) 가력 방향 : 섬유 방향에 나란한 수평 전단력은 섬유 방향에 수직인 수직 전단력의 약 10~25%이다.

(나) 전단 시험 시험편은 그림 7.5(a)와 같이 하고, 시험은 그림 7.5(b)와 같이 시험편의 하중 블록에 하중을 가해서 한다.

목재의 전단 강도는 다음 식으로 구한다.

$$\tau = \frac{P}{A} \tag{7.6}$$

여기서, τ : 목재의 전단 강도(N/mm^2)

P : 최대 하중(N)

A : 전단 면적(mm^2)

목재의 전단 시험 방법은 KS F 2209에 규정되어 있다.

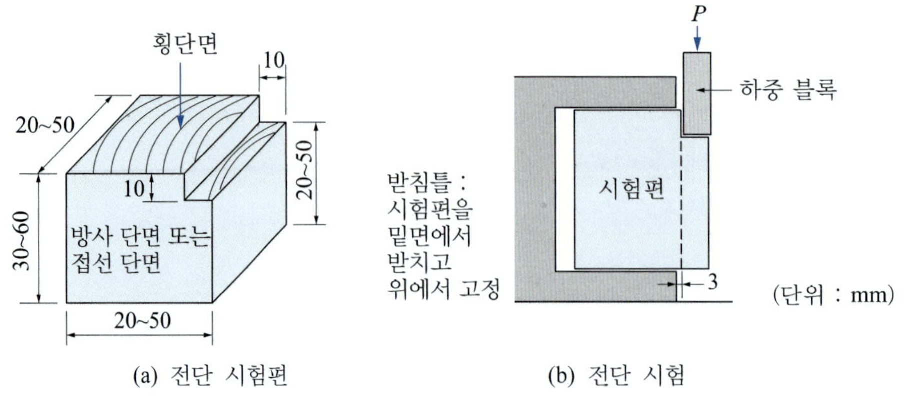

(a) 전단 시험편 (b) 전단 시험

그림 7.5 목재의 전단 시험

⑤ **목재의 탄성 계수**

(가) 탄성 계수 인장, 압축, 휨에 따라 약간의 차이는 있지만 약 6～12 GPa 정도이다. 보통 압축 탄성 계수는 인장 탄성 계수보다 작다. 또 압축 탄성 계수는 줄기 방향, 나이테, 함수율 및 밀도에 따라 상당히 달라진다.

(나) 탄성 계수 시험 강도 시험에서 비례 한도 내에서의 하중과 변형 관계로부터 탄성 계수를 구한다.

목재의 탄성 계수 시험 방법은 KS F 2206, KS F 2207, KS F 2208에 규정되어 있다.

3. 목재의 제재 및 건조법

(1) 목재의 벌목과 저목

① **벌목**(felling)

수목은 봄철에는 수액을 많이 품고 있어 썩기 쉬우므로, 벌목은 가을에서 겨울 사이에 한다. 어린 나무는 밀도와 강도가 작고, 노목은 재질이 약하므로 성숙한 장년기에 벌목해야 한다.

벌목에 적당한 수령은 표 7.6과 같다.

② **저목**(log storage)

벌목한 수목은 육상 또는 수상으로 운반해서 저목한다. 저목 방법에는 육상 저목과 수중 저목이 있다.

표 7.6 **벌목에 적당한 수령**[4)]

수종		수령(년)
침엽수	소나무	80~150
	노송나무	100~200
	낙엽송	100~200
활엽수	밤나무	40~80
	떡갈나무	60~220
	느티나무	80~150

(2) 목재의 제재와 재적

① 제재(sawing)

통나무에서 필요한 치수의 각재나 판재를 자르는 것을 제재라 한다. 제재된 목재의 면은 자르는 방향에 따라 마구리(end grain), 곧은결(edge grain), 무늿결(flat grain)로 나뉜다.

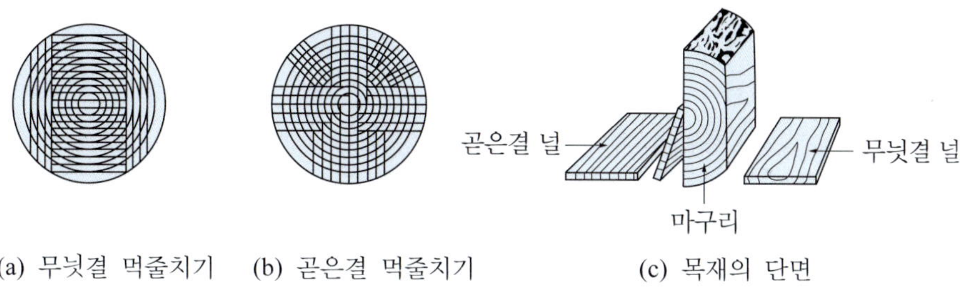

그림 7.6 **통나무의 제재**

② 제재의 재종

목재, 제재의 재종은 두께 및 폭에 따라 다음과 같이 구분한다.

(가) 판재 두께가 75 mm 미만이고, 폭이 두께의 4배 이상인 것이다.

(ㄱ) 좁은 판재 : 두께가 30 mm 미만으로 폭이 120 mm 미만인 것

(ㄴ) 넓은 판재 : 두께가 30 mm 미만으로 폭이 120 mm 이상인 것

(ㄷ) 두꺼운 판재 : 두께가 30 mm 이상인 것

(나) 각재 두께가 75 mm 미만이고, 폭이 두께의 4배 미만인 것 또는 두께 및 폭이 75 mm 이상인 것이다.

(ㄱ) 작은 각재 : 두께가 75 mm 미만이고, 폭이 두께의 4배 미만인 것이다. 횡단면이 장방형인 작은 정각재와 횡단면이 정방형인 작은 평각재가 있다.

(ㄴ) 큰 각재 : 두께 및 폭이 75 mm 이상인 것이다. 횡단면이 정방형인 큰 정각재와 횡단면이 장방형인 큰 평각재가 있다.

목재의 제재 치수는 KS F 1519에 규정되어 있다.

③ **목재의 재적**(volume of timber)

목재의 체적을 목재의 재적이라 한다. 단위는 m^3를 사용한다.

(3) 목재의 건조법

제재된 목재는 건조(seasoning)시켜서 사용한다. 건조시키면 수축에 의한 균열을 방지하고 방부제의 주입이 쉬우며, 부식이나 충해를 어느 정도 방지하여 내구성을 좋게 한다. 또 질량이 가벼워져서 다루기가 편리하다.

목재의 건조법에는 자연 건조법과 인공 건조법이 있다.

① **자연 건조법**

자연 건조법은 건조비가 적게 들지만 건조 기간이 오래 걸리고, 넓은 장소가 필요한 것이 결점이다.

(가) 공기 건조법(air seasoning) 원목이나 제재한 목재를 공기가 잘 통하는 곳에 쌓아 두어 자연적으로 건조하는 제일 간단한 방법이다.

햇빛에 의한 변색과 균열이 생기기 쉬운 것이 단점이다. 나무의 종류와 크기에 따라 건조 기간이 길어지므로 급할 때에는 이 방법이 적당하지 않다.

(나) 침수법(water seasoning) 공기 건조 기간을 줄이기 위해 공기 건조를 하기 전에 목재를 3~4주 동안 수중에 담가서 수액을 빼는 방법이다.

② **인공 건조법**

짧은 기간에 건조된다. 건조실 내의 온도와 습도를 조절하여 균열을 막을 수 있고, 함수율을 알맞게 조절할 수 있다.

자연 건조법에 비해 건조 기간을 줄일 수는 있으나 시설비가 많이 든다.

(가) 끓임법(boiling seasoning) 목재를 가마 속에 넣고 삶아서 수액을 빼는 방법이다. 목재의 수액을 빼고 나면 공기 중 건조한다.

(나) 증기 건조법 보일러에서 발생한 증기를 파이프로 보내어 실내의 공기를 가열하고, 송풍기로 공기를 순환시켜서 목재를 건조시키는 방법이다.

최고 온도는 100~120°C를 한도로 하고, 습도 조절은 증기 분사로 한다.

(다) 열기 건조법(hot air seasoning) 밀폐된 건조실 내에 목재를 넣고 가열한 공기를 보내어 건조를 촉진시키는 방법이다.

건조도 빠르고 변형도 작으나 건조가 심하면 변색하기 쉽고, 재질이 상할 염려가 있다.

(라) 기타 건조법 열기 대신 연기를 건조실에 보내어 건조시키는 훈연 건조법, 고압 전류를 이용한 전기 건조법, 건조제를 사용한 건조제 건조법 등이 있다.

4. 목재의 내구성

목재의 내구성을 잃게 하는 원인으로는 부식, 충해, 풍화, 화재, 마모 등을 들 수 있다. 이러한 것으로부터 목재를 온전히 보존하기 위한 완벽한 방법은 아직 없다.

(1) 목재의 방부법

목재의 부식(corrosion)은 주로 균류의 작용으로 목재 내부의 목질이 파괴되기 때문이다. 균은 목재의 함수율이 20% 정도일 때 공기와 적당량의 습기(80%) 속에서 가장 잘 번식한다. 목재는 지하수나 수중에서는 일반적으로 잘 썩지 않는다.

방부법은 균류가 발생하는 데 필요한 양분, 온도, 습도 및 공기의 4가지 요소 중에서 한 가지 이상을 없애면 된다.

① 표면 처리법

(가) 표면 탄화법 목재의 부패균을 막기 위하여 목재의 표면을 태워서 탄화막을 씌우는 방법이다.

표면 탄화의 두께는 3～10 mm 정도이다. 이것은 일시적인 효과는 있으나 1～2년이 지나면 방부 효과가 없어진다.

(나) 약제 도포법 외부로부터의 습기, 균, 벌레 등의 침입을 막기 위하여 약제를 표면에 바르는 방법이다.

목재를 충분히 건조시켜 목재 내부의 습기를 없앤 후 표면에 콜타르, 크레오소트(creosote), P.C.P(penta-chloro phenol), 황산구리, 염화아연, 페인트, 바니시 등을 바른다.

비교적 간단하고 값이 싸다.

② 방부제 주입법

(가) 상압 주입법 목재를 방부제 용액 속에 담가서 방부제를 주입하는 방법이다. 상온

에서 10~14일 동안 두고, 가열 용액(80~90°C)일 때에는 1~4시간 둔다. 약제는 주로 크레오소트를 사용한다.

주로 가설용재, 말뚝, 울타리 등에 사용하는 목재에 이용한다.

(나) 가압(加壓) 주입법 압력실 내에 목재를 넣고 7~12기압 정도의 압력을 가해 온도 80~90°C의 방부제를 주입하는 방법이다. 약제는 크레오소트가 사용되며, 약제를 조절할 수 있고 효과도 크다.

주로 철도 침목, 전주 등에 많이 이용된다.

(2) 목재의 방충법

목재의 충해는 주로 흰개미에 의한 것이다. 이것을 막기 위하여 목재의 표면을 금속재료, 콘크리트 등으로 바르거나 크레오소트 등의 방부제를 주입시킨다. 방부 처리된 목재는 방충(insect proof) 효과도 있다.

(3) 목재의 풍화 방지법

목재 표면에 페인트나 바니시 등을 발라 풍화(weathering)를 방지한다.

(4) 목재의 방화 처리법

목재는 불붙기 쉽다는 것이 최대의 결점이다. 목재를 화재로부터 막기 위한 방법으로는 표면 처리법과 방화제 주입법이 있다.

① 표면 처리법

불연성 무기 재료로 목재 표면을 피복하여 목재를 화염으로부터 차단하는 방법이다. 여기에 사용되는 재료에는 각종 금속, 시멘트 모르타르, 콘크리트, 방화 도료 등이 있다.

방화 도료에는 발포성 도료와 비발포성 도료가 있다. 발포성 도료는 가열되면 도막이 생겨 화염에 대하여 차단층을 만들어 가연성 가스를 희박하게 만들고, 또 열이 목재 내부로 전도되는 것을 막는 도료이다.

비발포성 도료는 가열되면 불연성 가스의 발생과 도막의 팽창 등에 의하여 목재에 직접 화염이 닿는 것을 막아 연소를 방지하는 도료이다.

② 방화제 주입법

목재를 난연성으로 하기 위하여 불연성의 방화제(fire retardant)를 주입하는 것이다. 약제는 인산암모늄, 황산암모늄, 탄산나트륨 등이 사용된다.

5. 목재의 가공품

(1) 합판

합판(ply wood)은 통나무와 각재를 얇게 깎아서 만든 단판(veneer)을 3장 이상의 홀수 장으로 하여, 이것을 섬유 방향이 서로 직각이 되도록 겹으로 압축해서 접착제로 붙여 만든 것이다.

① 합판의 특징

1) 지름이 작은 목재로 폭이 넓은 판을 얻을 수 있다.
2) 아름다운 나무결(곧은결)을 얻을 수 있다.
3) 단판의 섬유 방향이 서로 직각으로 되어 있어 방향에 의한 강도의 차이가 없다.
4) 마디나 갈라짐 등 목재의 결점을 없앨 수 있다.
5) 신축이 작다.
6) 목재를 완전히 이용할 수 있다.
7) 제품이 규격화되어 있어 사용에 능률적이다.

② 단판의 종류 및 제조

단판의 종류는 제조 방법에 따라 다음과 같이 3가지가 있다.

(가) 로터리 베니어(rotary veneer) 통나무를 나이테에 따라 연속적으로 원둘레 방향으로 얇게 깎아 만든 단판이다. 단판이 쪼개지기 쉽고 거칠다는 결점이 있으나, 원목의 낭비가 없고, 생산 능률이 높아 가장 많이 사용한다.

(나) 슬라이스드 베니어(sliced veneer) 각재를 얇게 깎아 만든 단판이다. 곧은결과 무늿결을 자유로이 얻을 수 있어 장식용으로 이용할 때 쓰인다. 이것은 원목 지름 이상의 넓은 단판을 얻을 수 없다.

(다) 소드 베니어(sawed veneer) 각재를 톱으로 켜서 만든 단판이다. 아름다운 결을 얻을 수 있고, 단단한 목재일 때 많이 사용된다.

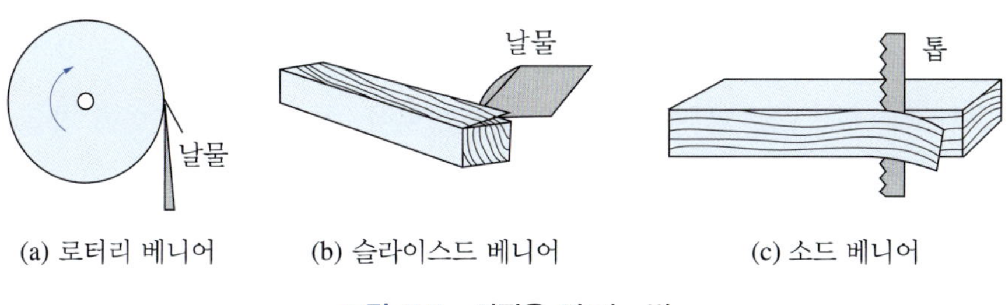

그림 7.7 단판을 만드는 법

③ **합판의 종류 및 치수**

(가) 보통 합판 종류는 다음과 같이 구분한다.

(ㄱ) 제조 방법에 따라 : 일반, 무취, 방충, 난열

(ㄴ) 접착 형식에 따라 : 내수, 준내수, 비내수

(ㄷ) 판면의 품질 및 겉모양에 따라 : 1급, 2급

(ㄹ) 구성 종류에 따라 : 침엽수 합판, 활엽수 합판

보통 합판의 표준은 KS F 3101에 규정되어 있다.

(나) 구조용 합판 구조용 합판의 표준은 KS F 3113에 규정되어 있다.

(다) 거푸집용 합판 콘크리트 거푸집용 합판의 표준은 KS F 3110에 규정되어 있다.

표 7.7 **보통 합판의 치수** (KS F 3101)

두께(mm)	단판 적층수(겹)	너비(mm)	길이(mm)
2.7, 3.0, 3.6, 4.8, 7.5, 8.0, 9.0, 12.0, 15.0, 18.0, 21.0, 24.0, 28.0, 30.0, 35.0	3 이상	900 910 1 200 1 220	1 800 1 820 2 400 2 440

(2) 개량 목재

목재의 여러 가지 결점을 없애고 강도를 크게 한 것을 개량 목재라 한다. 개량 목재에는 다음과 같은 종류가 있다.

① **적층재**(laminated veneer timber)

두께 0.1～1 mm의 얇은 판을 섬유 방향이 평행하게 여러 장을 겹쳐 고온에서 접착제로 붙인 것으로서, 강화목이라고도 한다. 접착 온도는 130～140°C, 압력은 2.5 N/mm^{2}로 한다.

대단히 가볍고, 강도는 소재의 3～4배에 이른다.

목재 단판 적층재의 표준은 KS F 3119에 규정되어 있다.

② **집성재**(glued laminated timber)

적층재와 같은 방법으로 만든다. 단판의 섬유 방향이 서로 엇갈리게 여러 장을 겹쳐서, 여기에 페놀 수지 등을 가압 침투시켜 고온 고압에서 붙인 것이다.

접착 온도는 150°C, 압력은 20 N/mm^{2}로 한다. 가볍고, 강도가 목재와 금속 재료와의 중간 정도이다.

압축 강도는 소재와 거의 같고, 휨 강도와 탄성 계수는 크다.

구조용 집성재의 표준은 KS F 3021에 규정되어 있다.

③ **압축 목재**(compressed wood timber)

마디가 없고 흠도 없는 각재를 섬유의 직각 방향으로 30~33 N/mm^{2}의 고압으로 압축한 것이다. 보통 고압을 주지 않은 것에 비해 강도가 크다.

7.2 석재

1. 개설

(1) 석재의 의의

① **석재의 특징**

석재(stone materials)는 암석을 공사용 재료로 사용할 수 있도록 적당한 모양, 크기로 가공한 것을 말한다. 천연 모양 그대로 사용하는 자갈 같은 것도 있다.

석재는 내화성, 내구성, 내마모성이 우수하고, 압축 강도가 크며, 외관이 좋아서 예로부터 구조용 재료 또는 장식용 재료 등으로 많이 사용하여 왔다.

근래 콘크리트 제품의 제조 기술이 진보되고 우수한 제품이 많이 생산되어 석재의 용도는 점차 줄어들고 있으나, 아직도 여러 방면에 사용되고 있다.

석재는 그 성질상 강재나 목재 등과 같이 구조물의 주재로 사용되는 일은 드물고, 콘크리트용 골재나 포장 기초 공사, 철도의 도상에 중요한 재료로 쓰인다.

② **석재의 요건**

건설 재료로서 적합한 석재의 요건은 다음과 같다.

1) 가공하기 쉬워야 한다.
2) 강도와 내구성이 커야 한다.
3) 외관이 아름다워야 한다.
4) 가격이 싸야 한다.

(2) 암석의 분류

① 성인에 따른 분류

(가) 화성암(igneous rock) 지구 내부의 마그마(magma)가 냉각되어 굳은 것이다. 고화 장소에 따라 깊은 곳에서 생긴 것을 심성암, 지표에 유출되어 굳은 것을 화산암이라 하며, 이들 중간의 것을 반심성암이라 한다.

화성암은 단단하고, 풍화와 마모에 대한 저항성이 크나 열에 약하다. 또 성인으로 인하여 큰 덩어리 상태이므로 큰 석재를 채석하기 좋으며, 석재 중에서 가장 많이 사용된다.

화성암에는 화강암, 안산암, 현무암, 섬록암, 석영반암 등이 있다.

(나) 퇴적암(sedimentary rock) 지각의 표면에 노출된 암석이 바람, 물, 빙하 등의 물리적 작용으로 깎이거나, 풍화된 것이 운반되어 물리적 또는 화학적 작용에 의하여 퇴적되어 생긴 것이다.

(ㄱ) 수성암(aqueous rock) : 물속에서 퇴적되어 생긴 것이다. 사암, 점판암, 석회암 등이 이에 속한다.

일반적으로 연질이며, 강도가 약하고 풍화, 동해, 변색하기가 쉬우나 석회암을 제외하고는 열에 비교적 강하다.

(ㄴ) 풍성암(aeolian rock) : 바람의 작용으로 지표에 생긴 것이다. 황토(loess), 롬(loam)이 이에 속한다.

(다) 변성암(metamorphic rock) 화성암 또는 퇴적암이 지각의 변동, 지열의 작용을 받아서 변질된 것이다. 일반적으로 편상 구조를 가지고 있다.

변성암에는 대리석, 사문암, 편마암 등이 있다.

② 압축 강도에 따른 분류

표 7.8과 같이 경석(hard stone), 준경석(semi-hard stone), 연석(soft stone)으로 나뉜다.

표 7.8 석재의 분류 (KS F 2530)

종류	압축 강도(MPa)
경석	50 이상
준경석	10~50
연석	10 미만

③ 용도에 따른 분류

구조용, 장식용, 골재용 등으로 나뉜다.

(3) 암석의 조직 및 구조

① 암석의 조직

암석을 만들고 있는 광물을 조암 광물이라 한다. 보통 조암 광물이 여러 종류가 모여서 암석을 만든다. 암석은 광물 성분의 비율과 결합 상태에 따라 색깔, 성질, 외관 등이 다종 다양하다.

주요 조암 광물의 물리적 및 화학적 성질은 표 7.9와 같다.

표 7.9 주요 조암 광물[5)]

광물명	색깔	밀도(g/cm^3)	화학 성분	성질
석영	무색 투명	2.65	SiO_2	산, 알칼리에 강하다.
장석	흰색	2.6	AL, NA, Ca, K 등의 규산 화합물	풍화에 대한 저항력이 약하다.
운모	흰색, 검은색	2.8	K, Al 등의 규산 화합물	얇게 벗겨지는 성질이 있다.
각섬석 휘석	검은색	2.9~3.6	Fe, Al, Ca, Mg 등의 규산 화합물	풍화에 대한 저항력이 크다.
감람석	담록색	3.4	Fe, Mg 등의 규산염	풍화되기 쉽다.
방해석	무색 투명	2.7	$CaCO_3$	산에 녹기 쉽고, CO_2가 생긴다.
사문석	흰색, 담색	2.6	Fe, Mg 등의 규산 화합물	감람석, 휘석, 각섬석이 변질된 것
석고	흰색	2.3	$CaSO_4 \cdot 2H_2O$	입상과 편상으로 결합되어 있다.

② 암석의 구조

암석에는 천연적으로 만들어진 특유의 갈라진 금이 있다. 이것은 채석과 가공에 이용된다.

(가) 절리(joint) 암석의 특유한 천연적인 금(crack)을 말하며, 괴상 절리, 판상 절리, 주상 절리가 있다. 또 평행한 모양의 절리를 층리(bedding stratification)라 하고, 방향이 불규칙한 절리를 편리(schistosity)라 한다. 채석에 이 절리를 이용한다.

(나) 석리(texture) 석재 표면의 구성 조직을 석리라 한다. 이것은 암석을 이루고 있는 조암 광물의 조성 상태에 따라 생기는 모양으로서 암석 조직상의 금이다.

(다) 석목(rift) 암석은 절리나 갈라짐, 이외에 일정한 방향으로 갈라지기 쉬운 금이 있다. 이것을 석목(돌눈)이라 하며, 채석에 이용된다.

(라) 벽개(cleavage) 광물이 일정한 면으로 잘 갈라지는 성질을 벽개라 하며, 광물 내의 원자 배열 상태에 의해서 생기는 것이다.

2. 건설 재료용 석재

석재 중에서 구조용, 장식용 재료로서 사용되는 중요한 것을 들면 다음과 같다.

(1) 화성암

① **화강암**(granite)

(가) 조성 화성암 중 산성 심성암에 속한다. 입상 조직을 가진 완정질로서 일반적으로 괴상으로 산출된다. 주성분은 석영, 장석, 운모 등이다.

(나) 성질 단단하고 내구성이 크며, 외관이 아름답다. 갈라지는 눈금이 적어 대재를 채취할 수 있으나 내화성이 약하다. 300°C의 열에서 변색 분해되고, 500°C에서 박리가 생기며, 700~800°C에서 붕괴된다.

(다) 용도 각석, 판석, 견치석, 사괴석, 콘크리트용 골재 등으로 많이 사용된다.

② **섬록암**(diorite)

(가) 조성 중성 심성암이며, 주성분은 사장석, 휘석, 각섬석, 운모, 석영 등이다. 조직은 가는 결정질 또는 유리질이 많다.

(나) 성질 석영을 많이 포함한 화강암과 매우 유사하다. 색깔이 아름답지 못하지만 연마하면 광택을 낸다. 진한 녹흑색을 띠며, 암질이 단단하고 세립이다. 석목이 없으므로 가공하기가 어렵다.

(다) 용도 주로 구조용 재료로 사용된다.

③ **안산암**(andesite)

(가) 조성 중성 화산암이며, 주성분은 사장석, 휘석, 각섬석, 운모, 석영 등이다. 조직은 가는 결정질 또는 유리질이 많다.

(나) 성질 조직이 치밀하고 단단하며, 내화성이 크다. 판상 또는 주상의 절리가 있어 채석하기가 쉬우나, 조직과 색깔이 고르지 못하다.

(다) 용도 하천 호안 공사, 돌쌓기, 도로용 석재로 많이 사용된다.

④ **현무암**(basalt)

(가) 조성 염기성 화산암이며, 주성분은 사장석과 휘석이지만 감람석, 각섬석, 운모 등을 함유하는 것도 있다.

(나) 성질 색깔은 암록색 또는 흑색이고, 주상 절리가 발달한 것이 많다. 안산암과 같이 내화성이 크다.

(다) 용도 가공하기가 어려우므로 부순 골재로 많이 사용한다.

(2) 퇴적암

① **응회암**(tuff)

(가) 조성 화산재 또는 화산 모래가 퇴적하여 응고된 것과 암석 부스러기가 섞여 고결된 것이다. 입자가 작은 것부터 입자가 큰 것에 이르기까지 그 종류가 많다.

(나) 성질 석질이 연하고 가벼워서 채석, 가공하기가 매우 쉬우나, 흡수율이 커서 동해를 받기 쉽다. 내화성은 크나 강도는 그다지 크지 않다.

(다) 용도 구조용, 돌쌓기용, 기초용으로 사용된다.

② **사암**(sand stone)

(가) 조성 모래알(입경 2～0.1 mm)이 결합 물질에 의하여 굳어져 된 것이다.

(나) 성질 석질이 단단한 것은 강도, 내구성, 내화성이 크다. 단, 규산질 사암은 내화성이 작다. 석질이 연한 것은 흡수율이 크고, 내화성도 없다.

(다) 용도 축대, 돌쌓기 등에 사용된다.

③ **혈암**(shale)

(가) 조성 모래보다도 미세한 실트나 점토가 불완전하게 응고된 것이다. 판상 조직으로 되어 있어 얇은 층으로 벗겨지기 쉬우며, 균일한 비정질이다.

(나) 성질 재질이 연하여 흡수성이 크며, 풍화되기가 쉽다. 색깔은 회색 또는 담황색이다.

(다) 용도 판석, 부순 골재에 이용되며, 점토분이 많아서 시멘트의 원료로 사용된다. 팽창성 혈암은 인공 경량 골재의 원료로도 사용된다.

④ **점판암**(clay slate)

(가) 조성 점토가 침전하여 압력을 받아 응결한 것이 이판암이고, 이것이 더 큰 압력을 받아 생긴 것이 점판암이다.

(나) 성질 석질은 치밀하고 판상 조직으로 벗겨지기가 쉽다. 흡수율이 작고 대기 중에서 변질하지 않는다. 색은 청회색 또는 흑색이다.

(다) 용도 천연 슬레이트로 지붕, 벽체 등에 사용된다.

⑤ **석회암**(lime stone)

(가) 조성 석회 물질이 침전하여 응고한 것으로서, 동식물의 유체가 퇴적된 것이 많다. 주성분은 탄산석회, 즉 방해석(calcite)이며, 기타 석영, 황철광 등을 포함하고 있다.

(나) 성질 석질은 치밀하고 강도가 크나, 내화성은 작으며, 또 화학적으로 산에 약하다. 색은 백색 내지 회백색이다.

(다) 용도 매우 다양하게 사용되며, 부순 골재, 석분, 석회 및 시멘트의 원료 등으로 사용된다.

(3) 변성암

① **편마암**(gneiss)

(가) 조성 화강암 또는 섬록암에 가까운 성분을 가진 암석이 지중에서 강한 압력을 받아 변질한 것으로서, 편상 석리를 가지고 있다.

(나) 성질 색깔은 회색, 담회색이고, 내화성이 작다. 광물 성분의 분포가 일정하지 않으므로 재질이 균일하지 못하다.

(다) 용도 중요한 공사에는 부적당하며, 돌담이나 부석 등에 사용된다.

② **대리석**(marble)

(가) 조성 석회암이 열을 받아 변성된 것이다. 주성분은 방해석이며, 이외에 탄소질, 산화철, 휘석, 각섬석 등을 함유하고 있다.

(나) 성질 색깔이 아름다우며, 강도는 어느 정도 강하다. 그러나 내화력이 약하고 풍화되기 쉬우며, 산에도 약하다.

(다) 용도 장식재 또는 조각재로 제일 우수하다. 그러나 내산성이 약하여 외장용으로는 부적당하다.

③ **편암**(schist)

(가) 조성 수성암층의 상부에 속한 것이 변질된 것이다. 주성분은 석영과 장석이며, 이 외에 각종의 광물을 함유하고 있다.

(나) 성질 석질이 치밀하고 단단하며, 층리를 따라 벗겨지기 쉽다.

(다) 용도 중요한 재료로는 사용하지 않고 부석 등에 사용한다.

3. 석재의 성질 및 시험 방법

(1) 석재의 물리적 성질

① 석재의 단위 질량

단위 체적당 석재의 질량을 석재의 단위 질량이라 한다. 단위는 kg/m³로 나타낸다.

② 석재의 밀도

(가) 밀도 석재의 밀도는 그 조직 성분의 성질과 비율, 공극률의 크기에 따라 다르나 대개 2.65 g/cm³ 정도이다.

석재는 일반적으로 밀도가 클수록 흡수율이 작고, 압축 강도가 크다.

(나) 밀도 시험 밀도는 시험편의 질량을 시험편의 체적으로 나누어 구한다.

석재의 밀도는 다음 식으로 산출한다.

$$d = \frac{m_d}{m_s - m_w} \times d_w \tag{7.7}$$

여기서, d : 석재의 밀도(g/cm³)

m_d : 건조 시험체의 질량(g)

m_s : 표면 건조 포화 상태 시험체의 질량(g)

m_w : 수중에서 표면 건조 포화 상태 시험체의 질량(g)

d_w : 시험 온도에서 물의 밀도(g/cm³)

석재의 밀도 시험 방법은 KS F 2518에 규정되어 있다.

표 7.10 석재의 밀도 및 흡수율[3)]

종류	밀도(g/cm³)	흡수율(%)	종류	밀도(g/cm³)	흡수율(%)
화강암	2.65	0.35	점판암	2.70	–
안산암	2.50	2.5	대리석	2.70	0.3
응회암(연)	1.50	17.2	석회암	2.70	0.5～5.0
사암(연)	2.00	11.0	경석	0.70	–

③ 석재의 흡수율

(가) 흡수율 풍화, 파괴, 내구성과 크게 관계된다. 일반적으로 흡수율이 클수록 강도와 내구성이 작아지며, 다공성이므로 동해를 받기 쉽다.

(나) 흡수율 시험 흡수율은 시험편의 수분 질량과 시험편의 건조 질량의 비로 나타낸다. 석재의 흡수율은 다음 식으로 산출한다.

$$Q = \frac{m_s - m_d}{m_d} \times 100 \tag{7.8}$$

여기서, Q : 석재의 흡수율(%)

m_d : 건조 시험체의 질량(g)

m_s : 흡수한 시험체의 질량(g)

석재의 흡수율 시험 방법은 KS F 2518에 규정되어 있다.

④ **석재의 내열성**

암석은 그것을 구성하는 광물 조성과 조직에 따라 열적 성질이 현저히 달라진다. 일반적으로 암석은 500°C 정도까지는 거의 피해를 받지 않는다. 그러나 어느 온도 이상이 되면 급격히 파괴되는 것과 천천히 변화를 받지만 상당히 고온까지 파괴되지 않는 것이 있다.

중요한 암석의 내화성을 나타내면 다음과 같다.

(가) 화강암 내화성이 작으며, 300°C에서 광택이 없어지고 800°C에서 부서진다.

(나) 안산암, 사암, 응회암 화강암과 같이 급격한 변화가 없고 대개 열에 강하며, 1 000°C 이상에도 견딘다.

(다) 석회암, 대리석 600~800°C에서 갈라지며, 특히 생성회까지로 변화여 분체화된다. 열에 약한 부류에 속한다.

⑤ **석재의 내구성**

석재는 조암 광물의 종류와 조직이나 사용 장소의 기상, 노출 상태 등에 따라 내구 연한이 달라진다.

석재의 내구성을 확인하는 방법으로 퇴색 시험, 팽창 계수 측정, 동결 시험, 내산 시험, 내알칼리 시험, 내화 시험 등이 있다.

표 7.11 **석재의 내구 연한**(Julien) [7)]

종류	내구년	종류	내구년
화강암	75~200	사암(조립)	5~15
안산암	50~60	사암(세립)	20~50
대리석	60~100	사암(경질)	100~200
석회암	20~40	석영암	75~200

(2) 석재의 역학적 성질

① 석재의 압축 강도

(가) 압축 강도 단위 질량이 클수록 크다. 즉 일반적으로 공극률이 작을수록, 구성 입자가 작을수록, 결정도와 그 결합 상태가 좋을수록 크다. 흡수율이 클수록 강도는 저하되며, 점판암과 같이 층을 이루는 암석은 방향에 따라 강도가 다르다.

(나) 압축 강도 시험 그림 7.8과 같이 시험체에 하중을 가해서 시험한다.

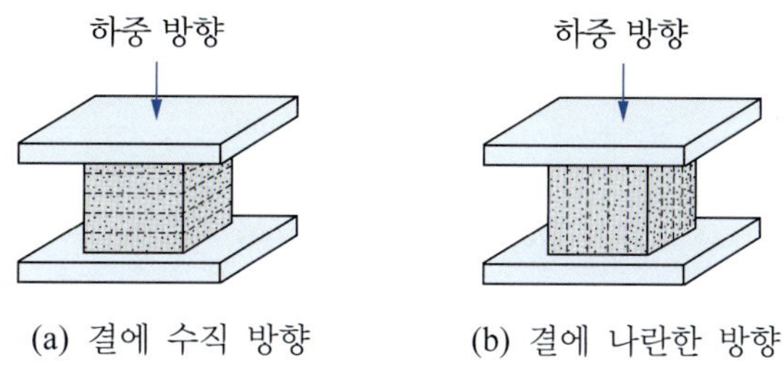

그림 7.8 시험체에 하중 가하는 방법

석재의 압축 강도는 다음 식으로 산출한다.

$$C = \frac{P}{A} \tag{7.9}$$

여기서, C : 석재의 압축 강도(MPa)

P : 시험체의 파괴 하중(N)

A : 시험체의 하중 재하면(mm^2)

석재의 압축 강도 시험 방법은 KS F 2519에 규정되어 있다.

표 7.12 석재의 강도[3)]

종류	강도(MPa)			탄성 계수 (GPa)
	압축	휨	인장	
화강암	150	14	5.4	51
안산암	98	8.3	4.4	–
응회암(연)	8.8	3.4	0.8	–
사암(연)	44	6.9	2.5	17
점판암	69	69	–	67
대리석	120	11	5.4	76
석회암	49	–	–	30
경석(연)	2.9	–	–	6.9

② **석재의 인장 강도**

(가) 인장 강도 석재의 인장 강도는 압축 강도의 1/10～1/20 정도이다.

(나) 인장 강도 시험 그림 7.9와 같은 시험체를 사용해서 인장 시험한다.

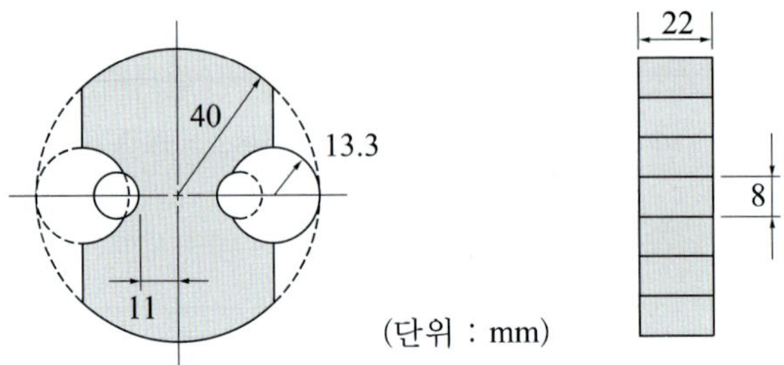

그림 7.9 석재 인장 강도용 시험체

석재의 인장 강도는 다음 식으로 산출한다.

$$T = \frac{P}{A} \tag{7.10}$$

여기서, T : 석재의 휨 강도(MPa)

P : 시험체의 파괴 하중(N)

A : 시험체의 단면적(mm^2)

③ **석재의 휨 강도**

(가) 휨 강도 석재의 휨 강도는 압축 강도의 1/10 정도이다. 석재의 휨 파괴는 거의 휨 인장 측에 생긴다.

(나) 휨 강도 시험 그림 7.10과 같은 방법으로 시험한다.

석재의 휨 강도는 다음 식으로 산출한다.

$$B = \frac{3Pl}{2bd^2} \tag{7.11}$$

여기서, B : 석재의 휨 강도(MPa)

P : 시험체의 파괴 하중(N)

l : 지간(mm)

b : 시험체의 너비(mm)

d : 시험체의 두께(mm)

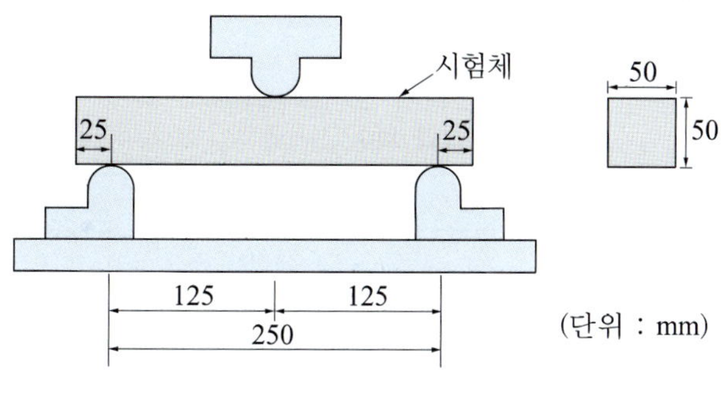

그림 7.10 석재의 휨 강도 시험

④ **석재의 탄성 계수**

현무암이나 사질암 등의 응력 변형 곡선은 거의 훅(Hooke)의 법칙을 따르고, 탄성 계수도 일정하다. 그러나 화강암이나 사암 등은 훅의 법칙을 따르지 않고 응력의 증가와 함께 탄성 계수도 증가한다.

⑤ **석재의 마모 저항성**

석재의 마모에 대한 저항성을 측정하기 위하여 마모 시험을 한다. 마모 시험은 KS F 2508 (로스앤젤리스 시험기에 의한 굵은 골재의 마모 시험 방법)에 따른다(식 2.33 참조).

4. 석재의 종류 및 재적

(1) 석재의 종류 및 치수

건설용 천연 석재의 종류 및 치수는 KS F 2530에 규정되어 있으며, 다음과 같다.

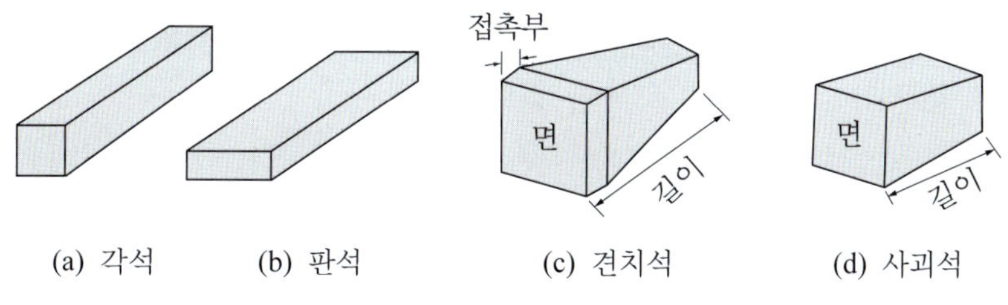

그림 7.11 석재의 모양에 따른 종류

① **각석**(square stone)

너비가 두께의 3배 미만이고, 일정한 길이를 가지고 있는 것이다. 구조용으로 사용된다.

각석의 종류 및 치수는 표 7.13과 같다.

표 7.13 **각석의 치수** (KS F 2530)

종류	두께(mm)	너비(mm)	길이(mm)
120 150	120	150	910, 1 000, 1 500
150 180	150	180	
150 210	150	210	
150 240	150	240	
150 300	150	300	
180 300	180	300	

② **판석**(plate stone)

두께가 150 mm 미만이고, 너비가 두께의 3배 이상인 것이다. 바닥판에 사용된다.

판석의 종류 및 치수는 표 7.14와 같다.

표 7.14 **판석의 치수** (KS F 2530)

너비(mm)	두께(mm)	길이(mm)	너비(mm)	두께(mm)	길이(mm)
300 400	20～30	300 400	500 550 600 650	30～150	900
400 450	30～150	900			

③ **견치석**

면이 거의 사각형에 가깝고, 길이는 4면을 쪼개내어 면에 직각으로 잰 길이가 면의 최소변의 1.5배 이상인 것이다. 주로 흙막이용 석축, 비탈면 보호의 돌붙임에 사용된다.

견치석의 종류 및 치수는 표 7.15와 같다.

표 7.15 **견치석의 치수** (KS F 2530)

종류	길이(mm)	표면적(mm^2)
350 각	350 이상	62 000 이상
450 각	450 이상	90 000 이상
500 각	500 이상	122 000 이상
600 각	600 이상	160 000 이상

④ **사괴석**

면이 거의 사각형에 가깝고, 길이는 2면을 쪼개내어 면에 직각으로 잰 길이가 면의 최소변의 1.2배 이상인 것이다. 주로 석축, 돌담, 포장 등에 사용된다.

사괴석의 종류 및 치수는 표 7.16과 같다.

표 7.16 **사괴석의 치수** (KS F 2530)

종류	길이(mm)	표면적(mm^2)
300 사괴석	300 이상	62 000 이상
350 사괴석	350 이상	90 000 이상
400 사괴석	400 이상	122 000 이상

(2) 석재의 재적

석재의 체적을 석재의 재적(volume of stone)이라 한다. 단위는 m^3를 사용한다.

7.3 점토 제품

1. 개설

(1) 점토의 종류

① **생성 원인에 따른 분류**

(가) 잔류 점토(residual clay) 암석이 풍화하여 점토(粘土, clay)가 된 후 그 위치에 그대로 남아 있는 것이다. 질이 좋으므로 도자기 등의 원료로서 사용된다.

(나) 침전 점토(sedimentary clay) 암석이 풍화하여 점토가 된 후 유수 등에 운반되어 다른 장소에 침전된 것이다. 불순물이 섞여 있으며, 구조용 점토 제품의 원료가 된다.

② **이용 목적에 따른 분류**

(가) 자토(porcelain clay) 주성분의 90% 이상이 규산알루미늄으로 된 순수 백색토이다. 내화성이 있으나 가소성이 부족하다. 주로 도자기의 원료로서 사용된다.

(나) 내화 점토(fire clay) 1 580°C 이상의 고열에 견디며, 철분이 적다. 주로 내화 벽돌, 도자기의 원료로서 사용된다.

(다) 사질 점토(sandy clay) 가는 모래가 많이 섞여 있으며, 내화성이 약하다. 이것은 주로 보통 벽돌, 기와, 토관 등의 원료로 사용된다.

(2) 점토의 성분과 성질

① 점토의 화학 성분

주성분은 이산화규소(SiO_2), 산화알루미늄(Al_2O_3)이다. 이외에 산화철(Fe_2O_3 또는 FeO), 산화칼슘(CaO), 산화마그네슘(MgO), 산화칼륨(K_2O), 산화나트륨(Na_2O) 등의 부성분으로 되어 있다.

② 점토의 성질

원료로서 점토의 중요한 물리적 성질은 소성, 수축, 가용성이다.

(가) 소성(plasticity) 어떤 모양을 만드는 데 필요한 성질이다. 점토의 질, 입자의 크기, 함수량, 비비기 정도, 시간, 온도 등에 영향을 받는다.

필요한 소성을 얻기 위해서는 성질이 다른 2종류의 점토를 알맞게 혼합하여 조절한다.

(나) 수축(shrinkage) 점토는 성형 후 건조하면 수축하고, 또 가열하면 수축한다. 일반적으로 길이 방향으로 수축률이 5～15% 정도 된다.

(다) 가용성(fusibility) 가열에 의한 용해의 난이를 나타내는 성질이다. 가용성은 함유하는 용매의 양, 점토 입자의 크기 등에 영향을 받는다.

점토의 용해도의 측정에는 제게르 추(seger cone)를 사용한다.

2. 벽돌

(1) 벽돌의 제법

벽돌(brick)의 제법은 예비 처리, 성형, 건조, 소성의 4공정을 거친다.

① 예비 처리

성형하기 전에 풍화, 분쇄, 혼합의 3처리가 이루어진다.

(가) 풍화 점토를 외기에 약 2개월간 노출시켜 부서지게 하거나 풍화를 촉진시킨다.

(나) 분쇄 풍화시킨 점토를 분쇄기에 넣고 잘게 분쇄한다.

(다) 혼합 원료의 가용성에 따라 모래 또는 점토를 섞고, 물을 알맞게 넣어 반죽한다.

② 성형

거푸집에 반죽된 원료를 넣고 성형한다. 성형 방법에는 수공법과 기계법이 있다.

(가) 수공법 간단한 목재틀이나 철재틀을 사용하여 성형하는 것이다.

(나) 기계법 벽돌 성형기를 사용하여 자동적으로 성형하는 것이다.

③ 건조

벽돌을 굽기 전에 변형을 막기 위하여 건조시킨다. 자연 건조법과 인공 건조법이 있다.

(가) 자연 건조법 벽돌을 야외에 쌓아 놓고 그대로 건조시키는 것이다. 건조는 보통 10～20일이 걸린다.

(나) 인공 건조법 벽돌을 건조실에서 25～40°C로 가열하여 건조시키는 것이다. 건조는 보통 7～10일이 걸린다.

④ 소성

건조시킨 벽돌을 700～1 000°C로 굽는다. 노천 소성법과 가마 소성법이 있다.

(가) 노천 소성법(clamp burning) 건조시킨 벽돌과 연료를 통풍이 잘 되도록 노천에 쌓아 놓고 소성시킨다. 벽돌의 품질이 고르지 못하며, 수량이 적을 때 사용된다.

(나) 가마 소성법(kiln burning) 벽돌 가마에는 연속 가마와 단속 가마가 있다. 소성 시간은 1주 정도 소요되며, 품질이 좋은 벽돌을 구워낼 수 있다. 대규모 생산에 사용된다.

(2) 점토 벽돌

① 점토 벽돌의 종류

(가) 품질에 따른 분류 미장 벽돌(facing brick)과 유약 벽돌(glazed brick)이 있으며, 각각 1종, 2종, 3종으로 나뉜다.

(나) 모양에 따른 분류 일반형과 유공형(perforate)이 있다.

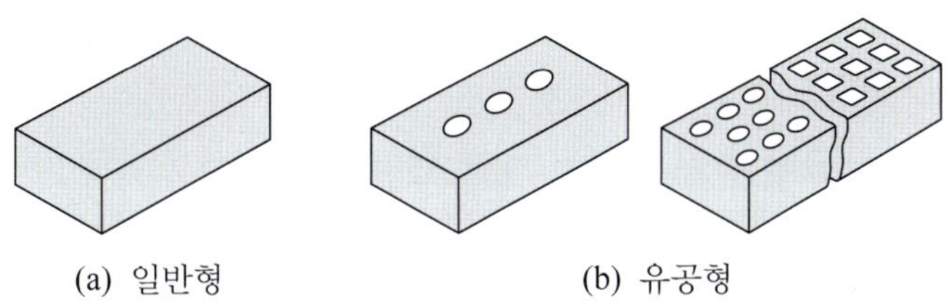

(a) 일반형 (b) 유공형

그림 7.12 점토 벽돌의 모양

② 점토 벽돌의 치수

점토 벽돌의 치수는 KS L 4201에 규정되어 있으며, 표 7.17과 같다.

표 7.17 점토 벽돌의 치수 (KS L 4201)

항목 \ 구분	길이	너비	두께
치수(mm)	190(230)	90	57
	205	90	75
허용차(mm)	±5.0	±3.0	±2.5

③ 점토 벽돌의 품질

점토 벽돌의 품질은 KS L 4201에 규정되어 있으며, 표 7.18과 같다.

표 7.18 점토 벽돌의 품질 (KS L 4201)

품질 \ 종류	1종	2종
흡수율(%)	10 이하	15 이하
압축 강도(MPa)	24.50 이상	14.70 이상

④ 점토 벽돌의 시험 방법

(가) 흡수율 벽돌의 흡수율은 다음 식으로 산출한다.

$$Q = \frac{m_s - m_d}{m_d} \times 100 \tag{7.12}$$

여기서, Q : 벽돌의 흡수율(%)

m_d : 건조 벽돌의 질량(g)

m_s : 수분을 포함한 벽돌의 질량(g)

(나) 압축 강도 벽돌의 압축 강도는 다음 식으로 산출한다.

$$C = \frac{P}{A} \tag{7.13}$$

여기서, C : 압축 강도(MPa)

A : 유공부를 포함하는 가압 면적(mm^2)

P : 최대 하중(N)

점토 벽돌의 시험 방법은 KS L 4201에 규정되어 있다.

(3) 특수 벽돌

① **내화 벽돌**(fire brick)

일반적으로 1 580°C 이상의 열에 견디는 벽돌을 내화 벽돌이라 한다. 주로 시멘트, 도기 등을 만드는 소성 가마 또는 철강 등을 만드는 용광로의 내부에 사용된다.

(가) 내화 점토질 벽돌(fire clay brick) 내화 점토에 소성 점토를 혼합하여 소성시켜 만든 것이다. 1 300~1 700°C의 열에 견딘다. 그 종류는 표준형과 이형이 있으며, 표준형에서 보통형의 치수는 230 mm×114 mm×65 mm이다.

내화 점토질 벽돌의 모양 및 치수는 KS L 3201에 규정되어 있다.

(나) 규석 벽돌(silica brick) 석영 모래에 점토를 조금 혼합하여 소성시켜 만든 것이다. 2 000°C의 열에 견딘다. 그 종류와 치수는 내화 점토질 벽돌과 같다.

(다) 규회 벽돌(sand lime brick) 모래와 석회를 주원료로 하여 가압 성형하고, 증기압 하에서 양생하여 만든다.

규회 벽돌의 모양 및 치수는 KS L 4204에 규정되어 있다.

② **경량 벽돌**(light weight brick)

(가) 다공질 벽돌(porous brick) 점토에 목탄 가루, 톱밥 등을 30~35% 정도 혼합하여 소성시켜 만든 것이다. 속에 작은 구멍이 많아서 가볍고, 밀도가 1.2~1.5 g/cm^3 정도이다. 못을 박을 수 있고, 보온과 흡음성이 있다.

(나) 속빈 벽돌(hollow brick) 저급 점토와 가는 모래를 사용하여 벽돌의 가운데 부분이 비어 있게 만든 것이다. 가볍고, 단열성과 방음성이 있다. 주로 칸막이나 외벽 등에 사용한다.

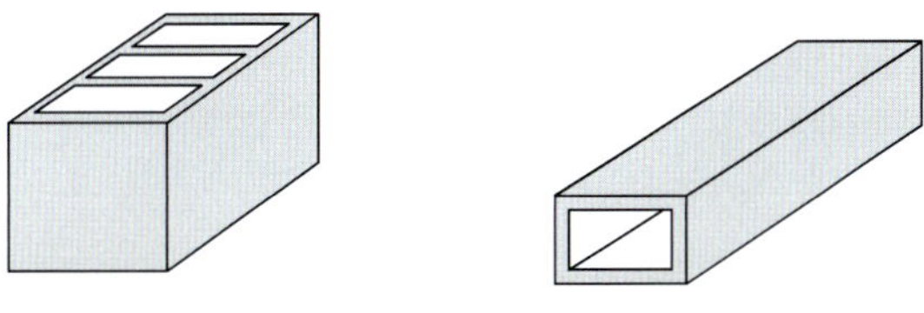

그림 7.13 속빈 벽돌

③ **포장 벽돌**(praving brick)

도로 포장에 사용되는 벽돌이다. 침전토, 불순 내화 점토, 혈암 등을 원료로 하여 소성시켜 만든다. 밀도는 2.00~2.35 g/cm^3 정도이고, 흡수율은 0.75~2.5%를 한도로 한다. 모양과 치수는 규정이 없으며, 보통 벽돌보다 약간 작은 것이 많이 쓰인다.

3. 도관

도관(clay pipes)은 점토를 원료로 하여 소성하여 만든 것이다. 주로 배수관, 하수도관, 전선 및 케이블관 등에 사용된다.

(1) 원료 및 제법

① 원료

도관의 원료는 침전 점토, 내화 점토 등을 사용하며, 유약은 소금이나 망간을 사용한다.

② 제조

압출기로 성형하여, 관의 안팎에 유약(glaze)을 발라 약 1 100～1 200°C로 여러 날 소성한다. 소성 후 냉각에는 보통 7일 정도 걸린다.

(2) 도관의 종류 및 치수

① 도관의 종류

(가) 직관(straight pipe)　보통관과 두꺼운 관이 있다.

(나) 이형관(fitting pipe)　곡관과 가지 달린 관이 있으며, 각각 보통관과 두꺼운 관으로 나뉜다.

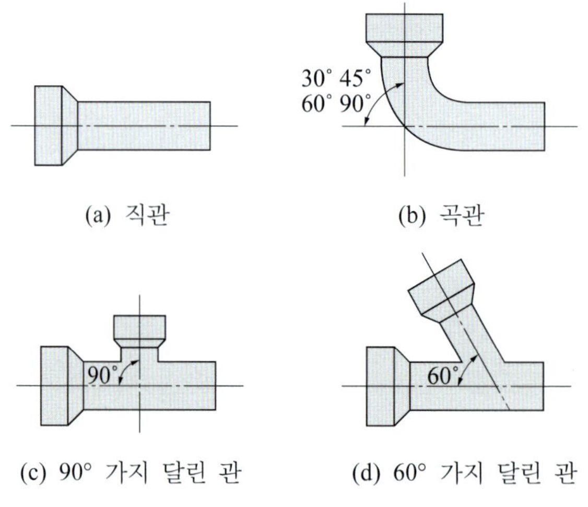

(a) 직관　(b) 곡관

(c) 90° 가지 달린 관　(d) 60° 가지 달린 관

그림 7.14　도관의 종류

② 도관의 치수

모양과 치수는 KS L 3208에 규정되어 있으며, 직관의 호칭 지름은 표 7.19와 같다.

표 7.19 직관의 종류에 따른 호칭 지름 (KS L 3208)

종류	호칭 지름(mm)
보통관	50, 60, 75, 100, 125, 150, 180, 230, 300
두꺼운 관	100, 125, 150, 200, 250, 300, 350, 400, 450, 500, 600

(3) 도관의 품질 및 시험 방법

① 도관의 품질

도관의 품질은 KS L 3208에 규정되어 있으며, 표 7.20과 같다.

표 7.20 도관의 품질 규정 (KS L 3208)

종류	호칭 지름(mm)	흡수율(%)	압축 강도(kN/m)
보통관	50～300	10 이하	9～15 이상
두꺼운 관	100～600	9 이하	26～44 이상

② 도관의 시험

(가) 흡수율 시험편을 3시간 이상 물에 끓여서 시험한다.

도관의 흡수율은 다음 식으로 산출한다.

$$Q = \frac{m_s - m_d}{m_d} \times 100 \tag{7.14}$$

여기서, Q : 도관의 흡수율(%)

m_d : 건조 시험편의 질량(g)

m_s : 수분을 함유한 시험편의 질량(g)

(나) 압축 강도 도관의 이음부를 제외한 몸체의 옆 부분에 하중을 가해 시험한다.

도관의 압축 강도는 다음 식으로 산출한다.

$$B = \frac{P}{L} \tag{7.15}$$

여기서, B : 도관의 1 m당 압축 강도(N/m)

P : 관이 파괴될 때의 최대 하중(N)

L : 관의 유효 길이(m)

도관의 시험 방법은 KS L 3208에 규정되어 있다.

참고문헌

1) 西村昭, 井 學 : 最新 土木材料, 森北出版(1975)
2) 林業試驗場 : 研究報告書, 光陵出張所
3) 대한토목학회 : 토목공학 핸드북(1983)
4) 全國高專土木學會 : 土木林料學, コロナ社(1976)
5) 日本建築學會 : 建築便覽
6) 浜田 稔 : 建築材料學, 丸善(1964)
7) 土木學會 : 土木工學 ハンドブック, 技報堂(1974)

연습문제

1. 목재의 겉보기 밀도를 함수 상태에 따라 분류하여라.
2. 목재의 수축 변화에 대해서 설명하여라.
3. 목재의 강도에 영향을 끼치는 요인을 설명하여라.
4. 목재의 건조법에 대해 설명하여라.
5. 목재의 방부법에 대해 설명하여라.
6. 석재를 압축 강도에 따라 분류하여라.
7. 절리, 석리, 석목이란 무엇인가?
8. 건설 공사용으로 많이 사용하는 대표적인 암석을 5가지만 설명하여라.
9. 석재의 흡수율과 강도의 관계에 대해서 설명하여라.
10. 각석, 판석, 견치석의 모양 및 용도를 설명하여라.

8 도료 및 화약

8.1 도료

1. 개설

(1) 도료의 의의

도료(paint)는 재료 또는 구조물의 면에 칠하여 구조물의 내식성, 방부성, 방습성을 높이는 재료이다. 또 내후성, 내열성, 내화학성, 내마모성, 강도 등을 크게 하며 착색, 광택 등으로 겉모양을 아름답게 하기 위하여 사용한다.

일반적으로 상온에서 유동성을 가지며, 어떤 물체에 도포하면 물리적 또는 화학적으로 변화하여 점차적으로 경화되어 피막을 만든다.

(2) 도료의 구성

도료는 기름, 수지액과 안료를 혼합하여 여러 종류의 첨가제를 넣고, 점도를 조정하기 위하여 용제로 희석해서 제조한다.

도료는 일반적으로 다음과 같이 구성된다.

도료
- 안료 – 착색 안료, 방청 안료, 체질 안료
- 전색제 – 건성유, 천연 수지, 가공 수지, 합성 수지
- 첨가제 – 건조제, 경화제, 촉진제, 흐름 방지제, 표면 활성제 등
- 용제 – 용제, 희석제

(가) **안료**(pigment)　착색제로서 광물질 또는 유기질의 미분말이다.

(나) **체질 안료**(extender pigment)　불활성으로 작업성을 좋게 하고, 도막 두께를 형성하는 성분이다.

(다) **전색제**(vehichle)　도료의 색이 잘 퍼지게 하는 성분이다.

(라) **첨가제**(additive)　도료로서 갖어야 할 성능을 주는 성분이다.

(마) **용제**(solvent)　건성유, 수지를 용해하며 점도를 조절하는 용매이다.

(바) **희석제**(diluent)　점도를 낮추어 농도를 묽게 하는 휘발성 액체이다.

(3) 도료의 종류

도료를 성분 및 성질에 따라 분류하면 다음과 같다.

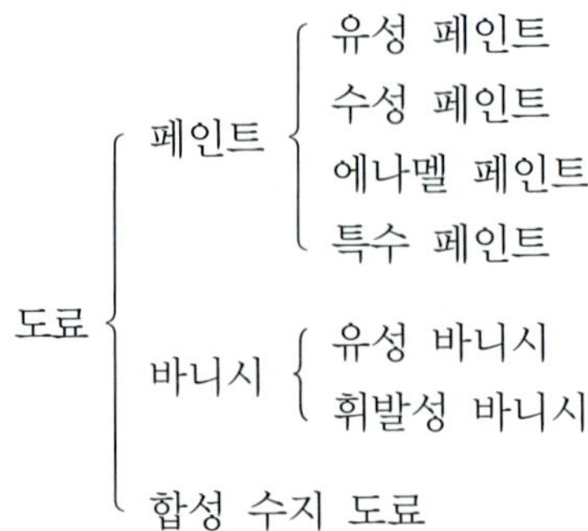

(4) 도료의 특성

도료는 철강의 녹 방지와 미관 등을 목적으로 하고 있다. 녹막이 도료의 방청 기능은 다음과 같다.

1) 도막에 의한 물, 산소의 차단
2) 투과수의 염기성화
3) 바탕 철면의 수동태화(passivating)
4) 안료의 전기 화학적 작용

2. 페인트

(1) 수성 페인트

① **분말 수성 페인트**(powder-water paint)

안료를 물에 녹여 수용성 고착제와 섞어서 만든 분말 상태의 도료이다. 물에 녹여서 사용하며, 칠한 후에 물이 증발하면 안료가 붙어서 도막이 형성된다.

수성 페인트는 광택이 없으며, 내수성, 내구성이 좋지 않으므로 주로 습기가 없는 곳에 사용한다.

② **에멀션 페인트**(emulsion paint)

안료를 건성유(drying oil)나 합성 수지 에멀션을 전색제로 하여 에멀션화한 것으로서 물에 풀어 쓴다.

유화 도료의 성능이 우수하기 때문에 실내, 실외 어느 곳에도 사용된다. 피막이 다공질이 되거나 먼지 등의 오염된 것을 비눗물로 쉽게 제거할 수 있다.

(2) 유성 페인트

유성 페인트(oil paint)는 안료를 보일유(boiled oil)로 이겨서, 이것에 건조제와 피막제를 섞어서 만든 도료이다.

건조가 빠르고 피막의 광택이 좋으며, 내후성, 내마모성이 크다. 또 피막이 단단하고 팽창성이 있다.

(3) 에나멜 페인트

에나멜 페인트(enamel paint)는 안료를 바니시로 섞어 만든 도료로서, 유성 페인트의 일종이다. 유성 페인트보다 도막이 두껍고 광택이 잘나며 내수성, 내유성, 내열성이 크다. 특히 외부용은 단단하고 내후성이 좋다.

(4) 특수 페인트

① **방청 페인트**(rust inhibiting paint)

교량이나 철골 구조물 등의 표면에 칠하여 외기와 닿는 것을 막아 부식되지 않도록 하기 위한 도료이다.

(가) 광명단 조합 페인트 광명단(Pb_3O_4)을 주안료로 하고, 이것을 전색제에 분산시켜 만든 도료이다. 건조가 느리며, 밀도가 크므로 도포량이 많은 것이 단점이다.

(나) 크롬산아연 방청 페인트 크롬산아연($ZnCrO_4$), 아연화(ZnO), 이산화티탄(TiO_2) 또는 산화철과 알키드 수지 바니시를 사용하여 액상화한 도료이다.

크롬산 이온에 의한 금속면의 수동태화 등에 의하여 녹을 막는다.

(다) 광명단-크롬산아연 방청 페인트 광명단과 크롬산아연을 방청 안료로 하고, 알키드 수지를 전색제로 하여 액상화한 도료이다.

(라) 연산칼슘 방청 페인트 연산칼슘(CaH_2PbO_3)을 바니시에 분산시켜 만든 도료로서, 산화에 의해 자연 건조된다. 주로 아연 도금 강제품의 표면 도장에 사용된다.

(마) 알루미늄 페인트 도료용 알루미늄 분말 또는 알루미늄 페이스트와 유성 바니시를 섞어서 만든 도료이다.

은색 도장에 사용하는 산화 건조성 도료로서, 주로 옥외의 도장에 사용한다.

② **내산 페인트**(acid resistant paint)

황산과 같은 강산에 대해 저항성이 있는 도료이며 페놀 수지, 래커 등이 있다. 내수성, 내약품성, 내열성, 용제성 등 내구성이 우수하다.

③ **내알칼리 페인트**(alkali resistant paint)

유성 페인트에 내알칼리성 안료를 섞어 만든 도료이다. 모르타르나 콘크리트와 같은 알칼리성에 잘 부착하도록 한 것이다.

④ **노면 표지용 도료**(traffic paint)

(가) 상온형 노면 표지용 도료 착색 안료, 체질 안료 및 합성 수지 바니시를 주원료로 한 상온 건조형 도료이다.

(나) 수용성 노면 표지용 도료 착색 안료, 체질 안료, 수지를 주원료로 한 수용성 도료이다.

(다) 가열형 노면 표지용 도료 착색 안료, 체질 안료 및 합성 수지 바니시를 주원료로 가열하여 사용하는 도료이다.

(라) 융착식 노면 표지용 도료 착색 안료, 체질 안료, 유리알, 충전용 재료 및 합성 수지를 주원료로 하여 만든 시공 시 가열 융해하여 사용한다.

노면 표지용 도료 규격은 KS M 6080에 규정되어 있다.

3. 바니시

(1) 유성 바니시

① **보통 유성 바니시**(oil varnish)

수지류를 건성유에 녹여 건조제를 넣어서 만든 도료이다. 도막이 투명하므로 주로 건축용으로 사용된다.

② **특수 유성 바니시**

(가) 스파 바니시(spar varnish) 페놀 수지 또는 우레탄 수지와 건성유를 주원료로 하여 만든 도료이다. 내산성, 내수성, 내열성이 있다.

(나) 아스팔트 바니시(asphalt varnish) 천연 아스팔트, 건조제 및 용제를 주성분으로 하여 만든 도료이다. 방청, 내수성, 내약품용으로 사용된다.

(2) 휘발성 바니시

① **셸락 바니시**(shellac varnish)

수지류를 휘발성 용제, 특히 에틸알코올에 녹여서 만든 도료이다. 건조는 매우 빠르나 피막이 유성 바니시보다 약하다.

② **래커**(lacquer)

나이트로셀룰로스를 휘발성 용제에 녹여서, 이것에 안료와 가소제를 섞어 만든 도료이다. 안료를 섞은 것을 에나멜 래커라 하고, 안료를 섞지 않은 것을 투명 래커라 한다. 도막이 빨리 건조하고 내구성이 크다.

4. 합성 수지 도료

(1) 에멀션 페인트류

① **외부용 합성 수지 에멀션 페인트**

합성 수지 에멀션(emulsion)을 전색제로 하여 안료를 혼합 분산시켜 만든 페인트이다. 도막은 내알칼리성이고, 수증기 투과성이 크다. 외부용 페인트로 사용된다.

② **내부용 합성 수지 에멀션 페인트**

합성 수지 에멀션을 전색제로 하여 안료를 혼합 분산시켜 만든 페인트이다. 희석제가 물이므로 화재, 독성 등의 위험이 없다. 내부용 페인트로 사용된다.

(2) 에나멜 페인트류

① **아크릴 수지 에나멜**(acryl resin enamel)

안료와 열가소성 아크릴 수지를 도막 형성 주요소로 하여, 혼합 분산해서 액상으로 한 휘발 건조성의 유색 불투명 도료이다.

자연 건조 시간이 짧고 내후성이 우수하며, 콘크리트면이나 모르타르면 등 건축물 및 건재의 외장용으로 사용된다.

② **염화비닐 수지 에나멜**(polyvinyl chloride resin enamel)

폴리염화비닐에 가소제를 가하여 용매에 녹여서 만든 전색제에 안료를 분산시켜 만든 도료이다. 건조 시간이 짧고 내약품성이 좋으나, 부착성과 내열성이 좋지 않다.

주로 플랜트, 선박용 도료로 사용된다.

③ **실리콘 알키드 수지 에나멜**(silicone alkyd resin enamel)

실리콘 변성 장유성(long oil) 알키드 수지와 안료 및 희석제를 주원료로 하고, 이들을 혼합 분산하여 액상으로 한 도료이다. 알키드 수지를 도막 형성의 주요소로 한 도료로서 건조가 빠르고, 도막이 단단하다.

(3) 바니시류

① 염화비닐 수지 바니시(vinyl chloride resin varnish)

폴리염화비닐을 주된 도막 형성 요소로 한 액상의 투명, 휘발 건조성 도료이다. 금속과의 부착성, 내열성이 약하나 내약품성이 좋다.

② 아크릴 수지 바니시(acryl resin varnish)

열가소성 아크릴 수지를 도막 형성 주요소로 한 액상의 투명, 휘발 건조성 도료이다. 자연 건조 시간이 짧고, 내후성이 좋다. 주로 콘크리트면, 모르타르면 등 건축물 및 건재의 외장용으로 사용한다.

(4) 특수 도료

① 염화비닐 수지 프라이머(vinyl chloride resin paint)

폴리염화비닐에 가소제를 가하여 용매에 용해하여 만든 전색제에 안료를 분산시켜 만든 도료이다.

염화비닐 수지 에나멜 도장을 할 때, 초벌칠에 적합하도록 한 액상, 불투명, 휘발 건조성의 도료이며, 자연 건조로 단시간에 도막을 형성할 수 있게 만든 것이다.

② 타르 에폭시 수지 도료(tar epoxy resin paint)

에폭시 수지, 콜타르, 안료, 경화제 및 용매를 주원료로 한 2액형의 것이다. 주로 교량, 강관, 주철관, 강판, 각종 탱크, 콘크리트면 등의 해수, 담수, 고습도 등에 의한 부식을 막기 위하여 두껍게 도장하는 데 사용된다.

③ 방오 비닐 페인트(vinyl paint for antifouling)

염화비닐 수지, 이산화구리(CuO_2), 가소제 및 용제 등을 주성분으로 한 도료이다. 오염 방지 페인트이다.

(5) 기타 합성 수지 도료

① 프탈산 수지 도료(phthalic acid resin paint)

보일유에 프탈산 수지를 혼합하여 만든 것이다. 건조가 빠르며 내후성이 좋다.

② 페놀 수지 도료(phenol resin paint)

페놀 수지를 용제에 녹인 것과 건성유와 혼합한 것이 있다. 도막이 안정하고 내후성이 좋다. 내알칼리성이 있어 콘크리트면이나 모르타르면에 사용할 수 있다.

③ **폴리우레탄 수지 도료**(polyurethane resin paint)

폴리우레탄 수지를 용제에 용해시켜 만든 도료이다. 부착성, 내후성, 내수성, 내약품성이 우수하다.

④ **에폭시 수지 도료**(epoxy resin paint)

에폭시 수지를 용제에 용해시켜 만든 도료이다. 경화제에 따라 도막의 성능이 달라진다. 도막의 경도가 높고, 내산성, 내알칼리성이 크며, 부착성과 내마모성이 좋다. 저온(5°C 이하)에서는 건조되지 않는다.

8.2 화약류

1. 개설

(1) 화약류의 의의

화약류(explosives)는 가벼운 충격이나 열을 받으면 급격한 화학 반응을 일으켜, 순간적으로 높은 열과 많은 가스를 발생하여 큰 힘을 얻을 수 있는 폭발물이다.

화약류는 터널 공사, 도로 공사, 댐 공사, 기타 건설 공사에서 중요한 재료이다.

(2) 화약류의 분류

① **종류 및 법규에 따른 분류**

화약류를 종류 및 법규에 따라 분류하면 다음과 같다.

- 화약류
  - 화약
    - 흑색 화약
    - 무연 화약
  - 폭약
    - 기폭약(뇌산수은, 질화납, 디아조디나이트로페놀
    - 폭약(다이너마이트, 칼릿, 질산암모늄계 폭약 등)
  - 기폭용품
    - 도화선
    - 도폭선
    - 뇌관(공업 뇌관, 전기 뇌관)

② **성능에 따른 분류**

화약류는 크게 화약과 폭약으로 나뉜다.

(가) 화약(gun powder) 직접 점화나 열, 충격 등에 의해 폭발된다. 폭속이 340 m/s 이하이며, 폭파력이 약하다.

(나) 폭약(blasting powder) 뇌관을 사용하여 그 기폭에 의해 폭발된다. 폭속이 2 000~8 000 m/s이며, 폭파력이 강하다.

2. 화약

(1) 흑색 화약

흑색 화약(black powder)은 질산칼륨(KNO_3) 70%, 황(S) 15%, 목탄(C) 15%의 비율로 혼합하여 지름 3~7 mm 정도로 만든 것이다. 유연 화약이라고도 한다.

폭파력은 매우 강하지 않으나 값이 싸고 다루기에 위험이 적으며, 발화가 간단하다. 또 화학적으로 극히 안정하므로 습기만 피하면 오래 저장할 수 있다. 그러나 흡수성이 크며, 젖으면 발화하지 않고, 수중에서는 폭발하지 않는 결점이 있다.

주로 대리석이나 화강암과 같이 큰 석재를 채취할 때 사용한다.

(2) 무연 화약

무연 화약(smokeless powder)은 나이트로셀룰로스 또는 나이트로셀룰로스와 나이트로글리세린을 주성분으로 하여 만든 것이다. 발생 가스 양이 많고, 연소 온도가 낮으며, 연소성을 조절할 수 있다.

주로 총탄, 포탄, 로켓 등의 발사에 사용된다.

3. 폭약

(1) 기폭약

기폭약(initiating explosive)은 폭약에 폭발 반응을 일으키게 하기 위하여 사용하는 폭발성 물질이다.

① **뇌산수은**(mercury fulminate)

뇌산수은($Hg(ONC)_2$)은 수은(Hg)을 질산(HNO_3)에 용해시켜서 만든 질산수은($Hg(NO_3)_2$)에 에틸알코올(C_2H_5OH)을 넣어서 만든다.

불꽃, 충격, 마찰에 아주 예민하므로 주의하여 다루어야 한다.

② **질화납**(lead azid)

질화납($Pb(N_3)_2$)은 질화나트륨(NaN_3)과 질산납($Pb(NO_3)_2$)의 복분해에 의하여 만든다. 수중에서도 폭발하며, 낮은 온도로 가열해도 분해되지 않아 수중에 저장하면 안전하다.

주로 점폭약에 사용된다.

③ **디아조디나이트로페놀**(diazodinitrophenol)

디아조디나이트로페놀(DDNP, $C_6H_2N_4O_5$)은 피크라민산나트륨을 염산 산성의 물속에 넣고, 여기에 아질산나트륨($NaNO_2$)을 넣어서 만든다.

보통 사용하는 기폭제 중에서 가장 강력하다.

(2) 폭약

① 산업 폭약

건설 공사 등 주로 광공업용으로 사용되는 폭약을 산업 폭약(industrial explosives)이라 한다.

(가) 다이너마이트(dynamite) 나이트로글리세린($C_3H_5(CNO_2)_3$)을 나이트로셀룰로스로 콜로이드화한 나이트로겔(nitrogel)을 기제(base)로 한 폭약이다.

터널, 수중 발파용과 채탄용이 있다.

(ㄱ) 다이너마이트 특호 : 거의 나이트로겔로 이루어지고 내수성, 내습성을 특징으로 하는 교질상(colloid)이다.

(ㄴ) 다이너마이트 1호 : 나이트로겔을 기제로 하여 질산칼륨($NaNO_3$), 또는 질산나트륨($NaNO_3$)을 포함하고 내수성, 내습성을 특징으로 하는 교질상이다.

(ㄷ) 다이너마이트 2호 : 나이트로겔을 기제로 하고, 주로 질산암모늄(NH_4NO_3)을 포함한 교질상이다.

(ㄹ) 다이너마이트 3호 : 나이트로겔을 기제로 하고, 질산암모늄 외에 질산칼륨 또는 질산나트륨을 포함하며, 특히 후가스를 고려한 교질상이다.

(ㅁ) 질산암모늄 다이너마이트 : 나이트로겔을 기제로 하고, 질산암모늄 및 감열 소염제를 포함한 분말형 또는 반교질상이다. 주로 암석 발파, 탄관용으로 된다.

(나) 칼릿(carlit) 과염소산암모늄(NH_4ClO_4)을 주성분으로 하여 그 함유량이 10%를 넘는 폭약이다.

다이너마이트보다 발화점이 낮고 충격에 둔감하여 다루기 쉬우나, 유해한 가스가 많이 발생하고 흡수성이 크다. 폭파력은 다이너마이트의 1.34배, 흑색 화약의 4배이다.

터널 공사에는 알맞지 않고 채석, 대발파, 수중 발파 등에 사용된다.

(ㄱ) 흑색 칼릿 : 과염소산염을 기제로 하고, 규소철(ferro silicon)을 포함하며 갱외 전용 분말형이다.

(ㄴ) 청색 칼릿 : 과염소산염을 기제로 하고, 질산암모늄, 질산나트륨을 포함하며 특히 후가스를 고려한 분말형이다.

(ㄷ) 붉은색 칼릿 : 과염소산염을 기제로 하고, 질산암모늄을 포함한 분말형이다.

(다) TNT계 폭약 트라이나이트로톨루엔(trinitrotoluene, $C_6H_5(NO_2)_3CH_3$)을 기제로 하여 그 함유량이 10%를 넘고, 나이트로겔을 함유하지 않는 질산암모늄 등을 함유하는 분말형 또는 고형이다.

(라) 질산암모늄계 폭약

(ㄱ) 암모늄 폭약(ammonium explosives) : 질산암모늄을 기제로 하고 6% 이하의 나이트로겔을 함유하는 분말형, 또는 나이트로겔을 함유하지 않고 10% 이하의 과염소산염이나 나이트로화합물을 함유하는 분말형이다.

주로 채석, 채광, 갱 등의 발파에 사용된다.

(ㄴ) 질산암모늄 폭약(ammonium nitrate explosives) : 암모늄 폭약과 같으며, 감열 소염제를 포함한 것이다.

(ㄷ) 질산암모늄 유제(ammonium nitrate fuel oil, ANFO) 폭약 : 질산암모늄 및 인화점 50°C 이상의 경유를 성분으로 하고 화약, 폭약 또는 감열제가 되는 금속 분말 등을 포함하지 않는 입자형 또는 분말형이다.

주로 건설 공사 및 광산의 폭파용으로 사용되고 있다.

산업 폭약의 표준은 KS M 4804에 규정되어 있다.

② **함수 폭약**(water gel explosives)

알칼리 금속 또는 알칼리 토금속류의 질산염, 탄산염 등의 산화제, 예감제, 발열제, 물 등을 주성분으로 한다.

폭약의 모양이 겔(슬러리) 또는 에멀션 상태이고, 조성 중에 물을 함유하고 있는 내수성 폭약이다. 일반용, 탄광용, 대발파용이 있다.

(가) 슬러리(slurry) **폭약** 물을 함유한 겔상의 내수, 내습 및 고안전도의 폭약이다.

(ㄱ) 뇌관 기폭성 함수 폭약 : 공업용 뇌관으로 기폭된다.

(ㄴ) 뇌관 비기폭성 함수 폭약 : 공업용 뇌관으로 기폭되지 않고, 고성능 폭약을 보조 장약으로 사용해야 기폭된다.

(나) 에멀션(emulsion) **폭약** 물을 함유한 에멀션상의 내수, 내습, 고안전도의 폭약으로서, 뇌관으로 기폭되는 뇌관 기폭성 함수 폭약이다.

함수 폭약의 표준은 KS M 4812에 규정되어 있다.

4. 기폭 용품

기폭 용품은 폭약을 기폭시키기 위한 화공품이다. 도화선, 도폭선, 뇌관 등이 있다.

(1) 도화선과 전기 도화선

① **도화선**(fuse)

공업용 뇌관을 점화시키기 위한 것으로서, 흑색 화약을 심약으로 하여 실이나 종이로 감은 것을 방수제로 피복한 것이다.

도화선의 지름은 4.6 mm 이상이며, 연소 속도는 1 m당 100~140초이다.

도화선의 표준은 KS M 4808에 규정되어 있다.

② **전기 도화선**(electric fuse)

전기 뇌관의 점화부와 도화선을 조합하여 도화선에 전기적으로 점화할 수 있도록 만든 것이다. 도화선의 길이를 조절하여 지발 발파에 이용한다.

전기 도화선은 그림 8.1과 같다.

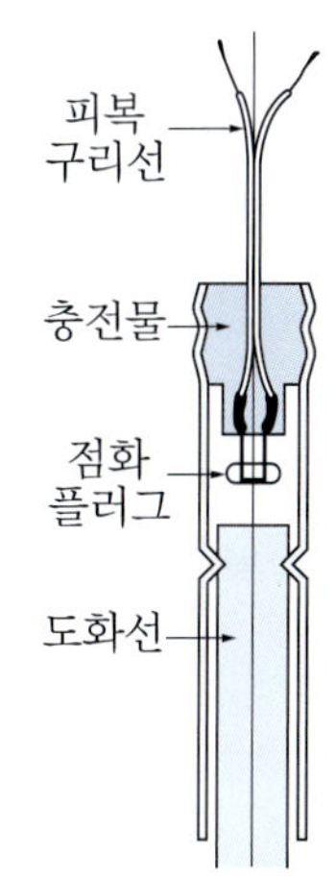

그림 8.1 전기 도화선

(2) 도폭선

도폭선(detonating cord)은 펜트라이트(penthrite) 등의 폭약을 심약으로 하고, 이것을 종이 테이프 및 실 등으로 피복해서 아스팔트 또는 합성 수지로 방수 피복한 것이다.

폭속은 5500~7000 m/s이다.

주로 대폭파 또는 수중 폭파 등을 동시에 할 때 뇌관 대신에 사용한다.

도폭선의 종류는 표 8.1과 같으며, 도폭선의 표준은 KS M 4811에 규정되어 있다.

표 8.1 **도폭선의 종류** (KS M 4811)

종류	심약량(g/m)	선의 지름(mm)
50 그레인 도폭선	9.5～11.5	3.7～5.5
25 그레인 도폭선	4.0～6.0	3.5～4.1

(3) 뇌관

뇌관(detonator)은 폭약을 폭발시키기 위해서 사용하는 화공품이다. 도화선을 사용하는 공업 뇌관과 전기를 사용하는 전기 뇌관이 있다.

① **공업 뇌관**(industrial detonator)

구리 또는 알루미늄 관체에 첨장약과 기폭약을 채운 것이다. 도화선을 사용하여 점화하고 폭약을 기폭시킨다. 장약은 펜트라이트, 테트릴(tetryl) 등을 사용한다.

공업용 뇌관의 표준은 KS M 4807에 규정되어 있다.

② **전기 뇌관**(electric detonator)

공업 뇌관과 같이 금속 관체에 첨장약과 기폭약을 채워 전기 점화 장치를 붙인 것이다. 전기 점화로 폭약을 기폭시킨다.

전기 뇌관의 표준은 KS M 4803에 규정되어 있다.

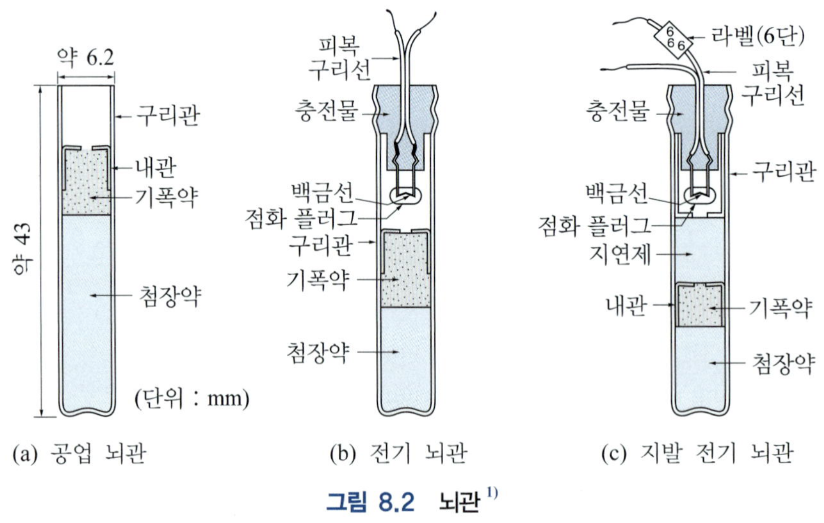

(a) 공업 뇌관 (b) 전기 뇌관 (c) 지발 전기 뇌관

그림 8.2 뇌관[1)]

(가) 순발 전기 뇌관(instantaneous electric detonator) 통전과 동시에 점화 불꽃이 발화하여 직접 기폭약에 점화되는 것이며, 지연 장치가 없다.

순발 전기 뇌관에서 정전기를 견디어 내는 것을 내정전기(antistatic electricity) 순발 전기 뇌관이라 한다.

(나) 지발 전기 뇌관(delay electric detonate) 전기 뇌관의 기폭약과 점화 장치 사이에 지연제를 넣어, 폭발 시간을 단계적으로 늦추어 차례로 폭발시킬 수 있는 것이다. 제어 발파, 심빼기 발파, 수중 발파 등에 사용된다.

(ㄱ) DS 전기 뇌관 : 지연 시간 간격이 0.1～1.0초 사이의 것을 DS(decisecond) 전기 뇌관이라 한다. 초시차는 0.25초이며, 단수는 10이다.

DS 전기 뇌관에서 정전기를 견디어 내는 것을 내정전기 DS 전기 뇌관이라 한다.

표 8.2 DS 전기 뇌관의 단수 및 초시차 (KS M 4803)

단수	1	2	3	4	5	6	7	8	9	10
초시차(s)	0	0.25	0.50	0.75	1.00	1.25	1.50	1.75	2.00	2.30

(ㄴ) MS 전기 뇌관 : 지연 시간 간격이 0.01～0.1초 사이의 것을 MS(millisecond) 전기 뇌관이라 한다. 초시차는 0.025～0.05초이며, 단수는 10이다.

MS 전기 뇌관에서 정전기를 견디어 내는 것을 내정전기 MS 전기 뇌관이라 한다.

표 8.3 MS 전기 뇌관의 단수 및 초시차 (KS M 4803)

단수	1	2	3	4	5	6	7	8	9	10
초시차(s)	0	25	50	75	100	130	160	200	250	300

(다) 지진 탐광용 전기 뇌관(seismic exploration electric detonator) 지연 장치가 없으며, 전기 브리지(electric bridge)의 절단과 첨장약 폭발의 시간 간격이 0.1 ms 미만인 것이다.

5. 폭약류의 취급

폭약과 기폭 용품은 위험한 것이므로 다루기나 사용할 때에는 주의해야 한다. 특히 화약류 취급 법규에 정해진 준수 사항과 안전 수칙을 잘 지켜야 한다.

폭약을 다룰 때의 주의할 사항은 다음과 같다.

1) 다이너마이트는 햇빛을 직접 쬐지 않도록 하고, 불기가 있는 곳에 두지 않아야 한다.
2) 뇌관과 폭약은 따로따로 다른 장소에 저장해야 한다.
3) 운반 중에 충격을 주어서는 안 된다.
4) 오랫동안 보존함으로써 흡습, 동결이 되지 않도록 주의하고, 온도와 습기에 의하여 품질이 변하지 않도록 해야 한다.

참고문헌

1) 全國高專土木學會 : 土木材料學, コロナ社(1976)
2) 柳喆模외 : 最新 火藥学, 鶯雲出版社(1975)

연습문제

1. 도료의 구성 요소는 무엇인가?
2. 유성 페인트와 에나멜 페인트는 어떻게 다른가?
3. 방청 도료에는 어떤 종류가 있는가?
4. 합성 수지 도료의 성질을 설명하여라.
5. 콘크리트에 주로 사용하는 도료는 어떤 것인가?
6. 화약과 폭약은 어떻게 다른가?
7. 기폭약이란 무엇이며, 어떤 종류가 있는가?
8. 다이너마이트의 종류를 들고, 각각의 특성을 설명하여라.
9. 함수 폭약의 종류 및 특성을 설명하여라.
10. 뇌관의 종류를 들고 각각의 특성을 설명하여라.
11. 폭약 취급 시 주의 사항은 무엇인가?

찾아보기

ㄱ

ㅈ

ㅊ

ㅎ